普通高等教育"十一五"国家级规划教材　计算机系列教材

第四届中国大学出版社图书奖优秀教材一等奖

宋金玉　郝建东　靳大尉　陈刚　陈萍　编著

数据库原理与应用

（第3版）

U0252624

清华大学出版社

北京

内 容 简 介

本书系统、全面地阐述数据库的基本理论、实现技术和设计方法等。全书共 11 章。第 1,2 章介绍数据库系统的基本概念,包括数据库系统的组成要素、数据库系统管理数据的特点、数据库系统体系结构、数据模型等;第 3~5 章介绍关系数据模型的三个组成要素,即关系数据模型所采用的数据结构、关系操作语言和完整性约束,SQL 查询语言的功能及应用,以及指导关系数据库设计的关系模式规范化设计理论等;第 6~8 章介绍数据库管理系统(DBMS)的数据存储管理、查询优化和事务处理等核心技术;第 9、10 章介绍数据库应用系统的底层数据库的设计方法,以及在应用编程中访问与管理数据库中数据的方法;第 11 章介绍数据库技术在数据分析、分布式应用和大数据环境下的数据模型及系统等方面的发展情况。

本书以教育部高等学校计算机类专业教学指导委员会和全国高等学校计算机教育研究会研制的《培养计算机类专业学生解决复杂工程问题的能力》为指导,涵盖其中"数据库原理"课程的教学内容及要求,适合作为高等学校计算机及相关专业数据库课程的教材,也可作为从事数据库理论研究、数据库应用系统的设计与开发,以及数据库管理与维护等工作人员的参考用书。

图书在版编目(CIP)数据

数据库原理与应用/宋金玉等编著. —3 版. —北京:清华大学出版社,2022.1(2024.9重印)
计算机系列教材
ISBN 978-7-302-59692-9

Ⅰ.①数… Ⅱ.①宋… Ⅲ.①数据库系统－高等学校－教材 Ⅳ.①TP311.13

中国版本图书馆 CIP 数据核字(2021)第 263028 号

责任编辑:张瑞庆
封面设计:常雪影
责任校对:李建庄
责任印制:杨 艳

出版发行:清华大学出版社
      网   址:https://www.tup.com.cn,https://www.wqxuetang.com
      地   址:北京清华大学学研大厦 A 座   邮   编:100084
      社 总 机:010-83470000   邮   购:010-62786544
      投稿与读者服务:010-62776969,c-service@tup.tsinghua.edu.cn
      质量反馈:010-62772015,zhiliang@tup.tsinghua.edu.cn
      课件下载:https://www.tup.com.cn,010-83470236
印 装 者:三河市龙大印装有限公司
经   销:全国新华书店
开   本:185mm×260mm   印   张:26   字   数:600 千字
版   次:2011 年 6 月第 1 版   2022 年 1 月第 3 版   印   次:2024 年 9 月第 4 次印刷
定   价:69.90 元

产品编号:094049-01

前　言

随着社会信息化进程的推进,尤其是大数据时代的到来,数据库技术已经成为现代计算环境中数据管理的基础技术。数据库理论的研究一直未曾间断,而这其中绝大多数的研究仍以关系数据模型为基础。因此,本书中数据库原理的内容仍以关系数据模型为基础,以关系数据库理论、关系数据库管理系统核心技术、关系数据库设计与应用数据库编程为主来组织。全书共 11 章,可分为如下 5 部分。

第一部分包括 2 章(第 1、2 章)。介绍数据库管理技术的发展历史,突出数据库技术相对于人工管理和文件系统管理两种数据管理方式所具有的优点,优势在于采用数据模型表示数据,指明数据模型的发展是数据管理技术发展的一条主线。介绍目前主流数据库管理系统遵循的 ANSI/SPARC 体系结构,突出三级模式结构的概念以及二级映射机制的作用,阐明数据独立性的概念。介绍数据的抽象与建模过程,在用数据模型描述和组织数据前,需采用概念模型对现实世界的事物和事物间的联系进行抽象。介绍数据库领域常用的概念模型——实体-联系模型(E-R 模型)。

第二部分包括 3 章(第 3~5 章)。从数据模型的三个组成要素的角度,介绍关系数据模型所采用的数据结构、关系操作能力的表达方法、关系模型对于存储在数据库中的数据具有的约束能力。阐明关系数据模型的优势在于其可用单一的数据结构(关系)来表达实体以及实体间的联系,能比较真实地模拟现实世界,容易被人所理解且便于在计算机上实现,可较好地完成数据的抽象与建模。介绍 SQL 对关系模型操作能力的实现,重点介绍 SQL 提供的数据定义、数据查询、数据更新和数据控制能力。介绍不良的关系模式设计可能带来的数据冗余、更新异常和数据不一致问题,以及解决此类问题的关系模式规范化设计理论的相关概念和方法。

第三部分包括 3 章(第 6~8 章)。介绍关系数据库管理系统(RDBMS)的实现技术,主要有 DBMS 为实现数据的高效查询所采用的存储结构和存取方式;RDBMS 为提高查询效率和系统性能实现的 SQL 查询优化技术,包括代数优化和物理优化等;数据库系统的逻辑工作单元——事务的概念,以及事务的 ACID 特性,DBMS 为保持事务的 ACID 特性实现的事务处理机制,包括对各类故障后的数据库进行恢复,对并发事务操作进行控制,从而保证数据库的一致性。

第四部分包括 2 章(第 9、10 章)。以一个数据库应用案例系统的设计为需求,介绍数据库规范化设计各阶段的方法,解决数据的抽象、数据的表达和数据的存储等问题,目标是设计出一个满足应用要求,简洁、高效、规范合理的数据库。介绍在应用编程中访问和管理所设计的数据库中数据的方法。

第五部分包括 1 章(第 11 章)。介绍关系数据库在联机分析处理领域的应用发展,关系数据库面向分布应用与网络技术结合形成的分布式数据库体系架构及实现技术,大数据应用环境下的 NoSQL 数据库系统及其典型的数据模型等。

本版的内容结构与第 2 版大体一致,对第 6 章、第 7 章外的其他章节的文字进行了重新梳理,进一步融入作者多年教学实践对数据库理论与技术的深层理解。修订的内容主要包括如下几方面。

(1) 在第 1~5 章中,更换了一些标题、例题,改善了一些算法的描述,以及一些图表的表达。并将 E-R 模型从第 9 章调整到第 2 章中,将概念模型实例化,以加强读者对概念模型相关概念的理解,第 9 章则侧重直接用 E-R 模型进行数据库概念结构设计。

(2) 在第 8 章中,更改了一些图表和例题,增加了多版本、时间戳和有效性等并发控制技术内容。

(3) 将第 9 章和第 10 章进行了综合设计。第 9 章以一个数据库应用系统的数据库设计为需求,逐步完成该数据库的各阶段设计;第 10 章则基于所设计的数据库,编程实现某一应用系统功能在不同数据库编程方法中访问数据库的方式。在嵌入式 SQL 方式中,增加了动态 SQL 编程方法,用 C 语言编程实现静态 SQL、动态 SQL,以及利用存储过程和函数实现该应用系统功能。在使用数据库访问接口方式中,采用 Python 语言编程实现,用不同数据库接口实现该应用系统功能。

(4) 在第 11 章中,删除了原来的数据库技术发展趋势和数据挖掘技术两节的内容,修改了其他节的内容,增加了关系数据库技术的发展历程和功能扩展,以及大数据环境下的非关系数据库的内容。

(5) 在第 1、2、8、11 章的小结后,增加了对本章所涉及的数据库理论做出贡献的图灵奖人物的介绍。

本教材的修订工作由宋金玉执笔完成,郝建东参与了第 10 章的修订,靳大尉参与了第 11 章的修订,保留了陈萍和陈刚在前面版本的部分工作。所在大学和学院给予了大力的支持和保障,在此表示感谢! 也向使用前两版教材和提供宝贵意见的师生表示感谢!

望学术同仁不吝赐教,继续给予支持,并在使用过程中多提宝贵意见,我们将不胜感激。另外,为了方便教学,本书配套出版了习题解答和实验指导,配备了电子课件和教材示例数据库等。在中国大学 MOOC 平台上,也开设了同名的 MOOC 课程(网址为 https://www.icourse163.org/course/PAEU-1003647009),可前往学习和下载课程配套资料,也可到清华大学出版社网站(www.tup.com.cn)下载。其他方面的需求可与作者联系(1271911312@aeu.edu.cn)。

作 者

2021 年 9 月于南京

目　　录

第1章 数据库系统概论

数据库系统已经成为现代社会日常生活的重要组成部分,在每天的工作和生活中,人们经常与数据库系统打交道。例如,到银行存钱或取钱,预订宾馆房间或机票,在图书馆查找图书,从网上购物,等等,所有这些活动都会涉及人或通过计算机程序访问数据库。随着计算机技术的发展,数据库已应用到更广泛的业务领域,例如,多媒体数据库可以存储图片、视频片段;地理信息系统(GIS)可以存储和分析地图、气象数据和卫星图像;数据仓库(data warehouse)和联机分析处理(online analytical processing,OLAP)可提取、分析大型数据库中的有用信息以辅助决策;实时(real-time)和主动数据库(active database)技术则用于控制工业和制造业的生产过程;数据库搜索技术应用到万维网上,以满足用户对信息搜索的需求。

数据库是信息化社会中信息资源开发与利用的基础。对于一个国家来说,数据库的建设规模、数据库信息量的大小和使用频度已成为衡量这个国家信息化程度的重要标志。

本章主要介绍数据管理技术的发展、数据库的基本概念和数据库体系结构,使读者了解为什么使用数据库技术、数据库系统的功能、发挥作用的机理等。本章是全书的基础和导引。

1.1 数据管理技术的发展

数据库技术是为满足数据管理任务的需要而产生的,是数据管理的关键技术,是构成信息系统的核心和基础。

数据管理是指对数据进行分类、组织、编码、存储、检索和维护,它是数据处理的中心问题,而数据处理是指对各种数据进行收集、存储、加工和传播的一系列活动的总称。

在数据管理领域,数据与信息是分不开的。一般把信息理解为关于现实世界事物存在方式或运动状态的反映,而数据通常是指用符号记录下来的、可以识别的信息。可见信息与数据之间存在着固有的联系,数据是信息的符号表示或称为载体,信息则是数据的内涵,是对数据语义的解释。

在计算机问世以前,对数据的管理只能是手工和机械方式。在计算机问世后,在应用需求的推动下,随着计算机硬件、软件的发展,数据管理技术经历了人工管理、文件系统管理和数据库系统管理三个阶段。

1.1.1 人工管理阶段

在 20 世纪 50 年代中期以前,计算机主要对数据进行批处理来完成科学计算。硬件方面的现状是,外部存储器只有磁带、卡片和纸带等,还没有磁盘等直接存取存储设备,所以数据不能保存下来。软件方面还没有出现操作系统,也没有数据管理的软件。这个时期对于数据的管理是由用户在应用程序中自己完成的,所以称为人工管理。

人工管理数据具有如下特点。

1. 数据面向应用程序

数据需要由应用程序自己设计、说明(定义)和管理,程序员在编写程序时自己规定数据的存储结构、存取方法、输入方式等。

2. 数据不保存

计算机主要用于计算,并不对数据进行其他操作,也没有磁盘等直接存取存储设备来把数据单独保存在计算机系统中。程序中的数据,随着程序的运行完成,其所占用的内存空间同指令所占用的内存空间一起被释放,退出计算机系统。

3. 数据不能共享

数据完全面向特定的应用程序,数据的产生和存储依赖于定义和使用数据的程序。因为数据不保存,一个程序所使用的数据并不能为另一个程序所知。因此,数据不能共享。多个程序使用相同数据时,必须各自定义,重复存储,会产生冗余数据,如图 1-1 所示。

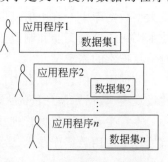

图 1-1　人工管理阶段应用程序与数据之间的对应关系

4. 不具有数据独立性

数据独立性是指用户的应用程序与数据的逻辑结构和物理结构是相互独立的,当数据的逻辑结构或物理结构发生变化时,应用程序保持不变的特性。数据独立性是数据库领域中一个常用术语和重要概念,说明程序与数据的分离程度。

数据结构是数据对象在计算机中的组织方式,包括数据的逻辑结构和物理结构两方面。数据的逻辑结构是用户可见的数据组织方式,有表结构、树状结构和图结构等;而数据的物理结构是数据在物理存储空间中的存放方法和组织方式。例如,学生的信息可用线性表这种逻辑结构组织,如表 1-1 所示,表中的每一行表示一个学生记录,而在物理存储空间可用一组地址连续的存储单元依次存储线性表的每个学生记录(称为顺序存储),也可用一组不连续的存储单元存储线性表的学生记录(称为链式存储),如图 1-2 所示。

表 1-1　学生信息的逻辑结构(表结构)

学　号	姓　名	性　别	所　在　系
S01	王玲	女	计算机
S02	李渊	男	计算机
S08	王明	男	数学
S09	王学之	男	物理

在人工管理数据阶段,没有专门的软件对数据进行管理,程序直接面向数据的逻辑结构与物理结构,借助于某种计算机语言,采用一定的算法实现对数据的存取、查询和更新等操作。当数据的逻辑结构或物理结构发生变化时,必须由应用程序做相应的修改,对数据进行重新定义。应用程序与其所处理的数据相互依赖,数据不具有独立性。

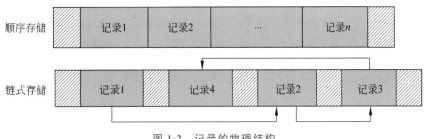

图 1-2　记录的物理结构

1.1.2　文件系统管理阶段

20 世纪 50 年代末到 60 年代中期,计算机不仅用于科学计算,还开始大量用于数据管理。硬件方面有了磁盘、磁鼓等直接存取设备,计算机所能处理的数据的量和速度得到了提高,不仅能进行批处理,还能进行联机实时处理。软件方面出现了操作系统(operating system,OS)和高级语言,程序中的数据管理可由操作系统中的文件系统来完成,所以称为文件系统管理阶段。

文件系统管理数据具有如下特点。

1）由文件系统管理数据

文件系统是操作系统中负责存取和管理数据的模块,采用统一的方式管理用户和系统中数据的存储、检索、更新、共享和保护等。文件系统可把应用程序所管理的数据组织成相互独立的数据文件,保存在磁盘等外部存储器上,应用程序可通过文件系统对磁盘上的文件中的数据进行管理。利用"按文件名访问、按记录进行存取"的文件管理技术,实现对数据的修改、插入和删除等操作,如图 1-3 所示。

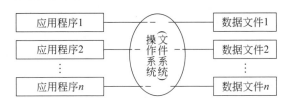

图 1-3　文件系统管理阶段应用程序与数据文件之间的对应关系

文件系统所管理的数据文件是一种有结构的文件,它包含若干逻辑记录,逻辑记录是文件中按信息在逻辑上的独立含义划分的一个信息单位,记录在文件中的排列可能有顺序关系,此外记录与记录间不存在其他关系。数据文件之间更是相互独立、缺乏联系的。

2）数据是面向应用的

利用文件系统,应用程序无须考虑如何将数据存放在存储介质上,只要知道文件名,给出有关操作要求便可存取数据,实现了"按名访问"。但数据文件的建立、查询和更新等操作都要由应用程序来实现,数据仍需要由应用程序自己定义和管理,程序员在编写程序时不仅要规定数据的逻辑结构,还要设计数据的物理结构,以及数据的存取方法和输入方式等,即数据文件中只存储数据,不存储文件记录的结构描述信息。

由此可见,文件系统管理阶段是数据管理技术发展中的一个重要阶段。但随着数据管理规模的扩大和数据量的急剧增加,利用文件系统进行数据管理仍存在以下缺点。

1）**数据的共享性差,冗余度大**

数据文件可脱离应用程序单独存储在磁盘上,利用文件系统,只要知道文件名,程序就可多次"按名访问"相同的文件,数据可以重复使用,因此数据具有一定的共享性。

但由于数据仍然是面向应用的,数据文件的建立、存取等操作,都要由应用程序来实现,不同的应用程序所使用的相同数据,也必须存储在各自的数据文件中,数据文件之间是相互独立的,不能反映出不同应用所用的相关数据之间的内在联系。由于不能共享这部分相同的数据,数据只能冗余存储,浪费存储空间。而相同数据的重复存储、各自管理,容易造成数据的不一致,给数据的维护带来困难。

例如,学生信息数据文件 S 的记录可由学号、姓名、性别、出生日期、所在系等数据项组成;课程信息数据文件 C 的记录可由课程编号、课程名、先修课程号、主讲教师等数据项组成;学生选课信息数据文件 SC 的记录可由学号、姓名、课程编号、成绩等数据项组成,如图 1-4 所示。

学生信息数据文件S的记录结构

学号	姓名	性别	出生日期	所在系

课程信息数据文件C的记录结构

课程编号	课程名	先修课程号	主讲教师

学生选课信息数据文件SC的记录结构

学号	姓名	课程编号	成绩

图 1-4　文件系统中的文件组成结构

在实际应用中,这三个数据文件的记录之间是有联系的,数据文件 SC 中的某一记录的"学号"数据项的值应该是数据文件 S 中某个记录的"学号"数据项的值,数据文件 SC 中的某一记录的"课程编号"数据项的值应该是数据文件 C 中某个记录的"课程编号"数据项的值。

但在文件系统中,尽管文件内部是有结构的,但文件之间是没有联系的。学生、课程和学生选课数据文件是三个独立的文件,可能是三个不同的用户分别创建的。即使是在同一用户创建的数据文件 S 和 SC 中,对于学号相同的记录,若其姓名不同,对于文件系统来说是正常现象;甚至是在同一数据文件 SC 中,出现同一学生选修同一课程却有不同成绩的记录都是正常现象;若是三个不同用户创建的三个文件,数据间更没有必然的联系,创建数据文件 SC 的用户无法知道对应某一课程编号的课程的课程名等信息,或对应某一学号的学生的性别等信息,如果用户有需要,只能重复存储。而若要使这三个数据文件中的数据有联系,且相应的数据保持一致,必须再编写相应的应用程序来保证。

2）**数据与程序的独立性差**

虽然数据文件可脱离应用程序单独存储,程序和数据之间具有了"设备独立性",但数据仍然是面向应用的,数据文件中只存储数据,不存储文件记录的结构描述信息。应用程序不仅要确定数据的逻辑结构,还要设计数据的物理结构,应用程序与数据的逻辑结构和物理结构仍然不是相互独立的。一旦数据的逻辑结构或物理结构需要改变,就必须修改应用程序,即修改程序中有关数据逻辑结构或物理结构的定义,例如,扩展线性表 1-1 中记录的数据项,或修改数据项的名称等逻辑结构的改变,或为了提高应用程序的执行效率,而将数据文件由顺序存储改为链式存储等物理结构的改变,必须对应用程序进行修改。因此,程序和数据之间仍缺乏数据独立性。

1.1.3 数据库系统管理阶段

20世纪60年代后期以来,计算机管理的数据对象规模越来越大,应用范围也越来越广泛,数据量急剧膨胀,对数据处理的速度和共享性提出了新的要求,对多种应用、多种语言互相覆盖地共享数据集合的要求越来越强烈。

这个时期外存有了大容量磁盘、光盘,硬件价格大幅度下降;相反,软件的价格不断上升,编制和维护软件及应用程序的成本相对增加,其中维护的成本更高。数据处理上,联机实时处理要求更高,并开始出现分布处理。以文件系统进行数据管理已不能适应数据管理的需要,为解决多用户、多应用共享数据的需求,使数据为尽可能多的应用服务,数据库技术应运而生。

1963年,美国Honeywell公司的IDS(integrated data store)系统投入运行,揭开了数据库技术的序幕。1965年,美国一家火箭公司利用该系统设计了阿波罗登月宇航器,推动了数据库技术的产生。1968年,美国IBM公司研发了基于层次模型的数据库信息管理系统IMS(information management system)。1969年,美国数据系统语言研究会(Conference on Data System Language,CODASYL)下属的数据库任务组(DataBase Task Group,DBTG)提出基于网状数据模型的一个系统方案。1970年,美国IBM公司的E. F. Codd发表论文提出了关系模型。从此,数据管理进入了蓬勃发展的数据库系统管理阶段。

1.2 数据库的基本概念

1.2.1 数据库

据有关文献记载,数据库(database)这个名词起源于20世纪50年代初,美国把当时为了战争需要而存储在计算机里的各种情报集合称为database。数据库,顾名思义,就是存放数据的仓库,只不过这个仓库是在计算机存储设备上,而且数据不是杂乱无章的,是按一定格式存放的。

严格地说,数据库是长期存储在计算机内、有组织的、统一管理的、可为应用共享的相关数据的集合。

数据库除具备以上这些性质外,在实际使用中具有如下隐含的性质。

(1)数据库是逻辑上一致而且有某种内在含义的数据集合,不是数据的随机归类。

(2)数据库是为一个特定目标而设计、构建并装入数据的。数据库有目标用户,而且存在这些用户感兴趣的一些预想应用。

(3)数据库应能反映现实应用领域的状态以及状态的变化。

数据库所具备的性质,是由于应用系统采用如下数据库技术进行数据管理。

1)采用数据模型表示数据

在文件系统中,尽管每个文件内部是有结构的(文件由记录构成,每个记录由若干数据项组成),但文件之间是没有联系的。用文件系统所管理的数据文件中只存储数据,不存储文件记录的结构描述信息。例如,图 1-4 中的学生、课程以及学生选课文件是三个独立的数据文件。

用数据库技术进行数据管理,采用数据模型来描述数据库中的数据,数据模型不仅描述数据本身的特征,还要描述数据之间的联系。例如,在数据库中采用主流的关系数据模型来组织数据,在一个关系数据库中用三个关系表来描述学生、课程及学生选课文件中的数据,关系表中的元组和属性对应文件系统中数据文件中的记录和数据项;通过分别定义学生关系表中"学号"属性和课程关系表中"课程编号"属性与学生选课关系表中的"学号"和"课程编号"属性的参照关系,来描述数据之间的联系,如图 1-5 所示。在 3.1 节将对相关概念进行详细描述。

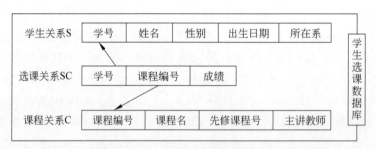

图 1-5　关系数据库系统中的学生选课数据库文件组成结构

2) 数据面向整个应用领域

为管理应用程序中的数据所创建的数据库,不仅要考虑某个应用的数据,还要考虑应用所在业务领域的数据。数据库技术采用数据模型创建整个业务领域的全局数据逻辑结构,来组织集成各应用所涉及的不同数据,被整个业务领域内不同的应用共享。任意一个应用可从中共享其所需要的数据,这些数据可能只是整个数据库的一小部分。

例如,对于一个军事学院,有干部、教务、财务、营房等多个部门,可采用数据库存储各部门所涉及的干部(教员)、学员、营房、营具、教材、课程等数据以及数据之间的联系。各部门可根据需要访问数据库中的局部数据,例如,干部部门要访问干部和学员的数据,教务部门要访问干部(教员)、学员、课程等数据。数据库中的某个数据可为各业务部门的各类应用所使用,如干部部门的干部档案管理和教务部门的教员业务档案管理均可访问教员的数据,干部部门的学员档案管理和教务部门的学员学籍管理均可访问学员的数据。不同业务部门的业务系统关心的数据库中同一数据的局部结构也并不相同,如对于干部(教员)数据,财务部门关心干部的姓名、出生日期、入伍时间、职务等级、军衔级别及时间等信息;营房部门关心教员的姓名、入伍时间、职务等级、等级时间、来院时间、现部职别、家庭住址、配偶姓名及单位等信息;教务部门关心干部(教员)的姓名、职称、现部职别、学历、学位、所学专业等;干部部门关心干部的更多信息。各业务部门只关心其所管理的数据对象的相关数据,即数据库中的某些数据记录、数据记录的某些数据项等,这些数据只是数据库的局部,用户可见的是数据库的局部逻辑结构,如图 1-6 所示。

3) 数据由数据库管理系统统一管理和控制

应用程序中的数据由数据库管理系统(database management system,DBMS)进行专

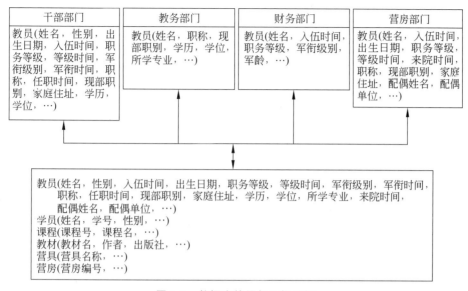

图 1-6　数据库的局部逻辑结构

门的管理,如图 1-7 所示。DBMS 采用数据模型分类组织数据,并将数据存储在磁盘的数据库文件中,实现了用户(应用程序或终端用户)的数据与外存储器上的数据库中的数据之间的转换,用户只需使用终端命令、查询语言或用程序方式(在 C、Java 等高级语言中嵌入数据库查询语言)操作数据库,完成数据管理工作,用户被进一步从繁杂的数据管理中解脱出来。

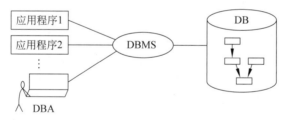

图 1-7　数据库系统管理阶段应用程序与数据之间的对应关系

DBMS 还提供了完整性机制、安全性控制和事务管理等,加强了对数据库中数据操作的控制,提高了数据的完整性、安全性、持久性,实现了数据(事务)操作的原子性、并发数据(事务)操作的隔离性等。

由此可见,从文件系统管理到数据库系统管理是数据管理领域的一个重大变化。利用数据库系统进行数据管理,不仅支持大量数据的长期存储,允许高效地存取数据以进行查询和更新等,而且具有如下优点。

1) 数据的共享性高,冗余度低,易扩展

数据库技术采用数据模型从全局的角度描述数据库中数据,数据模型不仅描述数据本身的特征,还要描述数据之间的联系。不仅数据内部是结构化的,而且实现全局数据结构化,数据之间是有联系的。数据不再是面向某个特定应用,而是面向整个系统或业务领域,因此数据可以被多个用户、多个应用共享。

数据共享可以大大减少数据冗余,节省存储空间,避免数据之间的不相容性和同一数据备份值的不一致性。采用人工管理或文件系统管理程序中的数据时,由于数据被重复定义或存储,当不同的应用使用和修改不同的备份时就很容易造成数据的不一致。

数据的扩展只须由 DBMS 来完成数据结构的改变或数据量的增加,可以不对原有的数据造成影响。

2）数据独立性高

利用文件系统进行数据管理,虽然数据文件可脱离应用程序单独存储,程序和数据之间具有"设备独立性",但数据文件中数据的定义内嵌在应用程序中。因此,若对数据的结构有任何改变,都可能需要对访问这个数据文件的所有程序做相应修改。与文件系统管理数据不同,DBMS 将对数据的结构的定义从应用程序中分离出来,把用数据模型描述的数据逻辑结构和数据间联系的信息存储在 DBMS 的数据字典(data dictionary)中,我们称之为元数据(meta-data)。

各类应用可通过 DBMS 从数据字典中得到数据库中数据的结构及其联系的信息,来存取存储在磁盘上的数据库中的数据记录,甚至是记录中的一个或一组数据项。数据库中的数据在磁盘上的存储由 DBMS 管理,用户程序不需要了解数据库的物理存储结构。DBMS 能够实现在数据库的物理结构改变时,可以不影响数据库的整体逻辑结构、用户数据的逻辑结构以及应用程序;或在数据库的整体逻辑结构改变时,可以不影响用户数据的逻辑结构以及应用程序。因此,DBMS 提供了数据独立性,包括数据的物理独立性和逻辑独立性。

数据的物理独立性是指用户的应用程序与存储在磁盘上的数据库中的数据是相互独立的,即当数据的物理存储改变时,应用程序不用改变。

数据的逻辑独立性是指用户的应用程序与数据库的逻辑结构是相互独立的,即数据的逻辑结构改变时,用户程序也不用改变。

为什么采用数据库技术进行数据管理能够带来数据独立性呢？这是由数据库系统的三级模式结构以及二级映射机制决定的(参见 1.3 节)。

综上所述,数据库技术将相关数据按一定的数据模型组织、描述和存储在数据库中,数据库由数据库管理系统进行统一管理与控制,具有较小的冗余度、较高的数据独立性和易扩展性,可长期存储在计算机内,为应用程序提供数据支持,并可为多用户共享。数据库中的数据共享不仅体现在多个用户可以存取数据库中的数据,还体现在多个用户可以同时存取数据库中的数据。

1.2.2 数据库管理系统

数据库管理系统(DBMS)是位于用户与操作系统之间的一层数据管理软件,它为用户或应用程序提供了访问数据库的方法,包括数据库的建立、查询、更新以及各种数据控制。

为了理解数据库管理系统的概念,做如下类比。

有一个仓库,在仓库里放着图书,还有一个仓库的保管员,这个保管员负责图书的搬进、整理和搬出。仓库、图书和保管员就组成了一个"数据库系统",这里的仓库就是"数据库",保管员是"数据库管理软件"。图书就是数据库中的"数据"。用户是无法直接存取图书的,必须通过保管员来做。这个保管员要做的事情很多,要检查存入的图书是否合法(数据的定义问题),如何摆放最好(数据的组织问题),如何更快地找到用户所需要的图书并提取出来(数据的存取路径和查询问题),图书如何不被无关的人提走(数据的安全性问题),等等。有些时候可能会有多个人来借书,为了提高效率,就可以一次拿几张借书单,同时把需要的图书都取出来(涉及并发控制问题)。保管员所做的这些事情就是数据库管理系统需要做的事情。

具体地说,数据库管理系统包括如下主要功能。

1. 数据库的定义功能

DBMS 提供了数据定义语言(data definition language,DDL),用户可以使用 DDL 对数据库中的数据对象进行定义,指定其数据结构和约束等。这些定义存储在数据字典(又称系统目录,system catalog)中,是 DBMS 运行的基本依据。

2. 数据操纵功能

DBMS 提供了数据操纵语言(data manipulation language,DML),用户可以使用 DML 操纵数据,实现对数据库的基本操作,包括查询数据库以获得所需数据、更新数据库以反映现实世界的变化等。

3. 数据的组织、存储和管理

DBMS 分类组织、存储和管理各种数据,包括数据字典(存放对数据库的定义、数据库运行时的统计信息等)、用户数据、数据的存取路径等;确定以何种文件结构和存取方式在存储器上组织这些数据,实现数据之间的联系。

4. 数据库的事务管理和运行管理(控制功能)

DBMS 对数据库的建立、运用和维护等进行统一管理、统一控制,以保证数据的安全性、完整性、多用户的并发操作和发生故障后的数据恢复。在 DBMS 中有实现这些功能的子系统,各子系统分别完成如下功能。

(1) 数据的安全性控制。防止未经授权的用户存取数据库中的数据,以免数据的泄露、更改或破坏。

(2) 数据完整性控制。保证数据库中数据及语义的正确性和有效性,阻止造成数据错误的操作。

(3) 数据库的并发控制。防止多个用户同时对同一个数据进行操作产生错误。

(4) 数据库的恢复功能。保证在数据库被破坏或数据不正确时,系统有能力把数据库恢复到正确的状态。

5. 数据库的维护功能

DBMS 带有一些实用程序(utility)或管理工具实现对数据库的维护,包括数据库数据的载入、转换功能,数据库的转储、恢复功能,数据库的重组和性能监视、分析功能等。

6. 其他功能

DBMS 还提供一些其他功能,如 DBMS 与网络中其他软件系统的通信、与其他软件的接口、不同 DBMS 间数据的转换、异构数据库之间的互操作等。

可见,DBMS 是计算机系统的基础软件,也是一个复杂的大型软件系统,与操作系统、编译系统等系统软件相比,DBMS 具有跨度大、功能多的特点。从最底层的存储管理、缓冲区管理、数据存取操作、语言处理到最外层的用户接口、数据表示、开发环境的支持等,都是 DBMS 要实现的功能。

DBMS 为实现数据定义、查询、更新和控制等功能,DBMS 的实现既要充分利用计算机硬件、操作系统、编译系统和网络通信技术,又要突出对海量数据存储、管理和处理的特点,并要保证其存取事务的高效率,是一个复杂而综合的软件设计开发过程。本书将在第 6～8 章对 DBMS 的实现技术做进一步介绍。

1.2.3 数据库系统

目前,数据库已经成为现代信息系统的重要组成部分,具有数百 GB(Gigabyte,2^{30}B)、数百 TB(Terabyte,2^{40}B)甚至数百 PB(Petabyte,2^{50}B)的数据库已经普遍存在于经济、政务、国防等领域的信息系统中。各类管理信息系统(MIS)、办公信息系统(OIS)、计算机集成制造系统(CIMS)、地理信息系统(GIS)、Web 应用系统等都是使用了各类数据库技术的计算机应用系统,如图 1-8 所示。

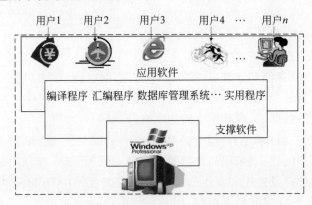

图 1-8 使用了各类数据库技术的计算机应用系统

这些在计算机系统中引入数据库的系统又称为数据库系统(database system,DBS)。数据库系统采用数据库技术存储、维护数据,向应用系统提供数据支持。DBS 一般由数据库、操作系统(OS)、数据库管理系统(DBMS)、应用系统及其开发工具、数据库管理员等构成,如图 1-9 所示。

下面对系统所涉及的数据库、硬件、软件、人员等方面做进一步说明。

1. 数据库

数据库是某一信息应用领域内与各项应用有关的全体数据的集合,可独立于应用由 DBMS 单独创建和维护。创建的数据库存储在磁盘等物理存储介质上,向应用系统提供数据支持。

2. 硬件

由于数据库中数据量很大,加上 DBMS 丰富的功能,使得 DBMS 自身规模越来越大,对硬件资源配置有如下需求。

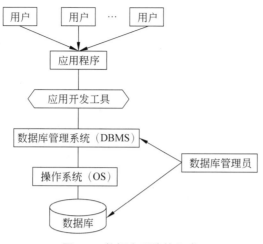

图 1-9　数据库系统的组成

（1）有足够大的内存来存放操作系统、DBMS 的核心模块、数据缓冲区和应用程序等。

（2）有足够大的磁盘或磁盘阵列等外部存储设备来存放数据库，有足够大的磁盘（或光盘）来做数据备份。

（3）要求系统有较高的通信能力，以提高信息传送率。

针对具体的应用，往往还需考虑输入输出设备的存取速度、可支持的终端数、性能稳定性以及联网的能力等因素。

3. 软件

数据库系统中的软件主要包括：

（1）数据库管理软件——DBMS。DBMS 是数据库系统最重要的软件，实现对数据库的管理与控制。目前常用的关系 DBMS 有 Oracle、SQL Server、MySQL 和 PostgreSQL 等，国产 DBMS 有人大金仓（KINGBASE）、达梦（DM）和南大通用（GBASE）等。

（2）支持 DBMS 运行的操作系统。DBMS 要在操作系统的支持下才能工作。目前常用的操作系统有 Windows、UNIX 和 Linux 等。

（3）具有与 DBMS 接口的高级语言及其编译系统，便于开发应用程序。这些语言大多属于第三代语言（3GL）范畴，例如 C、COBOL、PL/I 等，有些属于面向对象程序设计语言，例如 Python、Visual C++、Java 等。这些语言作为宿主语言，嵌入数据库子语言实现对数据库的操纵。目前大多数关系数据库系统支持的数据库语言是 SQL（见第 4 章）。

（4）以 DBMS 为核心的应用开发工具。应用开发工具是系统为应用开发人员和最终用户提供的高效率、多功能的应用生成器、第四代语言等各种软件工具。它们为数据库应用的开发提供了良好的、多功能的交互式环境。目前，典型的数据库应用开发工具有 Visual Studio Code、MyEclipse 和 Android Studio 等。

（5）为特定应用环境开发的数据库应用系统，例如图书管理系统、民航订票系统、银行业务系统等。

4. 人员

开发、管理和使用数据库系统的人员主要有数据库管理员、专业用户、应用程序员和终端用户等,这些人员采用不同的方式通过 DBMS 与数据库进行交互,如图 1-10 所示。

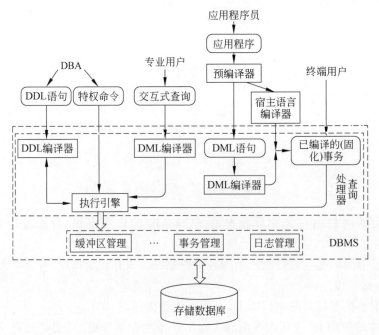

图 1-10　用户与 DBMS 的交互

1) 数据库管理员

一个数据库系统只靠数据库管理系统来进行管理是远远不够的,还需要有专门的人员来完成。数据库管理员(database administrator,DBA)就是负责全面管理和控制数据库的人员,其具体职责包括:确定数据库中的信息内容和逻辑结构;确定数据库的存储结构和存取策略;定义数据的安全性和完整性约束;监控数据库的使用和运行;进行数据库的改进和重组重构。DBA 可使用 DBMS 提供的一些特权命令,进行创建账户、设置系统参数、授予账户权限、修改模式以及重组数据库存储结构等具体的工作。DBA 还可担当数据库设计人员,直接使用数据库定义语言(DDL)定义数据库模式。

2) 专业用户

专业用户是指数据库设计工作中的上层人员,例如系统分析员和数据库设计人员,他们可使用数据库操纵语言(DML)直接操作数据。

系统分析员负责应用系统的需求分析和规范说明,要和用户及 DBA 相配合,确定系统的硬件、软件配置,并参与数据库的概要设计。

数据库设计人员的职责是明确要存储到数据库中的数据,并选择合适的数据模型来表示和组织这些数据。数据库设计人员负责与所有可能的数据库用户进行交流,了解他们的需求,开发满足用户不同数据处理需求的数据库应用系统,最终设计出能够支持所有用户需求的全局数据库。在很多情况下,数据库设计人员归 DBA 管理,或者就是由 DBA

来担任的。

3）应用程序员

应用程序员负责设计系统功能,主要使用宿主语言和数据库子语言编写满足应用需求的程序模块,并进行应用程序调试和安装,编写文件并维护程序等。

DBMS 中的预编译器从宿主程序设计语言编写的应用程序中抽取 DML 命令,将其编译为用于数据库访问的内部代码。应用程序的其他部分则发送到宿主语言编译器,其代码和编译的 DML 命令构成一个可执行事务。

4）终端用户

终端用户是通过应用系统的用户界面使用数据库的普通用户,例如,银行的出纳员、车站的售票员、旅馆的前台服务员,以及目前大量通过手机 App 进行各类应用的手机用户等,占数据库用户的绝大多数。终端用户主要通过操纵基于表单或菜单等的图形用户界面(GUI),执行应用程序提供的经过了编译和测试的、满足一定功能的固化事务不断地查询和更新数据库。

综上所述,数据库系统是采用数据库技术在计算机中长期存储的大量的相关数据,由 DBMS 在数据库建立、运用和维护时对数据库进行统一控制,能为多用户共享,并向应用系统提供数据支持的计算机硬件、软件和数据资源组成的系统。

1.3 数据库系统体系结构

虽然实际的数据库管理系统产品种类很多,它们支持不同的数据模型,使用不同的数据库语言,建立在不同的操作系统之上,数据的存储结构也各不相同,但它们在体系结构上通常都具有相同的特征。

根据 IEEE STD 610.12 中体系结构的定义:The structure of components, their relationships, and the principles and guidelines governing their design and evolution over time. 数据库系统的体系结构应该描述的是数据库系统的组成结构及其联系,以及系统结构的设计和变化的原则等。

1.3.1 数据库系统的三级模式结构

1978 年,美国 ANSI(American National Standards Institute)的 DBMS 研究组发表了 SPARC(standards planning and requirements committee)报告,提出了一个标准化的数据库系统模型,对数据库系统的总体结构、特征、各个组成部分以及相应接口做了明确的规定,把数据库系统的结构从逻辑上分成外部级(external level)、概念级(conceptual level)和内部级(internal level)三级结构,称为 ANSI/SPARC 体系结构。

早在 1971 年,由数据库先驱 Charles W. Bachman(查尔斯·巴赫曼)领导的 CODASYL 组织的 DBTG 报告中就完整地给出了数据库系统结构的三个层次,分别为视图层(概念层)、逻辑层和物理层。

具有 ANSI/SPARC 体系结构的 DBMS 为用户提供数据在不同层次上的抽象视图,这就是数据抽象,即不同的使用者从不同的角度去观察数据库系统中的数据所得到的结果。外部级最接近用户,是单个用户所能看到的数据视图;概念级涉及所有用户的数据,即全局的数据视图;内部级最接近物理存储设备,涉及数据的物理存储结构。对普通用户来说,并不需要了解数据库系统中数据的复杂的数据结构,DBMS 通过三个层次的抽象可向用户屏蔽数据的复杂性,隐藏关于数据存储和维护的某些细节,提高数据的物理独立性和逻辑独立性,减轻了用户使用系统的负担,如图 1-11 所示。

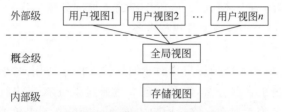

图 1-11　数据库系统的三层结构

在 DBMS 中,通常采用三级模式结构对应三个级别的数据抽象。表 1-2 中给出了有关数据库系统体系结构的相关术语及其对应关系。

表 1-2　数据库系统体系结构的术语及其对应关系

ANSI/SPARC 体系 结构的层次	DBTG 报告中的体 系结构的层次	对应的抽象视图	对应的模式结构
外部级	视图层	用户视图	外模式(子模式)
概念级	逻辑层	全局视图(概念视图)	概念模式(逻辑模式、模式)
内部级	物理层	存储视图	内模式(存储模式)

1. 模式的概念

在 DBMS 中,用数据模型来组织、描述和存储数据,将数据库描述和数据库本身(实际数据)加以区别。数据库的描述称为数据库模式(database schema),模式(schema)描述的是数据库的结构,而不是数据库中的数据,它只是装配数据的一个框架。模式会在数据库设计阶段确定下来,而且一般不会频繁修改。

图 1-12 显示的是关系 DBMS 给出的学生选课数据库的概念模式图。模式图显示的只是模式的一些方面,包括库中各关系的名称、关系中属性的名称、关系间属性的参照关系等,没有显示每个属性的数据类型及复杂的约束等。

图 1-12　学生选课数据库的概念模式图

当定义一个新数据库时,只是将该数据库的模式指定给 DBMS。通过对数据库进行插入、更新等操作,可以频繁修改数据库中的实际数据,例如,对于图 1-12 所示的数据库,每增加一个学生或输入某学生的一个成绩时,该数据库就要修改一次。一个特定时刻数据库中的即时数据称为数据库实例（instance）或数据库状态（state），也可以称为数据库的当前出现（occurrence）或快照（snapshot）。图 1-13 为该数据库在关系 DBMS 中实现存储后某一时刻的当前状态，即给出了该数据库的一个实例。数据库的每个状态由 DBMS 来确保其正确、有效，即必须满足数据库模式所确定的结构或约束等。

	学号	姓名	所在系	出生日期	性别
1	s01	王玲	计算机	1990-06-30 ...	女
2	s02	李渊	计算机	1900-03-23 ...	男
3	s03	罗军	计算机	1991-08-12 ...	男
4	s04	赵泽	计算机	1993-09-12 ...	女
5	s05	许若	指挥自动化	1990-06-27 ...	男
6	s06	王仙华	指挥自动化	1991-05-20 ...	男
7	s07	朱祝	指挥自动化	1994-07-10 ...	女
8	s08	王明	数学	1991-10-03 ...	男
9	s09	王学之	物理	1992-01-01 ...	男
10	s10	吴谦	指挥自动化	1991-03-25 ...	女

	学号	课程号	成绩
1	s01	c01	80
2	s01	c02	98
3	s01	c03	85
4	s01	c04	78
5	s01	c07	89
6	s02	c02	80
7	s02	c11	80
8	s03	c01	90
9	s03	c02	80
10	s03	c04	85
11	s04	c01	80
12	s04	c02	NULL
13	s04	c06	90
14	s04	c11	87
15	s05	c03	79.5
16	s05	c05	88
17	s05	c07	90
18	s05	c03	88
19	s07	c11	90
20	s08	c01	90

	课程编号	课程名	先修课程号	主讲教师
1	C01	高等数学	NULL	刘首声
2	C02	数据结构	NULL	李青
3	C03	操作系统	C02	张星源
4	C04	数据库	C03	赵呈
5	C05	作战指挥	C04	祁秀丽
6	C06	离散数学	C01	李华
7	C07	信息安全	C06	王进爽
8	C08	大学英语	NULL	高翔
9	C09	商贸英语	C08	王虹
10	C10	大学物理	NULL	吴旺洁

图 1-13　学生选课数据库实例

简单地说，模式反映的是数据的结构及其联系，而实例反映的是数据库某一时刻的状态。模式是相对稳定的，而实例是不断变动的。

2. 概念模式

一个数据库只有一个概念模式（conceptual schema），概念模式是对概念级数据视图的描述。数据库概念模式以某一种数据模型为基础，综合考虑所有用户的需求，并将这些需求有机地结合成一个逻辑整体，所以概念模式也称逻辑模式（简称模式），是数据库中全体数据的逻辑结构和特征的描述。定义概念模式时不仅要定义数据的逻辑结构，例如，数据记录由哪些数据项构成，数据项的名称、类型、取值范围等，而且要定义数据之间的联系，定义与数据有关的安全性、完整性要求。

概念模式是数据库系统模式结构的中间层，既不涉及数据的物理存储细节和硬件环境，也与具体的应用程序、所使用的应用开发工具及高级程序设计语言无关。

3. 外模式

对于概念模式所描述的全局数据，不同的数据库用户在应用需求、看待数据的方式、存取数据的权限等方面存在差异，能够看见和使用的局部数据是不同的，所以一个数据库可以对应多个外模式（external schema），来描述外部级不同用户的数据视图。每个外模式描述的就是一个特定用户所感兴趣的数据库中的部分数据的逻辑结构和特征。外模式通常是概念模式的子集，与应用有关，也称子模式（subschema）或用户模式。

需要说明的是，同一外模式可以为某一用户的多个应用程序所使用，但一个应用程序只能使用一个外模式。

4. 内模式

一个数据库只有一个内模式(internal schema),内模式是数据库的物理存储结构和存储方式的描述,是数据库在计算机系统内部的表示方式,是内部级数据视图的描述,也称存储模式(storage schema)。

内模式描述的内容包括:数据库的存储记录结构是采用定长结构,还是变长结构;一个记录能否跨物理页存储;记录的存储方式是堆存储,还是按照某个(些)属性值的升(降)序存储,还是按照属性值聚集存储;索引按照什么方式组织,是 B+树索引,还是 hash 索引;数据是否压缩存储,是否加密;等等。

数据库记录信息(32B)
字段说明   (32B)
…
0DH   00H
记录正文部分
…
…
…

图 1-14　数据库记录在线性
地址空间的存储

内模式独立于具体的存储设备,不考虑具体存储设备的物理特性,而是假定数据存储在一个无限大的线性地址空间中。

例如,一个数据库文件可在线性地址空间进行如下存储,如图 1-14 所示。存储文件由文件头和记录正文两部分组成。

(1)文件头部分包括数据库记录信息和各字段的说明。数据库记录信息是由记录的创建时间、记录数、文件头长度、记录长度等信息组成。0DH和00H 两字节为文件头的尾。

(2)记录正文部分为该数据库中所包含的所有记录。

5. 三级模式间的关系

外模式和概念模式都是模型层面上的,是用面向用户的概念定义的,如记录和字段;而内模式是实现层面上的,是用面向机器的概念来定义的,如位和字节。从某种程度来说,概念模式和内模式之间的关系可以看作设计与实现的关系,而概念模式和子模式之间的关系可以看作全局和局部的关系。

例如,图 1-15 给出了一个学生信息在三级模式间的对应关系。

(1)在概念模式中,数据库包含了 S(学生)表的信息,以及 C(课程)表和 SC(选课)表的信息。其中,每个 S(学生)记录都有 SNO(学号,10 个字符)、SN(姓名,20 个字符)、SEX(性别,2 个字符)、SB(出生日期,日期型数据)和 SD(所在系,20 个字符)5 个属性,并定义了每个属性的数据类型。

(2)在内模式中,学生信息可由长度为 76B、名称为 STORED_S 的存储记录类型来表示(参见 6.3 节)。STORED_S 包含 12B 的前缀(存储如记录长度、模式指针等控制信息)和对应于 S(学生)记录的 5 个属性的 5 个数据字段。此外,STORED_S 记录按 SNO(学号)字段进行索引,索引名为 SNOX。

(3)在外模式中,使用 PL/SQL 编程的用户对应一个数据库的外部视图,每个学生的信息由三个变量来表示,其中两个变量对应于概念模式中 S(学生)表中的 SNO(学号)和SN(姓名),还有一个变量对应概念模式中 SC(选课)表中的 GRADE(成绩),该用户根据PL/SQL 的规则由变量声明来定义外模式,该用户不需要学生的其他信息。使用 ODBC

```
外模式(PL/SQL)                          外模式(ODBC)

DECLARE                               #include <Sqltypes.h>
@Studentnumber char(10),             SQLCHAR Sno[10],Sname[20],Ssex[2];
@Studentname char(20),               SQLDATE Sbirthday;
@Studentgrade float(8)
```

```
概念模式

        CREATE TABLE S
        (SNO CHAR(10)  PRIMARY  KEY,
          SN CHAR(20) NOT NULL,
          SEX CHAR(2),
          SB DATE,
          SD CHAR(20));
        CREATE TABLE C
        (CNO CHAR(10) PRIMARY KEY,
          CN  CHAR(20) ,
          PC  CHAR(10));
        CREATE TABLE SC
        (SNO CHAR(10) ,
          CNO  CHAR(10),
          GRADE  DEC(4,1),
          PRIMARY KEY(SNO,CNO),
          FOREIGN KEY(SNO) REFERENCES S(SNO),
          FOREIGN KEY(CNO) REFERENCES C(CNO));
```

```
内模式

        STORED_S BYTES==76
        PREFIX TYPE=BYTE(12), OFFSET=0
        SNO     TYPE=BYTE(12),  OFFSET=12,INDEX=SNOX
        SN      TYPE=BYTE(20),  OFFSET=24
        SEX     TYPE=BYTE(4),   OFFSET=44
        SB      TYPE=BYTE(8),   OFFSET=48
        SD      TYPE=BYTE(20),  OFFSET=56
                        ⋮
```

图 1-15　学生信息在三级模式间的对应关系

编程的用户也对应一个外部视图,每个学生的信息由 4 个变量来表示,对应于概念模式中 S(学生)表中的 SNO(学号)、SN(姓名)、SEX(性别)和 SB(出生日期)4 个属性,根据 C 语言的规则来进行变量定义确定外模式。该用户不需要学生的 SD(所在系)的信息。

　　综上所述,具有 ANSI/SPARC 体系结构的 DBMS 支持一个内模式、一个概念模式和多个外模式。概念模式独立于其他模式,设计数据库模式结构时应首先确定数据库的概念模式,即全局的数据逻辑结构。内模式独立于外模式,也独立于具体的存储设备,但依赖于概念模式,它将概念模式中所定义的全局的数据逻辑结构按照一定的物理存储策略进行组织,目标是使对数据库的操作获得较好的时间和空间效率。外模式定义在概念模式之上,独立于内模式和存储设备,面向具体的应用程序,当应用需求发生较大变化、相应外模式不能满足其用户视图需求时,就需要对外模式进行修改。

　　大多数 DBMS 并不是将这三级模式完全分离开来,而只是在一定程度上支持三级模式体系结构,例如有些 DBMS 可能在概念模式中还包括一些物理层的细节。

　　DBMS 提供数据定义语言来定义各级模式,对数据库中的数据对象进行定义和说明。早期的 DBMS 描述各级模式的模式定义语言是加以区分的,当前的 DBMS 并不把各级模式定义语言独立开来,而使用一种综合集成语言,如 SQL(参见第 4 章),SQL 不仅可实现对数据库的三级模式的定义,还具备数据操纵语言的功能,以及一些其他特性。用语言定义的数据库各级模式存储在 DBMS 的数据字典中,是 DBMS 对数据库进行操纵的基本依据。

1.3.2 二级映射与数据独立性

三级模式只是对数据在不同层次上的抽象视图的描述,而实际的数据都存储在物理数据库上。在遵循 ANSI/SPARC 体系结构的数据库系统中,用户对数据库进行的访问操作,是由 DBMS 将对外模式的请求转化为一个面向概念模式的请求,然后再转化为一个面向内模式的请求,进而通过 OS 操纵存储器中的数据。如果有一请求要检索数据库,那么从物理数据库中提取出来的数据必须进行转化,以便与用户外模式相匹配,如图 1-16 所示。

图 1-16 DBMS 实现的数据转换过程

在各层间完成请求和结果转换的过程称为映射(mapping)。DBMS 在三级模式之间提供了二级映射,如图 1-17 所示。

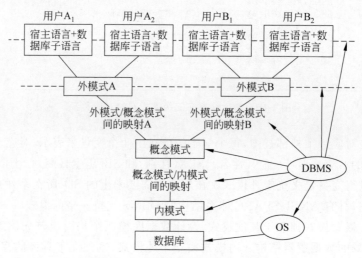

图 1-17 三级模式间的二级映射

1. 外模式/概念模式间的映射

外模式/概念模式间的映射存在于外部级和概念级之间,用于定义用户的外模式和概念模式的对应关系。

由于用户所见的来自数据库的局部数据的数据结构与概念级的数据库的全局逻辑数据结构可能不一致,例如,字段可能有不同的数据类型,字段名和记录名可能改变,几个概念字段可能合成一个单一的外部字段,等等。因此,需要说明特定的外模式和概念模式之间的对应性。对于每一个外模式,都对应一个外模式/概念模式映射,这些映射定义通常包含在各自外模式的描述中。

当概念模式改变时(如在关系数据库中增加新的关系、新的属性、改变属性的数据类型等),由数据库管理员对各个外模式/概念模式的映射做相应的改变(如修改用户数据视图的定义),可以使外模式保持不变。由于应用程序是在外模式描述的数据结构上编写的,依赖于外模式,则应用程序不必修改,保证了程序与数据的逻辑独立性(简称数据的逻辑独立性)。

2. 概念模式/内模式间的映射

概念模式/内模式间的映射存在于概念级和内部级之间,用于定义概念模式和内模式的对应关系。

由于数据库的全局逻辑结构与存储结构是不一样的,需要说明逻辑结构中的记录和字段在内部层次是如何表示的。由于数据库只有一个概念模式和一个内模式,则概念模式/内模式间的映射是唯一的,该映射定义通常包含在概念模式的定义描述中。

如果数据库的内模式改变了,即数据库的存储结构或存取方式发生改变,那么只要对概念模式/内模式间的映射进行相应的改变,可使概念模式尽可能保持不变,将内模式变化所带来的影响与概念模式隔离开来,当然对外模式和应用程序的影响更小,保证了程序与数据的物理独立性(简称数据的物理独立性)。

因此,数据独立性也可以定义为在数据库系统中的某个层次修改模式而无须修改上一层模式的能力。数据的逻辑独立性是指修改概念模式而无须修改外模式或应用程序的能力;数据的物理独立性是指修改内模式而无须修改概念模式(相应地也无须修改外模式)的能力。

应用程序依赖于外模式,独立于概念模式和内模式,数据库的三级模式和两级映射机制,使得数据的定义和描述可以从应用程序中分离出去。另外,由于数据的存取由 DBMS 管理,用户不必考虑存取路径等细节,从而简化了应用程序的编写,大大减少了应用程序的维护与修改,实现了程序与数据之间的独立性,也使得数据库技术得以广泛的应用。

最后需要说明一点,并不是所有的数据库系统都具有这种三级模式体系结构,或者说这一特定的体系结构并非数据库系统唯一可能的框架结构。例如,一些"小"系统难以支持体系结构的各个方面,因为在编译或执行一个查询或程序时,两级映射会带来一些开销,所以有些支持小型数据库管理的 DBMS 并不提供外部视图,但仍然需要概念级和内部级间的映射。尽管如此,ANSI/SPARC 体系结构基本上能很好地适应大多数系统。

1.4 小结

利用计算机系统进行数据管理经历了人工管理、文件系统管理和数据库系统管理三个阶段。数据库是长期存储在计算机内、有组织的、统一管理的、可共享的相关数据的集合。数据库中的数据按一定的数据模型组织、描述和存储,具有较小的冗余度、较高的数据独立性和易扩展性,数据面向整个应用领域,为多用户共享。数据库系统采用数据库技术存储、维护数据,向应用系统提供数据支持,一般由数据库、数据库管理系统、应用系统及其开发工具、数据库管理员等组成。在数据库系统中，数据由数据库管理系统管理和控制，数据库管理系统是位于用户与操作系统之间的一层数据管理软件，为用户或应用程序提供访问数据库的方法，包括数据库的建立、查询、更新及各种数据控制。

具有 ANSI/SPARC 体系结构的数据库管理系统从逻辑上分成内部级、概念级和外部级三级结构，为用户提供数据在不同层次上的抽象视图，通常采用三级模式结构来描述三个级别的数据抽象。数据库管理系统支持一个内模式、一个概念模式和多个外模式。内模式是数据库的物理存储结构和存储方式的描述，是数据在数据库内部的表示方式；概念模式是数据库中全体数据的逻辑结构和特征的描述；外模式是数据库用户能够看见和使用的局部数据的逻辑结构和特征的描述。

数据独立性是用户的应用程序与数据库中数据的物理结构和逻辑结构相互独立的特性。数据库管理系统的三级模式结构和两级映射机制保证了数据独立性的实现。外模式/概念模式间的映射存在于外部级和概念级之间，用于定义用户的外模式和概念模式的对应关系，保证了程序与数据的逻辑独立性。概念模式/内模式间的映射存在于概念级和内部级之间，用于定义概念模式和内模式的对应关系，保证了程序与数据的物理独立性。

用户对数据库进行操作，是由数据库管理系统将对外模式的请求转化为一个面向概念模式的请求，然后再转化为一个面向内模式的请求，进而通过操作系统操纵存储器中的数据。数据库管理系统为完成三级模式间的映射，需包含查询处理和存储数据管理等功能模块。

【图灵奖人物】 数据库先驱 Charles W. Bachman（查尔斯·巴赫曼）的贡献

Charles W. Bachman 主持设计与开发了最早的网状数据库管理系统 IDS。IDS 于 1964 年推出后，成为最受欢迎的数据库产品之一，而且它的设计思想和实现技术被后来的许多数据库产品所仿效。

Bachman 积极推动与促成了数据库标准的制定。他所领导的 CODASYL 组织的 DBTG 报告成为数据库历史上具有里程碑意义的文献，该报告中基于 IDS 的经验所确定的方法称为 DBTG 方法或 CODASYL 方法，所描述的网状模型称为 DBTG 模型或 CODASYL 模型。DBTG 首次确定了数据库的三层体系结构，明确了数据库管理员（DBA）的概念，规定了 DBA 的作用与地位。DBTG 虽然是一种方案而非实际的数据库系统，但其基本概念却具有普遍意义，不但国际上大多数网状数据库管理系统，如 IDMS、PRIME、DBMS、DMS 170、DMS Ⅱ 和 DMS 1100 等都遵循 DBTG 模型，而且对后来产生和发展的关系数据库技术也有很重要的影响，其体系结构也遵循 DBTG 的三级模式（虽然名称有所不同）。

基于他在数据库领域所做的贡献，Charles W. Bachman 于 1973 年获得图灵奖，成为数据库领域首位图灵奖获得者。

习　　题

一、填空题

1. 数据管理技术经历了人工管理、_____管理和_____管理三个阶段。

2. 数据库是长期存储在_____内、有组织的、统一管理的、可共享的相关数据的集合。

3. 数据库系统一般由数据库、_____、应用系统、数据库管理员等构成。

4. 在数据库系统中,数据由_____统一管理和控制。

5. 在数据库系统的三级模式结构中,对单个用户使用的数据视图的描述,称为_____;对所有用户的公共数据视图的描述,称为_____;对物理存储数据视图的描述,称为_____。

6. 数据库的_____和两级映射有力地保证了数据独立性的实现。

7. 数据的独立性包括_____和逻辑独立性。

8. 外模式/模式间的映射提供了数据的_____独立性,模式/内模式间的映射提供了数据的_____独立性。

9. 数据库系统的用户一般包括_____、_____、_____和_____ 4类用户。

二、选择题

1. 数据库系统的特点是数据共享、数据独立、减少数据冗余、_____和加强了数据保护。

    A. 避免数据不一致   B. 数据存储

    C. 数据应用   D. 数据保密

2. 数据库的特点之一是数据共享,严格地讲,这里的数据共享是指_____。

    A. 同一个应用中的多个程序共享一个数据集合

    B. 多个用户、同一种语言共享数据

    C. 多个用户共享一个数据文件

    D. 多种应用、多种语言、多个用户相互覆盖地使用数据集合

3. 数据库系统的组成的核心是_____。

    A. 数据库   B. 数据库管理系统

    C. 数据模型   D. 软件工具

4. _____是位于用户与操作系统之间的一层数据管理软件。

    A. 数据库管理系统   B. 数据库系统

    C. 数据库   D. 数据库应用系统

5. 下列关于数据库系统的叙述中正确的是_____。

    A. 数据库系统减少了数据冗余

    B. 数据库系统避免了一切冗余

    C. 数据库系统中数据的一致性是指数据类型一致

    D. 数据库系统比文件系统能管理更多的数据

6. 数据库系统与文件系统数据管理的主要区别是_____。

    A. 数据库系统复杂,而文件系统简单

    B. 文件系统不能解决数据冗余和数据独立性问题,而数据库系统可以解决

    C. 文件系统只能管理程序文件,而数据库系统能够管理各种类型的文件

    D. 文件系统管理的数据量较少,而数据库系统可以管理庞大的数据量

7. 数据库系统的三级模式结构中,定义用户视图的组织方式属于_____。

    A. 概念模式   B. 外模式   C. 逻辑模式   D. 内模式

8. 数据库系统三级模式体系结构的划分有利于保持数据库的_____。

    A. 数据独立性   B. 数据安全性

    C. 结构规范化   D. 操作可行性

9. 数据独立性是指_____。

    A. 数据之间相互独立

    B. 应用程序与数据库的结构之间相互独立

    C. 数据的逻辑结构与物理结构相互独立

    D. 数据与磁盘之间相互独立

10. 物理独立性是指修改_____。

    A. 外模式,保持模式不变   B. 内模式,保持模式不变

    C. 模式,保持外模式不变   D. 模式,保持内模式不变

11. 在 DBS 中,DBMS 和 OS 之间的关系是_____。

    A. 相互调用   B. DBMS 调用 OS

    C. OS 调用 DBMS   D. 并发运行

三、简答题

1. 利用计算机系统进行数据管理经历了哪三个阶段?各阶段的特点如何?

2. 利用数据库技术进行数据管理有哪些优点?

3. 什么是数据库系统的数据独立性?它包括哪两个方面?

4. 数据库系统通常由哪些部分组成?

5. 数据库管理系统有哪些主要功能?

6. 数据库管理员通常应具备的职责有哪些?

7. 数据库系统从逻辑上分为哪三级结构?每级所对应的模式结构描述的内容是什么?

第 2 章　数 据 模 型

计算机不能直接处理现实世界中的具体事物,将现实世界中的事物及其相互联系转换成计算机能够处理的数据,需要借助一个工具——数据模型来对现实世界进行建模,把现实世界中具体的人、事、物等用数据模型这个工具来抽象、组织和描述。

数据库中的数据也需按一定的数据模型进行组织、描述和存储,产生存储在计算机内、有组织的、统一管理的、可共享的相关数据的集合,并具有较小的冗余度、较高的数据独立性和易扩展性,可为多用户共享。

2.1　抽象与模型

数据库中的数据来源于现实世界(real world),现实世界是指存在于人们头脑外的客观世界,它是由事物及其联系组成的。每个事物都有自己的特征,事物通过特征相互区别,例如人有姓名、性别、身高、体重、出生日期、家庭住址等特征。不同的应用所关心的人的特征是不相同的,在公民身份证管理应用中最关心的是人的姓名、性别、出生日期、家庭住址等特征,而在公民健康调查应用中最关心的是人的姓名、年龄、身高、体重、血压等特征。因此,选取事物的哪些特征完全是由应用的需要决定的。事物之间的联系也是多样的,例如,教员之间既存在同一教研室的联系,也存在同一课题组的联系,对于教务部门来说最关心的是教员之间同一教研室的联系,而对于科研部门来说最关心的是教员之间同一项目组的联系。因此,选取哪些联系也是由应用的需求决定的。要想让现实世界在计算机上的数据库中得以展现,重要的就是要将那些最有用的事物、事物的特征及其相互间的联系提取出来,借助数据模型精确描述。

为了把现实世界中的具体事物抽象、组织为计算机能够处理的数据存储结构,人们常常首先通过选择、分类、命名等方法把现实世界中的客观对象抽象为某一种信息结构,这种信息结构不依赖于具体的计算机系统,是一种概念结构,这是对现实世界的第一层抽象。再由数据库设计人员对概念结构的数据特征进行抽象,转化为描述数据的一组概念和定义,是一种逻辑结构,这是对现实世界的第二层抽象。数据的逻辑结构最终还要由 DBMS 转换为面向计算机系统的物理存储结构。对事物不同抽象层次中的对象采用不同的模型进行描述,需要不同的人员或工具完成数据在不同模型间的转换,如图 2-1 所示。

图 2-1　事物的抽象层次
及模型转换

(1)概念模型(conceptual model):也称信息模型。概念模型按用户的观点来对信息建模,通过各种概念来描述现实世界的事物以及事物之间的联系。

(2)数据模型:也称逻辑数据模型(logical data model)。数据模型是按计算机的观点对数据建模,提供了表示和组织数据的方法,是事物以及事物之间联系的数据描述,是概念模型的数据化。DBMS都是基于某种数据模型的,或者说是支持某种数据模型的。

(3) 物理模型(physical model):是对数据最底层的抽象,描述数据在系统内部的表示方式和存取方法,如数据在磁盘上的存储方式和存取方法,是面向计算机系统的。物理模型的具体实现是 DBMS 的任务,一般用户不必考虑物理层的细节。

概念模型是将现实世界中一些现象抽象出来得到的模型,是现实世界的抽象和简化,从现实世界到概念模型的转换是由数据库设计人员完成的;数据模型实现了信息世界向计算机世界的过渡,从概念模型到数据模型的转换可以由数据库设计人员完成,也可以用数据库设计工具协助设计人员完成;从数据模型到物理模型的转换一般由 DBMS 完成。

2.2 概念模型

概念模型是从现实世界中抽取出对于一个目标应用系统来说最有用的事物、事物特征以及事物之间的联系,通过各种概念精确地加以描述。概念模型是沟通现实世界与计算机世界的桥梁,是数据库设计人员进行数据库设计的有力工具,也是数据库设计人员与用户之间进行交流的语言。因此,概念模型一方面应该具有较强的语义表达能力,能够方便、直接地表达应用中的各种语义知识;另一方面还应该简单、清晰,易于用户理解。

概念模型的表示方法很多,在数据库领域中最著名、最常用的概念模型的表示方法是实体-联系模型(entity-relationship model,E-R 模型)。E-R 模型是美裔华人陈平山于1976 年提出的,该方法用 E-R 图来描述概念模型中的概念。由于它简单易学且容易被用户所理解,所以引起了广泛关注。本书主要介绍 E-R 模型,后续的数据库概念结构设计也是基于 E-R 模型。

近年来,统一建模语言(unified modeling language,UML)作为一种新的开发工具已经被广泛用于概念模型表示。UML 是一种使用面向对象概念,从多个视角进行系统建模的可视化建模语言。它能让系统构造者用标准的、易于理解的方式,建立起能够表达出他们想象力的系统蓝图,并且提供了便于不同人之间有效共享和交流设计结果的机制。

2.2.1 概念模型中的概念

1. 实体

现实世界中客观存在并能相互区分的事物经过加工,抽象成为信息世界的实体(entity)。实体是信息世界的基本单位。它可以是具体的对象,如学生、教材等;也可以是抽象的对象,如课程、比赛等。

2. 属性

现实世界中的事物都具有一些特征,这些特征在概念模型中通过与其对应的实体反映出来,称之为属性(attribute),用属性名表示。一个实体可以由若干属性来刻画,例如,学生这个实体可用学号、姓名、性别、出生日期、所在系和年级等属性来描述。与属性相关的概念如下。

(1) 属性值和属性域。每个属性都有值,如学生的姓名属性可取"张三""李四"等值。

属性值具有一定的取值范围,此范围称为属性域(domain),如学生姓名属性的域可定义为长度为 10 的字符串,性别属性的域可定义为('男','女')等。

(2) 简单属性(原子属性)和复合属性。简单属性也称原子属性,是属性值不可再分的属性,如人的性别、年龄等都是简单属性。若属性值可以划分为更小的子部分,每一子部分可表示更基本的实体特征,则称该属性为复合属性,如若地址属性可进一步划分为省、市、区、街道等,则地址属性是一个复合属性。

(3) 单值属性和多值属性。如果实体成员某属性上的取值只能为一个值,这样的属性称为单值属性,如学生的学号属性;如果在某个属性上的值可有多个,则称该属性为多值属性,如学生的联系方式。

(4) 基本属性(又称存储属性)和导出属性(又称派生属性)。对于学生实体,出生日期是基本属性,而年龄属性的值是不断变化的,且可由出生日期推导出来,则年龄属性是导出属性;学生的平均成绩是由各科成绩总和平均得来的,因此,学生的各科成绩是基本属性,而平均成绩是导出属性。在系统里应存储出生日期、各科成绩这样的基本属性的属性值,最好不要存储年龄、平均成绩这样的导出属性的属性值。

3. 实体型和实体值

实体具有型和值之分,用属性集合来抽象和刻画的同类实体,称为实体型(entity type)。例如,学生这个实体可用学号、姓名、性别、出生日期、所在系等属性来描述,其实体型表示为:学生(学号,姓名,性别,出生日期,所在系)。

同一类型的实体,即具有相同属性的一个实体集合称为实体集(entity set),而{2017307201,郑伟,男,1998-04-01,数据工程}表示的是该实体集的一个成员,实体集内的当前所有成员的值称为实体值(entity value),也称为实例。

4. 关键字

在实体的众多属性中,能唯一标识实体的最小属性集,称为实体的关键字(key),也称关键码。每个实体一定有一个关键字,用于区分实体集中的不同个体成员。例如,学号是学生实体的关键字。

5. 联系

现实世界中事物之间的联系(relationship)是复杂的,事物彼此的联系在概念模型中反映为实体间的联系。实体间的联系既可以发生在两个实体之间,也可以发生在多个实体之间,还可以发生在同一实体内部。与一个联系有关的实体的个数称为该联系的元数,按元数划分,联系可分为一元联系、二元联系和多元联系。

1) 一元联系

一元联系是同一实体集内部不同实体成员间存在的联系,例如职工内部存在一个成员领导其他成员的联系。

2) 二元联系

二元联系是两个不同实体集的实体成员间的联系,根据参与联系的实体成员数量不同,二元联系有三种类型,如图 2-2 所示。

(1) 一对一联系(1:1)。对于两个实体集 A 和 B,若 A 中每一个实体成员,在 B 中至多有一个实体成员与之对应,反之亦然,则称实体集 A 和 B 具有一对一的联系,记为 1:1。

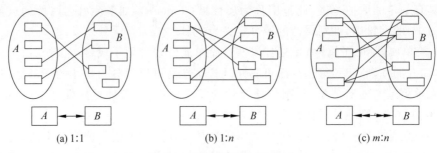

图 2-2 二元联系的三种类型

例如,学校和校长实体之间的任职联系是 1∶1 联系,表示一个学校只有一个(正)校长,而一个校长只在一个学校任职。

(2)一对多联系(1∶n)。对于两个实体集 A 和 B,若 A 中的一个实体成员在 B 中可有多个实体成员与之对应,反之 B 中的一个实体成员在 A 中至多有一个实体成员与之对应,则称实体集 A 和 B 具有一对多的联系,记为 1∶n。

例如,教研室和教师实体之间的管理联系就是 1∶n 的联系,表示一个教研室可管理多个教师,而一个教师只受一个教研室管理。

(3)多对多联系(m∶n)。对于两个实体集 A 和 B,若 A 中的一个实体成员在 B 中可有多个实体成员与之对应,反之亦然,则称实体集 A 和 B 具有多对多的联系,记为 m∶n。

例如,教师和学生实体之间的教学联系、学生和课程实体之间的选课联系等都是 m∶n 联系。

(4)多种联系。若两个实体集间存在多个二元联系,则称这两个实体间具有多种联系。例如,班级和学生实体之间既存在多个学生"属于"一个班级的 1∶n 联系,也存在一个学生"负责"一个班级的 1∶1 联系。

3)多元联系

多元联系是多个实体集之间存在的联系,多元联系也有一对一、一对多、多对多的联系类型。例如,供应商给工程供应零件,则供应商、工程、零件三个实体之间存在多对多的联系。

4)ISA 联系

实体集 A 的一个子集,当需要在数据库中单独表示时,可构造一个新的实体 B,实体 A 称为超类,实体 B 称为子类,则在实体集 A 与实体集 B 之间存在一种特殊的"ISA"联系。实体 B 可以通过 ISA 联系继承实体 A 中的所有属性和与 A 相关的联系,同时拥有自己特有的属性。例如,研究生是学生的一个子集,若单独表示时,学生与研究生两个实体间就存在着 ISA 联系,研究生除了拥有学生的属性外,还可有研究方向和所在学科等属性。

5)弱实体及依赖联系

若某实体的存在依赖于其他实体,则称该实体为弱实体,称其他实体为常规实体或强实体。如果常规实体集中某成员不存在了,则其对应的弱实体集中的成员也就不存在了。因此,弱实体与常规实体之间存在着一种依赖联系。例如,学生的家庭成员可单独构成一个弱实体,则弱实体家庭成员与学生实体之间存在着依赖联系。

对于参与联系的实体,若实体集中的所有实体成员均参与联系,则称该实体在参与联系时为全参与;若实体集中有实体成员可能并没有参与联系,则称该实体在参与联系时为部分参与。例如,对于学生和课程实体之间 $m:n$ 的选课联系,可能在系统中存在着没有选课的学生,或没有被学生选的课程,则学生实体和课程实体均部分参与联系;对于班级和学生实体之间的 $1:1$ 的负责联系,则学生实体为部分参与联系,而班级实体为全参与联系。

2.2.2 实体-联系模型

E-R 模型使用 E-R 图来描述概念模型中的概念,提供了表示实体、属性和联系的基本元素。

1. 实体

在 E-R 模型中,实体用矩形表示,在矩形框内标注实体名。

2. 属性

在 E-R 模型中,属性用椭圆形表示,在椭圆形内标注属性名,并用无向边将其与相应的实体连接起来。

【例 2-1】 学生实体具有学号、姓名、性别、出生日期、所在系等属性,对应的 E-R 图如图 2-3 所示。其中,"学号"为该实体的关键字,可在实体名与关键字之间的连线上加一短斜线进行表示。

图 2-3 学生实体及属性的 E-R 图

3. 联系

在 E-R 模型中,联系用菱形表示,菱形框内写明联系名,并用无向边分别与有关实体连接起来,同时在无向边旁标上联系的类型,是 $1:1$、$1:n$ 还是 $m:n$。

需要注意的是,不仅实体具有属性,联系也具有属性,用于对发生的联系进行描述。如果联系具有属性,则这些属性也要用无向边与该联系连接起来。

【例 2-2】 职工实体内部存在着一元的领导联系,对应的 E-R 图如图 2-4 所示。

【例 2-3】 学校和校长实体之间存在 $1:1$ 的任职联系,对应的 E-R 图如图 2-5 所示。

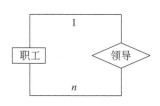

图 2-4 职工实体内部一元
联系的 E-R 图

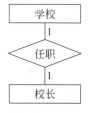

图 2-5 学校和校长实体之间
$1:1$ 联系的 E-R 图

【例 2-4】 教研室和教师实体之间存在着 $1:n$ 的管理联系,对应的 E-R 图如图 2-6 所示。

【例 2-5】 学生和课程实体之间存在着 $m:n$ 的选修联系,同时该联系具有一个成绩属性,对应的 E-R 图如图 2-7 所示。

图 2-6 教研室和教师实体之间　　　　　图 2-7 学生和课程实体之间
　　　$1:n$ 联系的 E-R 图　　　　　　　　　$m:n$ 联系的 E-R 图

【例 2-6】 供应商、工程和零件三个实体之间存在多对多的供应联系,对应的 E-R 图如图 2-8 所示,同时该联系具有供应量属性。

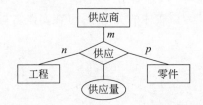

图 2-8 供应商、工程和零件三个实体之间联系的 E-R 图

4. ISA 联系

在 E-R 图中,ISA 联系用指向超类的三角形表示。

【例 2-7】 研究生与学生实体之间的 ISA 联系对应的 E-R 图如图 2-9 所示,其中研究生除了拥有学生的属性外,还有研究方向和所在学科等属性。

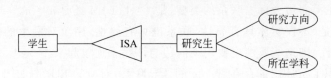

图 2-9 研究生与学生实体之间 ISA 联系的 E-R 图

5. 弱实体及依赖联系

在 E-R 图中,弱实体用双线矩形框表示,弱实体与常规实体(强实体)间的依赖联系用双线菱形框表示。

【例 2-8】 弱实体家庭成员与学生实体之间存在的依赖联系对应的 E-R 图如图 2-10 所示。

图 2-10 弱实体家庭成员与学生实体之间依赖联系的 E-R 图

用 E-R 图来描述概念模型中的概念,是进行数据库概念结构设计的基础,在这些基本要素的基础上,可针对某一具体的数据库应用系统,构造系统中实体及其联系的完整的 E-R 图来描述数据库的概念结构。

2.3 数据模型概述

数据模型是概念模型的数据化,对概念模型中的实体及其实体间的联系进行数据描述。描述方法不同,就形成了不同的数据模型,DBMS 都是基于某种数据模型或者说是支持某种数据模型的。

数据库技术产生后,数据模型按照能否比较真实地模拟现实世界、容易为人们所理解和便于在计算机上实现等需求,不断进行着演变,并成为数据库技术发展的一条主线。

2.3.1 数据模型的组成要素

一般来说,数据模型是严格定义的一组概念的集合,包括数据结构、数据操作和数据的完整性约束三个方面,这三个方面也称为数据模型的三要素。这些概念精确地描述了数据库应用系统的静态特性、动态特性和完整性约束条件等。

1. 数据结构

数据结构是用来描述数据库模式的,具体描述的是数据库的组成对象以及对象之间的联系,是所描述的对象类型的集合。因此,数据结构反映的是系统的静态数据特性。

数据结构是刻画一个数据模型的最重要的方面,因此,在数据库系统中,通常按照数据结构的类型来命名数据模型,例如层次结构、网状结构和关系结构的数据模型分别命名为层次模型、网状模型和关系模型。

2. 数据操作

数据操作是指对数据库中各种对象(型)的实例(值)允许执行的操作及操作规则的集合,反映的是系统的动态数据变化。

数据库主要有查询和更新(包括插入、删除和修改)两大类操作。数据模型必须定义实现这些操作的操作符号、确切含义、操作规则(如操作的优先级),以及实现操作的语言。例如,采用关系数据结构的关系模型定义关系代数操作,以及实现这些操作的 SQL。

3. 数据的完整性约束

数据的完整性约束是一组完整性约束规则,用来制约数据库中的数据及有联系的数据的依存关系,限定基于数据模型的数据库状态以及状态的变化,防止不合语义的、不正确的数据进入数据库,以保证数据的正确、有效和相容。

数据模型应该规定基于数据模型的数据库必须遵守的基本的完整性约束规则,并反映在 DBMS 上。例如,任何基于关系数据模型的关系数据库都要满足实体完整性和参照完整性。

支持数据模型的 DBMS 还应该提供定义完整性约束的机制,以反映具体应用所涉及的数据必须遵守的特定的语义约束。例如,在关系数据库管理系统中,可进行自定义完整性约束的定义。

2.3.2 数据模型的演变

数据库领域较早出现的数据模型有层次模型(hierarchical model)、网状模型(network model)和关系模型(relational model),后来出现了半结构化数据模型、面向对象模型(object oriented model)和对象关系模型(object relational model)等。

层次模型是一种基于树状结构的模型,层次数据库的典型代表是 1968 年美国 IBM 公司研发的信息管理系统 IMS。层次数据模型只能表示 1：N 的联系,虽然系统有多种辅助手段实现其他类型的联系,但较复杂,用户不易掌握。

网状数据模型是 20 世纪 70 年代数据库系统语言研究会(CODASYL)下属的数据库任务组(DBTG)提出的一个系统方案。网状数据模型的典型代表是 DBTG 系统,也称CODASYL 系统。DBTG 系统虽然不是实际的数据库系统软件,但是它提出的基本概念、方法和技术具有普遍意义,对于网状数据库系统的研制和发展起了重大的影响。后来不少系统都采用 DBTG 模型或者简化的 DBTG 模型。例如,Cullinet Software 公司的IDMS、Univac 公司的 DMS 1100、Honeywell 公司的 IDS/2、HP 公司的 IMAGE 等。网状数据模型的缺点是数据结构复杂、编程复杂。

基于层次和网状数据模型(通常称为非关系模型)的数据库系统在 20 世纪 70 年代至80 年代初非常流行,在数据库系统产品中占据了主导地位。由于层次和网状系统的天生缺点,因此,从 20 世纪 80 年代中期起其市场已经被取代,现在已经基本不再使用。

关系数据模型由于其高效性和易用性,得到了主流的商业数据库管理系统的支持。随着应用需求的变化,关系数据库管理系统也在不断优化,半结构化数据模型(最主要的是 XML)成为大多数商业关系数据库管理系统的一个附加特征。

20 世纪 80 年代以来,面向对象的方法和技术在计算机的很多领域都产生了深远的影响,也促进了数据库中面向对象数据模型的研究和发展。目前,许多 DBMS 厂商在传统关系数据库的基础上吸收了面向对象模型的思想,从而产生了对象关系模型。而气象、水文、空间、地理数据的应用需求,也催生了其他数据模型的研究和基于关系数据库的相应数据库系统的发展,如空间数据库和时空数据库。

随着互联网、物联网以及移动通信的发展,信息社会进入大数据时代,应用领域所要管理的数据呈现出数据规模大、数据增长快、来源和形式多样等特点,需要采用新的数据模型对其进行描述,并使用新型的数据库管理系统进行数据的管理。

本章后续只对关系模型、半结构化数据模型以及面向对象数据模型进行简单介绍,大数据技术下的数据模型等将在第 11 章介绍。

2.3.3 关系模型

关系模型是目前使用最广泛的一种数据模型,由美国 IBM 的 E. F. Codd 于 20 世纪70 年代初提出。E. F. Codd 因其在关系数据模型方面的杰出贡献,于 1981 年获得了ACM 图灵奖。

自 20 世纪 80 年代以来,DBMS 生产厂商推出的 DBMS 产品几乎都支持关系模型,即采用关系模型作为数据的组织方式,这类 DBMS 也称为关系数据库管理系统

（RDBMS）。基于非关系模型的 DBMS 产品大都加入了关系接口，数据库领域当前的研究工作也大多是以关系模型为基础的。因此，本书的重点也放在关系数据库上。后面各章将详细介绍关系数据库理论与技术，本章先对关系模型进行简要介绍。

1. 关系模型的数据结构

关系模型的数据结构建立在集合论中"关系"这个数学概念的基础之上，有着严格的数学基础。从用户观点来看，关系模型的数据结构非常简单，每个关系可用一张二维表来描述，这张表既可以用来描述实体，也可以用来描述实体间的联系。

2. 关系模型的数据操作

对关系的操作主要是数据查询和更新，关系中的数据操作是集合操作，也就是无论操作的原始数据、中间数据还是结果数据都是记录的集合，而不像非关系模型中是单记录的操作方式。另一方面，关系模型把存取路径向用户隐藏起来，用户只要指出对数据进行什么操作，而不必详细说明怎么进行操作，这样用户对关系的操作非常简单。

3. 关系数据模型的完整性约束

对关系的操作必须满足关系的完整性约束，关系的完整性约束主要包括实体完整性、参照完整性和用户定义的完整性，其具体含义将在第 3 章介绍。

4. 关系模型的优缺点

关系模型的优点主要体现在如下 4 方面。

（1）关系模型的数据结构单一，实体与实体间的联系均用关系来表示。

（2）与以前的非关系数据模型比较，关系模型建立在严格的数学理论基础上。

（3）数据的物理存储和存取路径对用户透明，从而具有较高的数据独立性、更好的安全保密性，便于数据库的应用开发。

（4）关系数据库的查询语言是非过程化的。

关系模型的缺点表现在查询效率往往不如非关系数据模型。由于存取路径对用户透明，为提高效率，关系数据库管理系统必须对用户的查询请求进行优化（参见第 7 章），这样就增加了开发 DBMS 的难度，但用户可不必关心这些系统内部的优化技术细节。

2.3.4 半结构化数据模型

1. 半结构化数据模型概述

在关系数据库中数据必须严格符合数据模式，固定模式可以使数据组织成能够支持有效查询响应的数据结构，但是难以实现对数据结构的动态修改，而半结构化数据（semistructured data）是"无模式"的，更准确地说，其数据是自描述（self describing）的。数据携带了关于其模式的信息，并且这样的模式可以随着时间在单一数据库内任意改变，易于修改和变化，适合信息内容日新月异的 Web 环境。

半结构化数据模型在数据库系统中有着独特的地位，主要表现在以下两方面。

（1）半结构化数据模型是一种适于数据库集成（integration）的数据模型，即适于描述包含在两个或多个数据库（这些数据库含有不同模式的相似数据）中的数据。

（2）半结构化数据模型是一种标记服务的基础模型，用于在 Web 上共享信息。

半结构化数据结构类似树或图，它是结点（node）的集合。结点包括叶子结点（leaf）

和内部结点(interior)。叶子结点与具体数据相关,数据的类型可以是任意原子类型,如数字和字符串。每个内部结点至少都有一条向外的弧。每条弧都有一个标签(label),该标签指明弧开始处的结点与弧末端的结点之间的关系,一个半结构化数据库必须有一个根(root)结点,它代表整个数据库,每个结点都从根可达。

【例 2-9】 图 2-11 是一个关于电影(movie)与影星(star)的半结构化数据库,其中电影有名称、出品年份等描述信息,而影星有姓名、住址等描述信息。不同的电影和影星可以有不同的描述结构。一名影星可以参演多部影片,一部影片可以由多名影星参演。

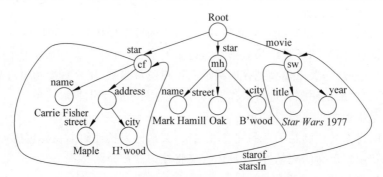

图 2-11　描述电影和影星的半结构化数据

顶部的结点名为 Root,该结点指向数据的入口,可以认为这个结点表示了数据库中的所有信息。数据库的中心对象或实体为 star 和 movie,它们都是 Root 结点的子结点。图中还有很多叶子结点,例如最左边的叶子结点旁写着 Carrie Fisher,是影星的姓名值,最右边的结点旁写着 1997,是电影的出品年份值。图中除了根结点和叶子结点外,还有一些内部结点,其中有三个特别的内部结点,标着 cf、mh 和 sw,分别代表影星 Carrie Fisher、Mark Hamill 以及电影 Star Wars。内部结点的标签并不是模型的一部分,这里给出标签是为了能够方便地在正文中引用这些结点。

从结点 N 出发到达结点 M 的弧上的标签 L 可担任下面两个角色之一。

(1) 如果 N 表示的是一个对象或实体,而 M 表示 N 的一个属性,那么 L 就表示该属性的名字。

(2) 如果 N 和 M 都是对象或实体,那么 L 就是从 N 到 M 的联系的名字。

cf 代表的结点可以看作代表 Carrie Fisher 的 star 对象。从这个结点出发的一条弧的标签是 name,它表示属性 name,并且连接到拥有正确名字的叶子结点。另外还有一条弧,其标签是 address,这条弧连接到表示影星 Carrie Fisher 的地址的一个未命名内部结点,该内部结点又包括两个属性 street 和 city,可以认为 address 是带有名为 street 和 city 两个域的结构或对象,而影星 Mark Hamill 的地址采用的是直接通过属性 street 和 city 来进行描述,体现了半结构化数据的灵活性。图中还存在从 cf 结点出发到 sw 结点的标签名为 starsIn 的弧以及从 sw 结点出发到 cf 结点的弧,这些弧代表电影与影星之间的联系。

目前,半结构化数据最主要的体现就是 XML,它利用一系列分层嵌套的标签元素表述数据。

2. XML 简介

XML(extensible markup language,可扩展标记语言)是一种基于标签的、最初为"标记"文档而设计的符号语言,类似于 HTML,但是 HTML 标签描述的是文档中信息的表示方式,而 XML 标签描述的是文档各部分的含义。

XML 的标记实体是元素。一个元素包括开始标记、内容和结束标记。例如,<person>John</person>就是一个元素,其中,<person>是开始标记,John 是内容,</person>是结束标记,我们称 person 为元素名或标记名。

元素名可以是几乎任意给定的标志符,只有少数几个限制条件,其中最重要的限制是必须以字母、下画线或冒号开头,且开头不能是 XML 及其变化形式,如 xML、Xml 等不允许。

元素内容可以包含其他元素、文本或者它们的混合,也可以为空。如果一个元素在另一个元素的内容中,则称前者是后者的子元素,后者是前者的父元素。因此,XML 元素是可以嵌套的。一个元素可以包含多个子元素,而且允许包含多个同名的子元素,因此,子元素出现的顺序很重要。

元素可以带有属性,例如:

```
<person name="John" age="25"/>
```

在 person 元素中,name、age 就是属性。一个元素可以带有任意数量的属性,每个属性是一个由属性名、属性值构成的对,如属性 name="John"中,name 是属性名,John 是属性值,属性名和属性值中间用等号连接。属性和元素之间的区别仅仅是表示形式上的,如<person name="John" age="25"/>也可采用子元素的表示形式。

```
<person name="John">
    <age>25</age>
</person>
```

在实际使用中,某一数据究竟采用子元素还是属性来进行描述只是一个对语句形式的选择问题,这两种形式对机器来说含义是相同的。但应注意,元素的属性是不能嵌套的,而且一个元素不能有两个相同属性名的属性。

【例 2-10】 图 2-11 中的数据可以用 XML"文档"的形式描述,如图 2-12 所示。其中<StarMovieData>为根元素,<Star>元素描述了影星信息,该元素中有属性 starID 和 starsIn,分别描述了影星的标志符和该影星参演影片的标志符;<Movie>元素描述了电影信息,通过属性 movieID 唯一标志该部影片,而属性 starof 描述了参演该部影片的影星的标志符。通过这些属性描述了电影和影星之间的关系。

XML 文档中第一行用于提供关于 XML 文档的基本信息,由多个"名-值"对构成,其中属性 version 说明文档使用的 XML 标准的版本号,属性 encoding 表明该文档使用的字符集,属性 standalone 定义了是否可以在不读取任何其他文档的情况下处理该文档,如果 XML 文档格式规范,则不需要借助于描述 XML 文档结构的其他文件即可处理该 XML 文档,这时 standalone 的值为 yes,否则需要借助于描述 XML 文档结构的其他文档。

```
<?xml version="1.0" encoding="utf-8" standalone="yes"?>
<StarMovieData>
  <Star starID="cf" starsln="sw">
    <Name>Carrie Fisher</Name>
    <Address>
      <Street>Maple</Street>
      <City>Hollwood</City>
    </Address>
  </Star>
    ⋮
  <Movie movieID="sw" starof="cf">
    <Title>Star Wars</Title>
    <Year>1977</Year>
  </Movie>
</StarMovieData>
```

图 2-12　一个关于影星和电影的 XML 文档

为了让计算机自动处理 XML 文档,文档有类似于设计模式(文档结构)的信息是很有用的,例如指出哪些种类的元素可以出现在文档中以及标签是如何嵌套的。为 XML 提供模式定义的方式主要有两种: 文档类型定义(document type definition,DTD)和 XML 模式(XML Schema)。对于 DTD 和 XML Schema 的相关知识感兴趣的读者可参考相关书籍,这里不作详细介绍。

半结构化数据上的操作常常会涉及在隐含的树状结构中跟踪路径,从一个标签元素开始跟踪到它的一个或多个嵌套子元素,然后再沿着路径跟踪嵌套在其中的子元素,如此一直跟踪下去。例如,在图 2-12 中,从外层的<StarMovieData>元素开始,遍历嵌套的每个<Star>元素,即包含在标签<Star>和</Star>之间的部分,直至获取关于影星的所有信息。

半结构化数据上的约束包括定义与一个标签相关联的数据值的类型。例如,与标签<Title>相关联的数据值是否可为任意字符串类型。还有一类约束用来确定标签间的嵌套关系,例如,<Star>标签下是否可包含多个<Address>标签,是否还有其他的标签可嵌入在<Star>标签下。

2.3.5　面向对象数据模型

20 世纪 80 年代以来,面向对象(object)的方法和技术在计算机各个领域都产生了深远的影响,也促进了数据库中面向对象数据模型的研究与发展。

面向对象数据模型(object-oriented data model,OO 数据模型)吸收了概念数据模型和知识表示模型的一些基本概念,同时又借鉴了面向对象程序设计语言和抽象数据类型的一些思想,是一种可扩充的数据模型。面向对象数据模型的基本概念是对象和类。

1. 对象、属性和消息

在面向对象数据模型中,现实世界的任意实体都是对象。一个对象可以包含多个属性,用来描述对象的状态、组成和特性。对象还包括若干方法,用以描述对象的行为特性,通过方法可以改变对象的状态,对对象进行各种数据库操作。每个对象都有一个在系统内唯一不变的标志符,称为对象标志符(object identifier,OID)。在面向对象数据库中,对象是封装的,对象之间的通信和面向对象程序设计中的通信机制相似,也是通过消息传递来实现的,即消息从外部传递给对象,存取和调用对象中的属性和方法,在内部执行要求的操作,操作的结果仍以消息的形式返回。

2. 类和实例

共享同一属性集合和方法集合的所有对象组合在一起构成了一个对象类,简称类(class)。一个对象是某一类的一个实例(instance)。例如,学生是一个类,具体的某个学生,如张山是学生类中的一个对象。在数据库系统中有"型"和"值"的概念,而在面向对象数据模型中,"型"就是类,对象是某个类的"值"。类属性的定义域可以为基本类,如字符串、整数、布尔型;也可以为一般类,即包括属性和方法的类。一个类的属性也可以定义为这个类自身。

3. 类层次

面向对象数据模型中,类的子集称为该类的子类,该类称为子类的超类。子类还可以有子类,也就是类可以有嵌套结构。系统中所有的类组成了一个有根的有向无环图,称为类层次(class hierarchy)。

一个类可以从类层次的直接或间接祖先那里继承所有的属性和方法。用这个方法实现了软件的可重用性。

面向对象数据模型能够完整地描述现实世界的数据结构,具有丰富的表达能力,但模型相对比较复杂,涉及的知识比较多。因此,面向对象数据库还未达到关系数据库的普及程度。

2.4 小结

计算机是不能直接处理现实世界中的具体事物的,若要将现实世界中的事物及其相互联系转换成数据库系统中计算机能够处理的数据,需要借助数据模型来对现实世界进行建模。

人们首先通过选择、命名、分类等方法把现实世界中的客观对象抽象为某一种信息结构,这种信息结构不依赖于具体的计算机系统,而是一种概念模型,这是对现实世界的第一层抽象。再由数据库设计人员将概念模型转化为某一类 DBMS 支持的数据模型,这是对现实世界的第二层抽象。数据模型最终还要由 DBMS 转换为面向计算机系统的物理模型。对事物不同抽象层次中的对象需要采用不同的模型进行描述。

概念模型是按用户的观点来对信息建模,是数据库设计人员与用户之间进行交流的语言。概念模型是从现实世界中抽取出对于一个目标应用系统来说最有用的事物、事物的特征以及事物之间的联系,并用实体、属性、实体间的联系等概念来精确地加以描述。

概念模型的表示方法很多,其中最为著名的是实体-联系模型,也称 E-R 模型,该方法用 E-R 图来描述概念模型。

数据模型是按计算机的观点对数据建模,是概念模型的数据化。数据模型提供了表示和组织数据的方法,描述的是数据的逻辑结构,也称逻辑数据模型。DBMS 都是基于某种数据模型或者说是支持某种数据模型的。

数据模型是严格定义的一组概念的集合,这些概念精确地描述了系统的静态特性、动态特性和完整性约束条件。因此,数据模型通常由数据结构、数据操作和数据的完整性约束三部分组成,也称为数据模型的三要素。

按照数据模型是否能比较真实地模拟现实世界,容易为人们所理解,并便于在计算机上实现的要求,数据模型不断进行着演变,并成为数据库技术发展的一条主线。数据模型的发展经历了层次模型、网状模型、关系模型等发展阶段。关系数据模型是目前最重要、使用最广泛的数据模型。关系数据模型的数据结构建立在集合论中"关系"这个数学概念的基础之上,有着严格的数学基础;对关系的操作主要是数据查询和更新;关系数据模型需要满足实体完整性、参照完整性和用户定义的完整性三类完整性约束。为了适应新一代数据库应用的要求,也出现了半结构化数据模型、面向对象数据模型等。半结构化数据模型的数据是自描述的,数据结构易于修改和变化,适合异构数据集成和在 Web 上共享信息,体现在 XML 中。面向对象数据模型包括对象、类、消息等基本概念,模型相对比较复杂,目前还未普及。

物理模型是对最底层数据进行的抽象,描述数据在系统内部的表示方式和存取方法,如数据在磁盘上的存储方式和存取方法,物理模型是面向计算机系统的。物理模型的具体实现是 DBMS 的任务,一般用户不必考虑物理存储的细节。

【图灵奖人物】 关系数据库之父 Edger F・Codd(埃德加・考特)及其贡献

Edger F. Codd(1923—2003)是密歇根大学哲学博士,IBM 公司研究员。1970 年,Edger F. Codd 在美国计算机学会会刊 *Communications of the ACM* 上发表了题为 *A Relational Model of Data for Large Shared Data Banks*(大型共享数据库的关系模型)的论文,首次提出了数据库系统的关系模型。ACM 1983 年把这篇论文列为从 1958 年以来的四分之一世纪中具有里程碑意义的 25 篇研究论文之一。后来 Codd 又陆续发表多篇文章,论述了范式理论和衡量关系系统的 12 条标准,用数学理论奠定了关系数据库的理论基础。关系模型简洁明了并具有坚实的数学理论基础,推出后受到学术界和产业界的高度重视和广泛响应。20 世纪 80 年代以来,计算机厂商推出的数据库管理系统几乎都支持关系模型,数据库领域当前的研究工作也大都以关系模型为基础。

Edger F. Codd 因在关系数据库的理论与实践方面的杰出贡献,于 1981 年获得图灵奖。

习　题

一、填空题

1. 数据模型包含三个要素:_____、_____和_____。

2. 对现实世界进行第一层抽象的模型,称为_____模型;对现实世界进行第二层抽象的模型,称为_____模型。

3. 人们通常把_____和网状模型称为非关系模型。

4. 用关系结构表示实体类型及实体间联系的数据模型为_____。

5. _____模型属于信息世界的模型,实际上是现实世界到机器世界的一个中间层次。

6. E-R 模型的三要素为_____、_____和_____。

7. 在 E-R 模型中,描述实体间"包含"关系的联系名为_____。

8. 在 E-R 模型中,弱实体和常规实体间存在着一种_____联系。

9. 学生社团可以接纳多名学生参加,但每个学生只能参加一个社团,社团和学生之间的联系类型是_____。

10. 在 E-R 图中,用_____表示实体,用_____表示联系,用_____表示属性。

11. _____是严格定义的一组概念的集合,这些概念精确地描述了系统的静态特性、动态特性和完整性约束。

12. 适合数据集成的数据模型是_____。

13. 在面向对象数据模型中,通过_____实现对象之间的通信。

14. 在 XML 中,元素可以包括子元素和_____。

二、选择题

1. 在数据库技术中,独立于计算机系统的模型是_____。
    A. E-R 模型   B. 层次模型
    C. 关系模型   D. 面向对象的模型

2. 层次模型、网状模型和关系模型是根据_____划分(命名)的。
    A. 数据结构   B. 数据查询操作   C. 完整性约束   D. 数据更新操作

3. 反映现实世界中事物及事物间联系的信息模型是_____。
    A. 关系模型   B. 数据模型   C. 物理模型   D. 概念模型

4. 公司中有多个部门和多名职员,每个职员只能属于一个部门,一个部门可以有多名职员,职员和部门的联系类型是_____。
    A. 多对多   B. 一对一   C. 多对一   D. 一对多

5. 对于现实世界中事物的特征,在 E-R 模型中使用_____描述。
    A. 属性   B. 关键字   C. 联系   D. 实体

6. 在下列两个实体间具有一对多联系的是_____。
    A. 学生与课程   B. 父亲与孩子
    C. 省与省会   D. 顾客与商品

7. _____不是面向对象数据模型中涉及的概念。
    A. 类   B. 属性   C. 消息   D. 关系

8. 关于 XML,以下说法中正确的是_____。
    A. 元素之间不能嵌套
    B. 同一元素中允许存在同名属性
    C. 可用 DTD 描述 XML 数据的结构
    D. 描述同类对象的数据结构必须相同

三、简答题

1. 简述数据模型的概念、数据模型的作用和数据模型的三要素。

2. 简述概念模型的作用。

3. 定义并解释概念模型中的术语：实体、实体型、实体集(值)、属性、关键字(码)。

4. 举出现实世界中两个实体间的联系,要求两个实体集之间分别具有 $1：1$、$1：n$、$m：n$ 的联系。

5. 什么是 E-R 模型? 构成 E-R 模型的基本要素是什么?

第3章 关系数据库理论

关系数据模型以集合论中"关系"这个离散数学概念为基础,集合论中的"关系"描述的就是日常生活和科学技术等领域中各种各样的具体关系。关系是对客观世界中事物间相互联系的一种描述。例如,人与人之间有血缘关系、朋友关系;两个数之间有等于或不等于关系;电阻、电压与电流间存在欧姆定律等。宇宙万物之间存在着错综复杂的各种关系,各门学科提出了许多表述关系的数学模型,如人们熟知的函数、矩阵和图等。

在离散结构的表示中,关系不是通过揭示其内涵来描述事物间联系的,而是通过列举其外延(具有某种联系的对象组合全体)来描述这种联系。这使得关系的研究可以方便地使用集合论的概念、运算及研究方法和研究成果。集合论中的"关系"本身也是一个集合,以具有某种联系的对象组合——"序组"为其成员。

3.1 关系模型概述

本节将从数据模型的组成要素:数据结构、数据操作和数据的完整性约束三方面详细介绍关系数据模型。

3.1.1 关系的数据结构

关系模型用关系结构来描述实体以及实体间的联系。

1. 关系结构

关系的概念建立在笛卡儿积的概念基础上。

笛卡儿积(Cartesian product):给定一组域 $D_1, D_2, \cdots, D_n$,这 n 个域上的有序对的集合为这 n 个域的笛卡儿积,可以表示为

$$D_1 \times D_2 \times \cdots \times D_n = \{(d_1, d_2, \cdots, d_n) \mid d_i \in D_i, i = 1, 2, \cdots, n\}$$

域(domain):是一组具有相同数据类型的值的集合。例如,自然数、整数、实数、长度小于 20B 的字符串集合、$\{0, 1\}$ 等都可以是域。这一组域中可以有相同的域。

每一个元素 $(d_1, d_2, \cdots, d_n)$ 称为一个 n 元组(n-tuple),简称**元组**(tuple)。元素中的每一个值 d_i 称为一个**元组分量**(component)。

若 $D_i (i = 1, 2, \cdots, n)$ 为有限集,假设其基数(cardinality)为 $m_i (i = 1, 2, \cdots, n)$,则 $D_1 \times D_2 \times \cdots \times D_n$ 的基数 M 为

$$M = \prod_{i=1}^{n} m_i$$

域的笛卡儿积可以用二维表直观地表示,表中的每一行对应一个元组,表中每一列的取值来自一个域。

【例 3-1】 给定三个域:

D_1 为学生姓名的集合 = {张山,李斯,王武}

D_2 为性别的集合 = {男,女}

D_3 为年龄的集合 = {19,20}

则 D_1、D_2、D_3 的笛卡儿积是所有可能的(姓名,性别,年龄)元组集合:

$D_1 \times D_2 \times D_3$ = {(张山,男,19),(张山,男,20),(张山,女,19),(张山,女,20),

(李斯,男,19),(李斯,男,20),(李斯,女,19),(李斯,女,20),

(王武,男,19),(王武,男,20),(王武,女,19),(王武,女,20)}

其中,"(张山,男,19)"和"(李斯,男,20)"等都是元组;"张山"和"男"等都是元组的分量。

该笛卡儿积的基数为 $3 \times 2 \times 2 = 12$。也就是说,$D_1 \times D_2 \times D_3$ 一共有 12 个元组。$D_1 \times D_2 \times D_3$ 可表示成二维表的形式,如表 3-1 所示。

表 3-1 $D_1 \times D_2 \times D_3$ 的二维表表示

姓　　名	性　　别	年　　龄	姓　　名	性　　别	年　　龄
张山	男	19	李斯	女	19
张山	男	20	李斯	女	20
张山	女	19	王武	男	19
张山	女	20	王武	男	20
李斯	男	19	王武	女	19
李斯	男	20	王武	女	20

由于一个学生只有一个姓名、性别和年龄,若用一个元组表示一个学生姓名、性别和年龄,则笛卡儿积中的许多元组是没有实际意义的(这里不考虑有重名的情况)。从笛卡儿积中取出那些有一定语义的元组构成一个集合,称之为关系,即关系是笛卡儿积的某个有意义的子集。如表 3-2 所示,该二维表可表示域 D_1 中每个学生的基本情况。

表 3-2 学生关系的二维表表示

姓名	性别	年龄
张山	男	19
李斯	女	20
王武	男	20

至此,可以给出关系的定义。

关系(relation):$D_1 \times D_2 \times \cdots \times D_n$ 中某个有一定语义的子集称为在域 $D_1, D_2, \cdots, D_n$ 上的关系,表示为 $R(D_1, D_2, \cdots, D_n)$。其中,R 为关系的名字,n 是关系的目或度(degree)。

从表 3-2 中可以看到,关系模型的数据结构(即关系),可以表示一个学生实体的信息。数据模型的数据结构还应能描述实体以及实体之间的联系,那么关系模型如何表示实体以及实体之间的联系呢?

【例 3-2】 给出三个域:

D_1 为导师姓名的集合 = {张明,李良}

D_2 为专业名称的集合 = {军事指挥学,软件工程}

D_3 为研究生的姓名集合 = {王敏,刘勇,李新}

$D_1 \times D_2 \times D_3$ 是一个三元组集合,元组个数(基数)为 $2 \times 2 \times 3$,是所有可能的(导师姓名,专业名称,学生姓名)的元组集合。

$D_1 \times D_2 \times D_3$ 中许多元组是没有意义的。因为在学校中,一名研究生只有一个导师,研究某一个专业方向(导师与研究生是一对多的联系)。

$D_1 \times D_2 \times D_3$ 的一个子集可表示导师与研究生的指导关系。这个关系可用表 3-3 所示的二维表来表示。

由此可见,定义在笛卡儿积上的关系,作为关系模型的数据结构,既可以表示概念模型中的实体,也可以用来描述实体间的各种联系。关系模型的数据结构简单,只包含单一的数据结构——关系,并可用二维表来表示,这正是关系模型的优势所在。

表 3-3　导师与研究生的指导关系

导师姓名	专业名称	学生姓名
张明	军事指挥学	王敏
张明	军事指挥学	李新
李良	软件工程	刘勇

2. 关系模式

概念模型中有关实体的描述反映在关系模式的定义上。实体的属性、域、实体型、实体集(值)分别用关系的属性、域、关系模式、关系实例来表示。

关系模式(relation schema):关系的描述称为关系模式。关系模式必须指出关系的结构,即关系由哪些属性构成、这些属性来自哪些域、属性与域的映像以及属性之间的数据依赖。

关系模式可以形式化地表示为

$$R(U, D, \mathrm{Dom}, F)$$

其中,R 为关系名,U 为关系 R 的属性集合,D 为属性组 U 中属性来自域的集合,Dom 为属性向域的映像的集合,F 为属性间数据依赖的集合。

下面对关系模式的这 5 个要素进行解释。

关系名:标识一个关系。因为关系既可以表示概念模型中的实体,也可以用来描述实体间的各种联系,所以关系的名称通常与对应实体的名称或者实体间联系的名称相一致。如表 3-2 中的"学生"关系,表 3-3 中的"指导"关系。

属性:对关系中元组分量的描述,用属性名表示,与定义关系的一组域对应。其语义就是关系所描述的实体的属性或者实体间联系的属性,所以在同一关系中属性名不能相同。如表 3-2 中的学生关系可用学生实体的姓名、性别和年龄等属性描述,表 3-3 中的指导关系可用学生实体和导师实体的姓名以及指导的专业名称等属性描述。

域:属性的取值范围。不同的属性可以有相同的域。如表 3-3 中,"导师姓名"和"研究生姓名"这两个属性的域都可以是由若干字符组成的字符串的集合,可能会出现导师和研究生的姓名相同的情况。属性的域可以相同,但属性名称不能相同。

在关系数据模型中,一般要求所有的属性域都是原子数据的集合,这种限制称为第一范式条件(范式的概念见 5.2 节)。因此,关系的属性只能是简单属性,也就是原子属性,不能是复合属性,属性值不能在系统里被划分为若干子部分;属性也不能是多值属性,不能在同一元组的同一属性上有多个值。

属性向域的映像:常常直接定义为属性的类型和长度。例如,可定义表 3-2 中学生关系的姓名属性为字符串类型,长度为 10 个字符;性别属性为由"男"和"女"两个汉字组成的集合类型;年龄属性为整数类型。

属性间的数据依赖:关系的属性与属性之间的一种约束关系,反映的是现实世界事物特征间的一种依赖关系,是数据内在的性质,是语义的体现。

例如,将表 3-3 中给出的导师姓名、专业名称和研究生姓名三个域的笛卡儿积上的指导关系,定义为表 3-4 中的"指导 1"关系,该关系的语义是一个导师只能在一个方向上指导研究生,可同时指导多名学生。若要求一个导师只能在一个专业方向指导一名研究生,则导师实体与研究生实体的指导关系可定义为表 3-4 中的"指导 2"关系,只能包含 2 个元组。这两个关系的区别就在于关系属性间约束不同,语义不同。

由此可见,属性间的数据依赖是关系模式的要素之一。有关数据依赖的内容将在第 5 章关系模式的规范化设计部分做进一步介绍。

表 3-4 具有不同数据依赖的导师和研究生的指导关系

（a）指导 1

导 师 姓 名	专 业 名 称	学 生 姓 名
张明	军事指挥学	王敏
张明	军事指挥学	李新
李良	软件工程	刘勇

（b）指导 2

导 师 姓 名	专 业 名 称	学 生 姓 名
张明	军事指挥学	王敏
李良	软件工程	刘勇

根据讨论问题的关注点的不同,关系模式通常可以简化表示为 $R(U)$ 或 $R(U,F)$ 等形式,或直接表示为

$$R(A_1, A_2, \cdots, A_n)$$

其中,$A_1, A_2, \cdots, A_n$ 为属性名。

对于表 3-2 中的学生关系,其关系模式可表示为

学生(姓名,性别,年龄)

关系实例(relation instance):一个给定关系某一时刻的元组的集合,即当前关系的值。关系 R 的实例记为 $r(R)$。

关系模式是关系的型的描述,是静态的、稳定的。关系实例(值)是关系的当前值,是动态的、随时间不断变化的,其变化通过关系的元组和属性值的改变表现出来。如表 3-2、表 3-3 的内容分别是学生关系和指导关系的一个实例。

在实际使用中,人们常常把关系模式和关系实例都笼统地称为关系,具体所指可从上下文中加以区别。可将"关系"的概念与程序设计语言中的"变量"概念做类比,"关系模式"和"关系实例"相当于变量的类型定义和变量的值。

3. 关系的性质

在集合论中,关系可以是无限集合,而且关系中每个元组是"序组",即元组中的分量有前后顺序,元组 $(d_1, d_2, \cdots, d_n)$ 和 $(d_2, d_1, \cdots, d_n)$ 是不同的。当关系作为关系数据模型的数据结构时,需要给予如下的限定和扩充。

（1）限定关系数据模型中的关系必须是有限集合。无限关系在数据库系统中是没有意义的。

（2）通过为关系的每个属性附加一个属性名来取消元组分量的有序性，即关系 $R(A_1,A_2,\cdots,A_i,A_j,\cdots,A_n)$ 与关系 $R(A_1,A_2,\cdots,A_j,A_i,\cdots,A_n)$ 的关系模式语义可相同，可表达同一关系。

归纳起来，关系数据模型中的关系具有如下一些性质。

（1）元组个数有限性。

（2）元组的唯一性，即关系中不能出现完全相同的两个元组。

（3）元组的次序无关性，即元组的顺序可以交换。

（4）属性名唯一性，即关系中不能有重名属性。

（5）属性的次序无关性，即属性列的次序可以交换。

（6）属性域的原子性，即属性值是不可分割的数据项。

（7）属性域的同一性，即所有元组的同一属性值来自同一个域，是同一数据类型。

4. 关系与二维表

关系的逻辑数据结构是表结构，在关系模型中，经常将关系与一张二维表等同起来。二维表的表头由各属性名构成，每一列对应一个属性，每一行对应一个元组，所有行的集合构成了关系的实例。

关系描述的是实体及实体间的联系，是一种抽象的对象，表则是一种具体的图形，关系这种抽象对象能以二维表的形式简单地表示出来，使得关系模型容易理解和使用，这是关系模型的一个巨大优势。

但关系和表实际上是不同的，注意加以区分，这有助于对关系的理解。关系和表的不同之处具体体现在以下几方面。

（1）关系本质上是一个集合，是 n 个域上的一个 n 元组的集合，是"n 维的"；表是关系的二维呈现，是平面的。

（2）关系是元组的集合，不是元组的列表，关系中元组的次序是任意的；表中各行从上到下是有序的。

（3）关系中属性的次序是任意的；表中各列从左到右是有序的。

（4）关系中不能有相同的元组；表中可能包含重复的行。

（5）空关系相当于空集合，不含任何属性；空表可有列没有行。

一般情况下，理论研究侧重关系的概念，而实际的 DBMS、数据库语言等更多地支持表的概念。例如，在数据库语言和宿主语言中支持表的概念，会有"取出第 N 个元组的操作"，查询结果的呈现涉及元组的有序排列等问题。在实际的 DBMS 中，定义关系模式时，属性是没有顺序的，但定义后，在系统中就有了顺序。但这些问题不属于关系模型本身的问题，而是 DBMS 的实现问题。

5. 关系数据库

在支持关系模型的 DBMS 中，数据库是由一个或多个关系组成的，数据库中各关系模式的集合称为关系数据库（relational database，RDB）的模式，或者简称为数据库模式（database schema），是对关系数据库的型的描述，包括若干域的定义以及在这些域上定义的若干关系模式。关系数据库的实例(值)是这些关系模式在某一时刻对应关系实例的集合。

在某一应用领域中,描述所有实体以及实体之间联系的关系的集合就构成了一个关系数据库。

3.1.2 关系的完整性约束

关系模型的完整性约束是关系数据库管理系统对于存储在数据库中的数据具有的约束能力,也就是关系的值随着时间变化应该满足的一些约束条件。这些约束条件实际上是现实世界对关系数据的语义要求,关系数据库中的任何关系在任何时刻都需要满足这些语义。

关系模型的完整性约束保证授权用户对数据库的操作不会破坏数据的完整性,即防止关系数据库中存在不符合语义的数据,也就是不正确的数据。

关系模型有三类完整性约束:实体完整性、参照完整性和用户定义的完整性。实体完整性和参照完整性是关系模型要求关系数据库必须满足的完整性约束条件,称为关系的两个不变性,一般由 RDBMS 默认提供支持。用户定义的完整性是应用领域要求关系数据库需要遵循的约束条件,体现了具体应用领域中的语义约束,一般在定义关系模式时由用户自己定义。

1. 实体完整性

在关系模型中,用关系来描述实体,关系中每个元组表示的是每一个实体成员,每个实体用关键字属性来区分不同实体成员,例如学号是学生实体的关键字。对应实体的关键字,在关系中定义了候选键属性来唯一标识一个元组,实体完整性约束就是对关系的候选键中的属性进行约束。

首先介绍候选键及其相关概念。

候选键(candidate key):也称候选码,简称键或码。若关系中的某一属性或属性集能唯一标识一个元组,而其任意一个真子集无此性质,则称该属性或属性集为关系的候选键。也就是说,候选键是能唯一标识一个元组的最小属性集。

候选键可以保证关系实例上任何两个元组的值在候选键的属性(集)上取值不同。需要注意的是,构成候选键的属性(集)的值对于关系的所有实例都具有唯一性,而不是只针对某一个实例。

通常在关系模式中,在构成候选键的属性(集)下面标出下画线,来表明它是键的组成部分。例如,表 3-2 中的学生关系可写成如下形式,其中"姓名"是候选键。

学生(<u>姓名</u>,性别,年龄)

每一个关系都至少存在一个候选键,若一个关系有多个候选键,可选择其中的一个作为主键(primary key)。主键是数据库设计者选中用来在 DBMS 中区分一个关系中不同元组的候选键,主键的选择会影响某些实现问题,例如索引文件的建立(见第 6 章)。

包含候选键的属性集称为超键(super key)。超键能唯一标识元组,但不具有最小化性质。

若关系只有一个候选键,且这个候选键包含了关系的所有属性,称该候选键为全键(all-key)。

【例 3-3】　在学生选课数据库中,学生实体和课程实体分别用关系"学生"和"课程"来表示,它们之间的联系用关系"选课"来表示。数据库中各关系模式为

学生(<u>学号</u>,姓名,性别,出生时间,所在系)

课程(<u>课程编号</u>,课程名,先修课程号)

选课(<u>学号,课程编号</u>,成绩)

根据数据的语义,学生关系的候选键(主键)为"学号";课程关系的候选键(主键)为"课程编号";在"选课"关系中,由于一个学生可选多门课程,一门课程也会有多个学生选修,所以"学号"和"课程编号"两个属性的值才能唯一标识一个选课元组,需要共同构成关系的候选键(主键)。

主属性(prime attribute):构成候选键的每个属性称为主属性。不包含在任何候选键中的属性称为非主属性(non-prime attribute)或非码属性(non-key attribute)。

实体完整性就是对构成候选键的每个主属性进行如下约束。

实体完整性约束规则:若属性 A 是关系 R 的主属性,则属性 A 的值不能为空值。

属性值为空的含义是该属性值"不知道""不清楚""不存在"或"无意义"等。在关系数据库中使用空缺符 NULL 表示。

在例 3-3 中,"学生"关系的主属性"学号"和"课程"关系的主属性"课程编号"不能为空;选课(<u>学号,课程编号</u>,成绩)关系中主属性"学号"和"课程号"都不能为空。

在学生(<u>姓名</u>,性别,年龄)关系中,"姓名"属性是候选键,则"姓名"是主属性,不能为空。

这条约束规则体现了关系模型的键约束特性,如果关系的候选键由若干属性组成,则所有构成候选键的属性即主属性都不能为空。主属性为空,说明存在某个不可标识的元组,即存在不可区分的实体成员。

需要说明的是,实体完整性约束针对的是系统中定义的基本关系(存储的关系),并不对查询的结果关系、外模式等进行约束。

2. 参照完整性

在关系模型中,实体以及实体间的联系都是用关系来描述的,这样就存在描述联系的关系与描述实体的关系之间的参照,关系之间的参照一般通过外键来描述。

外键(foreign key):也称外码。若关系 R 的一个属性(集)F 与关系 S 的主键 K_s 对应,即关系 R 中的某个元组的 F 上的值来自关系 S 中某个元组的 K_s 上的值,则称该属性(集)F 为关系 R 的外键。

$$R(\underline{Kr}, \cdots, \underline{F}) \qquad S(\underline{Ks}, \cdots)$$

上述的关系 R 为**参照关系**(referencing relation),又称引用关系,关系 S 为**被参照关系**(referenced relation)或**目标关系**(target relation)。

在例 3-3 中,若课程关系的某门课程的"先修课程号"只能对应课程关系的某门课程的"课程编号",则"先修课程号"是课程关系的外键,被参照关系和参照关系是同一个关系。选课关系描述的是学生实体和课程实体之间的选课联系,选课关系中某个选课元组的"学号"和"课程编号"的值应分别对应学生关系和课程关系的某个元组的主键值,"学

号"和"课程编号"应是选课关系的外键,选课关系是参照关系,学生关系和课程关系是被参照关系。

在实际应用中,外键的定义需要注意以下几点。

(1) 参照关系 R 和被参照关系 S 可以是同一个关系,即外键 F 参照本关系的主键,表明同一关系中不同元组之间的参照关系。

比如在例 3-3 中,课程关系中的"先修课程号"就是课程关系的外键,其对应的主键为本关系的主键"课程编号"。

(2) 外键与对应的主键必须定义在相同的值域上,即属性值的数据类型要完全一致。

例如在例 3-3 中,课程关系中的外键"先修课程号"与对应主键"课程编号"必须定义在相同的值域上。

(3) 当外键与相应的主键属于不同关系时,命名可以不同,但一般给它们取相同的名字。

例如在例 3-3 中,选课关系的外键"学号"和"课程编号"分别与对应的学生关系和课程关系的主键"学号"和"课程编号"同名。

参照完整性约束就是要求外键的取值遵循如下约束规则。

参照完整性约束规则:若属性(集)F 是关系 R 的外键,它与关系 S 的主键 K_s 对应,则 R 中元组在 F 上的取值只能有两种可能:

(1) 取空值。

(2) 等于 S 中某个元组的 K_s 值。

【例 3-4】 学生实体和专业实体用下面的关系来表示:

$$\text{学生}(\underline{\text{学号}},\text{姓名},\text{性别},\underline{\text{专业号}},\text{出生时间})$$
$$\text{专业}(\underline{\text{专业号}},\text{专业名})$$

若属性"专业号"是学生关系的外键,又是专业关系的主键,则学生关系中每个元组的"专业号"属性值只能是下面两种情况。

(1) 空值,表示尚未给学生分配专业。

(2) 非空值,这时元组在"专业号"属性上的元组分量值必须是专业关系中某个元组的"专业号"值,表示该学生只能就读某个存在的专业。

一个关系的外键 F 是否能为空值,应视具体问题而定。在例 3-3 中,选课关系中的"学号"和"课程编号"分别是该关系的外键,按照参照完整性约束规则,属性值可以为空值或被参照关系学生关系和课程关系中某个元组的主键值。但由于"学号"和"课程编号"又分别是选课关系的主属性,按照实体完整性约束规则,它们均不能取空值,选课关系中的外键"学号"和"课程编号"只能取对应被参照关系中已经存在的某个元组的主键值。

这条约束规则的实质是不允许引用不存在的实体,在参照关系中出现的值也必须在被参照关系中出现。

3. 用户定义的完整性

关系数据库除了要满足实体完整性和参照完整性之外,不同的关系数据库根据其应用环境的不同,往往还需要一些特殊的约束条件,反映某一具体应用所涉及的数据必须满足的语义要求。用户定义的完整性主要有如下一些情况。

（1）对属性域的约束。对每个属性的数据类型进行约束，使得该属性上的每个取值都只能是该类型。例如，"年龄只能取整数"及"姓名的字符串长度最大为 20"等域约束条件。

（2）对属性值的取值范围进行约束。例如，要求"学生考试成绩在 0～100"和"在职职工的年龄不能大于 60 岁"等。

（3）对同一关系中的元组进行约束。例如，要求不同元组的同一属性的值不能相同，即属性值具有唯一性，存在如"不允许出现两个不同的学生拥有相同的姓名"类似的约束。

（4）对同一元组的各属性进行约束。例如，要求属性值间满足一定的依赖关系，存在如"职工工资与职工的工龄和职务满足一定的算术关系"等约束。

（5）对数据库的各关系进行约束，即不同的关系中的元组有一定的约束。例如，要求"计算机系的学生必须选修数据库课程"等。

一般来说，一个自定义的完整性约束可以是关于数据库的任意谓词。但因检测任意谓词的代价太高，大多数 DBMS 允许用户定义只需极小开销就可以检测的完整性约束条件。

4. 完整性控制机制

为了保证数据库的完整性，DBMS 必须提供定义、检查和控制数据完整性的机制（称为完整性子系统）。

完整性约束的定义通常作为数据库模式设计的一部分存入数据库中。在实际应用中，当在关系模式定义中定义了主键和外键后，由 DBMS 默认提供实体完整性和参考完整性；用户定义的一些关于属性、域的约束也可在关系模式定义时进行定义，其他一些对数据库中各关系的元组值，即数据库状态所施加的约束，可以通过定义触发器（见 4.4 节）和定义事务（见第 8 章）等来实现。

DBMS 监视用户对数据库进行操作的整个过程，检查用户发出的操作请求，如果发现有违背了完整性约束的情况，则采取拒绝执行操作等动作来保护数据的完整性（见 4.2 节和 4.4 节）。

在早期的 DBMS 中，没有提供定义和检查数据库完整性的机制，因此需要应用开发人员在应用系统的程序中进行完整性检查。

例如，对于例 3-3 中的选课关系，若要实现参照完整性，每插入一条学生选课记录，必须在应用程序中写一段程序，来检查其中的"学号"和"课程编号"属性的值是否在学生和课程关系中出现。现在只需在关系模式定义中定义外键和对应的主键就可以了，由 DBMS 来实现参照完整性。

3.1.3　关系操作

关系模型给出了关系操作的能力说明，早期的关系操作能力通常用代数方式或逻辑方式来表示，分别称为**关系代数**（relational algebra）和**关系演算**（relational calculus）。

关系代数提供了对关系的基本运算和组合运算，能用对关系的代数运算来表达对关系的操作。关系代数的重要性体现在以下两个方面。

（1）关系代数为关系模型的数据操作能力表达提供了一个形式化的基础，因此经常被用作衡量另一种关系模型数据操作语言表达能力的尺度。当一种关系数据操作语言至少拥有关系代数的作用,即该语言能够表达用关系代数可以表示的关系操作,则称该语言是关系完备的。

(2) 关系代数被用在关系数据库管理系统中,作为优化查询的基础(见第 7 章),用来实现从数据库中存取数据的基本操作。

与关系代数不同,关系演算是用关系操作得到的元组应满足的谓词条件来表达操作要求。根据谓词变元是关系中的元组还是属性,关系演算的表达形式分为元组关系演算和域关系演算。关系演算的重要性体现在其有坚实的数理逻辑基础,与关系代数在表达能力上是等价的,也可用来评估实际系统中查询语言能力的标准和基础。

此外,关系代数是一种过程化语言(procedural language),而关系演算是一种非过程化语言(nonprocedural language)。使用过程化语言,用户需要对数据库执行一系列操作以获得所需结果;使用非过程化语言,用户只需描述所需要的结果是什么,而不用给出获取结果的具体过程。

本章所讨论的关系代数、元组关系演算和域关系演算均是抽象的查询语言(query language)。这些语言与具体的 RDBMS 中实现的操作语言并不完全相同,没有给出具体的语法要求。实际的查询语言除了提供关系代数语言和关系演算语言所表达的功能外,还提供许多附加的功能。

下面是曾经出现的一些 RDBMS 实际操作语言。

(1) ISBL(information system base language)是 IBM 公司英格兰底特律科学中心在 1976 年研制的,用在一个实验系统 PRTV(peterlee relational test vehicle)上。ISBL 的每个查询语句都近似一个关系代数表达式。

(2) QUEL(query language)是美国加州大学伯克利分校研制的关系数据库系统 INGRES 使用的查询语言。QUEL 参照 E. F. Codd 提出的 ALPHA 元组演算语言研制的,是一种基于元组关系演算并具有完善的数据定义、检索、更新等功能的数据库语言。

(3) QBE(query by example)是 IBM 公司高级研究实验室的 M. M. Zloof 提出的,为图形终端用户设计的一种域演算语言,1978 年在 IBM 370 上实现。QBE 属于人机交互语言,使用方便,其思想已渗入到许多 DBMS 中。

目前 RDBMS 实际使用的是一种结构化的查询语言(structured query language, SQL),SQL 不仅具有丰富的查询功能,而且具有数据定义和控制功能。SQL 吸纳了关系代数的概念和关系演算的逻辑思想,是一种非过程性语言,具有语言简洁,易学易用的特点,已成为关系数据库的标准语言。

我们将在 3.2 节介绍关系代数的操作,在 3.3 节介绍关系演算的表达,在第 4 章讨论 SQL 的功能。

3.2 关系代数

关系代数是一种过程化的查询语言,它用对关系的运算来表达关系操作。

一门代数总是由一些操作运算符和一些原子操作数组成的。例如,算术代数中的原子操作数是像常量 5 和变量 x 这样的操作数,而加(+)、减(-)、乘(×)、除(÷)是其中的操作运算符。任何一门代数都允许把运算符用在原子操作数或者是其他代数运算结果上构造表达式,括号一般被用来组合操作数和运算符。

关系代数也是一门代数,基于一组为数不多的以关系为操作对象的运算符,其原子操作数则为代表关系实例的关系名变量和具体元组组成的集合常量。

关系代数的运算符可分为两类:传统的集合运算和专门的关系运算。

传统的集合运算主要包括并、差、交和广义笛卡儿积。

专门的关系运算主要包括投影、选择、连接、除和重命名。

传统的集合运算将关系看成元组的集合,其运算是从关系的"水平"方向即元组的角度来进行的。专门的关系运算不仅涉及元组,还涉及属性列,并需使用比较运算符和逻辑运算符来辅助完成。

每个运算符对一个或两个关系进行运算,产生的结果是另外一个关系,可以把多个关系代数运算组合成一个关系代数表达式(relational algebra expression),如同将算术运算组合成算术表达式一样,来表达对数据库中的关系进行操作的过程。

3.2.1 传统的集合运算

传统的集合运算是二目运算,主要包括并、差、交和广义笛卡儿积 4 种运算。其中,参与并、差和交运算的两个关系必须是相容的。

设两个关系 R 和 S 是相容的,即关系 R 和 S 具有相同的目(属性个数相同),且相应的属性对应同一个域,则如下定义并、差和交运算。

1. 并运算

关系 R 与 S 的并(union)是一个与 R、S 相容的关系,且其元组由属于 R 或 S 的元组组成,表示为 $R \cup S$。

$$R \cup S = \{t \mid t \in R \lor t \in S\}$$

并运算可用于实现两个关系的合并,实现元组的插入操作。

2. 差运算

关系 R 与 S 的差(difference)是一个与 R、S 相容的关系,且其元组由属于 R 但不属于 S 的元组组成,表示为 $R - S$。

$$R - S = \{t \mid t \in R \land t \notin S\}$$

注意:$S - R$ 与 $R - S$ 是不同的,$S - R$ 表示由只在 S 中出现而不在 R 中出现的元组构成的关系。

差运算可用来实现元组的删除操作。

3. 交运算

R 和 S 的交(intersection)是一个与 R、S 相容的关系,其元组由既属于 R 又属于 S 的所有元组组成,表示为 $R \cap S$。

$$R \cap S = \{t \mid t \in R \land t \in S\}$$

关系的交运算可以用差运算来实现。

$$R \cap S = R - (R - S)$$

或

$$R \cap S = S - (S - R)$$

4. 广义笛卡儿积

关系的笛卡儿积运算可以将任意两个关系的信息组合在一起。关系 R 和 S 的广义笛卡儿积(extended Cartesian product,简称笛卡儿积、叉积或积)是一个有序对的集合,有序对的第一个元素是关系 R 中的任何一个元组,第二个元素是关系 S 中的任何一个元组,表示为 $R \times S$。

$$R \times S = \{\widehat{t_r t_s} \mid t_r \in R \land t_s \in S\}$$

设关系 R 和关系 S 分别是 m 目和 n 目关系,R 中有 k_1 个元组,S 中有 k_2 个元组,则 $R \times S$ 为一个 $m+n$ 目的新关系,共有 $k_1 \times k_2$ 个元组,且每个元组的前 m 个分量是关系 R 的一个元组,后 n 个分量是关系 S 的一个元组。$R \times S$ 的属性集是关系 R 和 S 的属性集的并集,如果 R 和 S 恰好有同名的属性,就需要把至少一个关系中相应的属性名更改为不同的名称。为了使含义清楚,如果属性 A 在关系 R 和 S 均出现,则结果关系模式中分别用 $R.A$ 和 $S.A$ 表示来自 R 和 S 的属性。当某个关系如果需要与自身做笛卡儿积运算时怎么办呢?3.2.2 节将提供一种改名运算来解决这个问题。

广义笛卡儿积是连接操作的基础。

【例 3-5】 给定关系 R、S,$R \cup S$、$R \cap S$、$R - S$、$R \times S$ 的结果如图 3-1 所示。

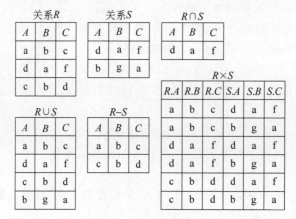

图 3-1　集合运算示例

3.2.2　专门的关系运算

专门的关系运算包括投影、选择、连接、除法和重命名运算。

1. 投影运算

投影(projection)运算是对一个关系的属性进行操作的一元运算。关系 R 上的投影运算是从 R 中选择若干属性列组成一个新的关系。

设关系 R 为 n 目关系,$A_{i1}, A_{i2}, \cdots, A_{im}$ 是关系 R 的属性 $A_1, A_2, \cdots, A_n$ 的一部分,则关系 R 在 $A_{i1}, A_{i2}, \cdots, A_{im}$ 上的投影是一个 m 目关系,其属性为 $A_{i1}, A_{i2}, \cdots, A_{im}$,表示为

$$\pi_{A_{i1}, A_{i2}, \cdots, A_{im}}(R)$$

或

$$\pi_{i1,i2,\cdots,im}(R)$$

投影运算符用小写希腊字母 π(pi)表示，在结果中出现的属性名作为 π 的下标，属性名间用逗号分隔，参与运算的关系作为 π 后括号内的参数。在投影运算中，也可以用属性的位置标记隐含地作为关系的属性名，位置标记不像属性名易于理解，本书后续基本不采用位置标记方法。

投影操作提取了原关系的某些属性，与原关系相比，投影后的新关系的属性列数目减少，可能会有重复元组被去除，则元组数也可能会减少。

通过投影运算，可以对关系内的任意属性的数据进行查询。

2. 选择运算

选择(selection)运算是对一个关系的元组进行操作的一元运算。关系 R 上的选择运算是从 R 中选择满足给定条件 F 的元组组成一个新的关系，这个新关系与 R 具有相同的关系模式，其值是 R 的一个子集，表示为 $\sigma_F(R)$。

选择运算用小写希腊字母 σ(sigma)来表示，将选择条件写作 σ 的下标，参与运算的关系作为 σ 后括号内的参数。

选择条件 F 为一逻辑表达式，假设 t 是 R 中任意一个元组，把 t 代入逻辑表达式 F 中，如果 F 的结果为真，那么这个元组 t 就是 $\sigma_F(R)$中的一个元组，否则此元组不会在 $\sigma_F(R)$中出现。

$$\sigma_F(R)=\{t \mid t\in R \wedge F(t)=\text{TRUE}\}$$

逻辑表达式 F 由下面的规则组成。

(1) 由基本逻辑表达式 $a\theta b$ 组成，a、b 可为属性名或常量，但不能同时为常量。θ 为比较符<、>、=、≤、≥和≠。

注意：参与比较的每个属性必须是选择运算符的关系操作数里的一个属性，否则就是语法上的错误。

(2) 由基本逻辑表达式经逻辑运算 ¬(非)、∧(与)和 ∨(或)组成，称为复合逻辑表达式。

通过选择运算，可以对关系内的任意元组的数据进行查询。

【例 3-6】 给出关系 R，$\pi_{C,A}(R)$、$\sigma_{A>'c' \vee C<'d'}(R)$的结果如图 3-2 所示。

关系R

A	B	C
a	b	c
d	a	f
c	b	d

$\pi_{C,A}(R)$

C	A
c	a
f	d
d	c

$\sigma_{A>'c' \vee C<'d'}(R)$

A	B	C
a	b	c
d	a	f

图 3-2 投影、选择运算示例

3. 连接运算

通常情况下，涉及笛卡儿积的查询中会包含一个对笛卡儿积结果进行选择的运算，该选择运算大多数情况下会要求进行笛卡儿积运算的两个关系在某些属性上可以进行比较。θ-连接(join)运算是在 R 和 S 的广义笛卡儿积 $R\times S$ 中选取符合 $A\theta B$ 条件的元组，即选择在关系 R 中 A 属性组上的值与在关系 S 中 B 属性组上的值满足比较操作 θ (theta)的元组，表示为 $R\bowtie_{A\theta B}S$。

$$R\bowtie_{A\theta B}S=\{\widehat{t_r t_s} \mid t_r\in R \wedge t_s\in S \wedge t_r[A]\theta t_s[B]\}$$

其中，A 和 B 分别是 R 和 S 上属性个数相等且可比的属性组，θ 是比较运算符。$A\theta B$ 表

示 $R.A_1\theta S.B_1 \wedge R.A_2\theta S.B_2 \wedge \cdots \wedge R.A_k\theta S.B_k$, $tr[A]$、$ts[B]$ 分别表示关系 R、S 的元组 t 在属性组 A、B 中 k 个属性上的值。

就像笛卡儿积操作一样，θ-连接的结果关系的属性集是关系 R 和 S 的属性集的并集，需要在重名的属性前面加上"$R.$"或"$S.$"。

θ-连接也可等价表示为

$$R \bowtie_{A\theta B} S \equiv \sigma_{R.A\theta S.B}(R \times S)$$

连接运算中有两种最为重要、最为常用的连接：等值连接和自然连接。

（1）当 θ 为 = 时，θ-连接运算称为等值连接，表示为 $R \bowtie_{A=B} S$。

$$R \bowtie_{A=B} S \equiv \sigma_{R.A=S.B}(R \times S)$$

$A=B$ 表示 $R.A_1=S.B_1 \wedge R.A_2=S.B_2 \wedge \cdots \wedge R.A_k=S.B_k$。

（2）自然连接是一种特殊的等值连接，它要求两个关系中进行比较的属性组必须是相同的，即 A 和 B 相同，并且在结果中把重复的属性列去掉，表示为 $R \bowtie S$。

$$R \bowtie S \equiv \pi_{Z_1,Z_2,\cdots,Z_m}(R \bowtie_{A=A} S)$$

其中，$Z_1,Z_2,\cdots,Z_m$ 是从 $R \bowtie_{A=A} S$ 中去掉重复属性后的诸属性。

一般的连接操作是从元组的角度进行运算，但自然连接还需要取消重复属性，所以它是同时从元组和属性列两个角度进行运算的。

在连接运算中，若用复合逻辑表达式 F 来代替基本逻辑表达 $A\theta B$，称为 F 连接。F 连接运算也等价于在 R 和 S 的广义笛卡儿积 $R \times S$ 中选取满足条件 F 的元组，表示为 $R \bowtie_F S$。

$$R \bowtie_F S \equiv \sigma_F(R \times S)$$

【例 3-7】 给出关系 R、S，则 $R \bowtie_{D>E} S$、$R \bowtie_{D=E} S$ 以及 $R \bowtie S$ 的结果如图 3-3 所示。

关系R

A	B	D
1	2	4
2	4	6
1	1	7

关系S

D	E
7	5
6	7
8	4

$R \bowtie_{D>E} S$

$R.A$	$R.B$	$R.D$	$S.D$	$S.E$
2	4	6	7	5
2	4	6	8	4
1	1	7	7	5
1	1	7	8	4

$R \bowtie_{D=E} S$

$R.A$	$R.B$	$R.D$	$S.D$	$S.E$
1	2	4	8	4
1	1	7	6	7

$R \bowtie S$

A	B	D	E
2	4	6	7
1	1	7	5

图 3-3　连接运算示例

在两个关系 R 和 S 做 $R \bowtie S$ 时，选择两个关系在相同属性上值相等的元组构成新的关系。R 中的某些元组可能因在 S 中不存在相同属性上值相等的元组，从而使这些元组的信息不能保留在连接结果中。同样，S 中的某些元组也可能被舍弃。如果关系的一个元组不能和自然连接的另外一个关系中的任何一个元组在相同属性上值相等而被舍弃，这个元组就称为悬浮元组（dangling tuple）。例如，对于例 3-7 中的 $R \bowtie S$，R 的第 1

个元组(1,2,4)、S 的第 3 个元组(8,4)就是悬浮元组。

在自然连接结果中,如果把舍弃的这些悬浮元组保留下来,并且在这些元组新增加的属性上赋空值 NULL,这种连接操作称为外连接(outer join)。如果在结果中只保留连接运算符左边关系中的悬浮元组,称为左外连接;如果在结果中保留运算符右边关系中的悬浮元组,称为右外连接;把两个关系中的悬浮元组都保留下来,称为完全外连接。

【例 3-8】　对例 3-7 中的关系 R 和 S,进行完全外连接、左外连接、右外连接运算,连接结果如图 3-4 所示。

左外连接

A	B	D	E
1	2	4	NULL
2	4	6	7
1	1	7	5

完全外连接

A	B	D	E
1	2	4	NULL
2	4	6	7
1	1	7	5
NULL	NULL	8	4

右外连接

A	B	D	E
2	4	6	7
1	1	7	5
NULL	NULL	8	4

图 3-4　外连接运算示例

4. 除运算

设有关系 $R(X,Y)$ 和 $S(Y)$,其中 X、Y 为属性组,$S(Y) \neq \varnothing$,则 R 除以 S 也是一个关系,称为 R 除以 S 的商,可记为 $R \div S$。

R 能被 S 除(division)必须满足下面的前提条件。

(1) R 中的属性包含 S 中的所有属性。

(2) R 中有一些属性不出现在 S 中。

为了理解除运算,先介绍像集的概念。给定一个关系 $R(X,Y)$,X 和 Y 为属性组,若 $x \in \pi_X(R)$,R 中所有在属性组 X 上的分量等于 x 的元组在属性组 Y 上的分量的集合,称为 x **在** R **中的像集**(images set),用 Y_x 表示。

$$Y_x = \{t[Y] \mid t \in R \land t[X] = x\}$$

【例 3-9】　对于关系 R(姓名,课程)中的元组在"姓名"(X 属性)上的一个值"张军",其在"课程"(Y 属性)上的像集为{物理,数学},可表示张军选修的所有课程,如图 3-5 所示。

关系 R

属性组 X　　属性组 Y

姓名	课程
张军	物理
王红	数学
张军	数学

若 x=张军
则 Y_x

课程
物理
数学

Y_x 表示张军选修的所有课程

图 3-5　像集概念示例

因此,对于关系 $R(X,Y)$ 和 $S(Y)$,$R \div S$ 得到一个新的关系,其属性由在 R 中而不在 S 中的属性 X 所组成,若 $x \in \pi_X(R)$,且 $S \subseteq Y_x$,Y_x 为 x 在 R 中的像集,则 $x \in R \div S$。

根据除运算的定义,对于给定的关系 R 和 S 的实例,要得到 $R \div S$ 的结果,可分如下

4步进行。

(1) 对关系 R 在属性组 X 上进行投影 $\pi_X(R)$,得到 x。

(2) 获取各 x 的像集 Y_x。

(3) 检查各个 x 在 Y 上的像集 Y_x 是否包含 S。

(4) 将满足条件的 x 放入结果集合。

【例 3-10】 给定关系 R 和 S,如图 3-6 所示。先对关系 R 中的元组在属性组 X 进行投影 $TL_x(R)$,得到 3 个 x 值,再分别计算其对应的像集 Y_{x1},Y_{x2},Y_{x3},判断每个像集是否包含关系 S 中的所有元组,将满足条件的像集 Y_{x2},Y_{x3} 对应的 x 放入 $R \div S$ 的结果中,即 $R \div S$ 的结果中包含 $x2$,$x3$。

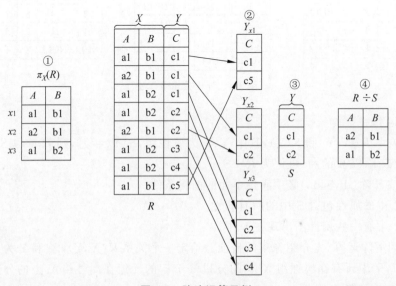

图 3-6 除法运算示例

【例 3-11】 给定选课关系 SC 和课程关系 C,如图 3-7 所示。查询选修所有课程的学生的学号。

对如下三种表达,哪一种是正确的?

(1) $SC \div C$。

(2) $SC \div \pi_{课程号}(C)$。

(3) $\pi_{学号,课程号}(SC) \div \pi_{课程号}(C)$。

说明:

(1) 由于关系 C 中具有不包含在关系 SC 中的属性"课程名",因而除运算的前提条件不满足,无法进行除运算。所以,解法(1)是错误的解法。

关系SC

学号	课程号	成绩
1	C1	83
1	C5	83
5	C5	90
5	C1	92

关系C

课程号	课程名
C1	C语言
C5	数据库

图 3-7 例 3-11 关系实例

(2) 在进行除运算前,应对除关系 C 进行投影,去掉不包含在被除关系 SC 中的属性"课程名",即计算 $\pi_{课程号}(C)$,再做除法运算。由于投影之后所得的关系只包含属性"课程号",而"课程号"包含在被除关系 SC 中,所以满足除运算的条件,能够进行除运算。

但被除关系 SC 中不包含在除关系 C 中的属性是"学号"和"成绩",所以除法运算的结果中包含"学号"和"成绩"两个属性。除运算的结果是那些选修了课程表中全部课程（C1 和 C5）且成绩相同的学生的学号和成绩，运算结果为 $\{(1,83)\}$。显然，解法（2）不满足查询需求。

（3）要完成题目所要求的查询"选修所有课程的学生的学号"，在进行除运算前，应根据操作的要求准确地确定像集属性和结果属性。对除关系和被除关系进行投影，去掉不需要的属性，再做除法运算，即执行 $\pi_{\text{学号},\text{课程号}}(SC) \div \pi_{\text{课程号}}(C)$ 运算，运算结果为 $\{1,5\}$。所以，解法（3）是正确的解法。

从例 3-11 可看到，除运算可实现查询一个关系的属性值集合是否包含另一个关系实例的代数操作，通常需要对数据库中参与运算的关系的属性进行预处理，处理掉可能影响结果的多余的属性，使被除关系 R 的属性包含除数关系 S 的所有属性，商中属性是代表查询结果信息的最小属性组。

除运算不是基本运算，它可以由基本运算进行如下运算推导出来。

$$R \div S = \pi_X(R) - \pi_X((\pi_X(R) \times S) - R)$$

其中，X 是在 R 中而不在 S 中的属性（组）。

前面介绍的 8 种关系代数运算，其中并、差、广义笛卡儿积、投影和选择 5 种运算是基本运算；而其他 3 种即交、连接和除运算，均可以用前 5 种基本运算来表达，这称为组合运算。

5. 重命名运算

当一个数据库查询涉及对一个关系的不同元组的属性进行 θ 比较运算时，需要对一个关系进行关系的自身 θ 连接操作（如例 3-12 中的查询（8）），对来自 2 个同名关系的不同元组进行 θ 比较运算。为了标识同一关系中的不同元组，需要将自身连接关系中至少一个关系改名，即对关系进行重命名（rename）运算。

重命名运算符用小写希腊字母 ρ（rho）表示，若将关系 R 重命名为 S，并将 R 中的属性按从左到右的顺序重命名为 $A_1, A_2, \cdots, A_n$，则重命名运算表示为

$$\rho_{S(A_1, A_2, \cdots, A_n)}(R)$$

如果只是想把关系的名字改变为 S，并不改变其中的属性名，简单地使用 $\rho_S(R)$ 即可。

重命名运算还可用来解决含有相同属性的两个关系的笛卡儿乘积或连接操作的属性命名问题，也可用来给一个代数表达式的结果命名为一个新关系。

许多文献还介绍一些扩展的关系代数运算，如广义投影、聚集运算等，本书不再做介绍，这些操作在后续 SQL 的学习中会很容易理解和实现。

3.2.3 用关系代数运算实现数据库操作

数据库描述的是整个应用领域的实体对象及实体间的联系，因此一个关系数据库会包含多个关系，用户对一个数据库的操作会涉及多个关系中的元组或属性。若用关系代数操作语言来表达用户对数据库的操作，将涉及对数据库中多个关系的一系列代数操作，某个代数操作的结果关系可作为操作数参与另一个代数运算，运算过程可用一个关系代数表达式来表达，表达式的运算结果就是对数据库的操作结果。

1. 关系代数表达式

关系代数基本表达式是关系代数的原子操作数,包括如下两方面。

(1) 数据库中的一个关系,用代表关系实例的关系名表示。比如例 3-11 中的选课关系 SC、课程关系 C 等。

(2) 一个常数关系,用在{ }内列出的元组集合来表示。比如{(张山,男,19),(王武,男,20),(李斯,女,20)}等。

设 E_1 和 E_2 是关系代数基本表达式,则进行以下基本运算的结果都是关系代数表达式。

- $E_1 \cup E_2$;
- $E_1 - E_2$;
- $E_1 \times E_2$;
- $\sigma_F(E_1)$,其中 F 是 E_1 的属性上的逻辑表达式;
- $\pi_S(E_1)$,其中 S 是 E_1 中某些属性的列表;
- $\rho_X(E_1)$,其中 X 是 E_1 结果的新名字。

以上关系代数表达式进行有限次代数运算构成新的关系代数表达式。

由关系代数的基本运算足以表达通常的数据库操作,但若局限于基本运算,某些常用操作表达出来会很冗长。所以,关系代数表达式中也使用以下组合运算,它们不能增强关系代数的表达能力,却可以简化一些数据库操作的关系代数表达式。

- $E_1 \cap E_2$;
- $E_1 \bowtie E_2$,$E_1 \bowtie_{A\theta B} E_2$,$E_1 \bowtie_F E_2$;
- $E_1 \div E_2$。

2. 用关系代数表达式对数据库查询

下面以对数据库的查询操作为例,用关系代数表达式来对数据库进行查询。

为正确书写满足查询语义的关系代数表达式,可遵循如下步骤。

(1) 确定查询目标,即结果关系来自哪些关系中的属性。

(2) 明确查询条件,即决定结果关系中元组来源的因素。

(3) 寻找从条件到目标的查找路径,明确在查询过程中需要涉及哪些关系,这些关系又是如何进行连接的。

(4) 根据步骤(2)明确的查询条件进行元组的选择,把选择出来的元组集合作为新关系,参与下一步操作。

(5) 根据步骤(3)的分析结果进行关系的连接。对有些只涉及单个关系的查询,可忽略此步骤。

(6) 确定结果属性,即根据步骤(1)确定的查询目标执行投影操作。

步骤(1)~(3)可以看作一个分析查询语义的过程,步骤(4)~(6)是书写表达式的过程。有时也可以先做步骤(5),再做步骤(4),即先进行关系的连接,再从连接结果中选择满足条件的元组。

【例 3-12】 有一个描述学生及其选修课程的关系数据库,由学生关系 S、课程关系 C 和选课关系 SC 三个关系组成,其关系模式如下。

$$S(\underline{学号},姓名,性别,出生时间,专业)$$
$$C(\underline{课程号},课程名,先修课程号)$$
$$SC(\underline{学号,课程号},成绩)$$

用关系代数表达式对数据库进行如下查询。

（1）查询 2000 年元旦（含）以后出生的学生姓名。

$$\pi_{姓名}(\sigma_{出生时间 \geqslant '2000-01-01'}(S))$$

（2）查询选修了课程号为 C2 的学生学号。

$$\pi_{学号}(\sigma_{课程号='C2'}(SC))$$

（3）查询选修了课程名为"数据库"且成绩大于 90 的所有学生姓名。

$$\pi_{姓名}(\sigma_{课程名='数据库'}(C) \Join (\sigma_{成绩>90}(SC)) \Join S)$$

或

$$\pi_{姓名}(\sigma_{课程名='数据库' \wedge 成绩>90}(C \Join SC \Join S))$$

请思考，这两种表达哪个更好？判断的依据是什么？

（4）查询至少选修了学号为 S5 的学生所选修的一门课程的学生的姓名。

$$\pi_{姓名}(\pi_{学号}(\pi_{课程号}(\sigma_{学号='S5'}(SC)) \Join SC) \Join S)$$

题解：首先从选课关系 SC 得到学号为 S5 的学生所选修的课程号，然后与选课关系 SC 作自然连接，去筛选具有相同课程号的选课元组，得到所有学生（包括 S5）选修了这些课程的选课元组，最后与学生关系 S 作自然连接，得到学生的姓名。

（5）查询被所有学生都选修了的课程名。

$$\pi_{课程名}((\pi_{学号,课程号}(SC) \div \pi_{学号}(S)) \Join C)$$

（6）查询没选修"数据库"课程的学生的学号。

$$\pi_{学号}(S) - \pi_{学号}(\pi_{课程号}(\sigma_{课程名='数据库'}(C)) \Join SC)$$

问：此查询是否可如下表达？

$$\pi_{学号}(\pi_{课程号}(\sigma_{课程名\neq'数据库'}(C)) \Join SC)$$

（7）检索选修了"张山"同学所选修的所有课程的学生姓名。

$$\pi_{姓名}(S \Join (\pi_{学号,课程号}(SC) \div \pi_{课程号}(\pi_{学号}(\sigma_{姓名='张山'}(S)) \Join SC)))$$

题解：首先从学生关系 S 得到"张山"的学号，然后与选课关系 SC 作自然连接，去筛选该同学的所有选课元组，再去除选课关系 SC，得到满足条件的学生学号，最后与学生关系 S 作自然连接，得到学生的姓名。

（8）检索至少选修两门课程的学生学号。

$$\pi_{学号}(\sigma_{C\#\neq课程号}(\rho_{SG(S\#,C\#,G)}(SC) \Join_{S\#=学号} SC))$$

题解：首先将选课关系 SC 重命名为 $SG(S\#,C\#,G)$，然后与选课关系 SC 作自身连接，并选择两个关系中学号相同而课程号不同的元组，即得到选课关系 SC 中学号相同而课程号不同的不同元组，最后投影得到学生的学号。

3.3 关系演算

将数理逻辑中的谓词演算推广到关系运算中，用谓词演算来表达关系的操作，即关系演算。关系演算是用关系操作的结果应满足的谓词条件来表达关系操作要求的，而不是像关系代数那样用操作符计算结果。

如何表达关系满足的谓词条件呢？需要说明关系的另外一种表示方式。

3.3.1 关系演算中关系的表示

关系是一个集合,集合主要有两种表示方法:列举法和描述法。列举法是列举出集合中的元素,这种方法比较适用于有限集合。描述法用集合中的元素所要满足的特性来表示集合,比如 $\{x \mid x > 3, x \in \mathbf{N}\}$ 表示的是所有大于 3 的整数集合。可以用集合描述法建立谓词与关系间的联系。

在关系演算中,关系用谓词(predicate)表示,关系 R 可以看成满足一定谓词条件的元组或属性域的集合,可表示为

$$\{u \mid R(u)\}$$

其中,u 可为元组变量或域变量,$R(u)$ 是一个谓词。

谓词 $R(u)$ 相当于一个返回逻辑值的函数名,如果 R 是一个包含 n 个属性的关系,若 $(a_1, a_2, \cdots, a_n)$ 是 R 的元组,则 $R(a_1, a_2, \cdots, a_n)$ 的值为 TRUE,否则为 FALSE。

在 $\{u \mid R(u)\}$ 中,若用 R 表示对关系操作的结果关系,则关系的操作要用关系的谓词演算来表达,称 $\{u \mid R(u)\}$ 为关系演算表达式,u 为演算变量,$R(u)$ 为是演算公式。当 u 为元组时,所进行的关系演算为元组关系演算;当 u 为域变量时,所进行的关系演算为域关系演算。

3.3.2 元组关系演算

1. 元组演算公式

在元组关系演算表达式中,元组演算公式由原子公式组成。

1) 原子公式

原子公式有下面三种形式。

(1) $R(t)$:其中,R 是关系名称,t 是元组变量,$R(t)$ 表示 t 是 R 中的元组。关系 R 就可以直接表示为 $\{t \mid R(t)\}$。

(2) $t[i]\theta u[j]$:其中,t 和 u 是元组变量,θ 是比较运算符,$t[i]\theta u[j]$ 表示"元组 t 的第 i 个分量与元组 u 的第 j 个分量满足比较关系 θ",例如 $t[2] < u[3]$。

(3) $t[i]\theta C$:其中,C 是常量,$t[i]\theta C$ 表示"元组 t 的第 i 个分量与常量 C 满足比较关系 θ",例如 $t[2] = 3$。

2) 元组演算公式

元组演算公式的递归定义如下。

(1) 原子公式是公式。

(2) 设 $\varphi_1(t_1)$ 和 $\varphi_2(t_2)$ 是公式,则 $\neg \varphi_1(t_1)$,$\varphi_1(t_1) \wedge \varphi_2(t_2)$,$\varphi_1(t_1) \vee \varphi_2(t_2)$,$\varphi_1(t_1) \rightarrow \varphi_2(t_2)$ 也是公式。

(3) 设 $\varphi(t)$ 是公式,t 是 $\varphi(t)$ 中的元组变量,则 $(\exists t)\varphi(t)$,$(\forall t)\varphi(t)$ 也是公式。

(4) 有限次使用上述规则得到的式子都是公式。

其中,$\exists$ 是存在量词符号,$(\exists t)\varphi(t)$ 表示"若有一个 t 使 φ 为真,则 $(\exists t)\varphi(t)$ 为真,否

则为假";∀是全称量词符号,$(\forall t)\varphi(t)$ 表示"如果所有 t 都使 φ 为真,则 $(\forall t)\varphi(t)$ 为真,否则为假"。

在元组关系演算公式中,主要使用比较运算符、量词和逻辑运算符等构造谓词条件,各种运算符的优先次序如下,从上到下优先级从高到低,同级间用括号来实现运算的先后。

(1) 算术比较符:$<,>,\leqslant,\geqslant,\neq,=$。

(2) 存在量词 $\exists$ 和全称量词 $\forall$。

(3) 逻辑运算符:$\neg,\wedge,\vee,\rightarrow$。

这里"$\rightarrow$"为逻辑蕴含符,$A\rightarrow B$ 的含义为"如果 A 成立,那么 B 成立",当且仅当 A 为真,而 B 为假的时候 $A\rightarrow B$ 为假。

运算符之间存在如下语义等价性。

$$\varphi_1(t_1)\wedge\varphi_2(t_2)\equiv\neg(\neg\varphi_1(t_1)\vee\neg\varphi_2(t_2))$$
$$(\forall t)\varphi(t)\equiv\neg(\exists t)(\neg\varphi(t))$$
$$\varphi_1(t_1)\rightarrow\varphi_2(t_2)\equiv\neg\varphi_1(t_1)\vee\varphi_2(t_2)$$

2. 关系代数和关系演算在表达能力上的等价

关系代数(不包括扩展的关系代数运算符)和关系演算在表达能力上是等价的。下面给出与关系代数的 5 种基本运算等价的元组关系演算表达式。

(1) 并:$R\cup S\equiv\{t\,|\,R(t)\vee S(t)\}$。

(2) 差:$R-S\equiv\{t\,|\,R(t)\wedge\neg S(t)\}$。

(3) 投影:$\pi_{i_1,i_2,\cdots,i_k}(R)\equiv\{t^{(k)}\,|\,(\exists u)(R(u)\wedge t[1]=u[i_1]\wedge\cdots\wedge t[k]=u[i_k])\}$。

其中,$t^{(k)}$ 表示结果中的每个元组 t 有 k 个属性,元组 t 满足的谓词是"存在满足谓词 R 的 1 个元组 u,元组 u 在 k 个投影属性上的值与结果元组 t 的对应属性值相等"。在元组关系演算公式中一般用属性的位置顺序代替属性名。

(4) 选择:$\sigma_F(R)\equiv\{t\,|\,R(t)\wedge F'\}$。

其中,F' 是用 $t[i]$ 替代 F 中的属性名后的与 F 等价的逻辑表达式。

(5) 笛卡儿积:$R\times S\equiv\{t^{(m+n)}\,|\,(\exists u^{(m)})(\exists v^{(n)})(R(u)\wedge S(v)\wedge t[1]=u[1]\wedge\cdots\wedge t[m]=u[m]\wedge t[m+1]=v[1]\wedge\cdots\wedge t[m+n]=v[n])\}$。

其中,关系 R 和 S 的属性个数分别是 m 和 n,$t^{(m+n)}$ 表示结果中的每个元组 t 有 $m+n$ 个属性,元组 t 满足的谓词是"存在满足谓词 R 的 1 个元组 u 和满足谓词 S 的 1 个元组 v,元组 u 在 m 个属性上的值与结果元组 t 的前 m 个属性值相等,元组 v 在 n 个属性上的值与结果元组 t 的后 n 个属性值相等"。

对于每个只运用基本操作的关系代数表达式,都会有与之等价的元组关系演算表达式。关系代数的组合运算可用基本运算表达,因此,用关系代数表达式表达的关系操作都可用等价的元组关系演算表达式表达。对于每个用元组关系演算表达式表达的关系操作,也都可用与之等价的关系代数表达式表达。

3. 用元组关系演算表达式对数据库查询

用元组关系演算可如下表达查询:

$$\{t\,|\,\varphi(t)\}$$

"|"左边的部分称为查询目标,包含一个元组变量 t,它的取值范围就是查询的结果。"|"右边的部分称为查询条件,$\varphi(t)$ 为结果元组应满足的元组演算公式。$\{t|\varphi(t)\}$ 表示满足元组演算公式 $\varphi(t)$ 的所有元组 t 的集合。

为理解元组关系演算查询的含义,可以把查询过程看作为目标元组变量枚举所有可能的选择,然后检查哪个选择在给定的数据库实例上可以使查询条件为真。即给定一个数据库实例,元组关系演算查询的结果是数据库实例中能使查询条件为真的变量 t 的值(元组)的所有选择的集合。

当书写实现查询的关系代数表达式时,提供了产生查询结果的过程序列。元组关系演算是非过程化的查询语言,不给出获得查询结果信息的具体过程,不考虑特定的查询计算算法。而根据查询条件书写元组关系演算表达式,则要分析查询的语义,用相应的公式去表达,并注意约束变量和自由变量的使用。

若元组演算公式中的一个元组变量前有全称量词 $\forall$ 和存在量词 $\exists$,则称该变量为约束元组变量,否则称自由元组变量。在公式 $(\exists t)\varphi(t)$ 和 $(\forall t)\varphi(t)$ 中,$\varphi(t)$ 是量词的辖域,t 出现在 $(\forall t)$ 或 $(\exists t)$ 的辖域内,t 为约束元组变量,被量词所限定。其他没有以这种方法显式限定的变量为自由元组变量。在查询 $\{t|\varphi(t)\}$ 中,查询目标 t 是 $\varphi(t)$ 中不被约束的自由元组变量。

约束元组变量类似于程序设计语言中过程内部定义的局部变量,自由变量类似于过程外部定义的外部变量或全局变量。

【例 3-13】 对于例 3-12 中的如下数据库模式,用元组关系演算表达式对数据库进行如下查询。

$$S(\text{学号},\text{姓名},\text{性别},\text{出生时间},\text{专业})$$
$$C(\text{课程号},\text{课程名},\underline{\text{先修课程号}})$$
$$SC(\underline{\text{学号}},\underline{\text{课程号}},\text{成绩})$$

(1) 查询 2000 年元旦(含)以后出生的学生姓名。

$$\{t^{(1)}|(\exists u)(S(u) \wedge u[4] \geqslant \text{'2000-01-01'} \wedge t[1]=u[2])\}$$

题解:查询结果为元组 t 的集合,t 有 1 个属性,t 的属性值与学生关系 S 的某个学生元组 u 的第 2 个属性姓名上的值相等 $(t[1]=u[2])$,而该学生元组 u 的第 4 个属性出生时间 $u[4]$ 应大于或等于 2000 年的元旦。

(2) 查询学号为 S1 的学生选修的课程中其成绩大于 90 的所有课程名。

$$\{t^{(1)}|(\exists u)(\exists v)(SC(u) \wedge C(v) \wedge u[1]= \text{'S1'} \wedge u[3]>90 \wedge$$
$$u[2]= v[1] \wedge t[1]=v[2])\}$$

题解:查询结果为元组 t 的集合,t 有 1 个属性,t 的属性值与课程关系 C 的某个课程元组 v 的第 2 个属性课程名上的值相等 $(t[1]=v[2])$,而该课程元组 v 的第 1 个属性值课程号是选课关系 SC 中存在的某个学号为 S1 的学生 $(u[1]=\text{'S1'})$ 选修的成绩大于 90 $(u[3]>90)$ 的选课元组 u 的课程编号 $(u[2]=v[1])$。

(3) 查询选修了课程名为"操作系统"的所有学生的姓名。

$$\{t^{(1)}|(\exists u)(\exists v)(\exists w)(S(u) \wedge SC(v) \wedge C(w) \wedge$$
$$w[2]=\text{'操作系统'} \wedge v[2]=w[1] \wedge u[1]=v[1] \wedge t[1]=u[2])\}$$

题解：查询结果为元组 t 的集合，t 有 1 个属性，t 的属性值与学生关系 S 的某个学生元组 u 的第 2 个属性姓名上的值相等($t[1]=u[2]$)，而该元组 u 的第 1 个属性学号值是选课关系 SC 中某个选课元组 v 的第 1 个属性学号值($u[1]=v[1]$)，选课元组 v 的第 2 个属性课程号对应的是课程关系 C 中存在的课程名为操作系统的元组 w($w[2]=$' 操作系统')的课程号($v[2]=w[1]$)。

(4) 查询选修所有课程的学生姓名。

$$\{t^{(1)}\,|\,(\exists u)(\forall v)(\exists w)(S(u)\wedge C(v)\wedge SC(w)\wedge$$
$$u[1]=w[1]\wedge w[2]=v[1]\wedge t[1]=u[2])\}$$

题解：查询结果为元组 t 的集合，t 有 1 个属性，t 的属性值是学生关系某个学生元组的 u 的第 2 个属性姓名上的值($t[1]=u[2]$)，对于课程关系 C 中的所有课程元组 v($\forall v$)，在选课关系 SC 中，该学生都有选课元组 w($u[1]=w[1]\wedge w[2]=v[1]$)。

(5) 查询不学 C2 课程的学生姓名与出生时间。

$$\{t^{(2)}\,|\,(\exists u)(S(u)\wedge(\forall v)(SC(v)\wedge(u[1]=v[1]\rightarrow v[2]\neq\text{'C2'}))\wedge$$
$$t[1]=u[2]\wedge t[2]=u[4])\}$$

题解：查询结果为元组 t 的集合，t 有 2 个属性，t 的属性值是学生关系某个学生元组的 u 的第 2 个属性姓名与第 4 个属性出生时间上的值($t[1]=u[2]\wedge t[2]=u[4]$)，对于选课关系 SC 中的所有选课元组 v($\forall v$)，如果选课元组 v 在学号属性上的值为该学生的学号($v[1]=u[1]$)，则选课元组 v 的课程号一定不是 C2($v[2]\neq\text{'C2'}$)，即如果该学生有选课元组，则其所有选课元组的课程号一定不是 C2。也可表示为不存在该学生的某个选课元组，其课程号为 C2。

$$\{t^{(2)}|(\exists u)(S(u)\wedge(\neg(\exists v)(SC(v)\wedge(v[1]=u[1]\wedge v[2]=\text{'C2'})))$$
$$\wedge t[1]=u[2]\wedge t[2]=u[4])\}$$

(6) 查询至少选修学号为"S1"的学生所选修的所有课程的学生的学号。

$$\{t^{(1)}\,|\,(\exists u)(S(u)\wedge(\forall v)(SC(v)\wedge(v[1]=\text{'S1'}\rightarrow$$
$$(\exists w)(SC(w)\wedge w[1]=u[1]\wedge w[2]=v[2])))\wedge t[1]=u[1])\}$$

题解：查询结果为元组 t 的集合，t 有 1 个属性，t 的属性值是学生关系某个学生元组的 u 的第 1 个属性学号上的值($t[1]=u[1]$)，对于选课关系 SC 中的所有选课元组 v，如果 v 是学号为 S1 的学生的选课元组($v[1]=\text{'S1'}$)，那么在选课关系 SC 中都存在着该学生 u($w[1]=u[1]$)选修了 S1 所选修的每一门课程($w[2]=v[2]$)的元组，即如果学号为 S1 的学生有选课元组，则该学生有相同课程的选课元组。

3.3.3 域关系演算

1. 域演算公式

1) 原子公式

原子公式有下面三种形式。

(1) $R(t_1 t_2\cdots t_k)$：其中，R 是关系名称，$t_i(1\leqslant i\leqslant k)$ 是域变量。$R(t_1 t_2\cdots t_k)$ 表示 $(t_1 t_2\cdots t_k)$ 是 R 中的元组。关系 R 就可以表示为 $\{t_1 t_2\cdots t_k\,|\,R(t_1 t_2\cdots t_k)\}$。

(2) $t_i\theta u_j$：其中，t 和 u 是域变量，θ 是比较运算符，例如 $t_2<u_3$。

(3) $t_i \theta C$：其中 C 的值是常量，例如 $t_2 = 3$。

公式运算符包括以下三种。

(1) 算术比较符：$<, >, \leqslant, \geqslant, \neq, =$。

(2) 存在量词 $\exists$ 和全称量词 $\forall$。

(3) 逻辑运算符：$\neg, \wedge, \vee, \rightarrow$。

2）域演算公式

域演算公式的递归定义如下。

(1) 原子公式是公式。

(2) 设 $\varphi_1(t_1, t_2, \cdots, t_m)$ 和 $\varphi_2(t_1, t_2, \cdots, t_n)$ 是公式，则 $\neg \varphi_1(t_1, t_2, \cdots, t_m)$，$\varphi_1(t_1, t_2, \cdots, t_m) \wedge \varphi_2(t_1, t_2, \cdots, t_n)$，$\varphi_1(t_1, t_2, \cdots, t_m) \vee \varphi_2(t_1, t_2, \cdots, t_n)$，$\varphi_1(t_1, t_2, \cdots, t_m) \rightarrow \varphi_2(t_1, t_2, \cdots, t_n)$ 也是公式。

(3) 设 $\varphi(t_1, t_2, \cdots, t_k)$ 是公式，$(\exists t_i)\varphi(t_1, t_2, \cdots, t_k)$，$(\forall t_i)\varphi(t_1, t_2, \cdots, t_k)$ 也是公式。

(4) 有限次使用上述规则得到的式子都是公式。

2. 元组关系演算表达式到域关系演算表达式的转换

元组关系演算表达式和域关系演算表达式的语义是等价的，可进行转换，其规则如下。

(1) 对于 k 元的元组变量 t，可引入 k 个域变量 $t_1, t_2, \cdots, t_k$，在公式中 t 用 $t_1 t_2 \cdots t_k$ 替换，元组分量 $t[i]$ 用 t_i 替换。

(2) 对于每个量词 $(\exists u)$ 或 $(\forall u)$，若 u 是 m 元的元组变量，则引入 m 个新的域变量 $u_1 \cdots u_m$。在量词的辖域内，u 用 $u_1 \cdots u_m$ 替换，$u[i]$ 用 u_i 替换，$(\exists u)$ 用 $(\exists u_1) \cdots (\exists u_m)$ 替换，$(\forall u)$ 用 $(\forall u_1) \cdots (\forall u_m)$ 替换。

3. 用域关系演算表达式对数据库查询

将前面用元组关系演算表达式实现的查询用域关系演算表达式来实现。

【例 3-14】 对于例 3-13 中的部分数据库查询，用域关系演算表达式来实现。

$$S(\underline{学号}, 姓名, 性别, 出生时间, 专业)$$
$$C(\underline{课程号}, 课程名, \underline{先修课程号})$$
$$SC(\underline{学号}, \underline{课程号}, 成绩)$$

(1) 查询 2000 年元旦(含)以后出生的学生姓名。

$$\{t_1 | (\exists u_1)(\exists u_2)(\exists u_3)(\exists u_4)(\exists u_5)(S(u_1 u_2 u_3 u_4 u_5) \wedge$$
$$u_4 \geqslant \text{'2000-01-01'} \wedge t_1 = u_2)\}$$

(2) 查询学号为 S1 的学生选修的课程中其成绩大于 90 的所有课程名。

$$\{t_1 | (\exists u_1)(\exists u_2)(\exists u_3)(\exists v_1)(\exists v_2)(\exists v_3)(SC(u_1 u_2 u_3) \wedge C(v_1 v_2 v_3)$$
$$\wedge u_1 = \text{'S1'} \wedge u_3 > 90 \wedge u_2 = v_1 \wedge t_1 = v_2)\}$$

(3) 查询选修了课程名为"操作系统"的所有学生的姓名。

$$\{t_1 | (\exists u_1)(\exists u_2)(\exists u_3)(\exists u_4)(\exists u_5)(\exists v_1)(\exists v_2)(\exists v_3)(\exists w_1)(\exists w_2)(\exists w_3)$$
$$(S(u_1 u_2 u_3 u_4 u_5) \wedge SC(v_1 v_2 v_3) \wedge C(w_1 w_2 w_3) \wedge$$
$$w_2 = \text{'操作系统'} \wedge v_2 = w_1 \wedge u_1 = v_1 \wedge t_1 = u_2)\}$$

3.4 小结

关系数据模型是目前大多数 DBMS 所采用的数据模型,包括关系数据结构、关系操作和关系完整性约束三个组成要素。

关系模型的数据结构简单,实体以及实体之间的联系均用单一的结构类型(即关系)来描述。在用户看来,关系模型中关系的逻辑结构可用一张二维表来直观地表示。

关系操作可用关系代数和关系演算来表达,关系代数和关系演算在表达能力上是等价的。

关系代数是用对关系的运算来表达查询要求和实现数据更新的。关系演算用谓词演算来表达关系的操作。

关系代数操作可以分为传统的集合运算和专门的关系运算。传统的集合运算主要包括并、差、交、广义笛卡儿积,专门的关系运算主要包括投影、选择、连接、除、重命名,其中选择、投影、并、差、广义笛卡儿积是 5 种基本操作,其他操作是可以用基本操作来定义和导出的。关系代数操作的一个序列构成一个关系代数表达式,其结果还是一个关系,可表示对数据库操作的结果。

关系演算是用关系操作的结果应满足的谓词条件来表达关系操作要求的,根据谓词变元的不同,关系演算又分为元组关系演算和域关系演算。

关系操作的特点是集合操作方式,即操作的对象和结果都是集合,这种操作方式称为一次一集合(set-at-a-time)的方式。非关系数据模型(层次模型或网状模型)的数据操作方式则为一次一记录(record-at-a-time)的方式。

关系模型的完整性约束是对存储在数据库中的数据具有的约束能力,也是关系的值随着时间变化时应该满足的一些约束条件,用来保证数据库的完整性。关系模型中有三类完整性约束:实体完整性、参照完整性、用户定义的完整性。

与其他数据模型相比,关系模型呈现如下突出的优点。

(1) 关系模型提供单一的数据结构形式,具有高度的简明性和精确性。用户可以很容易地掌握和运用基于关系模型的数据库系统,使得数据库应用开发的效率显著提高。

(2) 关系模型的逻辑结构和相应的操作完全独立于数据存储方式,具有高度的数据独立性。用户不必关心数据的物理存储细节。

(3) 关系模型使数据库的研究建立在坚实的数理逻辑基础上。关系运算的完备性和规范化设计理论为数据库技术的成熟奠定了理论基础。

(4) 关系数据库语言与谓词逻辑的固有内在联系,为以关系数据库为基础的推理系统和知识库系统的研究提供了方便,并成为新一代数据库技术不可缺少的基础。

习 题

一、填空题

1. 关系模型用单一的数据结构,即_____,来描述实体以及实体之间的联系。

2. 关系数据模型中的关系可用二维表来表示,表中的一行对应关系的一个_____,表中的一列对应关系的一个_____。

3. 早期的关系操作能力通常用_____和_____的方式来表示。

4. 关系模型中可以有_____、_____、_____三类完整性约束，其中_____完整性和_____完整性是关系数据库必须满足的完整性约束条件，应该由 RDBMS 自动支持。

5. 关系数据模型的实体完整性规则要求，关系的主属性_____。

6. 在关系 $A(S, SN, D)$ 和 $B(D, CN, NM)$ 中，S 是 A 的主键，A 中的属性 D 与 B 中的主键 D 相对应，则 D 在 A 中称为_____，且 D 的取值可以为 NULL 值。

7. 关系代数运算中的 5 种基本的操作包括：_____、差、笛卡儿积、投影和选择。

8. 在关系代数运算中，使用_____运算可从关系中得到满足条件的元组；如果只对关系中的某些属性感兴趣，则可用关系代数的_____运算选择这些属性。

9. 设关系 R 和 S 分别有 m 和 n 个元组，k_1 和 k_2 个属性，有 k_3 个相同的属性，则 $R \times S$ 的元组个数是_____，属性的个数是_____；$R \bowtie S$ 的属性个数是_____。

10. 有如下关系：学生(学号，姓名，性别，专业号，年龄)，将属性年龄的取值范围定义在 $18 \sim 30$ 岁为_____完整性约束。

11. 根据谓词变元的不同，关系演算分为_____和_____。

12. 关系操作的结果是一个_____。

二、选择题

1. 在关系代数的专门关系运算中，从关系中筛选满足条件的元组的操作称为_____。

    A. 选择   B. 投影   C. 连接   D. 扫描

2. 进行自然连接运算的两个关系必须具有_____。

    A. 相同属性个数   B. 公共属性   C. 相同关系名   D. 相同关键字

3. 关系演算用_____来表达关系操作要求。

    A. 谓词   B. 关系的运算   C. 元组   D. 域

4. 在关系代数中，对一个关系做投影操作后，新关系的元组个数_____原来关系的元组个数。

    A. 小于   B. 小于或等于   C. 等于   D. 大于

5. 在关系数据库中，关系与关系之间的参照是通过定义_____实现的。

    A. 主键   B. 外键   C. 主属性   D. 值域

6. 关系模式中，一个候选键_____。

    A. 可由多个任意属性组成

    B. 只需由一个属性组成

    C. 可由一个或多个其值能唯一标识该关系中一个元组的属性组成

    D. 必须由多个属性组成

7. 集合 R 与 S 的交可以用关系代数的基本运算表示为_____。

    A. $R - (R - S)$ B. $R + (R - S)$

    C. $R - (S - R)$ D. $S - (R - S)$

8. 下列关系代数的操作中，不是基本运算的是_____。

    A. 交   B. 并   C. 笛卡儿积   D. 投影

9. 以下关于关系性质的说法中,错误的是_____。

 A. 关系中任意两个元组的值不能完全相同

 B. 关系中任意两个属性的值不能完全相同

 C. 关系中任意两个元组可以交换顺序

 D. 关系中任意两个属性可以交换顺序

10. 在关系数据库中,实现关系中任意两个元组不能相同的约束是依据关系的_____。

 A. 外键　　　　　B. 属性　　　　　C. 候选键　　　　　D. 列

11. 以下关于外键和对应的主键之间的关系,正确的是_____。

 A. 外键并不一定要与对应的主键同名

 B. 外键一定要与对应的主键同名

 C. 外键一定要与对应的主键同名而且唯一

 D. 外键一定要与对应的主键同名,但并不一定唯一

12. 关系中的主键不允许取空值是受_____约束规则约束。

 A. 实体完整性　　　　　　　　　　B. 参照完整性

 C. 用户定义的完整性　　　　　　　D. 数据完整性

13. 如果关系 R 中有 4 个属性和 3 个元组,关系 S 中有 3 个属性和 5 个元组,则 $R \times S$ 的属性个数和元组个数分别是_____。

 A. 7 和 8　　　B. 7 和 15　　　C. 12 和 8　　　D. 12 和 15

14. 关系数据模型上的关系操作表示方式包括_____。

 A. 关系代数和集合运算　　　　　　B. 关系代数和关系演算

 C. 关系演算和谓词演算　　　　　　D. 关系代数和谓词演算

15. 在关系学生(学号,姓名,性别)中,规定"学号"属性的值是 8 个数字组成的字符串,其规则属于_____。

 A. 实体完整性约束　　　　　　　　B. 参照完整性约束

 C. 用户自定义完整性约束　　　　　D. 关键字完整性约束

16. 能够把关系 R 和 S 进行自然连接时舍弃的元组保留到结果关系中的操作是_____。

 A. 连接　　　　　B. 笛卡儿积　　　　　C. 外部并　　　　　D. 外连接

17. 5 种基本关系代数运算是_____。

 A. $\cup, -, \times, \pi$ 和 σ　　　　　　B. $\cup, -, \bowtie, \pi$ 和 σ

 C. $\cup, \cap, \times, \pi$ 和 σ　　　　　　D. $\cup, \cap, \bowtie, \pi$ 和 σ

18. 设有关系模式 EMP(职工号,姓名,年龄,技能),假设职工号唯一,每个职工有多项技能,则关系 EMP 的候选键是_____。

 A. 职工号　　　B. 姓名,技能　　　C. 技能　　　D. 职工号,技能

三、简答题

1. 名词解释:属性,域,元组,候选键,主键,外键。

2. 简述关系模型的三个组成要素。

3. 简述关系模型的完整性约束规则。在参照完整性中,为什么外键属性的值也可以为空?什么情况下不可以为空?

4. 关系代数的基本运算有哪些?如何用这些基本运算来表示其他运算?

5. 试说明关系的笛卡儿积、等值连接和自然连接的联系。

6. 假设有关系 $R(a,b)$ 和 $S(c,d)$,试把如下元组关系演算表达式用等价的关系代数表达式表示:

$$\{t \mid R(t) \wedge (\exists u)(S(u) \wedge u[1] \neq t[2])\}$$

7. 关系 R 和 S 的半连接写作 $R \infty S$,它表示由 R 中的满足如下条件的元组 t 组成的集合:t 至少跟 S 中的一个元组在 R 和 S 的公共属性上相同。用三种不同的关系代数表达式给出 $R \infty S$ 的等价表示。

8. 设有关系 R 和 S,如图 3-8 所示。给出 $\pi_C(S)$、$\sigma_{B<'c'}(R)$、$\sigma_{A=C}(R \times S)$、$R \bowtie S$、$R \bowtie_{R.B<S.B} S$ 运算的结果。

9. 设有关系 $R(A,B)$ 和 $S(A,C)$,使用常量 NULL,分别书写 R 与 S 的左外连接、右外连接和完全外连接的元组关系演算表达式。

关系R		关系S	
A	B	B	C
a	b	b	c
c	b	e	a
d	c	b	d

图 3-8　关系 R 和 S 的模式及实例

四、查询实现题

1. 有一个学校教务管理系统中的数据库,数据库中有 6 个关系,分别是学生关系 STUDENT、班级关系 CLASS、课程关系 LESSON、教师关系 TEACHER、班级所选修课程信息的班级选课关系 SELECTION,以及学生所选修课程成绩的学生成绩关系 GRADE。表中主外键见标识,学分、分数、上课年度属性为 INT 类型,其余为 CHAR 类型。

STUDENT(学号,姓名,性别,班级号)

CLASS(班级号,所在院系,所属专业,班长学号)

LESSON(课程号,课程名,教材名,学分)

TEACHER(教师编号,姓名,所在院系)

SELECTION(班级号,课程号,教师编号,上课年度,上课学期)

GRADE(学号,课程号,分数)

试分别用关系代数、元组关系演算表达式表达如下查询操作。

(1) 查询"数据库"课程的课程号及相应教材名。

(2) 查询所有班长的学号、姓名、所在班级号和所属专业。

(3) 查询选修了"数据库"或"软件工程"课程的班级号及所属专业。

(4) 查询学过"陈卫"老师讲的"数据结构"课程的班级号和上课年度。

(5) 查询至少选修了"王武"同学所学过的所有课程的学生学号。

(6) 查询"软件学院"没讲授过"数据库"课程的教师编号。

(7) 查询 2020 年度讲授过两门或两门以上课程的教师编号和所教授的课程号。

2. 设有一个供应商-零部件-工程数据库,包括 S、P、J 和 SPJ 4 个关系模式,数据库模式如下。

S(SNO,SNAME,STATUS,CITY)

P(PNO,PNAME,COLOR,WEIGHT)

J(JNO,JNAME,CITY)

SPJ(SNO,PNO,JNO,QTY)

其中:

（1）供应商关系 S 有供应商代码（SNO）、供应商姓名（SNAME）、供应商状态（STATUS）、供应商所在城市（CITY）等属性，供应商代码（SNO）为主键。

（2）零部件关系 P 有零部件代码（PNO）、零部件名称（PNAME）、颜色（COLOR）、质量（WEIGHT）等属性，零部件代码（PNO）为主键。

（3）工程项目关系 J 有工程项目代码（JNO）、工程项目名称（JNAME）、工程项目所在城市（CITY）等属性，工程项目代码（JNO）为主键。

（4）供应情况关系 SPJ 有供应商代码（SNO）、零部件代码（PNO）、工程项目代码（JNO）、供应数量（QTY）等属性，QTY 表示某供应商给某项工程供应某种零部件的数量，供应商代码（SNO）、零部件代码（PNO）、工程项目代码（JNO）共同构成关系的主键，又分别是关系的外键。

数据库参考实例值如图 3-9 所示。试分别用关系代数、元组关系演算表达式表达如下查询操作。

供应商关系 S

SNO	SNAME	STATUS	CITY
S1	松林	20	天津
S2	昭和	10	北京
S3	爱信宏达	30	上海
S4	凯吉	20	天津
S5	中昌	30	上海

零部件关系 P

PNO	PNAME	COLOR	WEIGHT
P1	变速箱	红	12
P2	减震器	绿	17
P3	转向器	蓝	14
P4	发动机	红	14
P5	制动器	蓝	40
P6	离合器	红	30

工程项目关系 J

JNO	JNAME	CITY
J1	比亚迪	上海
J2	一汽	长春
J3	通用	上海
J4	捷加	天津
J5	佳华	唐山
J6	利宝来	北京
J7	伟世通	南京

供应情况关系 SPJ

SNO	PNO	JNO	QTY
S1	P1	J1	200
S1	P1	J3	100
S1	P1	J4	700
S1	P2	J2	100
S2	P3	J1	400
S2	P3	J2	200
S2	P3	J4	500
S2	P3	J5	400
S2	P5	J1	400
S2	P5	J2	100
S3	P1	J1	200
S3	P3	J1	200
S4	P5	J1	100
S4	P6	J3	300
S4	P6	J4	200
S5	P2	J4	100
S5	P3	J1	200
S5	P6	J2	200
S5	P6	J4	500

图 3-9 供应商-零部件-工程数据库实例

（1）检索上海供应商供应的所有零部件的代码。

（2）检索使用上海供应商供应的零部件的工程项目名称。

（3）检索给项目代码为 J1 的工程供应代码为 P1 的零部件的供应商代码。

（4）检索给项目代码为 J1 的工程供应红色零部件的供应商代码。

（5）检索项目代码为 J2 的工程使用的各种零部件的名称及其数量。

（6）检索没有使用天津供应商供应的零部件的工程项目代码。

（7）检索至少使用了供应商代码为 S1 的供应商所供应的全部零部件的工程项目代码。

第 4 章 关系数据库标准查询语言 SQL

SQL(structured query language,结构化查询语言),是一个通用的、功能极强的关系数据库语言,可实现对数据库的定义、查询、更新和控制。当前几乎所有的关系数据库管理系统(RDBMS)都支持 SQL。

4.1 SQL 概述

4.1.1 SQL 的发展历史

SQL 的起源可以追溯到 20 世纪 70 年代。1970 年,美国 IBM 研究院的 E. F. Codd 连续发表了多篇论文,提出了关系数据模型,奠定了关系数据库的理论基础。有了理论指导后,在 1972 年,IBM 公司开始研制一个实验性数据库管理系统——System R。System R 在发展关系数据库技术方面做了一系列重要的、创造性的贡献,其中之一就是实现了一种关系数据查询语言 SQUARE。这种语言使用了较多的数学符号,不宜推广。1974 年,IBM 公司的 Ray Boyce 和 Don Chamberlin 对 SQUARE 语言进行了改进,使其比较接近于自然语言,并把语言改名为 SEQUEL(structured english query language)。经过多年的实验,1981 年,IBM 公司在 System R 的基础上推出了商品化的关系数据库管理系统 SQL/DS,并用 SQL 代替了 SEQUEL。通常把 SQL 读作 sequel,也可以按单个字母的读音读作 S—Q—L。

SQL 功能强大,简单易学,一经推出就受到用户和计算机工业界的欢迎,因而从 1982 年起,美国国家标准协会(ANSI)开始着手 SQL 的标准化工作,并于 1986 年 10 月公布了第一个 SQL 标准,1987 年 6 月国际标准组织(ISO)和国际电工技术委员会(IEC)将其采纳为国际标准(ISO/IEC 9075),这个最初的 SQL 标准经常被非正式地称为 SQL-86。

负责开发 SQL 标准的委员会为 ISO/IEC JTC 1/SC 32/WG 3(Joint Technical Committee ISO/IEC JTC 1,Information technology,Subcommittee SC 32,Data management and interchange,Workgroup 3)。

SQL 标准从 1986 年正式颁布后,随着计算机技术深入应用及发展,SQL 标准也开始不断更新,ISO 相继公布了如下一些标准:

① 1986 年,ANSI X3.135—1986,ISO/IEC 9075:1986,SQL-86;

② 1989 年,ANSI X3.135—1989,ISO/IEC 9075:1989,SQL-89;

③ 1992 年,ANSI X3.135—1992,ISO/IEC 9075:1992,SQL-92(SQL2);

④ 1999 年,ISO/IEC 9075:1999,SQL:1999(SQL3);

⑤ 2003 年,ISO/IEC 9075:2003,SQL:2003(SQL4)。

随后每隔 3 年或 5 年,SQL 增加一些新的功能后就发布一个新标准,目前最新的是 2019 年发布的 SQL:2019 标准。

通过不断地扩充和修改,SQL 从开始比较简单的数据库语言,逐步发展成为功能较为齐全、内容较为复杂的数据库语言,成为各种机型、各种数据库系统共同的数据操作语言和标准接口。现在几乎所有的 RDBMS 产品都支持标准的 SQL,采用其他数据模型的 DBMS 也都有相应的 SQL 接口。SQL 标准的更新也指导着 RDBMS 产品的发展方向。

各大数据库厂商的 DBMS 对 SQL 标准的支持程度并不相同,除了支持 SQL 标准的核心功能外,还支持 SQL-92(SQL2)标准的大部分功能,以及 SQL99(SQL3)和 SQL2003(SQL4)的一些新特性。很多 DBMS 开发商还在自己的产品中对支持的 SQL 进行了修改和扩展,如 Microsoft 公司的 SQL Server 将 SQL 扩展为 Transact-SQL,甲骨文公司的 Oracle 将 SQL 扩展为 PL/SQL(procedural language/SQL)。这些扩展的 SQL,除了支持标准的 SQL 命令外,增加了变量说明、流程控制语言以及过程和函数等功能。

下面主要学习 SQL 标准中的核心功能。

4.1.2 SQL 的特点

SQL 之所以能够为用户和业界所接受,并成为关系数据库的公共存取语言,主要源于其如下特性。

1. SQL 支持关系数据库系统的三级模式结构

SQL 可定义数据库系统的三级模式结构,即外模式、模式和内模式,如图 4-1 所示。

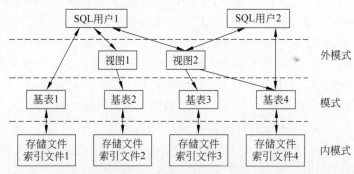

图 4-1　SQL 支持三级模式结构定义

(1)全体基本关系表构成了数据库的模式。

在 RDBMS 中,一个数据库应用系统涉及的所有关系构成了数据库的模式。SQL 可将一个关系定义为一个基本关系表,所有基本关系表反映了数据库全局逻辑结构,即数据库模式。

这里的基本关系表是数据库模式中所包含的关系模式对应的表,不是定义在基本关系表上的虚表(如视图)或是查询结果的临时表。基本关系表简称基本表(或基表)。

(2)视图和部分基本表构成了数据库的外模式。

由数据库中的所有关系构成的数据库模式,是面向整个应用领域建立的。对于某个具体应用的用户,并不要求或不允许访问整个数据库中的数据,利用 SQL 可根据具体应用的需求和系统的安全性等要求,基于数据库中某些基本表为用户创建一个观察底层数据的窗口,即视图,被用户可直接访问的基本表和视图就构成了数据库的外模式。不同应用的用户所使用的视图和基本表是不相同的,因此一个数据库模式可对应多个外模式。

(3)数据库的存储方式和存取路径构成了数据库的内模式。

在 RDBMS 中,基本表中的数据被组织成数据文件存储在磁盘上,利用 SQL 可指定数据在文件中的组织方式和在磁盘上的存储方式,并可基于基本表建立索引,创建一个访问基本表中数据的存取路径来提高对基本表中数据的存取速度。数据的存储方式和存取路径构成了数据库的内模式。

2. 语言功能强大

SQL 不仅具有数据定义功能,还具有强大的数据查询、更新和控制等功能,是一个综合的、通用的、功能极强的关系数据库操作语言,可实现数据库生命周期的全部活动。

一般将 SQL 的主要功能分为以下三类。

(1)**数据定义**。SQL 提供了数据定义功能,能够定义关系数据库的模式、外模式和内模式,实现对基本表、视图和索引等数据对象的定义、修改和删除等操作。

(2)**数据操纵**。SQL 提供了数据操纵功能,包括数据查询和数据更新两类数据操作。数据查询可实现对数据库中的数据进行检索、(分组)统计、排序等操作;数据更新可实现数据的插入、删除和修改等数据维护操作。

(3)**数据控制**。数据控制包括数据的安全性和完整性控制,以及事务控制等。SQL 提供数据控制功能,能够对数据库用户进行授权和收权来实现对数据库的存取控制,保证数据库的安全性;能够进行数据的完整性约束的定义,保障数据库的完整性;能够定义事务及对事务进行管理,实现数据库的一致性。

3. 用户性能好

SQL 接近英语自然语言,语法简单易学,是一种用户性能非常好的语言。SQL 功能极强,但由于设计巧妙,语言简洁,完成数据定义、数据操纵、数据控制的核心功能只用了 9 个动词,见表 4-1。

表 4-1　SQL 的功能动词

SQL 功能	动　　词
数据定义	CREATE,DROP,ALTER
数据查询	SELECT
数据更新	INSERT,UPDATE,DELETE
数据控制	GRANT,REVOKE

4. 用户与数据库交互方式灵活

SQL 有以下两种与数据库进行交互的方式。

(1)**联机交互方式**。SQL 为自含式语言,在 DBMS 提供的联机交互界面,用户只须直接输入 SQL 命令就可以对数据库进行操作。

(2)**嵌入式方式**。用户可以将 SQL 语句嵌入用某种高级程序设计语言(如 C、Java 等语言)所写的应用程序中,实现应用对数据库中数据的存取操作。

在这两种不同的交互方式中,SQL 的语法结构基本一致。SQL 的灵活性和方便性,使得数据可脱离应用程序,由 DBMS 进行管理。

5. 高度非过程化

SQL 融合了关系代数的概念和关系演算的逻辑思想,是一种非过程化语言。用户只须用 SQL 语句描述出对数据库做什么操作,而不必指明怎么去做这个操作,由 DBMS 来完成对 SQL 语句的解析、查询优化及执行等。

4.1.3　SQL 的语句格式

作为一门计算机语言,SQL 有自己的语法规范,用户在使用 SQL 语句对数据库进行操作时都要符合语句的格式规范。下面以 SELECT 查询语句格式为例,介绍 SQL 语句格式中的一些语法符号的含义,帮助读者理解 SQL 语句的格式要求。

```
SELECT  [ALL|DISTINCT]<目标列表达式 1>[,<目标列表达式 2>,…]
   FROM  <表名或视图名 1>[,<表名或视图名 2>,…]
   [WHERE  <元组选择条件表达式>]
   [GROUP BY  <属性列名 1>[,<属性列名 2>,…][HAVING <组选择条件表达式>]]
   [ORDER BY  <目标列名 1> [ASC|DESC][,<目标列名 2 >[ASC|DESC],…]];
```

语句格式中,尖括号"<>"中的内容为实际的语义;方括号"[ ]"中的内容为任选项,不出现在方括号中的内容均为语句的必要组成部分;"|"为选项符,表示只能选择其中一个选项;花括号"{}"中必须有显式指定内容;省略号"…"表示前面的语法要素可重复多次。以上这些语句格式符号,在实际的语句中并不出现。

在实际的语句中出现的格式符号主要有圆括号"()",多个数据项间的分隔符逗号",",字符串常数的定界符单引号"'",SQL 语句的结束符分号";"等。

注意:在系统实现时,除标识符和常量外,语句中的功能动词和要素单词,以及格式符号均应采用西文半角字符。

建议采用格式化书写格式书写 SQL 语句,功能动词等使用大写字母。

本章内容主要是让读者了解 SQL 的主要功能,从而进一步理解关系的操作。其中,基本的功能语句符合 SQL 标准,部分功能语句结合 SQL Server 的 Transact-SQL 语句进行介绍。至于语言细节和不同 DBMS 间的语言差异方面的内容,读者可参阅所使用的 DBMS 产品的相关技术文件。

4.2　数据定义

SQL 可以定义 DBMS 所管理的各类数据库对象,除了定义数据库,以及分别描述数据库的模式、外模式和内模式的基本关系表、视图和索引外,还可定义关系上的完整性约束(包括触发器),以及完成特定功能的存储过程和函数等。

本节主要介绍数据库和基本关系表的定义,以及可同时定义的基本关系表上的完整性约束。触发器的定义在 4.4 节介绍,视图的定义在 4.5 节介绍,索引的定义在第 6 章介绍,存储过程和函数的定义在第 10 章介绍。

4.2.1　数据库的定义

数据库的定义包括创建数据库、修改数据库和删除数据库。

1. 创建数据库

因现在还不了解数据库的存储结构,这里对数据库的创建只进行简单的介绍,更多内容将在第 6 章介绍。

创建数据库的语句格式:

CREATE DATABASE <数据库名>;

需要确定数据库名,数据库名称在系统中必须唯一,并且符合标识符命名的规则,有长度(具体值由 DBMS 决定)限制。可如下创建一个学生选课数据库。

CREATE DATABASE 学生选课;

由该语句创建数据库后,DBMS 将采用默认的配置,在磁盘上生成同名的操作系统文件,每个数据库至少有一个数据文件和一个日志文件。数据文件中包含基本表中的数据和定义的数据库对象,日志文件包含用于恢复数据库中数据的所有事务的日志信息。

在对已创建数据库进行操作前,首先要打开数据库。打开数据库的语句格式:

USE   <数据库名>;

打开数据库后,该数据库作为随后数据库操作的默认数据库,直到打开另一数据库。

2. 修改数据库

数据库创建后,数据库的数据文件名和日志文件名就不能改变了,对已存在的数据库可增加和删除次要数据文件或次要日志文件,改变数据文件或日志文件的大小和增长方式。

数据库的修改,可利用工具查看数据库的属性,并对属性的状态值进行配置来完成;也可使用 ALTER DATABASE 语句来完成。

3. 删除数据库

删除数据库的语句格式:

DROP DATABASE <数据库名>;

删除数据库后,数据库中所定义的数据库对象和基本关系表中的数据将被彻底删除,应在确认数据库已进行备份后进行。

在实际的 DBMS 上,初学者也可在提供的对象资源管理器上直接进行数据库的定义操作。

4.2.2 基本表的定义

SQL 通过创建一个关系所对应的基本表来完成关系模式的定义。

基本表的定义的语句格式:

CREATE TABLE <表名>
(<属性列名 1><数据类型> [<列级完整性约束条件>]
[,<属性列名 2><数据类型> [<列级完整性约束条件>],…]
[,<表级完整性约束条件>]);

CREATE TABLE 语句确定了关系所对应的基本表的名称、所包含的属性列的名称和属性域的数据类型,以及属性列或基本表上的完整性约束。语句格式要求创建的基本表至少要有一个属性列。

1. SQL 支持的数据类型

关系的每个属性来自一个域，属性的取值必须是属性域中的值，属性域用 DBMS 支持的数据类型来确定。

SQL 一般提供如表 4-2 所示的一些主要的数据类型，不同的 DBMS 支持的数据类型不完全相同。

表 4-2　SQL 提供的主要数据类型

数 据 类 型	含 义
CHAR(n)	长度为 n 的定长字符串
VARCHAR(n)	最大长度为 n 的变长字符串
INT(或 INTEGER)	整数（和机器相关的整数类型的子集）
SMALLINT	短整数（和机器相关的整数类型的子集）
NUMERIC(p,d)	定点数，由 p 位数字（不包括符号、小数点）组成，小数后面有 d 位数字，也可以写成 DECIMAL(p,d) 或 DEC(p,d)
REAL	取决于机器精度的浮点数
Double Precision	取决于机器精度的双精度浮点数
FLOAT(n)	浮点数，精度至少为 n 位数字
DATE	日期，包含年、月、日，格式为 YYYY-MM-DD
TIME	时间，包含一日的时、分、秒，格式为 HH:MM:SS

以上每种数据类型都可能包含一个被称为空值（NULL）的特殊值。空值表示一个缺失的值，该值可能存在但并不为用户所知，或者可能根本不存在。

对某个属性为 CHAR(n) 或 VARCHAR(n) 类型，而输入的字符不足 n 个字符时，DBMS 的处理一般是不同的。对于 CHAR(n) 类型，系统会在字符串后补足空格，使其达到 n 个字符；对于 VARCHAR(n) 类型，系统则不会在字符串后补空格，属性值长度即为输入字符数。有的 DBMS 将 DATE 日期类型和 TIME 时间类型合为一个 DATETIME 类型。

DBMS 还可以使用 CREATE TYPE 语句定义新的数据类型。

2. 完整性约束

CREATE TABLE 语句中的完整性约束条件是针对属性值设置的限制条件。若只针对一个属性进行约束，既可定义列级约束，也可定义表级约束；若要针对多个属性进行约束，只能定义表级约束。

在创建基本表的语句中，可以通过定义主键、外键和属性列约束来实现关系的实体完整性、参照完整性和用户自定义完整性。

1）定义主键

在 CREATE TABLE 中用 PRIMARY KEY 约束定义主键，PRIMARY KEY 约束可在属性后作为列级约束条件，也可单独作为表级约束条件，视主键是由单属性还是由多属性构成来决定。

PRIMARY　KEY 约束的语句格式：

PRIMARY KEY　[CLUSTERED](<属性列组>);

用 PRIMARY KEY 约束定义了关系的主键后，每当往基本表中插入一条元组或者对主键进行修改操作时，DBMS 将保证主键的唯一性和非空性（主键中的所有属性均非空），实现实体完整性。

若在约束中添加 CLUSTERED 选项，DBMS 会在主键上自动建立一个聚集索引。聚集索引的创建，会使基本表中的元组按主键值的大小顺序在磁盘上进行物理存储，从而可提高按主键值进行数据操作的速度。有关聚集索引的相关内容参见第 6 章。

2）定义外键

在 CREATE TABLE 中用 FOREIGN KEY 约束定义外键，FOREIGN KEY 约束为表级约束条件。

FOREIGN KEY 约束的语句格式：

FOREIGN KEY(<外键>) REFERENCES <被参照表名>(<与外键对应的主键名>)
[ON　DELETE { CASCADE | NO ACTION }]
[ON　UPDATE { CASCADE | NO ACTION }];

定义外键时，DBMS 一般要求外键和对应的主键的数据类型要一致，才能建立起基本表中的属性与被参照表的主键之间的参考关系。DBMS 将保证外键的取值为默认空值或为参照表中的某个已存在的主键值，实现参照完整性。

- 若在约束中添加 ON DELETE { CASCADE | NO ACTION }选项，则当删除被参照表的元组（即某一主键值）时，DBMS 将级联删除参照表中的所有参照元组或因存在参照元组拒绝执行对被参照表的删除操作。
- 若在约束中添加 ON UPDATE { CASCADE | NO ACTION }选项，则当修改被参照表的主键值时，DBMS 将级联修改参照表中的所有参照元组的外键值或因存在参照元组拒绝执行对被参照表的修改操作。

以上两个选项的使用参见例 4-49。

3）常见属性列约束

在 CREATE TABLE 语句中可以根据应用要求，定义属性列上的约束。常见的完整性约束如下。

- NOT NULL：属性值非空约束，不允许属性值为空值。空值是所有域的成员，默认是每个属性的合法值，即在没有显式声明属性为 NOT NULL 时，属性值默认为 NULL。一个关系中，除了主键还可能存在其他候选键，对于候选键中的主属性，必须限定其值为 NOT NULL，以满足实体完整性。
- UNIQUE：属性值唯一性约束，即不允许同一属性列中出现相同的属性值，但可以都为空。
- DEFAULT <默认值>：默认值约束。一般将属性列中使用频率较高的属性值定义为 DEFAULT 约束中的默认值，可以减少数据输入的工作量。

- CHECK(约束条件表达式)：CHECK 约束设置属性列取值应满足的约束条件。CHECK 约束相当于在属性域上创建了一个子数据类型，进一步限制属性的取值范围，由 DBMS 检查执行。

定义的完整性约束条件最终被存入数据库的数据字典中，当用户对基本表进行更新时，DBMS 将根据数据字典中的信息自动检查约束条件是否被满足，只有满足约束的属性值才能存入数据库中。

【例 4-1】 学生选课数据库包含 3 个关系模式：

学生(学号,姓名,所在系,出生时间,性别)
课程(课程号,课程名,先修课程号)
选课(学号,课程号,成绩)

为便于系统实现和后续对数据库的操作，将库中各关系模式改：

S(SNO,SN,SD,SB,SEX)
C(CNO,CN,PC)
SC(SNO,CNO,GRADE)

下面用 SQL 创建各关系模式对应的基本表及其完整性约束。

```
CREATE  TABLE  S
    (SNO  CHAR(10),
     SN   CHAR(20)  NOT  NULL,
     SD   CHAR(20),
     SB   DATE,
     SEX  CHAR(2),
     CHECK  (SEX  IN('男','女')),
     PRIMARY  KEY(SNO));                --在表级定义主键
CREATE  TABLE  C
    (CNO  CHAR(10)  PRIMARY  KEY,       --在列级定义主键
     CN   CHAR(20) ,
     PC   CHAR(10),
     FOREIGN  KEY(PC)  REFERENCES  C(CNO)); --定义外键 PC,参照本关系的主键 CNO
CREATE  TABLE  SC
    (SNO    CHAR(10)  NOT  NULL,
     CNO    CHAR(10)  NOT  NULL,
     GRADE DEC(4,1)  DEFAULT  NULL,
     PRIMARY  KEY(SNO,CNO),             --在表级定义主键
     FOREIGN  KEY(SNO)  REFERENCES  S(SNO),  --定义外键 SNO,参照关系 S 的主键 SNO
     FOREIGN  KEY(CNO)  REFERENCES  C(CNO),  --定义外键 CNO,参照关系 C 的主键 CNO
     CHECK(GRADE  BETWEEN  0.0  AND  100.0));  --定义 GRADE 的取值在 0.0~100.0
```

上面的创建基本表语句，在 SQL Server 上执行后可得到如图 4-2 所示的基本表定义结果。在本章后续的章节中，将基于例 4-1 中定义的学生选课数据库来讲解 SQL 语句的具体应用。

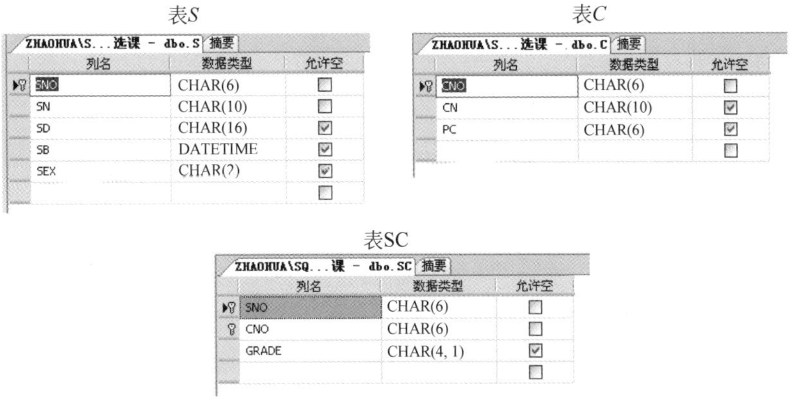

表S

表C

表SC

图 4-2 学生选课数据库中各基本表结构

4.2.3 基本表的修改

随着应用环境和应用需求的变化,有时需要修改已经建立好的基本表,使用 ALTER TABLE 语句可进行如下修改基本表的操作。

1. 增加列或表约束规则

增加列或表约束规则的语句格式:

ALTER TABLE ［<表的创建者名>.]<表名>

　　ADD <属性列名><数据类型>［完整性约束]|<完整性约束>；

若用户本身就是被修改的表的创建者,则可略去表的创建者名,否则不可省略。在具体的 DBMS 中,表名前可能要加存储路径。

【例 4-2】 在学生关系表 S 中加入一属性列 SH 表示学生的籍贯。

ALTER TABLE S ADD SH CHAR(30);

【例 4-3】 在学生关系表 S 补充定义姓名 SN 属性值的唯一性。

ALTER TABLE S ADD UNIQUE(SN);

2. 删除原有的列或约束规则

删除原有的列或约束规则的语句格式:

ALTER TABLE <表名>

　　DROP {［CONSTRAINT]<完整性约束名>|COLUMN <属性列名>

　　　　［CASCADE|RESTRICT]};

说明:

- CASCADE:表示在表中删除某属性列时,所有引用该列的视图和约束也被自动删除。
- RESTRICT:在没有视图或约束引用该属性列时,才能被删除。

【例 4-4】 删除学生关系表 S 中学生的性别 SEX 属性列。

```
ALTER  TABLE  S  DROP  COLUMN  SEX;
```

3. 修改原有列的类型

修改原有列的类型的语句格式：

ALTER TABLE <表名> ALTER COLUMN <属性列名> <数据类型>；

【例 4-5】 将学生关系表 S 中的学生姓名 SN 属性长度修改为 12。

```
ALTER  TABLE  S  ALTER  COLUMN SN  CHAR(12);
```

在上述修改基本表的三个操作中，<表名>指定需要修改的基本表，ADD 子句用于增加新属性列和新的完整性约束条件，DROP 子句用于删除指定的属性列或完整性约束条件，ALTER 子句用于修改原有的属性列定义。

4.2.4　基本表的删除

当不再需要某个基本表时，可以使用如下删除语句删除基本表。

删除基本表语句的一般格式：

DROP TABLE<表名>　[CASCADE|RESTRICT]；

说明：

- CASCADE：在删除基本表的同时，在此表上建立的视图和索引等也将自动被删除。对于 ANSI SQL 标准中的 CASCADE 选项，一般 DBMS 支持的 SQL，如 SQL Server 的 Transact-SQL 并不支持该语法结构，默认采用 RESTRICT 选项。
- RESTRICT：表示该表的删除是有限制的，如果存在依赖该表的对象，则该表不能被删除。即欲删除的基本表不能被其他表的约束所引用，表上不能有视图、触发器、存储过程或函数等。该选项为默认选项。

【例 4-6】 删除学生关系表 S。

```
DROP TABLE S;
```

4.3　数据查询

SQL 的数据查询功能是根据用户的需要从数据库中提取所需要的数据。SQL 用 SELECT 语句来实现数据查询，SELECT 语句也是 SQL 中功能最强大的数据操纵语句。

一个完整的数据查询的语句格式：

SELECT　[ALL|DISTINCT]<目标列表达式 1>[,<目标列表达式 2>,…]
**　FROM　<表名或视图名 1>[,<表名或视图名 2>,…]**
**　　　[WHERE　<元组选择条件表达式>]**
**　　　[GROUP BY　<属性列名 1> [,<属性列名 2>,…] [HAVING <组选择条件表达式>]]**
**　　　[ORDER BY　<目标列名 1> [ASC|DESC] [,<目标列 2 > [ASC|DESC],…]];**

整个 SELECT 语句的功能是，根据 WHERE 子句的元组选择条件表达式，从 FROM

子句指定的基本表或视图中选择满足条件的元组,再按 SELECT 子句中的目标列表达式,选出元组中的属性值或计算相关表达式,形成查询结果表并显示。如果有 GROUP 子句,则将满足条件的元组按子句中的属性列(组)的值进行分组,该属性列(组)值相等的元组为一个组,在每组中使用聚集函数产生结果表中的一条记录;如果 GROUP 子句带 HAVING 短语,则只有满足组选择条件的分组结果才予以输出;如果有 ORDER 子句,则查询结果还要依次按子句中的目标列的值的升序或降序排序显示。

下面,对 SELECT 语句的查询功能做深入分析。

4.3.1 单表查询

本节针对单个表进行查询,介绍 SELECT 语句中各子句的功能及语法要素。

1. 用 SELECT 子句显示查询结果

SELECT 子句中的<目标列表达式>不仅可以是表中的属性列,也可以是与属性列有关的表达式。表达式中可包括运算符、函数、字符串常量等,将查询出来的属性列值进行运算后再输出结果。用户可根据应用的需要确定显示结果的顺序及形式,例如,可以使用 AS 选项或赋值运算符"=",将查询结果表中的列名命名为所需的或更直观易懂的名称,或者为一个已声明的变量赋值。

【例 4-7】 查询学生关系表 S、课程关系表 C、学生选课关系表 SC。

```
SELECT * FROM  S;
SELECT * FROM  C;
SELECT * FROM  SC;
```

* 为关系表中所有属性的省略写法,说明取全部属性。查询结果可显示各表中所有数据的情况,如图 4-3 所示。本节后续的查询语句的结果均基于图 4-3 中的数据给出。

图 4-3　例 4-7 查询结果

【例 4-8】 查询所有学生的姓名和出生时间。

```
SELECT  SN  AS  姓名,SB  AS  出生时间
  FROM  S;
```

语句的执行是将 S 表中的每一元组的属性值 SN 和 SB 作为查询结果表中元组的属性值输出。只不过在显示的查询结果表中,列名为姓名和出生时间,而不再是表 S 的属性名 SN 和 SB。

【例 4-9】 查询选修了课程的学生的学号。

```
SELECT  DISTINCT  SNO
  FROM  SC;
```

因为关系是一个集合,因此重复的元组不应出现在关系中。但在实际的系统实现中,去除重复是相当费时的,所以 SQL 允许在查询结果表中出现重复的元组行。在上述查询中,如果没有 DISTINCT 选项,每个学号 SNO 在表 SC 中每出现一次,都会在查询结果中列出一次;指定 DISTINCT 选项,可强行删除结果表中的重复行,上述查询的结果中,每个学号 SNO 最多出现一次。

SQL 允许使用 ALL 选项来显示指明不去除重复元组,该选项是默认的,通常省略。用户只要在有必要去除查询结果中的重复元组时使用 DISTINCT 选项即可。

【例 4-10】 查询学生学号和学生的年龄。

```
SELECT  SNO,SA=datediff(Year,SB,Getdate())+1
  FROM  S;
```

上述查询将系统当前时间与学生的出生时间的年份的差值加上 1 赋给 SA,在查询结果表中以 SA 列显示计算结果。这里系统函数 Getdate( )用于获得系统当前日期,datediff(datepart,startdate,enddate)以 datepart 指定的方式(本例指定为日期的年份)返回 startdate 与 enddate 两个日期之间的差值。

2. 用 WHERE 子句设置查询结果中的元组应满足的条件

在 WHERE 子句中,可以使用算术运算符、比较操作符、逻辑运算符,以及谓词 BETWEEN、LIKE、IN、NULL 等构成元组选择条件,对 FROM 子句的表中元组进行选择,实现关系代数中的选择运算。

元组选择条件,可以是利用算术运算和比较运算对元组中的属性或常量进行运算后构造的一个基本逻辑表达式;可以是一个谓词运算;可以是基本逻辑表达式或谓词运算经逻辑运算构造的一个复合逻辑表达式。

1)运算符

语句中可使用的运算符及其优先顺序如下(从高到低)。

- 算术运算:$+,-,*,/,\%$(取余)。
- 比较运算:$=,<>,>=,>,<=,<$。
- 谓词:[NOT] BETWEEN…AND,[NOT] IN,[NOT] LIKE,IS [NOT] NULL。
- 逻辑运算:NOT、AND、OR。

2）BETWEEN 谓词

BETWEEN 谓词用于判断某个值是否属于一个指定的区间，其一般形式：

E〔NOT〕 BETWEEN E₁ AND E₂

它的语义是：

〔NOT〕($E>=E_1$ AND $E<=E_2$)

其中，E、E_1 和 E_2 都是表达式，且 $E_1<E_2$。

在 WHERE 子句中，E 一般为属性名。

【例 4-11】 查询出生在 2000 年的学生的姓名和出生时间。

```
SELECT  SN, SB
  FROM  S
  WHERE  SB  BETWEEN  '2000-01-01'  AND  '2000-12-31';
```

3）LIKE 谓词

在 WHERE 子句中，用 LIKE 谓词判断字符串属性与指定的字符串表达式是否匹配，其一般格式：

<属性列名> [NOT] LIKE <字符串表达式> [ESCAPE '<换码字符>']

字符串表达式可以是一个字符串常量，也可以包含通配符"％"或"_"，还可以包含字符串函数。通配符主要有以下两种。

- 通配符_：代表任意一个单字符。
- 通配符％：代表任意长度的字符串（长度可为零）。

若要匹配的字符串表达式本身就含有通配符"％"或"_"，需要使用 ESCAPE 选项对通配符进行转义，参见例 4-13。

SQL 使用一对单引号来标识字符串，如果单引号是字符串的组成部分，就用两个单引号字符来表示。SQL 还允许在字符串上进行多种函数操作，例如串接、提取子串、大小写转换等。不同 DBMS 所提供的字符串函数集是不同的，请参阅实际使用的 DBMS 系统手册来获得它实际支持的字符串函数的详细信息。在 SQL 标准中，字符串中的字符大小写是敏感的，但在有的 DBMS（如 SQL Server）中是不区分字符大小写的。

【例 4-12】 查询姓"王"的所有学生的学号和姓名。

```
SELECT  SNO,SN
  FROM  S
    WHERE  SN  LIKE  '王％';
```

【例 4-13】 查询课程名后缀为"_实验"的课程信息。

```
SELECT  *
  FROM  C
  WHERE  CN  LIKE  '％\_实验'  ESCAPE'\';
```

此查询中"ESCAPE \"表示"\"为换码字符，说明字符串中"\"后面的字符"_"不再是通配符,而是字符本身。其查询结果如图 4-4 所示。

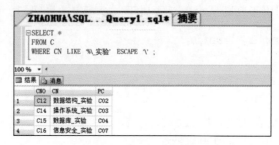

图 4-4　例 4-13 查询结果

4）IN 谓词

IN 谓词适用于判断一个值是否属于一个集合,其一般格式:

E ［NOT］ IN(V₁,V₂,…,Vₙ)

它的语义是:

［NOT］(E=V₁ OR E=V₂ OR … OR E=Vₙ)

IN 后面的集合也可以是一个 SELECT 查询的结果,即构成嵌套查询,这将在后面讨论。

【例 4-14】 查询非数学系和非计算机系的学生的姓名、学号和所在系名称。

```
SELECT  SNO,SN,SD
  FROM  S
    WHERE  SD  NOT  IN ('数学','计算机');
```

查询结果如图 4-5 所示。另外,按谓词的语义,查询条件也可以用 OR 运算符来表达。

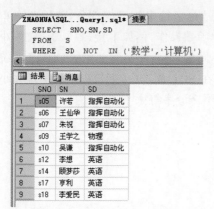

图 4-5　例 4-14 查询结果

5）NULL 空值

RDBMS 有条件地允许使用空缺符 NULL,将其看成一个空值。NULL 实际只是一个标记,说明元组的该属性是空缺的。关系表中的空值多半是插入元组时没有设置属性值或进行外连接时产生的。

空值给关系运算(包括算术运算、比较运算和集合运算)带来了一些特殊的问题。

(1) 如果算术表达式的任一操作数为空值,则该算术表达式结果为空。

(2) 因为不知道空值代表的是什么,SQL 将涉及空值的任何比较运算的结果视为 UNKNOWN,即创建了除 TRUE 和 FALSE 之外的第三个逻辑值,对这样的结果进行逻辑运算,也会产生 UNKNOWN 值。三值逻辑(3VL)真值表参见表 4-3。

表 4-3　三值逻辑真值表

x	y	x AND y	x OR y	NOT x
UNKNOWN	TRUE	UNKNOWN	TRUE	UNKNOWN
UNKNOWN	UNKNOWN	UNKNOWN	UNKNOWN	UNKNOWN
UNKNOWN	FALSE	FALSE	UNKNOWN	UNKNOWN

（3）如果两个元组的对应属性值都是非空且值相等，或者都是空值，那么它们是相同的。在集合运算或使用 DISTINCT 选项时，这样的相同元组只会保留一个。

三值逻辑的引入存在潜在的影响。在 WHERE 子句的元组选择条件中，只有值为 TRUE 时，才对元组进行选择。

因此，在 WHERE 子句，不能将 NULL 作为操作数进行运算，不能用等于 NULL 或不等于 NULL 的形式，而只能使用 IS NULL 或 IS NOT NULL 来判断属性值是否为空值。

【例 4-15】　查询所有缺少选课成绩的学生的学号和相应的课程号。

某些学生选修某门课程后没有参加考试，所以有选课记录但没有考试成绩，可使用如下查询。

```
SELECT  SNO,CNO
  FROM  SC
    WHERE  GRADE  IS  NULL;
```

若上述查询结果非空，再对关系表 SC 进行下面的查询。

```
SELECT *
  FROM SC
    WHERE GRADE< 60 OR GRADE>=60;
```

则会发现，后一查询结果中不包含前一查询的结果，后一查询得不到关系 SC 的复本。原因在于当存在元组的 GRADE 为 NULL 时，根据 3VL 的运算规则，GRADE＜60 OR GRADE＞＝60 的值为 UNKNOWN，则后一查询结果为"找出所有成绩已知的选课元组"。

3. 用 ORDER BY 子句对查询结果进行排序显示

一般情况下，DBMS 按元组在基本表中的先后顺序输出查询结果。用户也可以用 ORDER BY 子句指定按照一个或多个目标列的值的升序（ASC）或降序（DESC）重新排列查询结果，其中升序（ASC）为默认值。

ORDER BY 子句的一般格式：

ORDER BY <目标列 1> [ASC|DESC] [,<目标列 2> [ASC|DESC],…]

说明：

（1）目标列可用目标列名表示，也可用目标列在 SELECT 子句中出现的序号表示。当目标列为聚集函数或表达式，且没有定义别名时，需要采用序号表示。

（2）若 ORDER BY 后有多个目标列，则先按第一列排序，然后对于具有相同第一列值的各行再按第二列进行排序，以此类推。

【例 4-16】 查询选修课程号为 C02 的学生的学号和成绩，并按成绩降序排列。

```
SELECT   SNO,GRADE
  FROM   SC
  WHERE   CNO='C02'
  ORDER   BY   GRADE   DESC;
```

若元组的成绩列为空值，则其值为最小值，即用 ORDER BY 子句对查询结果按成绩升序排序时，成绩为空值的元组将最先显示；若按降序排序，成绩为空值的元组将最后显示。该例题的查询结果形式如图 4-6 中左图所示，右图为将例题中的 DESC（降序）改为 ASC（升序）的查询结果形式。

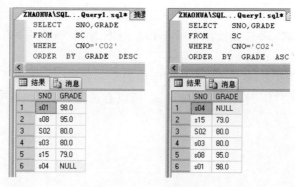

图 4-6   例 4-16 查询结果

4. 用聚集函数进行统计

SELECT 语句在实现查询的基础上，利用聚集函数增加了统计功能。聚集函数是对 FROM 子句指定的表中满足 WHERE 子句条件的所有元组进行统计，返回单个数值。一般 DBMS 提供的聚集函数主要包括：

```
COUNT(*)                         统计元组个数(*表示所有属性列)
COUNT([DISTINCT|ALL]<属性列名>)   统计指定属性列中值的个数
SUM([DISTINCT|ALL]<属性列名>)     统计指定属性列的数值总和(此列必须是数值型)
AVG([DISTINCT|ALL]<属性列名>)     统计指定属性列的平均值(此列必须是数值型)
MAX([DISTINCT|ALL]<属性列名>)     统计指定属性列的最大值
MIN([DISTINCT|ALL]<属性列名>)     统计指定属性列的最小值
```

在聚集函数中，如果指定 DISTINCT 选项，则表示在计算结果中要去掉指定列中的重复值。如果不指定 DISTINCT 选项或指定 ALL 选项（ALL 为默认值），则表示要计算重复值。对于属性列中的空值，除 COUNT（＊）外，其他聚集函数都不将其纳入统计范围。

【例 4-17】 求学生表 S 中学生的总人数。

```
SELECT   COUNT(*)
  FROM   S;
```

【例 4-18】 查询选修了课程的学生人数。

```
SELECT   COUNT(DISTINCT SNO)
  FROM   SC;
```

学生每选修一门课,在 SC 中都有一条相应的记录,而一个学生一般都要选修多门课程,为避免重复计算学生人数,必须在 COUNT 函数中用 DISTINCT 选项。

5. 用 GROUP BY 子句实现分组统计

如果不仅仅希望将聚集函数作用于所有满足查询条件的元组上,而且想进一步细化聚集函数的作用对象,将聚集函数作用于按一个或多个属性列的值构造的分组上,可在 SELECT 查询中使用 GROUP BY 子句。

GROUP BY 子句的一般格式:

GROUP BY <属性列名 1>[,<属性列名 2>,…][**HAVING** 条件]

GROUP BY 子句将依次按<属性列名 1>,<属性列名 2>,…的值对满足查询条件的元组进行分组,在所有这些属性上值相等的元组构成一组。如果有 HAVING 子句,还需要对分组进行筛选,只有满足条件的分组才会产生查询结果。

分组后聚集函数将作用于每一个分组,以每一分组中的元组为计算对象,即每一个分组都有一个函数值。

【例 4-19】 查询平均成绩在 80 分以上的学生学号和平均成绩,并按成绩降序排列(见图 4-7)。

```
SELECT SNO,AVG(GRADE)
  FROM SC
    GROUP BY SNO
    HAVING AVG(GRADE)>80
      ORDER BY 2 DESC;
```

根据学号分组

SNO	CNO	GRADE
s1	c1	90
s1	c2	85
s1	c4	80
s1	c5	79
s2	c1	68
s2	c3	90
s2	c5	88
s3	c2	72
s3	c4	84

统计各分组的
AVG(GRADE)

SNO	AVG(GRADE)
s1	83.5
s2	82
s3	78

筛选80分以上的分组

SNO	AVG(GRADE)
s1	83.5
s2	82

图 4-7　例 4-19 的分组查询示意

上述查询对表 SC 中的元组按学号 SNO 进行分组,然后对每一分组(每名学生)的成绩 GRADE 计算平均值,再对平均成绩大于 80 的分组(学生)的学号 SNO 和平均成

AVG(GRADE)进行显示输出,以第二个目标列 AVG(GRADE)的值降序排列。

需要强调的是,当在查询中使用 GROUP BY 子句时,SELECT 子句中目标列的值必须在分组中是唯一的,出现在 SELECT 子句中的属性只能是出现在 GROUP BY 子句中的那些属性。也就是说,在 SELECT 子句中,要显示的结果只能是用来分组的属性值和每组的统计结果。同样,对于 HAVING 子句,没有出现在聚集函数中的属性也必须出现在 GROUP BY 子句中。

【例 4-20】 查找男生人数超过 20 的系名。

```
SELECT  SD
  FROM  S
    WHERE  SEX='男'
      GROUP BY  SD
        HAVING  COUNT(*)>=20;
```

与如上查询类似,如果在 SELECT 语句中,WHERE、GROUP BY 与 HAVING 子句都出现时,要注意它们的作用对象和执行顺序。

(1) WHERE 子句作用于由 FROM 子句指定的数据对象(基本表或视图),从中选择满足条件的元组。

(2) GROUP BY 子句用于对 WHERE 子句选择出来的元组进行分组。

(3) HAVING 子句对 GROUP BY 子句产生的分组按条件进行选择。

(4) SELECT 子句对筛选出的分组产生出查询结果。

4.3.2 连接查询

一个数据库中包含多个相互关联的关系表,表之间可通过主外键的参照建立联系。若一个查询涉及多个关系表中的元组或属性,则需要进行多个表间的连接查询。

对于如下格式的一个基本的 SELECT 查询语句:

```
SELECT  A₁,A₂,…,Aₘ
  FROM  R₁,R₂,…,Rₙ
    WHERE  F;
```

可实现的关系代数运算是:

$$\pi_{A_1,A_2,\cdots,A_m} \sigma_F (R_1 \times R_2 \times \cdots \times R_n)$$

若该 SELECT 语句没有 WHERE 子句,则查询对 FROM 子句中列出的多个关系表的笛卡儿积进行投影。而连接运算是从两个关系的笛卡儿积中选取属性间满足一定条件的元组,因此在 SELECT 语句中,只要把连接运算中关系属性间应满足的条件放置在 WHERE 子句中,作为元组选择条件的一部分,即可实现连接查询。

1. 多表连接查询

【例 4-21】 查询选修课程号为 C01 的学生姓名和成绩。

```
SELECT  S.SN,SC.GRADE
  FROM  S,SC
    WHERE  SC.CNO='C01'  AND  S.SNO=SC.SNO;
```

查询结果如图 4-8 所示。该查询按连接属性 SNO 对表 S 和表 SC 进行等值连接,表连接条件 S.SNO＝SC.SNO 与元组选择条件 SC.CNO＝'C01'进行逻辑与(AND)运算后,作为 WHERE 子句中的元组选择条件。属性名前的表名前缀用于指明属性所在的表,如果属性名在参与连接的各表中是唯一的,则可以省略表名前缀。

【例 4-22】 查询选修"数据结构"课程的学生的姓名和成绩。

```
SELECT   S.SN,SC.GRADE
  FROM   S,SC,C
     WHERE   C.CNO=SC.CNO   AND
             S.SNO=SC.SNO   AND
             C.CN='数据结构';
```

查询结果如图 4-9(a)所示。

图 4-8　例 4-21 查询结果

(a)

(b)

图 4-9　例 4-22 查询结果

2. 外连接查询

在前面的多表连接查询中,只有满足连接条件和选择条件的元组才在查询结果中显示。如图 4-8 所示,结果表中只有 8 个学生的信息,由于其他的学生没有学习 C01 课程,在 SC 表中没有相应的元组,表 S 中这些学生对应的元组在连接时被舍弃了。

如果一个表中的元组不匹配另一个表中的任何元组,则该元组(称为悬浮元组)不会出现在查询结果中。但如果想在连接结果中保留这些悬浮元组,则要进行外连接查询。

外连接的概念已经在第 3 章介绍过,在 SELECT 语句中,外连接可以在 FROM 子句中指定,其语法规则:

FROM　<左关系>　LEFT|RIGHT|FULL [OUTER]　JOIN　<右关系>
ON　<search_condition>

说明:

- FULL〔OUTER〕:进行全外连接,指定在结果集中包括左关系和右关系中不满足连接条件的元组,并将来自另一个表的目标列置为 NULL。
- LEFT〔OUTER〕:进行左外连接,指定在结果集中包括左关系中所有不满足连接条件的元组,将来自右关系的目标列置为 NULL。
- RIGHT〔OUTER〕:进行右外连接,指定在结果集中包括右关系中所有不满足连接条件的元组,将来自左关系的目标列置为 NULL。
- ON〈search_condition〉:指定连接条件,包括对参与连接的关系进行元组选择的条件。

在例 4-21 中,假若想得到表 S 中所有学生的基本情况及其选课情况,即使某个学生没有选修 C01 课程,仍把表 S 中该学生元组保留在结果关系中,这时就需要使用外连接查询。可将例 4-21 的查询语句进行如下修改。

图 4-10 例 4-21 外连接查询结果

```
SELECT  S.SN, SC.GRADE
  FROM  S LEFT  OUTER  JOIN  SC
  ON S.SNO=SC.SNO  AND  SC.CNO='C01';
```

此左外连接操作,会查询得到表 S 中的所有元组的学生姓名及其选修了 C01 课程的成绩,如图 4-10 所示。对于表 S 中所有没选课程的学生,以及选修了其他课程的学生,在查询结果中的 GRADE 属性上将产生 NULL 值。

也可在 FROM 子句中用〔INNER〕JOIN 来进行两个表的常规连接,常规连接也称为内连接,INNER 默认选项可省略。可在 ON 子句指定需在 WHERE 子句中表达的连接条件。

例 4-22 也可以用如下 SELECT 语句来实现,查询结果如图 4-9(b)所示。

```
SELECT S.SN,SC.GRADE
  FROM (S INNER JOIN SC ON S.SNO=SC.SNO) INNER JOIN C ON C.CNO=SC.CNO
  WHERE C.CN='数据结构';
```

3. 自身连接查询

若查询涉及对一个表中的不同元组进行比较操作,则需要对该表做自身连接查询。进行自身连接查询时,需要给所要查询的表定义别名,将其虚拟成两个表,来标识同一关系表中的不同元组。

别名的定义在 FROM 子句中表名的后面,与表名用空格分隔,也可用 AS 来分隔。可在 FROM 子句中同时给多个表定义别名,也可给一个表定义多个别名。定义别名后,表中属性仍完全一样,需要在属性名前面加上表名作为前缀来标识是哪个表中的属性。

【例 4-23】 查询每门课程的间接先修课程(即先修课程的先修课程)号。

```
SELECT  FIRST.CNO,SECOND.PC
   FROM  C FIRST,C SECOND
       WHERE FIRST.PC IS NOT NULL AND
             SECOND.PC IS NOT NULL AND
             FIRST.PC=SECOND.CNO;
```

查询结果如图 4-11 所示。

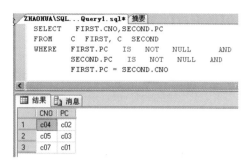

图 4-11 例 4-23 查询结果

此查询需在表 C 中先找到一门课程的先修课程,再按此先修课程的课程号找到它的先修课程,因此需对表 C 进行自身连接查询。查询中为表 C 定义了两个别名:FIRST 和 SECOND。查询结果为在 FIRST 表中找到某一课程(FIRST.CNO)的先修课程(FIRST.PC)是 SECOND 表的某一课程(SECOND.CNO)时,SECOND 表中该课程的先修课程(SECOND.PC)。

在实际的应用中,利用给关系表定义别名,可把一个长的关系表名替换成短的,这样更便于后续使用。

4.3.3 嵌套查询

在数据库中的多个表之间进行查询,除进行连接查询外,还可以采用嵌套查询的方式,即将一个 SELECT 查询嵌套在另一个 SELECT 查询语句中。嵌入的查询称为子查询,被嵌入的上层查询称为父查询。在子查询中还可以再嵌入子查询,构成多层嵌套查询。

根据子查询的结果是否依赖于父查询,有独立子查询和相关子查询之分。独立子查询的结果不依赖于父查询,与父查询的当前元组无关;而相关子查询的结果与父查询的当前元组有关,随父查询处理的当前元组不同,子查询的结果会随之发生变化。在相关子查询中,若涉及与父查询相同的关系表,往往要进行重命名操作。

嵌套查询使我们可以用多个简单查询构成复杂的查询,增强了 SQL 的查询能力。而层层嵌套的查询方式也正是 SQL 的"结构化"特征所在。

不同的 DBMS 对嵌套查询的支持程度不同,本书以 SQL Server 能处理的方式进行介绍,也基本包括了大多数 DBMS 能处理的方法。在 SQL Server 中,子查询既可以嵌套在另一个查询的 SELECT 子句的目标列表达式中参与计算;也可以嵌套在 FROM 子句中,作为进一步查询的对象;还可以嵌套在 WHERE 子句或 HAVING 短语的条件表达式中,参与构造进一步查询的条件。这里主要介绍如何将一个子查询嵌套在另一个查询的 WHERE 子句或 HAVING 短语中构成嵌套查询。

一个 SELECT 查询语句的结果可能是一个关系(即元组的集合),也可能是一个值(如聚集函数的结果),那么如何将一个元组的集合或一个值嵌套在一个逻辑表达式中呢?SQL Server 用以下几种方式来实现。

1. 使用 IN 操作符实现

IN 谓词用于判断一个值是否属于一个集合。在嵌套查询中,子查询的结果往往是一个集合,所以经常用谓词 IN 来实现嵌套查询。

【例 4-24】 查询选修"操作系统"课程的学生的学号。

```
SELECT  SNO
  FROM  SC
    WHERE  CNO  IN
        (SELECT  CNO
          FROM  C
            WHERE  CN='操作系统');
```

若本例查询的不仅是学生的学号,还包括姓名,则要增加对一个表的查询,若仍用 IN 操作符实现,就要再增加一层嵌套,见例 4-25。

【例 4-25】 查询选修"操作系统"课程的学生的学号和姓名。查询结果如图 4-12 所示。

```
SELECT  SNO,SN
  FROM  S
    WHERE  SNO  IN
        (SELECT  SNO
          FROM  SC
            WHERE  CNO  IN
                (SELECT  CNO
                  FROM  C
                    WHERE  CN='操作系统'));
```

【例 4-26】 查询没有选修 C02 课程的学生姓名。查询结果如图 4-13 所示。

```
SELECT  SN
  FROM  S
    WHERE  SNO  NOT  IN
        (SELECT  SNO
          FROM  SC
            WHERE  CNO='C02');
```

从上述嵌套查询可看到,查询涉及多个关系表时,用嵌套查询可逐步求解,易于构造,层次清楚,具有结构化程序设计的特点。

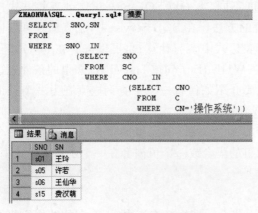

图 4-12 例 4-25 查询结果

图 4-13 例 4-26 查询结果

有些嵌套查询可以用连接查询来实现,但有一些则不能。请尝试将例 4-24、例 4-26 用连接查询实现,看能否实现。

2. 使用比较操作符实现

IN 操作符用于一个值与多个值的比较,当子查询的结果是单个值时,可用比较运算符来实现嵌套查询。

【例 4-27】 查询 C01 课程的成绩高于王玲的学生的学号和成绩。查询结果如图 4-14 所示。

```
SELECT  SNO,GRADE
  FROM  SC
    WHERE  CNO='C01'  AND  GRADE>
        (SELECT  GRADE
           FROM  SC
             WHERE  CNO='C01'  AND
                    SNO=(SELECT  SNO
                          FROM  S
                          WHERE  SN='王玲'));
```

【例 4-28】 查询每个学生所修课程成绩超过其所修课程平均成绩的课程号。

```
SELECT  SNO,CNO
  FROM  SC  SC1
    WHERE  GRADE>(SELECT  AVG(GRADE)
                    FROM  SC  SC2
                      WHERE  SC2.SNO=SC1.SNO);
```

该查询针对父查询中的每一选课元组,查询其课程成绩大于该学生所修课程平均成绩的课程号,而子查询用于查询父查询中该学生所修课程的平均成绩。因此,该查询是相关子查询,其查询结果如图 4-15 所示。相关子查询不同于独立子查询,不能独立得到查询结果,子查询的结果与父查询有关,可能需要针对父查询进行反复查询。

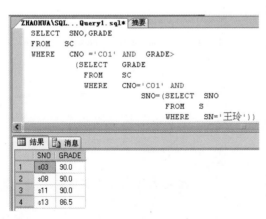

图 4-14　例 4-27 查询结果

图 4-15　例 4-28 查询结果

3. 使用 ANY 或 ALL 操作符实现

在有的 DBMS(如 SQL Server)中,以 ANY 或 ALL 操作符与比较符配合使用来实现嵌套查询。ANY 操作符的语义为查询结果中的某个值,ALL 操作符的语义为查询结果中的所有值。

【例 4-29】 查询其他系中比计算机系某一学生年龄大的学生。

```
SELECT   *
  FROM   S
    WHERE   SD<>'计算机'  AND
            SB<ANY(SELECT  SB
                     FROM  S
                       WHERE  SD='计算机');
```

子查询得到计算机系学生的出生日期集合,父查询得到其他系的只要出生日期比子查询结果中某一值小的学生元组。查询结果如图 4-16 所示。

【例 4-30】 查询其他系中比计算机系学生年龄都大的学生。

```
SELECT   *
FROM   S
WHERE   SD<>'计算机'  AND
        SB<ALL(SELECT  SB
                 FROM  S
                   WHERE  SD='计算机');
```

子查询得到计算机系学生的出生日期集合,父查询得到其他系的学生出生日期比子查询结果中所有值都小的学生元组。查询结果如图 4-17 所示。

图 4-16　例 4-29 查询结果

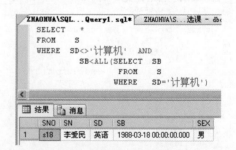

图 4-17　例 4-30 查询结果

例 4-29 和例 4-30 中的两个子查询均是独立子查询,子查询的查询条件不依赖于父查询,子查询的结果只是用于构建其父查询的查询条件。

以上查询也可以用聚集函数来实现,而且效率更高,可将<ANY 改为<MAX,<ALL 改为<MIN。ANY、ALL 参与的比较运算与聚集函数、IN 谓词的等价关系参见表 4-4。

表 4-4　ANY、ALL 参与的比较运算与聚集函数、IN 谓词的等价关系

ANY/ALL	运　算　符					
	=	<>或!=	<	<=	>	>=
ANY	IN		<MAX	<=MAX	>MIN	>=MIN
ALL		NOT IN	<MIN	<=MIN	>MAX	>=MAX

从表 4-4 中可以看出,＝ANY 等价于 IN,<>ANY 不等价于 NOT IN;<>ALL 等价于 NOT IN,＝ALL 并不等价于 IN。

4. 使用 EXISTS 操作符实现

EXISTS 谓词代表存在量词,用于判断一个子查询块的结果是否存在元组。若子查询块的查询结果非空,则产生逻辑真值,否则产生逻辑假值。

使用 EXISTS 查询的一般格式:

[NOT] EXISTS (子查询块)

【例 4-31】　查询选修课程号为 C02 的学生姓名。

```
SELECT  SN
  FROM  S
    WHERE  EXISTS
        (SELECT  *
          FROM  SC
            WHERE  S.SNO=SC.SNO  AND  CNO='C02');
```

该查询针对父查询中的每一个学生元组,查询满足子查询非空时的学生姓名。子查询得到选课表中该学生选修 C02 课程的元组,如果存在查询结果,即该学生选修了 C02 课程,则父查询条件被满足,输出该学生的姓名。在该查询中,子查询的结果依赖父查询的当前元组的属性值 SNO,因此该嵌套查询是相关子查询。查询结果如图 4-18 所示。

图 4-18　例 4-31 查询结果

EXISTS 后的子查询,其目标列表达式通常都用 ∗ ,因为 EXISTS 只返回子查询是否有值的结果,即真值或假值,给出列名无实际意义。

【例 4-32】 查询没有选修 C02 课程的学生姓名。

```
SELECT   SN
FROM   S
WHERE   NOT  EXISTS
        (SELECT   *
          FROM  SC
            WHERE  S.SNO=SC.SNO  AND  CNO='C02');
```

与上例相反,该例中子查询没有查询结果时,即 SC 表中没有该学生选修了 C02 课程的元组,则父查询条件被满足,输出该学生的姓名。查询结果应该是 S 表中不包括例 4-31 结果中的那些学生的姓名。如图 4-19 所示,与例 4-26 的结果一样。

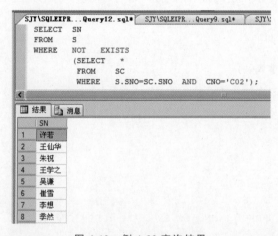

图 4-19　例 4-32 查询结果

【例 4-33】 在例 4-26 中已看到使用 IN 谓词来实现例 4-32 的查询,前面也曾让读者思考过例 4-32 中的查询是否可使用如下连接查询来实现。

```
SELECT  SN
  FROM  S,SC
    WHERE  S.SNO=SC.SNO  AND  CNO<>'C02';
```

此查询其实是根据两个表的相关属性值 SNO 做连接操作,将其中 SNO 相等且 CNO 不为 C02 的元组的 SN 放入结果表中。若某 SN 所对应的 SNO 选了 C02 以外的课程,SN 也会在结果集中。因此,该连接查询不能得到所需要的查询结果。

事实上,一些用 EXISTS 或 NOT EXISTS 谓词实现的嵌套子查询不能被其他形式的子查询等价替换,如例 4-34 这类具有集合包含关系的查询。但是,所有用 IN 谓词、比较运算符、ANY 和 ALL 谓词实现的子查询都能用 EXISTS 谓词嵌套的子查询等价替换。

【例 4-34】 查询选修全部课程的学生的姓名。

本查询在关系代数中可用除运算实现(见式①),在元组关系演算中可用全称量词来完成(见式②)。由于 SQL 没有全称量词的谓词,可以把带有全称量词的谓词转换为等价的带有存在量词的谓词(见式③)。

$$\pi_{SN}(S \bowtie (\pi_{SNO,CNO}(SC) \div \pi_{CNO}(C))) \qquad ①$$

$$\{t^{(1)} \mid (\exists u)(\forall v)(\exists w)(S(u) \land C(v) \land SC(w) \land$$

$$u[1]=w[1] \land w[2]=v[1] \land t[1]=u[2])\} \qquad ②$$

$$(\forall x)P \equiv \neg (\exists x)(\neg P) \qquad ③$$

由式③可知:查询选修全部课程的学生≡没有一门课他不选的学生。则本查询可如下实现。

```
SELECT  SN
  FROM  S
    WHERE  NOT  EXISTS
        (SELECT  *
          FROM  C
            WHERE  NOT  EXISTS
                (SELECT  *
                  FROM  SC
                    WHERE  SC.SNO=S.SNO  AND
                        SC.CNO=C.CNO));
```

第一个 NOT EXISTS 表示不存在某一课程记录,第二个 NOT EXISTS 表示没有该学生选修该课程的记录。

本查询对于查询结果中的每一个 SN,应满足下面的第一层嵌套子查询为空,即不存在任一课程记录。

```
SELECT  *
  FROM  C
    WHERE  NOT  EXISTS
        (SELECT  *
          FROM  SC
            WHERE  SC.SNO=S.SNO  AND
                SC.CNO=C.CNO)
```

而上面的子查询为空,则应满足下面的第二层嵌套子查询存在查询结果,即在表 SC 中,该 SN 所对应的 SNO 有选修任一课程的选课记录。

```
SELECT  *
  FROM  SC
    WHERE  SC.SNO=S.SNO  AND
        SC.CNO=C.CNO
```

【例 4-35】 查询所学课程包含学生 S01 所学课程(至少选修了学号为 S01 的学生所选修的全部课程)的学生姓名。

本查询要找到那些对于表 SC 中学生 S01 所学的每一门课程,其在表 SC 中也有相应选课记录的学生的姓名。

用元组演算表示该查询如下。

$$\{t^{(1)} \mid (\exists u)(S(u) \wedge (\forall v)(SC(v) \wedge (v[1] = 'S01'$$
$$\rightarrow (\exists w)(SC(w) \wedge w[1] = u[1] \wedge w[2] = v[2]))) \wedge t[1] = u[2])\}$$

本查询可以用逻辑蕴涵来表达：查询学号为 S_x 的学生，对于任何一门课程 Y，如果 S01 选修了课程 Y，那么要查询的学生 S_x 也选修了课程 Y。

SQL 语言中没有逻辑蕴涵运算符，但可以利用谓词演算将一个逻辑蕴涵的谓词进行等价转换：

假设用 p 表示谓词"学生 S01 选修课程 Y"，用 q 表示谓词"学生 S_x 选修课程 Y"。则本查询表示为 $(\forall y)p \rightarrow q$。

因为 $p \rightarrow q \equiv \neg p \vee q$，则有 $(\forall y)p \rightarrow q \equiv \neg(\exists y)(\neg(p \rightarrow q)) \equiv \neg(\exists y)(\neg(\neg p \vee q)) \equiv \neg(\exists y)(p \wedge \neg q)$

因此，查询所学课程包含学生 S01 所学课程的学生 $\equiv$ 不存在这样的课程 y，学生 S01 选修了 y，而学生 S_x 没有选。

相应的 SQL 查询语句可表示如下。

```
SELECT  SN
  FROM  S
    WHERE  NOT  EXISTS
          (SELECT  *
            FROM  SC
              WHERE  SC.SNO='S01'  AND  NOT  EXISTS
                  (SELECT  *
                    FROM  SC  SC1
                    WHERE  S.SNO=SC1.SNO  AND
                        SC1.CNO=SC.CNO));
```

从第一层嵌套子查询的查询条件可以看出，如果学生 S01 选修了课程，本查询的结果就是那些选修了学生 S01 所修全部课程的学生的姓名；而如果 S01 没有选修课程，本查询的结果就是所有学生的姓名，如图 4-20 所示。

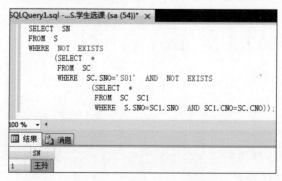

图 4-20　例 4-35 查询结果

4.3.4 集合查询

SELECT 语句的查询结果是元组的集合，因此多个 SELECT 语句的查询结果可进行集合运算。SQL 的集合运算主要有并（UNION）、交（INTERSECT）、差（MINUS 或 EXCEPT），对应于关系代数中的 ∪、∩ 和 - 运算，要求参与集合运算的关系必须是相容的，即参与运算的 SELECT 语句的查询结果具有相同个数的属性列，且对应属性列具有相同的数据类型。

【例 4-36】 查询选修了 C01 或 C02 课程的学号。

```
SELECT SNO FROM SC WHERE CNO='C01'
UNION
SELECT SNO FROM SC WHERE CNO='C02';
```

【例 4-37】 查询既选修了 C01 又选修了 C02 课程的学号。

```
SELECT SNO FROM SC WHERE CNO='C01'
INTERSECT
SELECT SNO FROM SC WHERE CNO='C02';
```

【例 4-38】 查询选修了 C01 但没选修 C02 课程的学号。

```
SELECT SNO FROM SC WHERE CNO='C01'
EXCEPT
SELECT SNO FROM SC WHERE CNO='C02';
```

与 SELECT 子句不同，上述集合查询的结果会自动去除重复。如果想保留所有重复元组，需在集合运算符后添加 ALL 选项。

注意：不同的 DBMS 对集合运算的支持不同，语义动词也可能不一样。

用集合查询来实现查询，语义比较清晰。请尝试将以上各集合查询用非集合查询方法，即考虑用连接或嵌套查询等方法来实现，并与集合查询进行比较。

4.4 数据更新

SQL 的数据更新功能主要包括向基本表中插入元组、修改元组的属性值和删除表中的元组。

4.4.1 插入元组

SQL 以元组为基本单位向基本表中插入数据。往关系表中插入元组，可以指定待插入的元组，或者用查询语句来获得待插入的元组集合。

1. 插入单个元组

插入单个元组的 INSERT 语句的格式：

```
INSERT
   INTO   <表名> [(<属性名 1> [,<属性名 2>,…]) ]
   VALUES   (<常量 1> [,<常量 2>,…]);
```

语句功能为向指定的表中插入一个新元组,其中属性名列表中指定的该元组的属性值分别为 VALUES 后的对应常量值。语句要求待插入元组的属性值必须在相应属性的域中,且常量值的个数与属性名的个数相同。如果表中的某些属性在 INTO 子句中没有出现,则新元组在这些属性上将被赋空值。而在表定义时说明为 NOT NULL 的属性不能取空值,所以需在语句中赋值,否则会出错。如果 INTO 子句中没有指明任何属性,则 VALUES 子句中新插入的元组必须在每个属性上均有值,且常量值的顺序要与表定义中属性的顺序一致。

【例 4-39】 将一个学号为 S20、姓名为陈浩、性别为男、所在系为计算机、出生时间为 1999-10-15 的学生元组插入学生关系表 S 中。

```
INSERT
   INTO   S(SNO,SN,SEX,SD,SB)
   VALUES   ('S20','陈浩','男','计算机','1999-10-15');
```

该插入操作也可表达为

```
INSERT
   INTO   S
   VALUES('S20','陈浩','计算机','1999-10-15','男');
```

其中,VALUES 子句中的常量值('S20','陈浩','计算机','1999-10-15','男')需与定义 S (SNO,SN,SD,SB,SEX)中的对应顺序一致。

【例 4-40】 向表 SC 中插入一条选课元组('S20','C01')。

```
INSERT
   INTO   SC(SNO,CNO)
   VALUES   ('S20','C01');
```

根据表 SC 的定义,新插入的元组值需要有主属性 SNO、CNO 值,并且新元组的 GRADE 值被系统自动赋为空值。

2. 插入子查询结果

子查询不仅可以嵌套在 SELECT 语句中,也可以嵌套在 INSERT 语句中,用以获得要插入的元组数据。

插入子查询结果的 INSERT 语句的格式:

```
INSERT
   INTO   <表名> [(<属性名 1> [,<属性名 2>,…]) ]
      子查询;
```

语句的功能是:先执行子查询,再将查询结果中的每一元组的属性值分别赋予指定表中每一个新元组的指定属性。

【例 4-41】 插入"计算机"系学生选修"数据库"课程的选课记录。

```
INSERT
  INTO  SC(SNO,CNO)
    SELECT  SNO,CNO
      FROM  S,C
        WHERE  SD='计算机'  AND  CN='数据库';
```

语句执行的结果将向表 SC 中插入由计算机系学生的学号与数据库课程的课程号构成的新元组,新元组的个数为计算机系学生的人数,且 GRADE 值目前均为 NULL 值。

大部分 RDBMS 有特殊的 bulk loader 工具,它可以向关系中插入一个非常大的元组集合。这些工具允许从格式化文本文件中读出数据,且执行速度比完成相同功能的插入语句序列快得多。

4.4.2 修改元组属性值

若希望在不改变整个元组的情况下修改其部分属性的值,可使用 UPDATE 语句。UPDATE 语句的一般格式:

UPDATE <表名>
  SET <属性名 1>=<表达式 1>[,<属性名 2>=<表达式 2>,…]
    [WHERE <元组选择条件>];

该语句用于修改指定表中满足选择条件的元组,用 SET 子句将属性的值修改为相应的表达式的值。如果省略 WHERE 子句,则要对表中所有元组的相关属性进行修改。

UPDATE 语句只能对一个表做修改,而不能同时修改多个表,不能在 UPDATE 后有多个表名。当需要其他表的信息来确定待修改元组时,可在 WHERE 子句的元组选择条件中嵌套子查询来实现。不同 DBMS 对嵌套子查询的支持不同,有的只能嵌套独立子查询;有的可嵌套相关子查询,即子查询中也可引用待更新的关系表,UPDATE 语句会首先执行子查询,找到所有待更新的元组,然后再执行更新操作。

【例 4-42】 将学号为 S02 的学生所学"高等数学"课程的成绩改为 93.0。

```
UPDATE  SC
  SET  GRADE=93.0
  WHERE  SNO='S02'  AND  CNO  IN
    (SELECT  CNO
      FROM  C
      WHERE  CN='高等数学');
```

若想将该学生的该门课程成绩值删除,则需用 SET GRADE=NULL 将成绩值置为空。

【例 4-43】 若学生的某门课程成绩低于该课平均成绩,则将该门课程成绩提高 5%。

```
UPDATE  SC
  SET  GRADE=GRADE * 1.05
  WHERE  GRADE<(SELECT  AVG(GRADE)
                FROM  SC  SC1
                WHERE  SC.CNO=SC1.CNO);
```

该 UPDATE 语句嵌套了一个子查询,用于构造元组选择条件。在 SQL Server 中,该语句首先计算子查询的结果,然后测试选课关系表 SC 中的每一个元组,检查其课程成绩 GRADE 值是否小于该课程的平均成绩,再修改所有符合条件的元组。读者通过查询所有课程的平均成绩、满足条件的元组、修改操作的执行情况以及修改后的选课关系表信息,并与图 4-3 中的原始关系表对比,便可发现该修改操作确实修改了那些成绩低于该课程平均成绩的选课记录,但平均成绩并未随表中某元组 GRADE 值的改变而发生变化。

4.4.3 删除元组

要从关系表中删除满足条件的元组,可使用 DELETE 语句。

DELETE 语句的一般格式:

DELETE
　　FROM <表名>
　　[WHERE <元组选择条件>];

DELETE 语句只能作用于一个关系表,而且只能删除整个元组。在 WHERE 子句中,可嵌套子查询来构造元组选择条件。若无 WHERE 子句,则表示删除指定表中的所有元组,但不删除表定义,表定义仍在数据字典中。

【例 4-44】 将学号为 S07 的学生删除。

```
DELETE
  FROM  S
  WHERE  SNO='S07';
```

【例 4-45】 删除成绩低于所有课程平均成绩的选课元组。

```
DELETE
  FROM  SC
  WHERE  GRADE<(SELECT  AVG(GRADE)  FROM  SC);
```

该 DELETE 语句嵌套了一个子查询,用于构造元组选择条件。在 SQL Server 中,该语句首先计算子查询的结果,然后测试选课关系表 SC 中的每一个元组,检查其成绩 GRADE 值是否小于所有课程的平均成绩,再删除所有符合条件的元组。读者通过查询所有课程的平均成绩及删除操作后的选课关系表信息,并与图 4-3 中的原始关系表进行对比,可发现该删除操作确实删除了那些成绩低于所有课程平均成绩的选课记录,平均成绩并未随表中某元组的删除而发生改变。

对例 4-43 和例 4-45 的结果进行分析,可以了解 DBMS 对更新操作中子查询的处理是先于更新操作的,这就使得更新操作的结果不依赖于元组被处理的顺序。同时,也可进一步了解空值操作问题,例如,聚集函数 AVG 并不处理空值,GRADE 值为 NULL 的元组不满足更新条件(元组选择条件值为 UNKNOWN)并未被更新等。

4.4.4 更新操作的完整性检查

完整性控制的主要目的,是防止语义上不正确的数据进入数据库。因此,在对数据库进行更新操作时,DBMS 会对用户发出的操作请求进行检查,如果发现用户的操作请求使数据违背了完整性约束条件,则采取一定的动作来保护数据的完整性,如拒绝该操作或采用其他处理方法。下面针对参照完整性做进一步讨论。

关系数据库的参照完整性定义了两个表中元组对应属性值间的参照关系。因此,对数据库表进行更新操作时可能会破坏表间数据的参照完整性。

【例 4-46】 插入一个选课元组('S20','C10',78.5)。

```
INSERT
  INTO  SC
  VALUES  ('S20','C10',78.5);
```

在表 SC 中 SNO、CNO 为外键,其对应主键分别为表 S 的主键 SNO、表 C 的主键 CNO。若新增元组的学号 S20 不在学生表 S 中,或课程号 C10 不在课程表 C 中,则破坏了数据的参照完整性。执行该语句会出现图 4-21 所示的信息。

图 4-21 例 4-46 破坏参照完整性提示

【例 4-47】 将学生表中学号为 S02 的学生学号修改为 S19。

```
UPDATE  S
  SET  SNO='S19'
    WHERE  SNO='S02';
```

若表 SC 中有 S02 的选课记录,该操作将使这些选课记录的 SNO 值找不到其在表 S 中的对应值,破坏了数据的参照完整性。执行该语句会出现如图 4-22 所示的信息。

图 4-22 例 4-47 破坏参照完整性提示

【例 4-48】 删除学号为 S01 的学生信息。

```
DELETE
  FROM  S
    WHERE  SNO='S01';
```

若表 SC 中有 S01 的选课记录，该操作将使这些选课记录的 SNO 值找不到其在表 S 中的对应值，破坏了数据的参照完整性。执行该语句后出现的提示信息如图 4-23 所示。

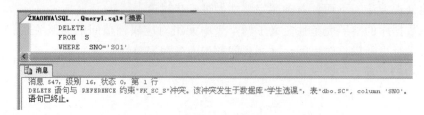

图 4-23　例 4-48 破坏参照完整性提示

由此可见，在被参照表中删除元组或修改元组的主键值，可能会破坏参照完整性；而在参照表中插入元组或修改元组的外键值，也可能会破坏参照完整性。

当上述可能破坏参照完整性的操作发生时，为防止产生数据不一致现象，DBMS 一般采取以下的策略进行处理。

（1）拒绝执行（NO ACTION）：拒绝执行该操作。在系统中，该策略通常为默认策略。例如，在执行例 4-48 的操作时，由于学生选课数据库的表 SC 中存在有学生 S01 的选课记录，故系统除给出破坏参照完整性提示外，还会采取默认策略，终止语句的执行。

（2）产生级联操作（CASCADE）：当在被参照表中删除元组或修改元组的主键值时，则删除或修改参照表中所有关联的元组。例如，若要执行例 4-47 的操作，就要在表 SC 中将所有 SNO 值为 S02 的元组的 SNO 值修改为 S19。若要执行例 4-48 的操作，就要在表 SC 中将所有 SNO 值为 S01 的元组删除。

（3）设置为空值（SET NULL）：当在被参照表中删除元组或修改元组的主键值时，则将参照表中所有关联的元组的对应外键属性值置为空。但是否可以置为空，还要看在参照表中该外键值是否允许为空，若其为表的主属性，或者在表的定义中定义了其不能为空，则不能执行该策略。例如，若要执行例 4-47 或例 4-48 的操作，表 SC 中相关元组的 SNO 值是不能置为空的，因为 SNO 是表 SC 的主属性。否则就破坏了关系的实体完整性。

一般情况下，当更新操作可能破坏参照完整性时，系统采用默认策略，即拒绝执行。如果希望系统采用其他的策略，则需要在定义表时显式地说明。

【例 4-49】　在例 4-1 定义表 SC 时说明参照完整性的违约处理策略。

```
CREATE  TABLE  SC
  (SNO    CHAR(6)  NOT  NULL,
  CNO    CHAR(6)  NOT  NULL,
  GRADE  DEC(4,1)  DEFAULT  NULL,
  PRIMARY  KEY(SNO,CNO),            --在表级定义主键
  FOREIGN  KEY(SNO)  REFERENCES S(SNO) --定义外键 SNO,参照关系 S 的主键 SNO
  ON  UPDATE  CASCADE               --当修改 S 的 SNO 时,级联修改 SC 中相应元组
  ON  DELETE  NO  ACTION,           --当删除 S 的元组会破坏参照完整性时拒绝执行
  FOREIGN  KEY(CNO)  REFERENCES  C(CNO)--定义外键 CNO,参照关系 C 的主键 CNO
  ON  UPDATE  CASCADE               --当修改 C 的 CNO 时,级联修改 SC 中相应元组
  ON  DELETE  NO  ACTION,           --当删除 C 的元组会破坏参照完整性时拒绝执行
  CHECK(GRADE  BETWEEN  0.0  AND  100.0));  --定义 GRADE 的取值在 0.0~100.0
```

RDBMS 为实现参照完整性,不仅提供了定义外键的功能,还提供了不同的违约策略供用户选择。

很多 DBMS 对用户所执行的对关系表的更新操作,还可以实施比 FOREIGN KEY 约束及 CHECK 约束更为复杂的检查和操作,即通过定义和激活触发器来实现。

4.4.5 触发器

1. 触发器的概念

触发器(trigger)是用户定义在基本关系表上的一类由事件驱动的特殊的过程,作为一个数据库对象存储在数据库中,提供了一种保证数据完整性的方法。当有操作影响到触发器保护的数据时,触发器会自动激活执行。与完整性约束相比,触发器可以进行更为复杂的检查和操作,具有更精细和更强大的数据完整性约束能力。

一般将触发器所依附的基本表称为触发器表。对触发器表进行的所有操作称为触发事件。触发事件可以是 INSERT 插入、UPDATE 修改和 DELETE 删除等数据更新操作,也可以是 CREATE、ALTER 和 DROP 等定义操作,还可以是 GRANT、REVOKE 等控制操作。

触发器并不是 SQL 规范的核心内容,但是很多 RDBMS 很早就支持触发器,只是不同 RDBMS 的触发器的实现有所不同。本书以 SQL Server 为例介绍数据更新操作事件触发器(也称 DML 触发器)。

2. DML 触发器的工作原理

当在触发器表上发生插入、修改和删除等更新操作时,DBMS 会自动生成两个特殊的临时表,在不同的 DBMS 中其名称并不一样,例如在 SQL Server 中这两个特殊的表分别称为 Inserted 表和 Deleted 表。

这两个表的结构与触发器表结构相同,是建在内存中的逻辑表,而且只能由创建它们的触发器使用。触发器会对这两张表的内容进行检查,检查触发事件带来的影响,为触发器主体中的操作设置条件。对这两个表的具体操作如下。

(1)当向触发器表中插入元组时,新插入的元组会被插入 Inserted 表和触发器表中,如图 4-24(a)所示。

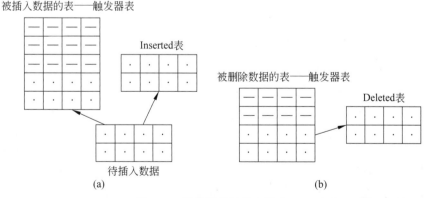

图 4-24　触发器涉及的三种表

(2)当从触发器表中删除元组时,触发器表中需要删除的元组将被移入 Deleted 表中,如图 4-24(b)所示。

(3) UPDATE 操作相当于先执行 DELETE 操作,删除需要修改的元组,再执行 INSERT 操作,插入修改后的元组,因此 UPDATE 操作要用到 Inserted 和 Deleted 两个表。

由此可见,Inserted 表和 Deleted 表中没有相同的数据行。一旦触发器完成动作,这两个临时表将自动删除。

3. DML 触发器的创建

创建 DML 触发器语句的格式:

```
CREATE  TRIGGER  <触发器名>
  ON  <表名>
  {[FOR|AFTER]|INSTEAD OF}  {[INSERT][,][UPDATE][,][DELETE]}
  AS
    < SQL 语句>;
```

说明:

(1) 触发器名:触发器的名称。命名须遵循标识符命名规则,不能以 ♯ 开头,不能与其他数据库对象同名。

(2) 表名:触发器表的名称。一个基本表上可有多个触发器。

(3) FOR|AFTER|INSTEAD OF:触发器的类型,确定了触发时机。其中:

- INSTEAD OF 触发器:一般用来取代定义中的触发事件。触发事件发生后,不执行该触发事件,即不对数据库做更新操作,而是执行触发器中 SQL 语句。
- FOR|AFTER 触发器:触发器中的 SQL 语句将在触发事件执行之后的数据库状态上执行,主要用于数据更新后的处理和检查。

(4) [INSERT][,][UPDATE][,][DELETE]:可以是 INSERT、UPDATE 和 DELETE 任一事件,也可以是这几个事件的组合。

(5) SQL 语句:触发器主体,可以是一条 SQL 语句,也可以是多条语句,但这些语句要作为一个独立的单元被执行,是一个事务(见第 8 章),具有原子性。对于 AFTER 触发器,可用 DBMS 的过程语言对触发事件的结果进行判断,反馈对事件的处理结果信息,或使用 ROLLBACK 语句来撤销对数据库的更新等操作。

对已创建的触发器可以进行修改,SQL Server 修改触发器语句的格式:

```
ALTER  TRIGGER  <触发器名>
  ON  <表名>
  {[FOR|AFTER]|INSTEAD OF}  {[INSERT][,][UPDATE][,][DELETE]}
  AS
    < SQL 语句>;
```

触发器不需要时则要删除,一次可删除多个触发器。删除触发器语句的格式:

```
DROP  TRIGGER  <触发器名>[,…];
```

触发器可以提供关系模式定义中的完整性约束功能,如实现 CHECK 约束(见例 4-50)。此外,触发器还可以提供更复杂、更强大的动态约束功能(见例 4-51)。

【例 4-50】 在学生选课数据库中创建触发器,保证学生表中的性别仅能取"男"或"女"。

可创建一个由 INSERT 和 UPDATE 事件触发的 AFTER 触发器,保证插入的元组或对性别属性的修改满足条件。

```
CREATE TRIGGER sexinsupd
  ON  S
  FOR  INSERT,UPDATE
  AS
    IF  EXISTS(SELECT * FROM inserted where sex NOT IN ('男','女'))
    ROLLBACK;
```

创建 sexinsupd 触发器后,如图 4-25 所示,若要在 S 关系表中插入一个性别不为"男"或"女"的元组(见图 4-26(a)),或者将已插入的元组(见图 4-26(b))的性别属性修改为不是"男"或"女"的操作(见图 4-26(c)),则会触发该触发器,中止该插入或修改操作。

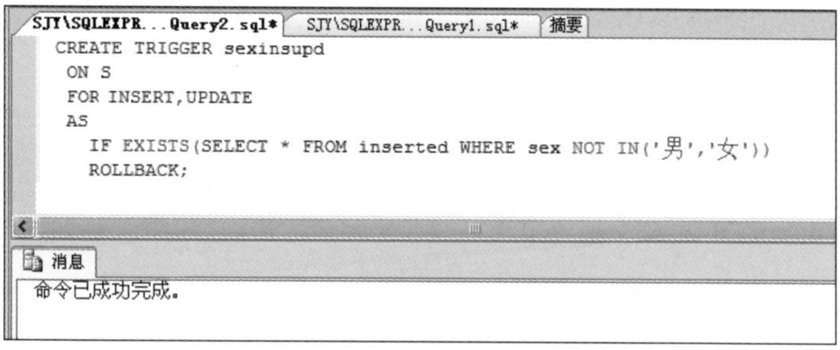

图 4-25 创建例 4-50 的 sexinsupd 触发器

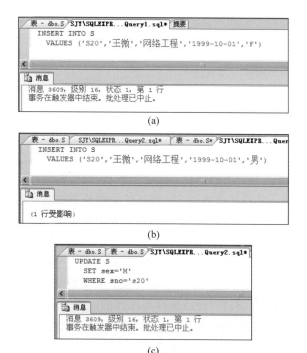

(a)

(b)

(c)

图 4-26 sexinsupd 触发器所起的作用

【例 4-51】 在学生选课数据库中创建触发器,保证表 SC 中一次只能插入或修改一条选课元组,并且每门课程选修的人数不超过 8 人。

要求该触发器在触发事件发生时,即当向选课关系 SC 中插入选课元组或者修改选课元组时,具体执行如下操作。

(1) 如果插入或修改的选课元组多于一条,则提示"不允许一次插入/修改多条选课记录!"。

(2) 检查选修该课程的学生人数,如果已经有 8 人选修了该课程,则插入操作不执行,打印"超过选修该课程的人数上限!"。

(3) 当修改某选课元组的课程号时,检查已选该课程的人数,如果已经有 8 人选修了该课程,则打印"超过选修该课程的人数上限!",这个更新操作不执行。

(4) 当以上情况均未发生时,则可以进行更新操作,删除 Deleted 表中元组,即待修改元组,插入 Inserted 表中的元组,即修改后的新元组或插入的新元组。

因此,创建一个 INSTEAD OF 触发器,触发器可以如下定义。

```
CREATE  TRIGGER  cnonumber
  ON  SC
  INSTEAD  OF  INSERT, UPDATE
  AS
    IF (SELECT  COUNT(*)  FROM  inserted) >1
      PRINT '不允许一次插入/修改多条选课记录!'
    ELSE
      IF (SELECT  COUNT(*)  FROM  SC
        WHERE CNO  IN (SELECT  CNO  FROM  inserted)) =8
      PRINT '超过选修该课程的人数上限!'
    ELSE
      BEGIN
        DELETE
          FROM  SC
          WHERE  SNO  IN  (SELECT  SNO  FROM  deleted)  AND
                 CNO  IN  (SELECT  CNO  FROM  deleted);
        INSERT  INTO  SC
          SELECT  *  FROM  inserted
      END;
```

由于这个触发器是一个 INSTEAD OF 触发器,触发器创建后(见图 4-27),任何企图往选课关系表 SC 中插入选课元组或更改 CNO 值的操作都被这个触发器截获,并且触发事件(即 INSERT 和 UPDATE 操作)不再进行,而执行触发器体中的 SQL 语句。

如果选课关系表 SC 中选修 C01 课程的学生数已经达到 8 人,如图 4-28 所示,那么当再次向 SC 表中插入学生选修 C01 课程的一条选课记录(见图 4-29(a)),或者修改选课关系表中某条记录为选修 C01 课程(见图 4-29(b))时,将被触发器截获,原触发事件的操作将不再进行,而执行触发器中的语句,打印"超过选修该课程的人数上限!";当向 SC 表中插入或修改不止一条元组的时候,也会被该触发器截获,原触发事件的操作不再进行,而执行触发器中的语句,打印"不允许一次插入/修改多条选课记录!",如图 4-29(c)、(d)所示。

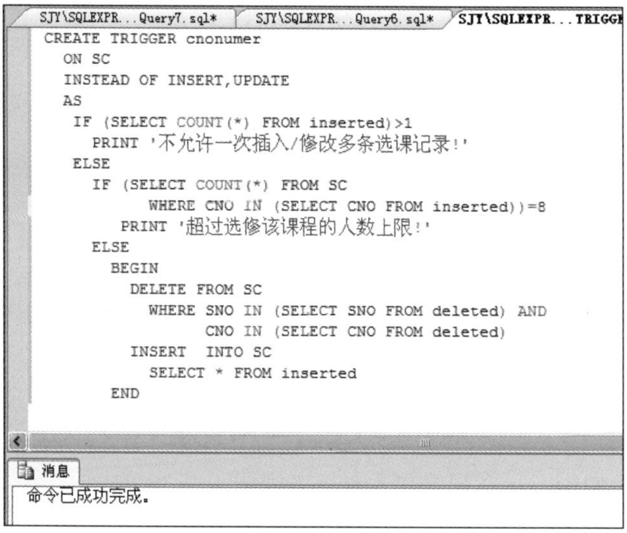

SJY\SQLEXPR...Query7.sql*
SJY\SQLEXPR...Query6.sql*
SJY\SQLEXPR...TRIGG
CREATE TRIGGER cnonumer
ON SC
INSTEAD OF INSERT,UPDATE
AS
IF (SELECT COUNT(*) FROM inserted)>1
PRINT '不允许一次插入/修改多条选课记录!'
ELSE
IF (SELECT COUNT(*) FROM SC
WHERE CNO IN (SELECT CNO FROM inserted))=8
PRINT '超过选修该课程的人数上限!'
ELSE
BEGIN
DELETE FROM SC
WHERE SNO IN (SELECT SNO FROM deleted) AND
CNO IN (SELECT CNO FROM deleted)
INSERT INTO SC
SELECT * FROM inserted
END
消息
命令已成功完成。

图 4-27 创建例 4-51 的触发器

SJY\SQLEXPR...Query6.sql*
SELECT *
FROM sc
WHERE cno='c01'
结果
消息
SNO CNO GRADE
1 s01 c01 66.0
2 s02 c01 73.0
3 s03 c01 100.0
4 s04 c01 80.0
5 s08 c01 90.0
6 s11 c01 90.0
7 s13 c01 86.5
8 s15 c01 80.0

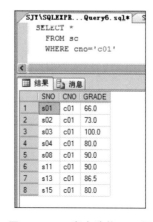

图 4-28 SC 表中选修 C01 课程的人数已满 8 人

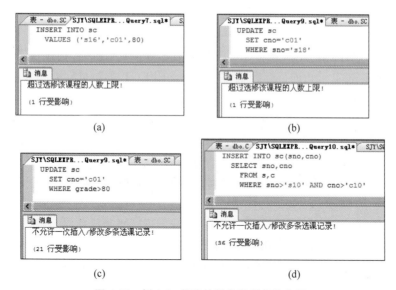

表 - dbo.SC
SJY\SQLEXPR...Query7.sql*
INSERT INTO sc
VALUES ('s16','c01',80)
消息
超过选修该课程的人数上限!
(1 行受影响)
(a)
SJY\SQLEXPR...Query9.sql*
表 - dbo.SC
UPDATE sc
SET cno='c01'
WHERE sno='s18'
消息
超过选修该课程的人数上限!
(1 行受影响)
(b)
SJY\SQLEXPR...Query9.sql*
表 - dbo.SC
UPDATE sc
SET cno='c01'
WHERE grade>80
消息
不允许一次插入/修改多条选课记录!
(21 行受影响)
(c)
表 - dbo.C
SJY\SQLEXPR...Query10.sql*
INSERT INTO sc(sno,cno)
SELECT sno,cno
FROM s,c
WHERE sno>'s10' AND cno>'c10'
消息
不允许一次插入/修改多条选课记录!
(36 行受影响)
(d)

图 4-29 例 4-51 创建的触发器所起的作用

4.5 视图

4.5.1 视图的概念

前面所有的对数据库的操作都是针对定义的基本关系表的，是在数据库的全局逻辑模式上进行的，这些基本关系表都是实际存储在数据库中的。在实际的数据库系统中，用户只关心或只被允许操作数据库中某些基本关系表、基本关系表中的某些元组或属性列，这些数据构成了数据库的外模式。外模式的定义可通过定义视图来实现。

可以从以下几方面来理解视图(VIEW)的概念。

(1) 视图是一个命名了的代数表达式,是从一个或几个基本表(或视图)导出的关系变量,视图的值是定义表达式计算后所得到的结果。

(2) 视图是一个虚表,在数据库中只存放视图的定义,而不存放视图对应的数据。

(3) 视图为用户提供了一个观察底层数据的窗口。基本表发生变化后,对应的视图也就随之改变。

(4) 用户能像操纵基本关系表一样来操纵视图。对视图的查询和更新将由 DBMS 转换为对相应的基本表进行查询和更新。

4.5.2　视图的定义

视图由用户定义,并为用户所使用。可在视图之上再定义视图。

SQL 中定义视图语句的格式:

CREATE　VIEW　<视图名> [(<属性列名 1> [,<属性列名 2>,…])]
　AS 子查询
　[WITH CHECK OPTION];

说明:

(1) 视图的属性列名或者全部指定或者全部省略。如果省略,则该视图的属性列由子查询中的 SELECT 子句的目标列确定。但在 SELECT 子句目标列存在下述情况时,需要指明视图的属性列。

- 目标列中含有聚集函数或属性列表达式。
- 目标列中含有对多表查询产生的同名属性列。
- 需要在视图中为某些属性列使用更合适的名字。

(2) 子查询可以是任意复杂的 SELECT 语句,但有的 DBMS 不支持子查询中含有 ORDER BY 子句和 DISTINCT 选项等。

(3) WITH CHECK OPTION 选项表示对视图进行更新操作时,要检查待更新的元组是否满足视图定义中的子查询所含的谓词条件。

DBMS 执行视图定义语句的结果只是把视图的定义存入数据字典中,并不执行其中的子查询。

【例 4-52】　建立"数学"系的学生视图。

```
CREATE  VIEW  M_S(SNO,SN,SB)
  AS  SELECT  SNO,SN,SB
      FROM  S
        WHERE  SD='数学';
```

若一个视图是从单个基本表导出的,只是去掉了基本表的某些行或列,但保留了基本表的主键,这类视图被称为行列子集视图。视图 M_S 是表 S 的一个子集,与 S 具有相同的一些属性列,该视图是一个行列子集视图。

【例 4-53】 定义学生成绩视图,属性包括学号、姓名、课程号和成绩。

```
CREATE VIEW S_GRADE(SNO,SN,CNO,GRADE)
  AS SELECT S.SNO,SN,CNO,GRADE
       FROM S,SC
         WHERE S.SNO=SC.SNO;
```

该视图是建立在表 S 和表 SC 两个基本表上的视图。

【例 4-54】 定义由学号及该学生的平均成绩构成的视图。

可以基于例 4-53 所建立的视图创建新的视图。

```
CREATE VIEW S_AVE (SNO,GAVE)
  AS SELECT SNO,AVG(GRADE)
       FROM S_GRADE
         GROUP BY SNO;
```

4.5.3 视图的删除

SQL 中删除视图语句的格式:

DROP VIEW 视图名 [CASCADE];

语句的功能是将视图的定义从数据字典中删除。

基本表被删除后,由该基本表导出的所有视图(定义)并没有被删除,但已无法使用,需要使用 DROP VIEW 语句来删除这些视图(定义)。如果该视图上还导出了其他视图,需要使用 CASCADE 选项,把该视图和由它导出的所有视图一起删除。不同的 DBMS 对 CASCADE 选项的支持程度不同,对还有导出视图的视图删除的操作限制也不同。

如果基本表的结构发生了变化,导出的视图也无法使用,也需删除原有的视图,并重建视图。

【例 4-55】 将例 4-52 建立的视图 M_S 删除。

```
DROP VIEW M_S;
```

【例 4-56】 将例 4-53 建立的视图 S_GRADE 删除。

```
DROP VIEW S_GRADE CASCADE;
```

该语句将删除视图 S_GRADE 和在例 4-54 中基于该视图建立的视图 S_AVE。

注意:这里的 CASCADE 是 ANSI SQL 标准中的关键词,很多 DBMS 对视图的支持程度和 SQL 标准中的描述并不相同。以 SQL Server 为例,当删除一个视图时,并不支持 CASCADE 选项,由该视图导出的视图的定义还存在于数据库中,只是无法使用了。还有很多类似的 DBMS 的具体实现与 SQL 标准不同的情况存在,本书中并未一一列出,请读者在实践中加以注意。

4.5.4 视图的查询

视图定义后,用户可以像对基本表一样对视图进行查询。

【例 4-57】 查询学生的学号和平均成绩。

可基于学生成绩视图 S_GRADE 进行如下查询。

```
SELECT  SNO,AVG(GRADE)
  FROM  S_GRADE
  GROUP  BY  SNO;
```

也可基于平均成绩视图 S_AVE 进行如下查询。

```
SELECT  SNO,GAVE
  FROM  S_AVE;
```

这两种查询方式得到的查询结果相同,如图 4-30 所示。

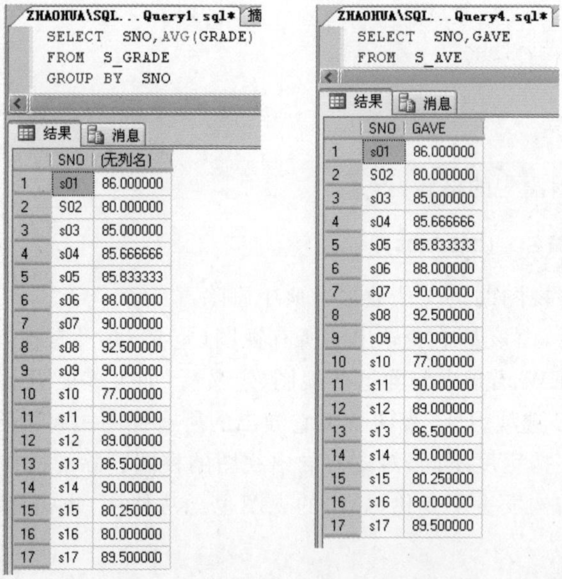

图 4-30 例 4-57 两种方式的相同查询结果

DBMS 执行对视图的查询时,首先进行有效性检查,检查查询中涉及的基本表、视图等是否存在。如果存在,则从数据字典中取出视图的定义,把定义中的子查询和对视图的查询结合起来,转换成等价的对基本表的查询,然后再执行相应的查询。

本例转换后的查询语句是:

```
SELECT  SC.SNO,AVG(GRADE)
  FROM  S,SC
    WHERE  S.SNO=SC.SNO
    GROUP  BY  SC.SNO;
```

4.5.5 视图的更新

视图的更新指通过视图来插入元组、修改属性值和删除元组。对视图的更新同样要由 DBMS 将其转换为对基本表的更新操作。

【例 4-58】 基于所建立的视图 M_S，对其进行如下更新。

（1）插入元组。

```
INSERT
  INTO  M_S
  VALUES  ('S20','黄海','1990-10-15');
```

该语句转换为如下对基本表的插入。

```
INSERT
  INTO  S
  VALUES  ('S20','黄海',NULL,'1990-10-15',NULL);
```

在 SQL Server 中，若视图定义中未设置 WITH CHECK OPTION，上例的数据会插入基本表中，但由于插入的学生"黄海"的系别为空，不满足例 4-52 中 M_S 视图定义中 SD='数学'的条件，因此在表 S 中该学生在 SD 属性上值为空，因而无法在视图中看到该学生的相关信息，如图 4-31 所示。

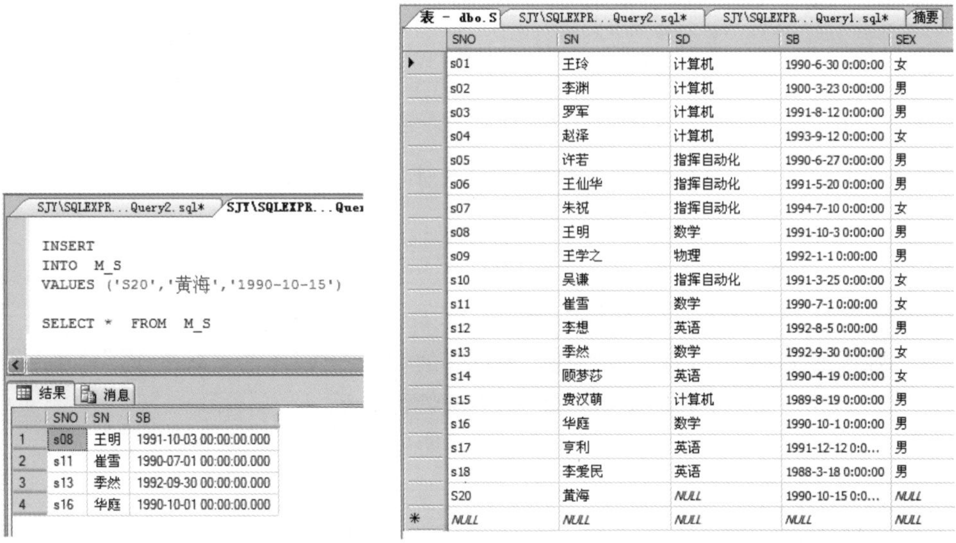

图 4-31 视图定义中未设置 WITH CHECK OPTION 时例 4-58 的更新结果

为防止上述情况发生，可以在视图定义中设置 WITH CHECK OPTION。此时，进行更新操作时，DBMS 会检查视图定义中的条件，由于待插入的学生没有系别属性信息，因此，不满足视图 M_S 定义的条件，系统会拒绝执行该操作，从而防止用户对视图定义范围外的数据进行更新。例如，插入的学生"黄海"，由于不能显示指定其 SD 属性值为"数学"，因而，无法通过视图 M_S 插入基本表中，如图 4-32 所示。

（2）修改属性值。

```
UPDATE  M_S
  SET  SN='华婷'
  WHERE  SNO='S16';
```

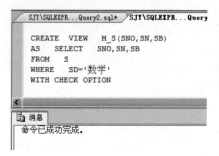

图 4-32　视图定义中设置 WITH CHECK OPTION 时例 4-58 的执行情况

加入视图定义中的条件,该语句转换为如下对基本表的更新。

```
UPDATE   S
  SET   SN='华婷'
  WHERE   SNO='S16'   AND   SD='数学';
```

(3) 删除元组。

```
DELETE
  FROM   M_S
    WHERE   SNO='S08';
```

加入视图定义中的条件,该语句转换为如下对基本表的删除。

```
DELETE
  FROM   S
    WHERE   SNO='S08'   AND   SD='数学';
```

需要强调的是,不是所有的视图都是可更新的,有些对视图的更新操作不能唯一地有意义地转换成对相应基本表的更新,这时就不能进行更新。

【例 4-59】　基于例 4-54 所建立的视图就不能进行如下更新,如图 4-33 所示。

```
UPDATE   S_AVE
  SET   GAVE=95.0
  WHERE   SNO='S03';
```

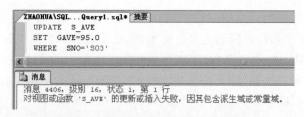

图 4-33　例 4-59 视图不可更新提示

因为视图 S_AVE 中的 GAVE 属性实际是对表 SC 进行分组后计算得到的平均成绩,是派生属性,对视图的修改无法转换为对基本表 SC 的修改,即无法通过修改平均成绩来达到修改该学生的各科成绩的目的。

系统对视图的更新通常有如下限制。

（1）由多个基本表（或视图）导出的视图不允许更新。

（2）若视图属性列的值来自表达式或常数，则不允许对视图进行 INSERT 和 UPDATE 操作，但允许进行 DELETE 操作。

（3）定义视图的子查询含有 GROUP BY 子句的视图不允许更新。

（4）建立在一个不允许更新的视图上的视图不允许更新。

一般都只允许对行列子集视图（含有基本表的主键）进行更新，且在定义视图的 SELECT 子句中没有出现的属性可以取空值，即这些属性上没有 NOT NULL 约束，也不是主属性。

4.5.6 视图的作用

视图定义在基本表之上，对视图的一切操作最终还要转换为对基本表的操作，而且对于非行列子集视图进行更新时还有可能出现问题。既然如此，为何还要定义视图呢？主要是因为使用视图能带来如下好处。

1. 视图提供了一个简化用户操作的快捷方式

视图在数据库中的作用与"宏"在编程语言中的作用相似，可以更清晰地表达查询，简化用户的操作。在有的 DBMS 版本中，还提供了为视图建立唯一聚集索引的功能来物化视图（存储视图关系），提高利用视图进行查询的效率。

【例 4-60】 定义学生课程成绩视图，属性包括学号、姓名、课程名、成绩及该课程的平均成绩。

首先基于表 SC 建立课程平均成绩视图。

```
CREATE  VIEW  C_AVE(CNO,GAVE)
  AS  SELECT  CNO,AVG(GRADE)
      FROM  SC
      GROUP  BY  CNO;
```

然后基于 C_AVE 和原有的基本表建立学生课程成绩视图。

```
CREATE  VIEW  SGRADE(SNO,SN,CN,GRADE,AVE)
  AS  SELECT  S.SNO,SN,CN,GRADE,GAVE
      FROM  S,SC,C,C_AVE
        WHERE  S.SNO=SC.SNO  AND
               C.CNO=SC.CNO  AND
               C.CNO=C_AVE.CNO;
```

建立视图 SGRADE 之后，用户就可以基于该视图对任意学生的任意一门课程及该课程的平均成绩做单表查询，参见例 4-61。

【例 4-61】 查询选修了"数据库"课程且成绩高于其平均成绩的学生姓名及成绩。

```
SELECT  SN,GRADE
```

```
FROM   SGRADE
  WHERE   CN='数据库'   AND   GRADE>AVE;
```

查询基于已有的 SGRADE 视图完成,实现起来简单、清晰,如图 4-34 所示。

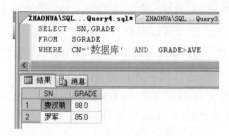

图 4-34   例 4-61 基于视图的查询结果

2. 视图支持多用户同时以不同的方式对相同的数据进行查询

视图可以定制表的不同查询的结果集来满足来自不同用户的查询需求,可以实现这些用户同时与同一个数据库交互。

3. 视图对于隐藏的数据自动提供安全保护

"隐藏的数据"是指在用户视图中不可见的数据,若强制用户通过视图来对数据库进行存取,则这些"隐藏的数据"对于用户来说,在存取中是安全的。详见 4.6 节的授权控制。

4. 视图可以提供数据的逻辑独立性

在数据库的使用过程中,有时需要对数据库进行重新构造,使得数据库存储的数据的信息内容没有变化,但数据的逻辑结构发生了改变。例如,出于某种原因,希望用两个基本关系表替代某个已有的基本关系表,参见例 4-62。

【例 4-62】 把学生关系 $S(SNO,SN,SD,SB,SEX)$ 重构为如下两个表:

```
SX(SNO,SN,SB,SEX)
SY(SNO,SD)
```

此时原表 S 是 SX 和 SY 自然连接的结果,可以建立一个视图 S,解决数据的逻辑独立性。

```
CREATE   VIEW   S(SNO,SN,SD,SB,SEX)
  AS   SELECT   SX.SNO,SX.SN,SY.SD,SX.SB,SX.SEX
      FROM   SX,SY
      WHERE   SX.SNO=SY.SNO;
```

任何以前对基本表 S 的操作现在可针对视图 S 进行。假设系统能够正确处理视图中的数据操作,则数据库的重构对用户和用户程序就没有影响。

4.6   授权控制

数据库的安全性所要讨论的内容很多,其中授权控制(访问控制)是数据库安全所关心的主要问题。授权控制的目的在于确保只有授权用户才能访问数据库,而未被授权的用户无法获取数据。这里，只介绍 SQL 支持的自主访问控制机制。大型的 DBMS 几乎都支持自主访问控制，高安全级别的 DBMS 还要求支持强制访问控制等。

自主访问控制就是用户（如数据库管理员）自主控制对数据库对象的操作权限，哪些用户可以对哪些对象进行哪些操作，完全取决于用户之间的授权。这种访问控制方式非常灵活，但容易失控，任何用户只要需要，就有可能获得对任何对象的操作权限。

1. 用户的存取权限

用户对某一数据对象的操作权力称为权限。在 DBMS 中，用户的存取权限由数据库对象和操作权限两个要素组成。

（1）数据库对象：可以是数据库、基本关系表、表中元组、属性值、视图、索引等。这里主要以关系表为操作对象进行讨论。

（2）操作权限：根据数据对象有所不同，一般包括对象定义（创建、修改、删除）、对象的查询和更新（SELECT、INSERT、DELETE、UPDATE）等，有的 DBMS（如 MySQL）可用 ALL PRIVILEGES 表示所有权限。

一般 DBMS 将数据库用户分为如下 4 类。

（1）系统管理员用户（SA）：在一个 DBMS 上拥有一切权限的用户，如同操作系统中的超级用户，负责整个系统的管理，可以建立多个数据库，在所有数据库上拥有所有权限。一般 DBMS 在安装时至少有一个系统管理员用户。例如，SQL Server 默认的系统管理员用户是 sa，负责在该 SQL Server 上的所有系统管理。

（2）数据库管理员用户（DBA）：负责一个具体数据库的建立和管理的用户，拥有该数据库上的一切权限。在 SQL Server 中称为 dbo（database owner），即数据库属主或数据库拥有者。

（3）数据库对象用户：可以建立数据库对象（如表、视图等）的用户，在自己建立的数据库对象上拥有全部操作权限。在 SQL Server 中称为 dboo（database object owner），即数据库对象属主或数据库对象拥有者。

（4）数据库访问用户：一般的数据库访问用户，可以对被授权的数据库对象进行操作（如查询数据、修改数据等）。

这 4 类用户从上到下权限逐渐降低，一般较低权限用户的权限是较高权限用户授予的。例如，系统管理员用户授权某个用户可以建立数据库，则该用户便可以建立数据库，并成为所创建数据库的数据库管理员。

2. 权限的授予与收回

在自主访问控制方法中，用户对不同的数据库对象可以有不同的存取权限，不同的用户对同一数据对象也可以有不同的权限，而且用户还可以将自己所拥有的权限转授给其他用户。DBMS 通过 SQL 提供的 GRANT 和 REVOKE 语句定义用户权限，形成授权规则，并将其记录在数据字典中。当用户发出存取数据库的操作请求后，DBMS 授权子系统查找数据字典，根据授权规则进行合法性检查，以决定接受还是拒绝执行此操作。

1）GRANT 语句

GRANT 语句用于向用户授予权限，其一般格式：

```
GRANT  <权限列表>  ON  <数据库对象>
  TO  <用户列表>
  [WITH GRANT OPTION];
```

选项 WITH GRANT OPTION 表示被授权的用户可将数据库对象上的这些权限继续转授给其他用户。

【例 4-63】 用户 dbo 把查询表 S 和修改学生学号的权限授给用户 U4,并允许其将权限转授出去。

```
GRANT  SELECT, UPDATE(SNO)
  ON  S
  TO  U4
  WITH GRANT OPTION;
```

授权语句执行后,查看表 S 上用户 U4 的有效权限和具体列上的权限如图 4-35 所示。

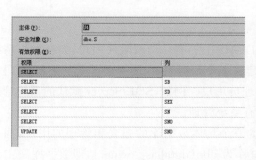

图 4-35 例 4-63 执行授权之后 U4 所具有的权限

由例 4-63 可看到,若授予的权限是属性列上的权限,则需在权限后增加用括号括起来的属性列表。

【例 4-64】 用户 U4 把修改表 S 中 SNO 属性的权限转授予用户 U2。

```
GRANT  UPDATE(SNO)
  ON  S
  TO  U2;
```

授权语句执行后,用户 U2 所具有的权限如图 4-36 所示。

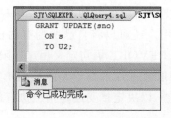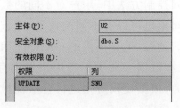

图 4-36 例 4-64 执行授权之后用户 U2 所具有的权限

2）REVOKE 语句

授予的权限可以由 DBA 或其他授权者用 REVOKE 语句收回,其一般格式:

```
REVOKE〔GRANT OPTION FOR〕<权限列表>
  ON <数据库对象>
  FROM <用户列表>
  〔RESTRICT|CASCADE〕;
```

说明:

- GRANT OPTION FOR:表示只把所列权限的授予权限从用户收回。
- CASCADE:把该用户拥有的数据库对象上的权限及其所转授出去的权限同时收回。
- RESTRICT:限制级联收回,当用户没有将权限转授给其他用户时,才能收回该用户的权限,否则系统拒绝执行收权动作。

对于 RESTRICT 和 CASCADE 选项,不同的 DBMS 默认执行的选项不同。

【例 4-65】 把例 4-63 中用户 U4 修改学生学号的权限收回,并级联收回所授出的权限,如图 4-37 所示。

```
REVOKE UPDATE(SNO)
  ON S
  FROM U4 CASCADE;
```

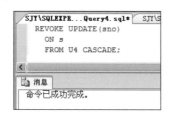

图 4-37 例 4-65 执行权限回收后用户 U4 所具有的权限

从图中可以看到,用户 U4 已没有修改权限了,同时也查不到用户 U2 的任何权限了。

通过 GRANT 和 REVOKE 语句,用户可以"自主"地决定将数据的操作权限授予其他用户,"自主"地决定是否也将"授权"的权限授予其他用户。因此,这样的访问控制机制是"自主访问控制"。

3. 基于角色的授权

角色是 DBMS 用于支持用户群组的一种机制,可为一组具有相同权限的用户创建一个角色。任何可以授予用户的权限都可以授予角色,给角色授权与给用户授权一样。

基于角色的授权概念并没有出现在 SQL 中,但许多 DBMS 支持基于角色授权的存取控制。SQL Server 所使用的 Transact-SQL 中,实现对角色的创建、授权、权限收回语句的一般格式:

CREATE ROLE <角色列表>;

GRANT <权限列表>**ON** <数据库对象>**TO** <角色列表>;

REVOKE <权限列表>**ON** <数据库对象>**FROM** <角色列表>;

角色实际上是被命名的一组与数据库操作相关的权限,角色是权限的集合。角色可以授予用户,也可以授予给其他角色。Transact-SQL中为用户授予角色权限和从用户收回角色权限是用执行存储过程给角色添加和删除用户成员来完成的,其语句格式:

EXEC sp_addrolemember <角色>,<用户>;

EXEC sp_droprolemember <角色>, <用户>;

因此,一个用户或一个角色的权限包括所有直接授予用户/角色的权限,以及所有授予用户/角色所拥有的角色的权限。使用角色来管理数据库权限可以简化授权的过程。

【例 4-66】 角色的创建、授权及权限收回。

```
CREATE   ROLE  R1;                  /创建角色R1
GRANT   SELECT,UPDATE,INSERT  ON   S  TO R1;
                                    /将对表S的查询、修改和插入记录的权限授予角色R1
GRANT   DELETE  ON  S  TO  R1;      /将对表S的删除记录的权限授予角色R1
```

创建角色 R1 并对 R1 进行授权后,R1 所具有的权限如图 4-38 所示。

图 4-38 例 4-66 创建角色并对角色授权

收回角色 R1 对表 S 的 SELECT 权限,并将角色 R1 的权限授予用户王平,如图 4-39 所示,操作语句为

```
REVOKE   SELECT  ON  S  FROM  R1;
EXEC sp_addrolemember  R1,王平;
```

收回用户王平所拥有的角色 R1 的所有权限,如图 4-40 所示,语句为

```
EXEC  sp_droprolemember  R1,王平;
```

图 4-39 例 4-66 赋予用户王平角色 R1

图 4-40 例 4-66 收回用户王平所拥有的角色 R1

4. 视图的授权

DBMS 可通过定义视图为用户提供外模式来隐藏视图外数据库中的数据。进一步通过授予用户只允许访问视图的权限来提高隐藏数据的安全性。用户所具有的关系上的权限与其拥有的关系上视图的权限是不同的。

【例 4-67】 数据库管理员(DBA)为学生选课数据库添加了用户 U1,并赋予其只具有表 S 上的 SELECT 权限。然后再赋予其对例 4-52 所建的视图 M_S 具有 SELECT 和 UPDATE 权限(如图 4-41 所示)。用户 U1 执行对视图的修改操作(见图 4-42),修改操作可执行。与图 4-3 对比,可看到执行结果反映在表 S 的变化上(见图 4-43)。

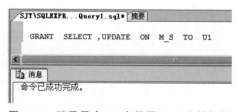

图 4-41 赋予用户 U1 在视图 M_S 上的权限

图 4-42　用户 U1 执行对视图的修改操作

SNO	SN	SD	SB	SEX
s01	王玲	计算机	1990-6-30 0:00:00	女
s02	李渊	计算机	1900-3-23 0:00:00	男
s03	罗军	计算机	1991-8-12 0:00:00	男
s04	赵泽	计算机	1993-9-12 0:00:00	女
s05	许若	指挥自动化	1990-6-27 0:00:00	男
s06	王仙华	指挥自动化	1991-5-20 0:00:00	男
s07	朱祝	指挥自动化	1994-7-10 0:00:00	女
s08	王明	数学	1991-10-3 0:00:00	男
s09	王学之	物理	1992-1-1 0:00:00	男
s10	吴谦	指挥自动化	1991-3-25 0:00:00	女
s11	崔雪	数学	1990-7-1 0:00:00	女
s12	李想	英语	1992-8-5 0:00:00	男
s13	季然	数学	1992-9-30 0:00:00	女
s14	顾梦莎	英语	1990-4-19 0:00:00	女
s15	费汉萌	计算机	1989-8-19 0:00:00	男
s16	华婷	数学	1990-10-1 0:00:00	男
s17	亨利	英语	1991-12-12 0:0...	男
s18	李爱民	英语	1988-3-18 0:00:00	男
*	NULL	NULL	NULL	NULL	NULL

图 4-43　用户 U1 对视图进行修改操作后表 S 的结果

通过对视图的操作,用户 U1 可修改关系表 S 的数据,若用户直接去对表 S 进行修改,比如试图把前面修改的数据再改回去,却得到如图 4-44 所示结果,被系统拒绝执行。由此可见,用户只能在其具有的权限下对数据库进行操作。

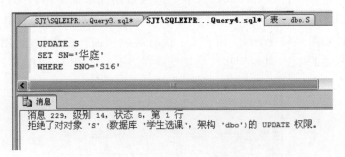

图 4-44　系统拒绝用户 U1 对关系表 S 的修改操作

4.7 小结

SQL 是关系数据库的标准语言,兼有关系代数和关系演算的特点,具有数据定义、数据查询、数据更新、数据控制等功能。

数据定义主要包括对基本表(TABLE)、视图(VIEW)、索引(INDEX)的创建(CREATE)、修改(ALTER)和删除(DROP)。通过定义表的主键、外键以及有关的约束,可实现数据库的实体完整性、参照完整性和用户自定义完整性。一般 DBMS 还允许用户定义触发器来实现不在基本表定义中的完整性约束。通过定义视图,对一个或几个基本表(或视图)的查询结果进行命名,可实现用户的外模式,视图具有可为用户和应用程序提供数据逻辑独立性等作用。对视图的操作由系统自动转换成等价的对基本表的操作,但对视图的更新有很多限制。SQL 还可以通过创建表上的索引,来为 DBMS 提供快速访问数据的存取方式。

数据查询主要使用 SELECT 语句对数据进行选择、显示、统计、分组和排序等。SELECT 语句可以进行单表查询,也可以进行多表连接查询,还可以进行嵌套查询,可实现关系代数中的所有运算。

数据更新包括插入(INSERT)、删除(DELETE)和修改(UPDATE)三种操作。对数据库表进行更新操作时可能会破坏表间的参照完整性,DBMS 一般采取相应的策略进行处理。更新操作可能触发用户定义的触发器,实现对更新操作的更复杂、更强大的动态约束。

数据控制主要是支持自主访问控制机制的授权(GRANT)和收权(REVOKE)操作,与视图结合,可进一步提供数据的安全性。

习　　题

一、填空题

1. SQL 具有数据_____、_____、_____和_____等功能。

2. SQL 支持关系数据库的三级模式结构定义,其中定义的全体基本关系表构成了数据库的_____,视图和部分基本表构成了数据库的_____,数据库的存储方式和存取路径构成了数据库的_____。

3. SQL 有两种与数据库进行交互的方式,即_____方式和_____方式。

4. 在 CREATE TABLE 语句中,可以通过定义_____、_____和属性列约束来实现关系的_____完整性、_____完整性和用户自定义完整性。

5. _____语句是 SQL 中功能最强大的数据操纵语句。

6. SQL 实现数据更新的语句有_____、_____和_____。

7. DBMS 一般支持定义_____,来提供更复杂、更强大的动态约束功能。

8. SQL 使用_____语句来在基本表上建立一个观察基本表的窗口。

9. 在 DBMS 中,用户的存取权限由_____和_____两个要素组成。

10. 在 GRANT 语句中,需添加选项_____,使被授权的用户可以将所拥有的权限继续转授给其他用户。

二、选择题

1. 数据库管理系统提供的_____可实现创建表、删除表等操作。

    A. 数据定义语言(DDL)   B. 数据管理语言

    C. 数据操纵语言(DML)   D. 数据控制语言(DCL)

2. 下列_____组全部属于数据定义语句的命令动词。

    A. CREATE,DROP,ALTER   B. CREATE,DROP,SELECT

    C. CREATE,DROP,GRANT   D. CREATE,DROP,UPDATE

3. 下列语句动词中,可用来创建关系表的是_____。

    A. ALTER   B. CREATE   C. UPDATE   D. INSERT

4. 如果要修改表的结构,应该使用的 SQL 语句是_____。

    A. UPDATE TABLE   B. MODIFY TABLE

    C. CHANGE TABLE   D. ALTER TABLE

5. 对于下列语句的描述正确的是_____。

```
ATLER TABLE Product
    ADD Year DATETIME DEFAULT '2010-01-01'
```

    A. 向 Product 表中增加一个名为 DATETIME 的属性

    B. 增加的属性有一个默认的值是"2010-01-01"

    C. 增加的属性的数据类型是字符串型

    D. 增加的属性可以被指定主码

6. 对学生关系模式 $S(S\sharp,Sname,Sex,Age)$,要在表 S 中删除属性 Age,可选用的 SQL 语句是_____。

    A. DELETE Age FROM S   B. ALTER TABLE S DROP Age

    C. UPDATE S Age   D. ALTER TABLE S Age

7. 往学生表 S 插入数据时,经常要输入"男"到学生性别属性列,在表 S 的定义中给性别属性列创建一个_____约束可以简化该操作。

    A. DEFAULT   B. CHECK

    C. UNIQUE   D. PRIMARY KEY

8. 下面_____约束用来禁止在关系表的某属性列中输入重复的属性值。

    A. UNIQUE   B. NULL

    C. DEFAULT   D. FOREIGN KEY

9. 在定义语句中出现 TeacherNO INT NOT NULL UNIQUE,关于 TeacherNO 属性的描述正确的是_____。

    A. TeacherNO 是主键

    B. TeacherNO 默认为空值

    C. TeacherNO 的值可以是"王力"

    D. 每一个 TeacherNO 的值必须是唯一的

10. 可用来在 SELECT 查询语句中去掉重复数据的选项是_____。

  A. ORDER BY　　B. DESC　　　　　C. GROUP BY　　D. DISTINCT

11. 在 SQL 中,可以用谓词 EXISTS 来测试一个查询结果中是否_____。

  A. 有相同元组存在　　　　　　　　B. 有空值

  C. 有相同属性存在　　　　　　　　D. 有元组存在

12. SELECT 语句中 HAVING 子句用来筛选满足条件的_____。

  A. 属性列　　　　B. 元组　　　　C. 关系表　　　　D. 分组

13. SQL 的一次查询的结果是一个_____。

  A. 属性值　　　　B. 记录　　　　C. 元组　　　　D. 集合或单个值

14. 如果想找出在关系 R 的 A 属性上不为空的那些元组,则元组选择条件可为_____。

  A. WHERE A!＝NULL　　　　　　B. WHERE A<>NULL

  C. WHERE A IS NOT NULL　　　　D. WHERE A NOT IS NULL

15. 关系数据库中空值(NULL)相当于_____。

  A. 数值零(0)　　B. 空白字符　　C. 零长度的字符串　D. 没有输入值

16. 在学生成绩表(学号,课程号,成绩)中查询平均成绩大于 60 分的学生时,不必使用的子句是_____。

  A. SELECT　　　B. GROUP BY　　C. WHERE　　　D. HAVING

17. 下列_____组 SQL 命令全部属于数据更新语句的命令。

  A. INSERT,UPDATE,CREATE

  B. UPDATE,DELETE,GRANT

  C. INSERT,UPDATE,DELETE,GRANT

  D. INSERT,UPDATE,DELETE

18. 下列关于 INSERT 语句的描述正确的是_____。

  A. 一个 INSERT 语句只能插入一行元组

  B. INSERT 语句不能插入空属性值

  C. INSERT 语句中必须指定表中的属性名

  D. INSERT 语句可以往视图中插入元组

19. 关系表 S(SN,CN,grade),其中 SN 为学生名,CN 为课程名,二者均为字符型;grade 为学生成绩、数值型,取值为 0～100。若要把"张山的化学成绩 80 分"插入 S 中,则可以用_____语句实现。

  A. ADD INTO S VALUES ('张山', '化学', '80')

  B. INSERT INTO S VALUES ('张山', '化学', '80')

  C. ADD INTO S VALUES ('张山', '化学', 80)

  D. INSERT INTO S VALUES ('张山', '化学', 80)

20. 在 SELECT 语句中,不可以嵌套子查询的子句是_____。

  A. WHERE　　　B. HAVING　　　C. GROUP BY　　D. FROM

21. 在 SELECT 语句中,可用于对查询结果中的元组进行排序的子句是_____。

  A. GROUP BY　　　　　　　　　　B. HAVING

    C. ORDER BY   D. WHERE

22. 有关系模式 R(sno，sname，age)，其中 sno 表示学生的学号，类型为 Char(8)，前 4 位表示入学年份。查询所有 2018 年入学的学生姓名(sname)的 SQL 语句是_____。

    A. SELECT sname FROM R WHERE sno='2018%'

    B. SELECT sname FROM R WHERE sno LIKE '2018%'

    C. SELECT sname FROM R WHERE sno='2018_'

    D. SELECT sname FROM R WHERE sno LIKE '2018_'

23. 基于表 score(stu_id，names，math，English，python)的下列查询语句，正确的是_____。

    A. SELECT stu_id，sum(math) FROM score

    B. SELECT sum(math)，avg(python) FROM score

    C. SELECT *，sum(English) FROM score

    D. SELECT *，avg(python) FROM score

24. 若用如下的 SQL 语句创建了一个表 S。

```
CREATE TABLE S
( SNO    CHAR (6)  NOT NULL,
  SNAME  CHAR(8)  NOT NULL,
  SEX    CHAR(2),
  AGE    INTEGER )
```

现向 S 表插入元组，_____元组可以被插入。

    A. ('991001'，'李明芳'，女，'23')   B. ('990746'，'张为'，NULL，NULL)

    C. (NULL，'陈道一'，'男'，32)   D. ('992345'，NULL，'女'，25)

25. 在视图上不能完成的操作是_____。

    A. 更新视图   B. 查询

    C. 在视图上定义新的表   D. 在视图上定义新的视图

26. 在数据库系统中，视图可以提供数据的_____。

    A. 完整性   B. 并发性   C. 安全性   D. 可恢复性

27. 视图机制不能提供的是_____。

    A. 数据安全性   B. 逻辑独立性   C. 操作简便性   D. 数据完整性

28. 对 DELETE 权限的描述正确的是_____。

    A. 允许删除元组   B. 允许删除关系

    C. 允许对数据库模式进行删除   D. 和 DROP 权限等价

29. 管理员执行如下操作后，用户 U 具有的权限是_____。

```
GRANT  SELECT,UPDATE,INSERT  ON  R  TO  U ;
GRANT  DELETE  ON  R  TO  U ;
REVOKE  SELECT  ON  R  FROM  U ;
```

    A. DELETE   B. UPDATE，INSERT

    C. DELETE，SELECT   D. UPDATE，INSERT，DELETE

30. 把对 C 表的 CNO 属性的修改权限授予用户 U 的 SQL 语句为_____。

    A. GRANT　UPDATE　ON　C　TO　U

    B. GRANT　UPDATE(CNO)　ON　C　TO　U

    C. GRANT　CNO　ON　C　TO　U

    D. GRANT　UPDATE　ON　C(CNO)　TO　U

三、简答题

1. 简述 SQL 的特点。

2. 介绍一个你所熟悉的 DBMS 产品的数据完整性功能。

3. 基本表和视图的区别和联系是什么？

4. 如何实现连接查询、嵌套查询？

5. 相关子查询与独立子查询的区别是什么？

6. 视图有哪些作用？

7. 所有的视图是否都可以更新？为什么？

8. 解释触发器是如何实现动态完整性约束的。

9. 已知 R 和 S 两个关系如图 4-45 所示。

R		
A	B	C
a1	b1	c1
a2	b2	c2
a3	b3	c3

(a) R 关系

S		
C	D	E
c1	d1	e1
c2	d2	e2
c3	d3	e3

(b) S 关系

图 4-45　关系 R 和 S

执行如下 SQL 语句，给出执行结果。

（1）

```
CREATE  VIEW  H(A,B,C,D,E)
  AS  SELECT  A,B,R.C,D,E
       FROM  R,S
         WHERE  R.C=S.C;
```

（2）

```
SELECT  B,D,E
  FROM  H
    WHERE  C='c2';
```

10. 已知某公司的部门-职员-项目信息数据库包含 4 个基本表：

```
Department(Dept_No,Dept_Name,Location)
```

```
Employee(Emp_No,Emp_Name,Dept_No)
Project(Pro_No,Pro_ Name,Budget)
Works(Emp_No,Pro_No,Job)
```

（1）使用 DDL 语句定义上述 4 个表，并说明主键和外键。

（2）将基本表 Works 中 Job＝'经理'的员工号及参加的项目号定义为一个视图 V_MANAGER(Emp_No,Pro_No)。

（3）将项目编号为"P2"的工程项目的所有参与员工的编号、姓名和所在部门名称定义为一个视图 V_P2(Emp_No,Emp_Name,Dept_Name)。

四、查询实现题

1. 针对第 3 章习题中查询实现题第 2 题所给出的 SPJ 数据库，试用 SQL 语句完成如下操作。

```
S ( SNO,SNAME,STATUS,CITY )
P ( PNO,PNAME,COLOR,WEIGHT )
J ( JNO,JNAME,CITY )
SPJ ( SNO,PNO,JNO,QTY )
```

（1）查询给项目代码为 J1 的工程供应零部件的供应商代码。

（2）查询给项目代码为 J1 的工程供应代码为 P1 的零部件的供应商名称。

（3）查询给项目代码为 J1 的工程供应红色零部件的供应商代码。

（4）查询没有使用天津供应商供应的红色零部件的工程项目代码。

（5）查询至少使用了供应商代码为 S1 的供应商所供应的全部零部件的工程项目代码。

（6）查询使用了供应商代码为 S1 的供应商所供应的零部件的工程项目代码。

（7）查询项目代码为 J2 的工程使用的各种零部件的名称及其数量。

（8）查询上海供应商供应的所有零部件的代码。

（9）查询使用上海供应商供应的零部件的工程项目名称。

（10）查询供应商代码为 S2 的供应商给各个工程项目供应的零部件总数量，结果中要有所对应的工程项目名称。

（11）把全部红色零部件的颜色改成蓝色。

（12）为工程项目名称为"一汽"的工程建立一个供应情况视图，包括供应商代码、零部件代码、供应数量。

2. 学生选课数据库包括如下 S、C 和 SC 三个关系模式：

```
S(SNO,SN,SD,SB,SEX)        --学生(学号,姓名,所在系,出生日期,性别)
C(CNO,CN,PCNO,TN)          --课程(课程号,课程名,先修课程号,任课教师)
SC(SNO,CNO,GRADE)          --选课(学号,课程号,成绩)
```

试用 SQL 语句实现下列操作：

（1）用连接、嵌套和 EXISTS 查询来查询学习课程号为 C01 课程的学生学号和姓名。

（2）查询至少选修课程号为 C03 和 C04 的学生姓名。

（3）查询没学课程号为 C02 课程的学生姓名和性别。

（4）查询学习了全部课程的学生姓名。

（5）查询所学课程包含学生"李珊"所学课程的学生的学号。

（6）在课程关系表 C 中插入一个元组('C08','VB','C02','黄萍')。

（7）查询平均成绩大于 80 分的课程的任课老师姓名，并将查询结果存入另一个已经存在的表 LEVEL_80(TNAME)中。

（8）删除选课关系表 SC 中没有成绩的元组。

（9）删除选修"李"姓教师所授课程的所有女生选课元组。

（10）把数学成绩小于 60 分但大于 55 分的学生的成绩全改为 60 分。

（11）在选课关系表 SC 中，当某个成绩低于所有课程的平均成绩时，将该成绩提高 5%。

（12）建立视图 V_SSC(SNO,SN,CNO,CN,G)，并按 CNO 升序排列。

（13）从视图 V_SSC 上查询平均成绩在 90 分以上的学生的 SN、CN、G。

（14）授权用户张山对关系表 S、C 的查询权限，并具有给其他用户授权的权限。

（15）授权用户李斯对关系表 SC 的插入和删除权限。

（16）授权用户王武对关系表 SC 具有查询权限，对成绩属性具有更新权限；然后再撤销其对成绩属性所具有的更新权限。

（17）创建一个视图，包含每门课程的课程号、课程的最高成绩、最低成绩及平均成绩；再创建一个具有查询该视图权限的角色，并将角色权限授权给用户周力。

3. 有一个学校教务管理系统中的数据库，数据库中有 6 个基本表，数据库模式结构为

学生表 STUDENT(学号 SNO，姓名 SNAME，性别 GENDER，所在班级号 CNO)

班级表 CLASS(班级号 CNO，所在院系 DEPARTMENT，所属专业 SPECIALITY，班长学号 MONITOR)

课程表 LESSON(课程号 LNO，课程名 LNAME，教材名 BOOK，学分 CREDIT)

教师表 TEACHER(教师编号 TID，姓名 TNAME，所在院系 DEPARTMENT)

班级选课表 SELECTION(班级号 CNO，课程号 LNO，教师编号 TID，上课年度 SYEAR，上课学期 SEMESTER)

学生成绩表 GRADE(学生学号 SNO，课程号 LNO，分数 SCORE)

注意：查询时，库中各表的名称及属性名均采用数据库模式中的英文，其中 CREDIT、SCORE、YEAR 属性为 INT 类型，其余为 CHAR 类型。班长学号 MONITOR 参照学生表的主键学号 SNO，其他外键与相应的主键同名。

请用 SQL 语句完成如下数据库操作。

（1）查询所有班长的学号、姓名、所在班级号和所学专业。

（2）查询 2020 年度讲授过两门或两门以上课程的教师编号和所讲授的课程号。

（3）统计"计算机系"所有教师的教师编号、教师姓名、2020 年度讲授的总课程数和总学分数，按总学分数从低到高排列。

（4）查询选修了"数据库原理与应用"但没有选修"软件工程"的班级号、所属专业和该班学生人数。

（5）创建一个视图 V1，给出所有"计算机系"学生的学号、姓名、性别、所在班级号和"数据库原理与应用"课程的分数。

（6）基于视图 V1，查找出"计算机系"学生中"数据库原理与应用"课程分数最高的学生学号、姓名和所得分数。

第 5 章 关系模式的规范化设计

前面为一个学生选课数据库构造了几个关系模式,每个关系模式又由若干属性组成,以此介绍了关系数据库的基本概念、关系模型的组成要素,以及关系数据库的标准语言 SQL。但是对一个应用而言,不同设计者可能会设计出不同的数据库模式,那么什么是"好"的数据库模式?如何评价一个"好"的数据库模式?又如何设计一个"好"的数据库模式?这正是本章所要解决的问题。

实际上,设计任何一种数据库应用系统,不论是层次的、网状的还是关系的,都存在着如何构造合适的数据库模式即数据库逻辑结构的问题。由于关系模型有着严格的数学理论基础,并且可以向别的数据模型转换,因此一般以关系数据模型为背景来讨论这个问题。本章介绍关系数据库的规范化设计理论,也是关系数据库逻辑结构设计的理论工具。

5.1 关系模式的设计问题

首先了解什么样的关系模式是"好"的关系模式,或者说不好的关系模式会存在哪些问题。下面举例说明。

【应用实例 5-1】 某学校需要建立一个信息管理系统,要求该信息管理系统能管理各系学生课程学习的相关信息,具体包括学生信息、所在系信息、学生选修课程的信息等。

假设设计单一的关系模式:R(学生学号,学生姓名,所在系,系主任,课程名称,成绩)来存储所有信息。表 5-1 给出了某一时刻关系模式 R 的实例。

表 5-1　关系模式 R 的一个实例

学生学号	学生姓名	所在系	系主任	课程名称	成绩
2020307001	陈昊	计算机系	王林	操作系统	93
2020307001	陈昊	计算机系	王林	计算机网络	87
2020307001	陈昊	计算机系	王林	编译原理	85
2020307002	崔政	计算机系	王林	操作系统	95
2020307002	崔政	计算机系	王林	计算机网络	84
2020308001	冯月	自动化系	赵磊	计算机网络	83
2020308002	黄聪	自动化系	赵磊	软件工程	89

由于一个学生要选修多门课程,而且多名学生会选修相同的课程,这样该关系模式就存在冗余存储的问题,学生姓名和所在系信息、所在系系主任的信息均被重复存储多次,而且该关系模式的候选键只能为(学生学号,课程名称)。

除了存在数据冗余问题,对该关系进行更新操作还会出现下列问题。

(1)插入异常。假设某系新来一名学生,但是该学生还没有选修课程,往数据库中插入新来的学生信息时,由于在主属性"课程名称"上的值为空值,不满足实体完整性约束规则,所以该学生的信息无法插入关系中。出现了应该插入的信息无法插入的情况。

(2) 删除异常。关系 R 中学号为"2020308001"的学生只选修了一门课程,现要将该学生的选课信息删除,若用 UPDATE 语句将属性"课程名称"和"成绩"值置为空值,因"课程名称"是主属性,该操作不能实现,而若用 DELETE 语句将整个元组删除,则该学生的个人信息就消失了。出现了不应该删除的信息被删除的情况。

(3) 数据不一致。假设某学生调换了专业系,则需用 UPDATE 语句将该学生的"所在系"属性值进行修改,操作完成后,会发现在关系中存在学生"所在系"的属性值相同,而对应的"系主任"的属性值不同,出现了数据的不一致问题。

由此可见,该关系模式不仅存在数据冗余浪费存储空间问题,还可能出现更新异常和数据不一致问题。

正是由于该关系模式存在上述问题,所以该关系模式不是一个"好"的关系模式。一个"好"的关系模式应当不会出现更新异常和数据不一致问题,数据冗余应尽可能少。

虽然插入和删除操作出现异常是系统完整性约束的限制导致的,但产生问题的根源在于关系模式中的属性间存在数据依赖关系,而属性间的一些不好的数据依赖导致产生上述问题。那么,关系模式的属性间存在哪些数据依赖?怎样消除关系模式属性间不好的数据依赖,从而消除数据冗余以及可能出现的更新异常和数据不一致问题?对于这些问题的讨论形成了关系模式规范化设计理论。

5.2 关系模式的规范化

首先回顾关系模式的形式化定义。一个完整的关系模式应当是一个五元组,形式化地表示为

$$R(U,D,\mathrm{Dom},F)$$

其中,R 为关系名;U 为组成该关系的属性集合;D 为属性集 U 中属性所来自的域的集合;Dom 为属性向域的映射的集合;F 为属性间的一组数据依赖集。

由于 D 和 Dom 可隐含在 U 中,在讨论关系模式的规范化时一般把关系模式简化为用三元组来表示:

$$R(U,F)$$

有时若单独提出数据依赖集 F,$R(U,F)$ 还可简化为 $R(U)$。

数据依赖(data dependency)是关系模式的重要要素,是一个关系的属性与属性之间的一种约束关系,反映的是现实世界事物特征间的一种依赖关系,是数据内在的性质,是语义的体现。

E.F.Codd 在提出关系模型后,基于关系模式属性间的数据依赖,对关系模式的设计问题进行了研究,提出了指导关系模式设计的规范化理论。

属性间的数据依赖有多种类型,下面主要讨论函数依赖(functional dependency,FD),简单介绍广义的函数依赖——多值依赖(multivalued dependency,MVD),而对广义的多值依赖——连接依赖(join dependency,JD)等不进行介绍。

5.2.1 函数依赖

函数依赖是指在一个关系模式中,如果一组属性的取值可以决定另一组属性的取值,就说这两组属性之间存在着函数依赖。

【例 5-1】 在关系模式 R(学生学号,学生姓名,所在系,系主任,课程名称,成绩)中,由于一个学生只属于一个专业系,因此当"学生学号"的值确定了,"所在系"的值也就被唯一确定了,所以"所在系"属性的值依赖于"学生学号"属性的值,类似数学中的函数关系,就称"学生学号"属性和"所在系"属性之间存在着函数依赖。由于一个学生可选修多门课程,因此当元组中"学生学号"的值确定了,并不能确定其对应的"课程名称",所以"学生学号"属性和"课程名称"属性之间不存在着函数依赖。

下面给出函数依赖的形式化定义。

定义 5.1 设有关系模式 R,其属性集为 U,X、Y 是 U 的子集,即 $X \subseteq U$,$Y \subseteq U$。对于 R 的任意可能的关系实例 $r(R)$ 及其中任意两个元组 $t_1 \in r$,$t_2 \in r$,若 $t_1[X]=t_2[X]$,则 $t_1[Y]=t_2[Y]$,则称 Y 函数依赖于 X,或 X 函数决定 Y,记为 $X \rightarrow Y$。X 称为决定子,也称决定因素。若 $X \rightarrow Y$,$Y \rightarrow X$,则记作 $X \leftrightarrow Y$。若 Y 不函数依赖于 X,则记作 $X \nrightarrow Y$。

从定义可知,对于 R 的所有可能的合法值,若两个元组在 X 属性集上的值相等,则两个元组在 Y 属性集上的值也相等,即不可能存在两个元组在属性集 X 上的属性值相等,而在属性集 Y 上的属性值不等。可见,函数依赖是指给定关系模式中一个属性集和另一个属性集间的依赖约束关系,它要求按此关系模式建立的任何关系 $r(R)$ 都应满足函数依赖集 F 中的约束条件。

在理解函数依赖概念时应注意以下两点。

(1) 函数依赖是关系模式的所有关系实例都应该满足的特性。若在 $R(U)$ 的某个关系实例 $r(R)$ 中,存在两个元组在 X 属性上的值相等,而在 Y 属性上的值不等,就可确定 $X \nrightarrow Y$。

(2) 属性间的函数依赖是数据内在的特性,是数据语义的体现,只能根据数据的语义来确定一个函数依赖成立与否。而不应只是针对某个特定的关系实例,根据函数依赖的定义推断出来。

【例 5-2】 找出关系模式 R(学生学号,学生姓名,所在系,系主任,课程名称,成绩)中存在的函数依赖。学校的实际情况(语义)告诉我们:

(1) 每个学生有唯一的一个学号,只能编制在一个专业系。

(2) 一个专业系有若干学生,只有一名系主任。

(3) 一个学生可以选修多门课程,每门课程可以有多名学生选修。

(4) 每名学生选修每一门课程会有一个成绩。

根据这些语义,可以得到属性集上的一组函数依赖:

$$F = \{ \text{学生学号} \rightarrow \text{学生姓名}, \text{学生学号} \rightarrow \text{所在系}, $$
$$\text{所在系} \rightarrow \text{系主任}, (\text{学生学号}, \text{课程名称}) \rightarrow \text{成绩} \}$$

可用图 5-1 所示的函数依赖图来描述关系模式 R 上的这一组函数依赖。

关系模式上的函数依赖除了来自现实的语义,也可以由数据库设计者对现实世界进

图 5-1 关系模式 R 的函数依赖图

行强制的约束。例如,在关系模式 R(学生学号,学生姓名,所在系,系主任,课程名称,成绩)中,规定"学生姓名→所在系",则此时要求不允许有同名的学生存在。一旦函数依赖被告知 DBMS,DBMS 就将其作为关系模式的完整性约束条件加以实现,进入数据库中的所有数据都必须严格遵守。

在关系模式 R(学生学号,学生姓名,所在系,系主任,课程名称,成绩)上的一组函数依赖 $F=\{$学生学号→学生姓名,学生学号→所在系,所在系→系主任,(学生学号,课程名称)→成绩$\}$中,哪些函数依赖会引起更新异常和数据不一致问题呢?下面首先介绍函数依赖的相关概念。

定义 5.2 在 $R(U)$ 中,$X\subseteq U$、$Y\subseteq U$,若 $Y\subseteq X$,显然 $X\rightarrow Y$ 成立,称为平凡函数依赖,否则称为非平凡函数依赖。

【例 5-3】 在关系模式 R(学生学号,学生姓名,所在系,系主任,课程名称,成绩)中,"(学生学号,学生姓名)→学生学号"是平凡的函数依赖。

对于任一关系模式,平凡函数依赖都是必然成立的,并没有实际的意义,它不反映新的语义,平凡函数依赖一般并不在关系模式的函数依赖集中显式列出。在讨论关系模式规范化时,主要考虑非平凡的函数依赖。

定义 5.3 设 X、Y 是关系 R 的属性集,且 $X\neq Y$,若 $X\rightarrow Y$,且不存在 $X'\subset X$,使 $X'\rightarrow Y$,则称 Y 完全函数依赖于 X,记为 $X\xrightarrow{f}Y$;否则称 Y 部分函数依赖于 X,记为 $X\xrightarrow{p}Y$。

完全函数依赖 $X\xrightarrow{f}Y$ 是指 Y 不函数依赖于 X 的任何子属性(集),而部分函数依赖 $X\xrightarrow{p}Y$ 则指 Y 函数依赖于 X 的部分属性(集)。当 X 是单属性时,$X\rightarrow Y$ 必为完全函数依赖。

【例 5-4】 在关系模式 R(学生学号,学生姓名,所在系,系主任,课程名称,成绩)中,"学生学号→所在系""所在系→系主任""(学生学号,课程名称)→成绩"都是完全函数依赖,"(学生学号,课程名称)→所在系"是部分函数依赖,因为"学生学号→所在系"成立。而"学生学号→成绩"不成立,当然也不是部分函数依赖。

定义 5.4 在 $R(U)$ 中,$X\subseteq U$、$Z\subseteq U$,若存在 $Y\subseteq U$,$Y\nsubseteq X$,$Z\nsubseteq Y$,使得 $X\rightarrow Y$,$Y\rightarrow Z$,且 $Y\nrightarrow X$,则称 Z 传递函数依赖于 X,可记为 $X\xrightarrow{t}Z$。

注意:如果 $Y\rightarrow X$,则 $X\leftrightarrow Y$,Z 对 X 是直接函数依赖而不是传递函数依赖。

【例 5-5】 在关系模式 R(学生学号,学生姓名,所在系,系主任,课程名称,成绩)中,由于"学生学号→所在系""所在系→系主任",所以"学生学号→系主任"是传递函数依赖。

候选键是关系模式中一个重要的概念,可以用函数依赖的概念定义候选键。

定义 5.5 在关系模式 $R(U)$ 中,若 $K\subseteq U$,且 $K\xrightarrow{f}U$,则 K 为关系 R 的候选键。

【例 5-6】 在关系模式 R(学生学号,学生姓名,所在系,系主任,课程名称,成绩)中,(学生学号,课程名称)$\xrightarrow{f}$(学生学号,学生姓名,所在系,系主任,课程名称,成绩),因而(学生学号,课程名称)是候选键。

但 U 中属性对候选键的函数依赖程度却是不同的,除了构成候选键的主属性"学生学号"和"课程名称"外,其他非主属性对候选键的依赖情况是:

(学生学号,课程名称)$\xrightarrow{f}$成绩

(学生学号,课程名称)$\xrightarrow{p}$学生姓名

(学生学号,课程名称)$\xrightarrow{p}$所在系

(学生学号,课程名称)$\xrightarrow{t}$系主任

各属性对候选键的不同的函数依赖与该关系模式存在的数据冗余和更新异常等问题之间有什么关系呢?

属性组(学生学号,课程名称)作为候选键,用来唯一标识每一个元组,受实体完整性约束限制,这两个属性的值均不能为空,而学生的信息,如姓名、所在系、系主任等只依赖于学生学号,这就使得学生的信息、系的信息冗余存储;且受限于主属性"课程名称"的非空约束,对学生信息的插入和删除操作,以及系的信息插入操作发生异常。

"系主任"属性传递依赖于候选键,而完全依赖于"所在系"属性,当对学生的所在系或系主任进行修改时,由于没有考虑"所在系"属性和"系主任"属性间的依赖关系,导致出现更新带来的数据不一致问题。

因此,关系模式属性间的部分依赖和传递依赖才是导致关系模式存在数据冗余、更新异常及数据不一致问题的根源。为解决这个问题,Codd 提出了范式的概念。

5.2.2 基于函数依赖的范式

范式根据关系模式中属性间的数据依赖来判定关系模式的优劣。

数据依赖满足一定约束(性质)的关系模式称为范式(normal form,NF)。根据约束的程度,范式又有多个级别。满足最低要求的称为第一范式,简称 1NF,在第一范式的基础上满足进一步要求的为第二范式(2NF),其余依次类推。范式主要有 1NF、2NF、3NF、BCNF、4NF、5NF 等。

1971—1972 年,Codd 系统地提出了 1NF、2NF、3NF 的概念。1974 年 Codd 和 Boyce 又共同提出了一个新范式,即 BCNF(也称巴斯范式)。1976 年 Fagin 提出了 4NF,后来又有人提出了 5NF。

"第几范式"表示关系模式的某一种级别,可称某一关系模式 R 为第几范式。也可将"范式"理解成符合某一级别的关系模式的集合,则 R 为第几范式就可以写成 $R \in x\text{NF}$。

1. 第一范式(1NF)

在关系数据模型中,一般要求所有的域都是原子数据的集合,这种限制称为第一范式条件。

定义 5.6 对于关系模式 R,当且仅当 R 中的每个属性对应的域是原子的(atomic),

则该关系模式 R 属于第一范式,即 $R \in 1NF$。

第一范式是关系模式需要满足的最低要求,要求属性对应的域中元素是不可分的单元。因此,关系的属性只能是简单属性,不能是复合属性,也不能是多值属性。

在目前的 RDBMS 中,如果关系模式不属于第一范式,则无法创建关系模式对应的基本关系表。

【例 5-7】 对于关系 R(学生学号,学生姓名,所在系,系主任,课程名称,成绩),$R \in$ 1NF。如果将 R 中"所在系"属性划分成"所在大学、所在学院、所在系"三个组成部分,或将学生的多个成绩值放在同一元组的同一属性上,则该关系模式 $R \notin 1NF$。

由第 5.1 节中对关系 R 的操作分析,可知满足 1NF 的关系模式 R 存在数据冗余、更新异常和数据不一致等问题,因此仅满足 1NF 的关系模式还不是一个好的关系模式,需要对它进行规范化(normalization)处理。

2. 第二范式(2NF)

定义 5.7 对于关系模式 R,当且仅当 $R \in 1NF$,且 R 中每一个非主属性都完全函数依赖于候选键时,该关系模式 R 属于第二范式,即 $R \in 2NF$。

【例 5-8】 关系 R(学生学号,学生姓名,所在系,系主任,课程名称,成绩)中候选键是(学生学号,课程名称),由于该关系模式中存在函数依赖:学生学号→学生姓名,学生学号→所在系,因此(学生学号,课程名称) $\xrightarrow{P}$ 学生姓名,(学生学号,课程名称) $\xrightarrow{P}$ 所在系,即存在非主属性"学生姓名"和"所在系"对于候选键的部分函数依赖,所以该关系模式 $R \notin 2NF$。

但若将关系 R(学生学号,学生姓名,所在系,系主任,课程名称,成绩)中完全依赖候选键的成绩属性和候选键构成一个关系模式 R_1(学生学号,课程名称,成绩),而将只依赖"学生学号"的学生的信息,如"学生姓名"和"所在系"等属性,单独构成一个关系模式 R_2(学生学号,学生姓名,所在系,系主任),R_2 的候选键就是学生学号,此时"学生姓名"属性和"所在系"属性均完全函数依赖于候选键"学生学号","系主任"属性仍传递依赖于候选键"学生学号"。这样在两个新的关系模式 R_1 和 R_2 中均不存在着非主属性对于候选键的部分依赖,均属于第二范式。

由表 5-1 中关系 R 分解得到的关系 R_1、R_2 的实例值如表 5-2 所示,关系模式 R_1、R_2 的函数依赖图如图 5-2 所示。

表 5-2 由关系 R 分解得到的关系 R_1 和 R_2 的实例值

(a) R_1 的实例值

学生学号	课程名称	成绩
2020307001	操作系统	93
2020307001	计算机网络	87
2020307001	编译原理	85
2020307002	操作系统	95
2020307002	计算机网络	84
2020308001	计算机网络	83
2020308002	软件工程	89

(b) R_2 的实例值

学生学号	学生姓名	所在系	系主任
2020307001	陈昊	计算机系	王林
2020307002	崔政	计算机系	王林
2020308001	冯月	自动化系	赵磊
2020308002	黄聪	自动化系	赵磊

(a) R_1的函数依赖   (b) R_2的函数依赖

图 5-2   关系模式 R_1、R_2 的函数依赖图

相对于关系 R,关系 R_1 和 R_2 中数据冗余减少了,并消除关系 R 中由部分函数依赖产生的更新异常问题。例如,新来的学生即使还没有选修课程,也可往关系 R_2 中插入新来的学生信息;在关系 R_1 中,将某学生选修课程的信息删除,不会同时把关系 R_1 中该学生的信息删除。但是在关系 R_2 中仍然存在系主任信息的冗余以及由此带来的数据不一致问题,因此还需要进一步规范化。

3. 第三范式(3NF)

定义 5.8   对于关系模式 R,当且仅当 $R \in 2NF$,且 R 中所有非主属性都不传递函数依赖于候选键时,该关系模式 R 属于第三范式,记为 $R \in 3NF$。

因此,属于 3NF 的关系模式的每一个非主属性既不部分函数依赖于候选键,也不传递函数依赖于候选键。

【例 5-9】   对于由关系 R(学生学号,学生姓名,所在系,系主任,课程名称,成绩)分解得到的满足 2NF 的关系模式 R_1(学生学号,课程名称,成绩)和 R_2(学生学号,学生姓名,所在系,系主任),根据 3NF 的定义,可知 R_1(学生学号,课程名称,成绩)$\in 3NF$,以及 R_2(学生学号,学生姓名,所在系,系主任)中由于存在传递函数依赖"学生学号 $\xrightarrow{t}$ 系主任",因此 $R_2 \notin 3NF$。

可在 R_2(学生学号,学生姓名,所在系,系主任)中,将候选键"学生学号"和完全函数依赖于候选键的"学生姓名"和"所在系"属性单独构成一个关系模式 R_3(学生学号,学生姓名,所在系),R_3 的候选键仍是"学生学号";而将"所在系"属性和完全函数依赖于"所在系"属性的"系主任"属性单独构成一个关系模式 R_4(所在系,系主任),"所在系"属性为候选键。这样在两个新的关系模式 R_3 和 R_4 中均不存在着非主属性对于候选键的传递函数依赖,当然也不存在着非主属性对于候选键的部分函数依赖,均属于第三范式。

由表 5-2 中关系 R_2 分解得到的关系 R_3 和 R_4 的实例值如表 5-3 所示,关系模式 R_3 和 R_4 的函数依赖图如图 5-3 所示。

表 5-3   由关系 R_2 分解得到的关系 R_3 和 R_4 的实例值

(a) R_3 的实例值

学生学号	学生姓名	所在系
2020307001	陈昊	计算机系
2020307002	崔政	计算机系
2020308001	冯月	自动化系
2020308002	黄聪	自动化系

(b) R_4 的实例值

所在系	系主任
计算机系	王林
自动化系	赵磊

(a) R_3 的函数依赖   (b) R_4 的函数依赖

图 5-3   关系模式 R_3 和 R_4 的函数依赖图

在关系模式 R_3 和 R_4 中，消除了关系模式 R_2 中的传递函数依赖，系主任信息的冗余，以及插入系的信息操作受限等更新异常问题消失，修改学生所在系或系主任的操作不会再产生数据不一致问题。

至此，原有关系模式 R（学生学号，学生姓名，所在系，系主任，课程名称，成绩）中存在的数据冗余、更新异常及数据不一致问题都得到了解决。

原有关系模式 R 之所以存在问题是因为该关系模式中描述的信息太多了，既描述了学生的基本信息，又描述了学生所在系信息，还描述了学生选修课程的信息，这些信息放在同一个关系模式中进行描述，相互依赖，导致了异常的发生。把一个满足低一级范式的关系模式（如 R、R_2）分解为若干满足高一级范式的关系模式（如 R_1、R_2、R_3、R_4）的过程，也就是把这些信息逐渐从原有的关系模式中分离出来的过程，使得每个关系模式描述的信息比较单一，消除关系模式属性间的相互约束。

第三范式是一个可用的关系模式应该满足的最低范式要求。也就是说，如果一个关系模式不满足 3NF 的话，通常是不可用的。那么，满足 3NF 的关系模式是否就不存在问题了呢？请看下面的应用实例。

【应用实例 5-2】 在关系模式 STC（Sno，Tno，Cno，G）中，有学号 Sno、教师编号 Tno、课程编号 Cno、选课成绩 G 这 4 个属性。假设每名学生可以选修多门课程，每门课程可被多名学生选修；每名教师只能讲授一门课程，每门课程可以由多名教师来讲授；某名学生选定了某一门课就确定了一名固定的教师，并有一个选课成绩。

根据数据间的这些语义，可以得到该关系模式的如下函数依赖集，函数依赖图如图 5-4 所示。

$$F = \{Tno \rightarrow Cno, (Sno, Cno) \rightarrow Tno, (Sno, Cno) \rightarrow G, (Sno, Tno) \rightarrow G\}$$

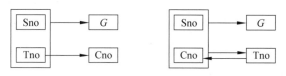

图 5-4   关系模式 STC 的函数依赖图

由关系模式 STC 上的函数依赖集 F 可推断该关系模式的候选键为（Sno，Cno）或（Sno，Tno），这样在关系模式 STC 中，属性 Sno、Cno 和 Tno 均为主属性，属性 G 为非主属性，非主属性 G 完全函数依赖于两个候选键，不存在非主属性对候选键的部分函数依赖和传递函数依赖，所以 STC $\in$ 3NF。表 5-4 给出关系模式 STC 的一个实例。

表 5-4　关系模式 STC 的一个实例

Sno	Tno	Cno	G
S01	T01	C01	80
S02	T01	C01	78
S03	T01	C01	90
S04	T02	C01	80
S05	T02	C01	88
S01	T03	C02	98
S02	T04	C02	85
S03	T04	C02	80
S04	T04	C02	69

从表 5-4 给出的关系实例可看到该关系模式仍存在着数据冗余,虽然一个教师只教一门课,但每个选修该教师所授课程的学生选课元组都记录着这一信息。除了数据冗余存储外,还会出现如下问题。

(1) 插入异常:如果要将一名编号为 T10 的教师讲授课程编号为 C02 的课程的信息插入关系 STC 中,但目前还没有学生选修这门课程,则该教师开设这门课程的信息无法插入关系 STC 中。

(2) 删除异常:关系 STC 中教师编号为 T03 的老师所讲授的 C02 课程只有一个学号为 S01 的学生选修,若要将该学生的选课信息删除,如果用 DELETE 语句将整个元组删除,则该教师的讲课信息就丢失了;而如果用 UPDATE 语句将属性 Sno 和 G 值置空值,因 Sno 是主属性,操作也不能实现。

(3) 数据不一致:如果要将学号为 S01 的学生选修的课程编号为 C01 的课程改为课程编号为 C02 的课程,就会出现编号同为 T01 的教师讲授的课程不同,而一个老师只能讲授一门课程,出现了数据不一致问题。

产生上述问题的原因是由于该关系模式 STC 存在着函数依赖 Tno→Cno,即存在主属性 Cno 对候选键(Sno,Tno)的部分函数依赖。

因此,一个满足 3NF 的关系模式仍不是一个理想的关系模式,为此引入 BC 范式。

4. BC 范式(BCNF)

定义 5.9　对于关系模式 R,若 $X \rightarrow Y, Y \nsubseteq X$ 时,X 必含有候选键,即 R 中的所有非平凡的、完全的函数依赖的决定因素是候选键,则 $R \in$ BCNF。

根据 BCNF 的定义,可以得到以下结论,若 $R \in$ BCNF,则有

(1) R 中所有非主属性都完全函数依赖于候选键。

(2) R 中所有主属性对每一个不包含它的候选键也是完全函数依赖。

(3) R 中没有任何属性完全函数依赖于非候选键的任何一组属性。

【例 5-10】　关系模式 STC(Sno,Tno,Cno,G)中,由于存在 Tno→Cno,该函数依赖的决定因素没有包含候选键(Sno,Cno)或(Sno,Tno),因而关系模式 STC $\notin$ BCNF。

可将决定因素不是候选键的函数依赖所涉及的属性单独构成一个关系模式,即将 STC 分解为 TC(Tno,Cno)和 ST(Sno,Tno,G)两个关系模式,TC 中 Tno→Cno,ST 中

$(Sno,Tno)\to G$,则分解后的两个关系模式均为 BCNF。

由表 5-4 中关系 STC 分解得到的关系 TC 和 ST 的实例值如表 5-5 所示,关系中不再有教师编号和课程编号的数据冗余,以及更新操作异常等问题。例如,可在关系 TC 中插入编号为 T10 的教师讲授课程编号为 C02 的课程信息;可在关系 ST 上删除学号为 S01 的学生选修的编号为 T03 的教师所授课程的选课信息,该编号为 T03 的授课教师的讲课信息仍在关系 TC 中存储;若要将学号为 S01 的学生选修的课程由 C01 改为 C02,可通过在关系 ST 上将学号为 S01 的学生的授课教师的编号由 T01 改为某个讲授课程编号为 C02 课程的教师编号即可。

表 5-5　由关系 STC 分解得到的关系 TC 和 ST 的实例值

（a）ST（Sno,Tno,G）

Sno	Tno	G
S01	T01	80
S02	T01	78
S03	T01	90
S04	T02	80
S05	T02	88
S01	T03	98
S02	T04	85
S03	T04	80
S04	T04	69

TC（Tn0,Cn0）

Tno	Cno
T01	C01
T02	C01
T03	C02
T04	C02

以上在函数依赖的范畴内讨论 1NF、2NF、3NF 和 BCNF,其中 1NF 是关系模式隐含的,2NF 和 3NF 是讨论 BCNF 的基础,本身意义并不大,重要的和广泛应用的是 BCNF,它能满足一般应用的数据处理要求。如果一个关系数据库中的所有关系模式都属于 BCNF,那么在函数依赖范围内,它已实现了数据库中数据的彻底分解,达到了最高的规范化程度。但是,如果考虑其他的数据依赖(如多值依赖),它仍然不是最好的关系模式。

5.2.3　多值依赖与 4NF

1. 多值依赖

【应用实例 5-3】　学校中某一门课程可以由多个教师讲授,他们使用相同的一套参考书,每个教师可以讲授多门课程,每种参考书可以供多门课程使用,可用表 5-6 来直观描述课程名称、教师姓名和参考书名称之间的对应关系。假设用关系模式 CTB（C,T,B）来描述课程、教师和参考书之间的关系,表 5-7 给出了关式模式 CTB 的一个实例。

根据关系模式 CTB（C,T,B）的应用语义以及参考给出的关系的实例,可知关系模式 CTB（C,T,B）的候选键是（C,T,B）,是一个全键,则不存在着非主属性及非平凡的函数依赖,所以 CTB∈BCNF。但从给出的关系实例可见,该关系模式 CTB 仍存在数据冗余度大的问题。例如,有多少名任课教师,参考书就要存储多少次,即对于一门给定的课程,所有的教师和参考书的可能组合情况都可能出现。仍然会导致如下问题的出现。

表 5-6　课程、教师和参考书之间的对应关系

课程名称	教师姓名	参考书名称
物理	李咏 王志	普通物理学 光学原理 微分方程
数学	李明 张平	数学分析 微分方程 高等代数
计算数学	张平 朱旭	数学分析 ⋮ ⋮
⋮	⋮	⋮

表 5-7　关系模式 CTB 的一个实例

C	T	B
物理	李咏	普通物理学
物理	李咏	光学原理
物理	李咏	微分方程
物理	王志	普通物理学
物理	王志	光学原理
物理	王志	微分方程
数学	李明	数学分析
数学	李明	微分方程
数学	李明	高等代数
数学	张平	数学分析
数学	张平	微分方程
数学	张平	高等代数
⋮	⋮	⋮

(1) 插入异常：不仅无法单独插入一名教师或一门课程的信息，而且当某一课程(如物理)增加一名讲课教师(如周英)时，必须插入多个元组：(物理,周英,普通物理学)、(物理,周英,光学原理)、(物理,周英,微分方程)。

(2) 删除异常：当一名教师只讲授一门课程或者一门课程只有一名教师讲授时，删除该课程或教师将会造成相应的教师或者课程信息的丢失；而且某一门课要删掉一本参考书，该课程有多少名任课教师，就需要删除多少个元组。

(3) 修改异常：当修改某老师所授课程，其对应的参考书并没有修改，会造成数据的不一致；而且某一门课要修改一本参考书，该课程有多少名任课教师，就必须修改多少个元组。

该关系模式存在的上述问题是由于一门课程对应多名教师和多本参考书，教师和参考书又彼此完全独立引起的，关系模式的属性间存在着一种称为多值依赖(MVD)的数据依赖。

定义 5.10　对于关系模式 $R(U)$，X、Y、$Z \subseteq U$，且 $Z = U - X - Y$，当且仅当对于 R 的任一关系实例 r，r 在 X 上的每一个值对应一组 Y 的值，这组值仅仅决定于 X 值而与 Z 值无关，则 Y 多值依赖 X(或 X 多值决定 Y)，记为 $X \rightarrow\rightarrow Y$。

【例 5-11】　在应用实例 5-3 中的关系模式 CTB(C, T, B) 中，一门课程可由多个教师讲授，从实例表中可知"物理"这门课的教师为{李咏,王志}，对于每一个教师，其对应参考书的值分别为"普通物理学""光学原理"和"微分方程"，也就是某门课程的教师的值仅取决于课程信息，而跟参考书没有关系，因此 $C \rightarrow\rightarrow T$。当然，当课程的值取"物理"，教师的值分别取"李咏"和"王志"时，对应参考书的一组值均为{普通物理学,光学原理,微分方程}，即某门课程的参考书的值仅取决于课程信息，而跟教师也没有关系，因此 $C \rightarrow\rightarrow B$。这也说明多值依赖具有对称性。

若 $X \rightarrow\rightarrow Y$，而 $Z = \varnothing$，则称 $X \rightarrow\rightarrow Y$ 为平凡的多值依赖，否则为非平凡的多值依赖。

多值依赖具有以下性质。

（1）多值依赖具有对称性。即若 $X \twoheadrightarrow Y$，则 $X \twoheadrightarrow Z$，其中 $Z = U - X - Y$。

（2）多值依赖具有传递性。即若 $X \twoheadrightarrow Y, Y \twoheadrightarrow Z$，则 $X \twoheadrightarrow Z$。

（3）函数依赖可以看作多值依赖的特殊情况。即若 $X \rightarrow Y$，则 $X \twoheadrightarrow Y$。

（4）若 $X \twoheadrightarrow Y, X \twoheadrightarrow Z$，则 $X \twoheadrightarrow Y \cup Z$。

（5）若 $X \twoheadrightarrow Y, X \twoheadrightarrow Z$，则 $X \twoheadrightarrow Y \cap Z$。

（6）若 $X \twoheadrightarrow Y, X \twoheadrightarrow Z$，则 $X \twoheadrightarrow Y - Z, X \twoheadrightarrow Z - Y$。

这些性质的证明从略。

2. 第四范式（4NF）

定义 5.11 对于关系模式 $R(U) \in 1NF$，如果对于 R 的每个非平凡的多值依赖 $X \twoheadrightarrow Y(Y \not\subseteq X)$，$X$ 都含有候选键，则 $R \in 4NF$。

【**例 5-12**】 在应用实例 5-3 中的关系模式 CTB(C, T, B) 中存在非平凡的多值依赖：$C \twoheadrightarrow T, C \twoheadrightarrow B$，由于关系模式 CTB$(C, T, B)$ 的候选键是 (C, T, B)，这些多值依赖的决定因素不包含候选键，因而 CTB $\notin$ 4NF。可将该关系模式分解为 CT(C, T) 和 CB(C, B) 两个关系模式，分解后的关系模式均只存在平凡的多值依赖，所以均为 4NF。

4NF 就是限制关系模式的属性之间不允许有非平凡的且非函数依赖的多值依赖。因为对于每一个非平凡的多值依赖 $X \twoheadrightarrow Y$，X 都含有候选键，即有 $X \rightarrow Y$，所以 4NF 所允许的非平凡的多值依赖实际上是函数依赖。若一个关系模式是 4NF，则必为 BCNF。

函数依赖和多值依赖是两种最重要的数据依赖。如果只考虑函数依赖，则属于 BCNF 的关系模式规范化程度已经是最高的了；如果考虑多值依赖，则属于 4NF 的关系模式的规范化程度最高。事实上，数据依赖除了函数依赖和多值依赖之外，还有其他的数据依赖，例如连接依赖。函数依赖是多值依赖的一种特殊情况，而多值依赖实际上又是连接依赖的一种特殊情况。存在连接依赖的关系模式仍可能存在数据冗余和更新异常等问题，如果在 4NF 中消除了连接依赖，那么可进一步规范到 5NF，关于连接依赖和 5NF 在这里就不做详细讨论了。

5.2.4 关系模式的规范化过程

前面的讨论可用图 5-5 来归纳。通过不断消除关系模式中决定因素为非候选键的非平凡的函数依赖、非平凡的多值依赖和非平凡的连接依赖等，也逐渐消除了这些不好的数

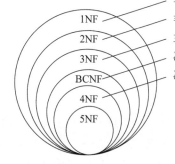

图 5-5 关系模式的规范化过程

据依赖给关系数据库带来的数据冗余、更新异常和数据不一致问题。如果把一个满足低级别范式的关系模式分解为满足高级别范式的关系模式的集合,则把一个不好的关系模式转换为若干好的关系模式,这个过程称为关系模式的规范化。

范式从低到高,对关系模式的约束逐渐加强,所以范式之间是一种包含关系,即

$$5NF \subseteq 4NF \subseteq BCNF \subseteq 3NF \subseteq 2NF \subseteq 1NF$$

关系模式的规范化过程也是把存储在一个关系中的信息进行不断分离的过程。因此,在设计关系模式时,每个关系模式描述的信息要单一化,遵循"一事一地"的模式设计原则。尽量使得每个关系仅描述一个概念,即一个实体或实体之间的一种联系,若多于一个概念就把它分离出去。

关系模式的规范化是通过对关系模式的分解来实现的,即把一个低级别的关系模式分解为若干高级别的关系模式。

关系模式的规范化还需要解决以下三个问题。

(1) 如何用一组数据依赖充分表达应用语义所包含的关系模式属性间的约束关系?

(2) 如何确定关系模式的候选键,再根据属性间的数据依赖来判定范式级别?

(3) 如何对低级别的范式进行模式分解,并保证分解的正确?

5.3 节和 5.4 节将讨论如何解决这些问题。

5.3 函数依赖的理论

对于应用所表达的语义,用一组函数依赖是否能充分表达关系模式属性间的约束关系,即能否从给定的函数依赖导出其他一些函数依赖成立,从而得到一个给定的关系模式的完整函数依赖集?能否将给定的关系模式的完整函数依赖集缩小到一个可管理的范围?

有必要对这些问题进行讨论,是因为函数依赖表示一个关系的属性与属性之间的依赖关系,体现了关系模式的键约束特性,而 DBMS 需要实现这些约束。给定一个函数依赖集 F,如果能根据 F 找到一个函数依赖集 T,T 中含有尽可能少的函数依赖,每个函数依赖含有尽可能少的属性,而 T 中的函数依赖蕴含 F 中的所有函数依赖,则 DBMS 只要实现函数依赖集 T,即可满足函数依赖集 F 中的所有函数依赖。因此,寻找函数依赖集 T 具有实践上的重要性。

5.3.1 函数依赖集的逻辑蕴含

对于给定的一组函数依赖,能否推导出另外一些函数依赖成立呢?

【例 5-13】 设有关系模式 $R(U,F)$,其中 $U=\{A,B,C\}$,函数依赖集 $F=\{A \rightarrow B, B \rightarrow C\}$,判断 $A \rightarrow C$ 是否成立。

解:对于关系模式 R 的任一实例 r 的任意元组 t_i、t_j,$i \neq j$,若 $t_i[A]=t_j[A]$,根据定义 5.1,由 $A \rightarrow B$ 可推出 $t_i[B]=t_j[B]$。又由 $B \rightarrow C$ 可推出 $t_i[C]=t_j[C]$。因此,若 $t_i[A]=t_j[A]$,可推出 $t_i[C]=t_j[C]$,根据定义 5.1,则可判断 $A \rightarrow C$ 成立。

因此,对于给定的函数依赖集 F,可以推出其他函数依赖成立,这些函数依赖是 F 所

逻辑蕴含的。

定义 5.12 设 F 是关系模式 R 上的函数依赖集,X、Y 是 R 的属性子集,对于 R 的每个满足 F 的关系实例 r,若函数依赖 $X{\rightarrow}Y$ 都成立,则称 F 逻辑蕴含 $X{\rightarrow}Y$,记为 $F\vdash X{\rightarrow}Y$。

定义 5.13 函数依赖集 F 逻辑蕴含的所有的函数依赖的集合称为 F 的闭包(closure),并记为 F^+:

$$F^+ = \{X{\rightarrow}Y \mid F \vdash X{\rightarrow}Y\}$$

如何有效而准确地计算函数依赖集的逻辑蕴含,即由已知的函数依赖集推出未知的函数依赖,对这个问题的阐述最早出现在 1974 年 Armstrong 的论文中,他提出一套推理规则,称为 Armstrong 公理。通过这些推理规则,可以从给定的函数依赖集中推出其所蕴含的新的函数依赖。

5.3.2 Armstrong 公理

首先给出本书在后续问题阐述过程中的符号使用规则,若 $U=\{X,Y,Z\}$,则 $U=XYZ$,$X\bigcup Y=XY$,$XY\bigcup XZ=XYZ$。

定义 5.14 Armstrong 公理:假设 U 为关系模式 R 的属性集,F 是 U 上的函数依赖集,X、Y、Z 是 U 的任意子集,对关系模式 $R(U,F)$ 来说有以下的推理规则。

A1. 自反律(reflexivity):若 $Y\subseteq X\subseteq U$,则 $X{\rightarrow}Y$ 为 F 所蕴含。

A2. 增广律(augmentation):若 $X{\rightarrow}Y$ 为 F 所蕴含,且 $Z\subseteq U$,则 $XZ{\rightarrow}YZ$ 为 F 所蕴含。

A3. 传递律(transitivity):若 $X{\rightarrow}Y$ 及 $Y{\rightarrow}Z$ 为 F 所蕴含,则 $X{\rightarrow}Z$ 为 F 所蕴含。

其中由自反律得到的函数依赖均是平凡的函数依赖,结果的存在并不依赖于 F。

从函数依赖的定义可以证明 Armstrong 公理是正确的(请参照例 5-1 自己完成证明)。

根据 A1、A2、A3 三条基本推理规则可以得到下面三条扩充推理规则。

(1) 合并规则(union rule):若 $X{\rightarrow}Y$、$X{\rightarrow}Z$,则 $X{\rightarrow}YZ$。(根据 A2 和 A3 证明)

(2) 伪传递规则(pseudo-transitivity rule):若 $X{\rightarrow}Y$、$WY{\rightarrow}Z$,则 $XW{\rightarrow}Z$。(根据 A2 和 A3 证明)

(3) 分解规则(decomposition rule):若 $X{\rightarrow}Y$ 及 $Z\subseteq Y$,则 $X{\rightarrow}Z$。(根据 A1 和 A3 证明)

根据合并规则和分解规则,可给出如下一个重要的引理。

引理 5.1 $X{\rightarrow}A_1A_2{\cdots}A_k$ 成立的充分必要条件是 $X{\rightarrow}A_i$ 成立($i=1,2,{\cdots},k$)。

根据 Armstrong 公理的推理规则,可以从给定的函数依赖中推导出其所蕴含的新的函数依赖。

【例 5-14】 设有关系模式 R,R 的属性集 $U=\{A,B,C,D,E,H\}$,R 满足函数依赖 $F=\{A{\rightarrow}BC,B{\rightarrow}E,CD{\rightarrow}EH\}$,试证 $AD{\rightarrow}H$ 成立。

证明:因为 $A{\rightarrow}BC$(已知)

所以 $AD{\rightarrow}BCD$(增广律)

因为 $BCD{\rightarrow}CD$(自反律),$CD{\rightarrow}EH$(已知)

所以　$BCD \rightarrow EH$（传递律）

所以　$AD \rightarrow EH$（传递律）

所以　$AD \rightarrow H$（分解规则）

证明完毕。

【例 5-15】　请尝试用 Armstrong 公理来求解函数依赖集 $F = \{A \rightarrow B, B \rightarrow C\}$ 的闭包 F^+。

解：根据闭包的概念，F 中的所有函数依赖都是其闭包中的元素，即

$$A \rightarrow B \in F^+ \qquad B \rightarrow C \in F^+$$

根据 Armstrong 公理，由自反律，下述函数依赖也是其闭包中的元素。

$$
\begin{array}{lll}
A \rightarrow A & B \rightarrow B & C \rightarrow C \\
AB \rightarrow A & AB \rightarrow B & AB \rightarrow AB \\
AC \rightarrow A & AC \rightarrow C & AC \rightarrow AC \\
BC \rightarrow B & BC \rightarrow C & BC \rightarrow BC \\
ABC \rightarrow A & ABC \rightarrow B & ABC \rightarrow C \\
ABC \rightarrow AB & ABC \rightarrow AC & ABC \rightarrow BC \\
ABC \rightarrow ABC & &
\end{array}
$$

基于 F^+ 中的已有的函数依赖，根据 Armstrong 公理的其他推理规则，可推导得到 F^+ 中其他的函数依赖。

$A \rightarrow B, B \rightarrow C$ 及传递规则：$A \rightarrow C$

$A \rightarrow B, A \rightarrow C$ 及合并规则：$A \rightarrow BC$

$A \rightarrow B$ 及增广规则：$A \rightarrow AB, AC \rightarrow BC, AC \rightarrow ABC$

$B \rightarrow C$ 及增广规则：$AB \rightarrow AC, B \rightarrow BC, AB \rightarrow ABC$

$A \rightarrow C$ 及增广规则：$A \rightarrow AC, AB \rightarrow BC$

$A \rightarrow BC$ 及增广规则：$A \rightarrow ABC$

$AB \rightarrow B, B \rightarrow C$ 及传递规则：$AB \rightarrow C$

$AC \rightarrow A, A \rightarrow B$ 及传递规则：$AC \rightarrow B$

……

Armstrong 公理是有效而完备的，反复运用 Armstrong 公理中的推理规则，直到不再产生新的函数依赖为止，就可以得到该函数依赖集的闭包。

Armstrong 公理的有效性是指根据公理的推理规则，从函数依赖集 F 中导出的函数依赖必为 F 所逻辑蕴含（在 F^+ 中）；完备性是指一个函数依赖集 F 所蕴含的函数依赖（F^+ 中的每一个函数依赖）都可以利用公理的推理规则从 F 中推导出来。

公理的有效性保证按公理推出的所有函数依赖都成立，公理的完备性保证了可以推出所有的函数依赖。

由上例可见，对于一个函数依赖集 F，其闭包 F^+ 中所包含的函数依赖有很多，从 F 求 F^+ 是一个复杂且困难的问题。对于任意的函数依赖 $X \rightarrow Y$，若要通过求出函数依赖集的闭包 F^+，看 $X \rightarrow Y$ 是否在闭包 F^+ 中，来判断其是否为 F 逻辑蕴含是很困难的。为此，引入属性集闭包的概念。

5.3.3 属性集闭包

定义 5.15 在 $R(U,F)$ 中,设 F 是属性集 U 上的一组函数依赖,$X \subseteq U$,则属性集 X 关于函数依赖集 F 的闭包 X_F^+ 定义为

$$X_F^+ = \{A_i \mid X \to A_i \text{ 可由 } F \text{ 经 Armstrong 公理导出}, A_i \subseteq U\}$$

即

$$X_F^+ = \{A_i \mid X \to A_i \in F^+, A_i \subseteq U\}$$

由引理 5.1 可知,X_F^+ 就是可由函数依赖集 F 经 Armstrong 公理导出的所有"函数依赖于属性集 X 的所有属性的集合"。该集合是由 F^+ 中所有决定因素是属性集 X 的函数依赖所决定。

这里说明一点,由于 X_F^+ 为 A_i 的并集,所以 $A_i \in X_F^+$ 或 $A_i \subseteq X_F^+$ 两种表达均可,当 A_i 为单一属性时,多用 $A_i \in X_F^+$ 形式。

由引理 5.1 可以得出引理 5.2。

引理 5.2 设 F 为属性集 U 上的一组函数依赖,X、$Y \subseteq U$,$X \to Y$ 能由 F 根据 Armstrong 公理导出的充分必要条件是 $Y \subseteq X_F^+$。

因此,判定函数依赖 $X \to Y$ 是否能由 F 根据 Armstrong 公理导出,即判断 $X \to Y$ 是否属于 F^+ 的问题,就转换为求出 X_F^+,判定 Y 是否为 X_F^+ 的子集的问题,而求解 X_F^+ 可由算法 5.1 实现。

算法 5.1 求 X_F^+ 的一个算法。

输入:属性集 X 和函数依赖集 F。

输出:X_F^+。

算法实现流程如图 5-6 所示。

求属性集闭包 X_F^+ 可按如下步骤进行。

(1) 选 X 作为 X_F^+ 的初值。(由公理的自反性可知 $X \to X$,因此 $X \subseteq X_F^+$)

(2) 第 i 次循环中,先将当前的 X_F^+ 作为 $\text{old}X_F^+$,新的 X_F^+ 值是由当前的 X_F^+ 值并上集合 Z 所组成,其中 $Y \to Z \in F$,$Y \subseteq X_F^+$。

(3) 重复步骤(2),直到 $\text{old}X_F^+ = X_F^+$,即不再有新增属性,则当前 X_F^+ 为所求 X_F^+。

```
X⁺_F := X;
  repeat
    old X⁺_F := X⁺_F;
    对于 F 中的每一个函数依赖 Y → Z
    do
      if  Y ⊆ X⁺_F   then  X⁺_F := X⁺_F ∪ Z;
  until (old X⁺_F = X⁺_F)
```

图 5-6 求 X_F^+ 的算法流程

其中,X_F^+ 中属性的个数逐步递增,上界是 U 中属性的个数 $|U|$,因此算法 5.1 最多 $|U|$

$-|X|$ 次循环就会终止。

【例 5-16】 函数依赖集 $F=\{A{\rightarrow}BC,E{\rightarrow}CH,B{\rightarrow}E,CD{\rightarrow}EH\}$。求 $(AB)_F^+$。

解：$(AB)_F^+=AB$ //给 $(AB)_F^+$ 赋初值 AB

开始第 1 次扫描：

$A{\rightarrow}BC,B{\rightarrow}E$ //找到左部为 $(AB)_F^+$ 子集的函数依赖

$(AB)_F^+=AB{\cup}BC{\cup}E=ABCE$ //得到 $(AB)_F^+$ 的新值

$AB\neq ABCE$ //$(AB)_F^+$ 的值有变化,再次扫描 F

开始第 2 次扫描：

$A{\rightarrow}BC$、$B{\rightarrow}E$ 和 $E{\rightarrow}CH$ //找到左部为 $(AB)_F^+$ 子集的函数依赖

$(AB)_F^+=ABCE{\cup}BC{\cup}E{\cup}CH=ABCEH$ //得到 $(AB)_F^+$ 的新值

$ABCE\neq ABCEH$ //$(AB)_F^+$ 的值有变化,再次扫描 F

开始第 3 次扫描：

$A{\rightarrow}BC$、$B{\rightarrow}E,E{\rightarrow}CH$ //找到左部为 $(AB)_F^+$ 子集的函数依赖

$(AB)_F^+=ABCEH{\cup}BC{\cup}E{\cup}CH=ABCEH$ //得到 $(AB)_F^+$ 的新值

$ABCEH=ABCEH$ //$(AB)_F^+$ 结果不再变化,算法结束

所以,$(AB)_F^+=ABCEH$。

【例 5-17】 用属性集闭包的概念及求解算法来解答例 5-14 中的问题,即判断 $F=\{A{\rightarrow}BC,B{\rightarrow}E,CD{\rightarrow}EH\}$ 上 $AD{\rightarrow}H$ 成立。

解：利用算法 5.1,首先计算 $(AD)_F^+$。

初始 $(AD)_F^+=AD$

由 $A{\rightarrow}BC$,得 $(AD)_F^+=AD{\cup}BC=ABCD$。

由 $B{\rightarrow}E,CD{\rightarrow}EH$,得 $(AD)_F^+=ABCD{\cup}E{\cup}EH=ABCDEH$。

则 $H\subseteq(AD)_F^+$。

根据引理 5.2,可判断 $AD{\rightarrow}H\in F^+$,即 $AD{\rightarrow}H$ 成立。

请读者用属性集闭包的求解算法自己解答例 5-15 中的问题,即给出 F^+ 所包含的所有函数依赖。

5.3.4 函数依赖集等价和最小函数依赖集

有了属性集闭包的概念,就可以为函数依赖集 F 找到一个与其等价的最小函数依赖集。

定义 5.16 设 F、G 为一个关系模式上的两个函数依赖集,若 $F^+=G^+$,则称 F 和 G 是等价的,也可称 F 和 G 互相覆盖。

引理 5.3 $F^+=G^+$ 的充分必要条件是 $F\subseteq G^+$ 且 $G\subseteq F^+$。

证明：(1) 必要性：

因为 $F^+=G^+$,所以 $F\subseteq F^+=G^+$。同理,$G\subseteq F^+$。

(2) 充分性：

若 $F\subseteq G^+$,则 $F^+\subseteq(G^+)^+=G^+$。同理,$G^+\subseteq F^+$。

因此,$F^+=G^+$。证毕。

该引理提供了一个判断函数依赖集 F 和 G 是否等价的方法,即只需判断 $F \subseteq G^+$ 且 $G \subseteq F^+$ 是否成立。而要判定 $F \subseteq G^+$ 或 $G \subseteq F^+$,只须逐一对 F 或 G 中的函数依赖 $X \rightarrow Y$ 考察 Y 是否是 X_G^+ 或 X_F^+ 的子集,其实只要分别对在 F 中不在 G 中或在 G 中不在 F 中的函数依赖进行考察即可。

引理 5.4　任一函数依赖集 F 总可以被一右部恒为单属性的函数依赖集所覆盖。

证明:构造 $G = \{X \rightarrow A \mid X \rightarrow Y \in F \text{ 且 } A \in Y\}$。

　　　根据分解规则有 $G \subseteq F^+$。

　　　根据合并规则有 $F \subseteq G^+$。

　　　所以,$F^+ = G^+$。证毕。

定义 5.17　函数依赖集 F 当且仅当满足下列条件时,称为最小函数依赖集,或极小函数依赖集,或最小覆盖。

(1) F 中每一个函数依赖的右部为单一属性。

(2) F 中不存在这样的函数依赖 $X \rightarrow A$,使得 $F - \{X \rightarrow A\}$ 与 F 等价,即 F 中不存在冗余的函数依赖。

(3) F 中不存在这样的函数依赖 $X \rightarrow A$,使得 $Z \subset X$,且 $F - \{X \rightarrow A\} \cup \{Z \rightarrow A\}$ 与 F 等价,即 F 中的函数依赖是左部不可约的。

定理 5.1　每一个函数依赖集 F 都等价于一个最小函数依赖集 F_m。

证明:这是一个构造性的证明,只要对 F 进行最小化处理,找出 F 的一个最小函数依赖集即可。

(1) 对 F 中的每个函数依赖 $X \rightarrow Y$,若 $Y = A_1 A_2 \cdots A_k$,$k \geqslant 2$,A_i 为单一属性,则用 $\{X \rightarrow A_i \mid i = 1, 2, \cdots, k\}$ 来取代 $X \rightarrow Y$。完成右部属性单一化处理。

(2) 对 F 中的每个函数依赖 $X \rightarrow A$,令 $G = F - \{X \rightarrow A\}$,若 $A \in X_G^+$,说明 $X \rightarrow A$ 为 G 所蕴含,则 F 与 $F - \{X \rightarrow A\}$ 等价,从 F 中去掉此函数依赖 $X \rightarrow A$。

(3) 对 F 中的每个函数依赖 $X \rightarrow A$,设 $X = B_1 B_2 \cdots B_k$,对每个 $B_i (i = 1, 2, \cdots, k)$,若 $A \in (X - B_i)_F^+$,说明 $(X - B_i) \rightarrow A$ 为 F 所蕴含,函数依赖 $X \rightarrow A$ 的左部是可约的,F 与 $F - \{X \rightarrow A\} \cup (X - B_i) \rightarrow A\}$ 等价,则以 $X - B_i$ 取代 X。

最后总能得到 F 的一个最小函数依赖集,其中每个函数依赖的右部只含有一个属性,函数依赖的左部也是不可约的,从 F 中删除任何一个函数依赖都不能与 F 等价,且对 F 的每一次构造都保证了前后函数依赖集的等价,因此定理 5.1 成立。

该定理的这个构造性证明过程也是寻找与一个函数依赖集等价的最小函数依赖集的过程。

【例 5-18】　设 $F = \{A \rightarrow BC, B \rightarrow AC, C \rightarrow A\}$,求 F_m。

解:(1) 函数依赖右边属性单一化。

$$F = \{A \rightarrow B, A \rightarrow C, B \rightarrow A, B \rightarrow C, C \rightarrow A\}$$

(2) 去掉冗余的函数依赖。

　　判断 $A \rightarrow B$ 是否冗余:

　　　　令 $G_1 = \{A \rightarrow C, B \rightarrow A, B \rightarrow C, C \rightarrow A\}$,

　　　　$A_{G_1}^+ = AC$,B 不属于 $A_{G_1}^+$,$A \rightarrow B$ 不冗余;

判断 $A \rightarrow C$ 是否冗余：

令 $G_2 = \{A \rightarrow B, B \rightarrow A, B \rightarrow C, C \rightarrow A\}$，

$A_{G_2}^+ = ABC, C \in A_{G_2}^+, A \rightarrow C$ 冗余，

则 $F = \{A \rightarrow B, B \rightarrow A, B \rightarrow C, C \rightarrow A\}$；

判断 $B \rightarrow A$ 是否冗余：

令 $G_3 = \{A \rightarrow B, B \rightarrow C, C \rightarrow A\}$，

$B_{G_3}^+ = ABC, A \in B_{G_3}^+, B \rightarrow A$ 冗余，

则 $F = \{A \rightarrow B, B \rightarrow C, C \rightarrow A\}$；

判断 $B \rightarrow C$ 是否冗余：

令 $G_4 = \{A \rightarrow B, C \rightarrow A\}$，

$B_{G_4}^+ = B, C$ 不属于 $B_{G_4}^+, B \rightarrow C$ 不冗余；

判断 $C \rightarrow A$ 是否冗余：

令 $G_5 = \{A \rightarrow B, B \rightarrow C\}$，

$C_{G_5}^+ = C, A$ 不属于 $C_{G_5}^+, C \rightarrow A$ 不冗余。

（3）由于例中函数依赖的决定因素均为单属性，因而不需要第三步检查，上述处理结果 F 就是最小函数依赖集，即 $F_m = \{A \rightarrow B, B \rightarrow C, C \rightarrow A\}$。

【例 5-19】 函数依赖集 $F = \{AB \rightarrow C, A \rightarrow B, B \rightarrow A\}$，求 F_m。

解：（1）函数依赖右边属性单一化。

所有的函数依赖右部均为单属性，F 不变。

（2）去掉冗余的函数依赖。

判断 $AB \rightarrow C$ 是否冗余：

$G_1 = \{A \rightarrow B, B \rightarrow A\}$，

$(AB)_{G_1}^+ = AB, C$ 不属于 $(AB)_{G_1}^+, AB \rightarrow C$ 不冗余；

判断 $A \rightarrow B$ 是否冗余：

$G_2 = \{AB \rightarrow C, B \rightarrow A\}, A_{G_2}^+ = A, B$ 不属于 $A_{G_2}^+, A \rightarrow B$ 不冗余；

判断 $B \rightarrow A$ 是否冗余：

$G_3 = \{AB \rightarrow C, A \rightarrow B\}, B_{G_3}^+ = B, A$ 不属于 $B_{G_3}^+, B \rightarrow A$ 不冗余；

F 不变。

（3）去掉各函数依赖左部冗余的属性。本题只需考虑 $AB \rightarrow C$。

方法 1：在决定因素中去掉 B，若 $A \rightarrow C$ 被 F 所逻辑蕴含，则以 $A \rightarrow C$ 代替 $AB \rightarrow C$。

求得　$A_F^+ = ABC$

则　　$C \in A_F^+, A \rightarrow C \in F^+$

所以　$F_m = \{A \rightarrow C, A \rightarrow B, B \rightarrow A\}$

方法 2：在决定因素中去掉 A，若 $B \rightarrow C$ 被 F 所逻辑蕴含，则以 $B \rightarrow C$ 代替 $AB \rightarrow C$。

求得　$B_F^+ = ABC$

则　　$C \in B_F^+, B \rightarrow C \in F^+$

所以　$F_m = \{B \rightarrow C, A \rightarrow B, B \rightarrow A\}$

通过例 5-19，可以得出结论：最小函数依赖集不是唯一的。

需要说明的是,对有的函数依赖集 F 完成上述的一次最小化构造过程所得到的函数依赖集可能还不是最小的,需要进行再次构造。为避免出现此类问题,可在对函数依赖进行右部单一化处理后,利用 Armstrong 公理的推理规则,对函数依赖集进行处理,去掉一些冗余的函数依赖,再做后续的处理。

【例 5-20】 函数依赖集 $F=\{A{\rightarrow}BC,B{\rightarrow}C,A{\rightarrow}B,AB{\rightarrow}C,AC{\rightarrow}D\}$,求 F_{m}。

解:(1)把 F 中所有的函数依赖分解为右边是单属性的函数依赖。

$$F=\{A{\rightarrow}B,A{\rightarrow}C,B{\rightarrow}C,AB{\rightarrow}C,AC{\rightarrow}D\}$$

(2)因为由 $A{\rightarrow}C$、$B{\rightarrow}C$ 根据 Armstrong 公理的合并规则可得 $AB{\rightarrow}C$,则从 F 中去掉 $AB{\rightarrow}C$。

$$F=\{A{\rightarrow}B,A{\rightarrow}C,B{\rightarrow}C,AC{\rightarrow}D\}$$

(3)因为由 $A{\rightarrow}C$ 根据 Armstrong 公理的增广律可得 $A{\rightarrow}AC$,而 $AC{\rightarrow}D$,由传递律可得 $A{\rightarrow}D$,所以用 $A{\rightarrow}D$ 取代 F 中的 $AC{\rightarrow}D$。

$$F=\{A{\rightarrow}B,A{\rightarrow}C,B{\rightarrow}C,A{\rightarrow}D\}$$

(4)因为由 $A{\rightarrow}B$ 和 $B{\rightarrow}C$ 根据 Armstrong 公理的传递律可得 $A{\rightarrow}C$,则从 F 中去掉 $A{\rightarrow}C$,得 $F=\{A{\rightarrow}B,B{\rightarrow}C,A{\rightarrow}D\}$。

在此基础上,可以很容易判断出此 F 即为 F_{m}。

请采用上述方法对例 5-18 进行求解,并与例 5-18 中的方法进行比较。

5.3.5 候选键及其判定方法

为了 DBMS 能实现关系模式的键约束特性,需要确定关系模式的候选键。确定了关系模式的候选键后,就可以根据各范式的概念,判断该关系模式属于第几范式,从而可进一步确定是否对关系模式进行分解等。因此,有必要对候选键的判定进行讨论。

在关系模式 $R(U,F)$ 中,如果属性集 K 满足 $K \xrightarrow{\;\;f\;\;} U$,则 K 为关系模式 R 的候选键。本节基于该候选键的定义及函数依赖理论,给出寻找候选键 K 的如下几种方法。

1. 利用 Armstrong 公理的推理规则确定候选键

在关系模式 $R(U,F)$ 中,$K{\subseteq}U$,利用 Armstrong 公理中的推导规则,如果能从已知的函数依赖集 F 中推导得到 $K{\rightarrow}U$,且不存在 K 的真子集 $K'{\rightarrow}U$,则 K 为候选键。

【例 5-21】 $R(U,F)$,$U=\{A,B,C,D\}$,$F=\{B{\rightarrow}D,AB{\rightarrow}C\}$,确定 R 的候选键。

解:由 $B{\rightarrow}D$ 利用增广规则可得 $AB{\rightarrow}AD$。

由 $AB{\rightarrow}AD$、$AB{\rightarrow}C$ 利用合并规则可得 $AB{\rightarrow}ACD$。

由 $AB{\rightarrow}ACD$ 利用增广规则可得 $AB{\rightarrow}ABCD$。

由于不存在 $A{\rightarrow}ABCD$ 和 $B{\rightarrow}ABCD$,则 AB 为候选键。

该方法对候选键的判定依赖于对 Armstrong 公理系统推导规则的熟练使用。

2. 根据属性集闭包的概念确定候选键

在关系模式 $R(U,F)$ 中,$K{\subseteq}U$,根据候选键的定义及属性集闭包的概念,如果 K 满足下面两个条件,则 K 为候选键。

(1)$K_F^+=U$。

(2) 对于 K 的任意一个真子集 K',都有 $K_F'^+ \neq U$。

下面按属性集闭包的计算量逐渐减少的顺序逐一介绍寻找满足条件的 K 的三种方法。

方法 1:遍历属性集 U 的所有真子集,求出各子集关于函数依赖集 F 的属性集闭包,从求解的结果加以判断。

【例 5-22】 设有关系模式 $R(U,F)$,$U=\{A,B,C,D\}$,$F=\{A \rightarrow B,B \rightarrow C\}$,确定 R 的候选键。

解:由 F 中的函数依赖可求得 U 所有真子集关于函数依赖集 F 的属性集闭包。

$A_F^+ = ABC$,　$B_F^+ = BC$,　$C_F^+ = C$,　$D_F^+ = D$,

$(AB)_F^+ = (AC)_F^+ = ABC$,　$(AD)_F^+ = ABCD$,

$(BC)_F^+ = BC$,　$(BD)_F^+ = BCD$,　$(CD)_F^+ = CD$,

$(ABC)_F^+ = ABC$,　$(BCD)_F^+ = BCD$,　$(ACD)_F^+ = (ABD)_F^+ = ABCD$

可以看到 AD、ACD、ABD 的属性集闭包为 U,但 ACD、ABD 存在真子集 AD 的属性集闭包为 U,故 R 只有一个候选键 AD。ACD 和 ABD 是该关系模式的超键。

若不存在 U 的真子集关于函数依赖集 F 的属性集闭包等于 U,则关系模式的候选键是全键。

利用该方法可得到关系模式的所有候选键,但当 U 中属性较多时,计算量较大。

方法 2:采用算法 5.2 来排除 K(初值为 U)中的冗余属性,计算剩余属性的属性集闭包,来得到关系模式的某一候选键。

算法 5.2 寻找关系模式 $R(U,F)$ 的候选键 K。

输入:属性集 U 和函数依赖集 F。

输出:候选键 K。

算法实现流程如图 5-7 所示。

```
1. 设置初值 K:=U;
2. for K 中的每一个属性 A
   {
       计算 (K-A)_F^+;
       if  (K-A)_F^+  包含 U 中所有属性,
   then
   {
          设置   K:=K-{A};
   }
   }
```

图 5-7　利用属性集闭包求候选键的算法流程

【例 5-23】 利用算法 5.2 重做例 5-22。

解:$K := ABCD$

因为 $(K-A)_F^+ = BCD \neq U$,所以 候选键中必定含有属性 A。

因为 $(K-B)_F^+=ABCD=U$,所以 $K:=K-B=ACD$。

因为 $(K-C)_F^+=ABCD=U$,所以 $K:=K-C=AD$。

因为 $(K-D)_F^+=ABC\neq U$,所以 候选键中必定含有属性 D。

因此该关系的候选键为 AD。

该算法得到 R 的某一个候选键,且得到的结果有时依赖于对 U 中属性进行处理的先后顺序,即当关系模式有多个候选键时,由于属性之间的依赖关系,先处理时某属性可能是冗余属性,后处理时就不是冗余属性了(参考本章习题四的第 1 题)。

该寻找 K 的方法,属性集闭包的计算量为 U 中属性个数,较方法 1 计算量减少。

方法 3:若已知函数依赖集 F 是最小函数依赖集,根据 F 中属性的类别,利用相关的判定定理来快速确定候选键中的主属性,再计算含主属性的属性集的闭包,确定关系模式的某一候选键。

对于给定的关系模式 $R(U,F)$,该方法将 U 中属性分为以下 4 类。

L 类:仅出现在函数依赖集 F 中函数依赖左部的属性。

R 类:仅出现在函数依赖集 F 中函数依赖右部的属性。

LR 类:在函数依赖集 F 中函数依赖左右两边均出现的属性。

N 类:未在函数依赖集 F 中出现的属性。

基于这 4 类属性,存在快速确定某属性是否为主属性的判定定理(证明略)。

定理 5.2 对于给定的关系模式 $R(U,F)$,若 $X(X\in U)$ 是 R 的 L 类属性,则 X 必为 R 的主属性。

定理 5.3 对于给定的关系模式 $R(U,F)$,若 $X(X\in U)$ 是 R 的 R 类属性,则 X 必为 R 的非主属性。

定理 5.4 对于给定的关系模式 $R(U,F)$,若 $X(X\in U)$ 是 R 的 N 类属性,则 X 必为 R 的主属性。

【例 5-24】 利用该方法重做例 5-22。

解:F 已是最小函数依赖集;

A 是 L 类属性,必为 R 的主属性;

B 是 LR 类属性,不能确定;

C 是 R 类属性,必为非主属性;

D 是 N 类属性,必为主属性;

因为 $(AD)_F^+=ABCD$,而 $A_F^+=ABC$,$D_F^+=D$,

所以 AD 为候选键。

若确定的主属性集关于函数依赖集 F 的属性集闭包也不等于 U,则需将在函数依赖左右两边均出现的 LR 类属性分别并上,再进行属性集闭包的计算,来确定候选键。

5.4 模式分解

确定了关系模式的候选键,根据属性间的数据依赖就可判定关系模式的范式级别。若范式级别较低,则需进行关系模式的规范化,即把低一级的关系模式分解为若干高一级的关系模式。那么如何对低范式的关系模式进行模式分解呢？本节将介绍模式分解的概念、模式分解的目标,以及模式分解的算法。

5.4.1 模式分解的概念

定义 5.18 设有关系模式 $R(U,F)$,若用一关系模式的集合 $\rho=\{R_1(U_1,F_1),R_2(U_2,F_2),\cdots,R_n(U_n,F_n)\}$ 来取代,其中 $U=\bigcup U_i$,并且 $U_i\not\subseteq U_j,1\leqslant i,j\leqslant n$,$F_i$ 是 F 在 U_i 上的投影,则称此关系模式的集合 ρ 为 R 的一个分解,也可以 $\rho=\{R_1,R_2,\cdots,R_n\}$ 表示。

定义 5.19 F 在 U_i 上的一个投影定义为

$$F_i=\{X\to Y\mid X\to Y\in F^+\wedge XY\subseteq U_i\}$$

F 在 R_i 的投影 F_i 为 F^+ 中所有只包含 U_i 中属性的函数依赖的集合,即如果 $X\to Y$ 在 F_i 中,则 X 和 Y 的所有属性均在 U_i 中。

可用如下方法来求解投影 F_i。

对于每一个 $X\subseteq U_i$,若存在 $Y\in X_F^+,Y\subseteq U_i$ 且 $Y\not\subseteq X$,则 $F_i=F_i\cup\{X\to Y\}$。

即计算属性集 U_i 中的每一个子集 X 关于 F 的属性集闭包 X_F^+,对于所有在属性集闭包中且属于 U_i 的属性 Y,将所有非平凡的函数依赖 $X\to Y$ 添加到 F_i 中。通常用 F_i 的一个最小覆盖来表示。

在第 5.1 节的应用实例 1 中,关系模式 R(学生学号,学生姓名,所在系,系主任,课程名称,成绩)中存在着函数依赖:$F=\{$学生学号→学生姓名,学生学号→所在系,所在系→系主任,(学生学号,课程名称)→成绩$\}$,为了消除该模式存在的数据冗余以及更新异常等问题,在 5.2.2 节中将其分解为 R_1、R_2,再进一步将 R_2 分解为 R_3、R_4,将原关系模式分解为三个满足 3NF 的模式。根据分解及投影的定义,可将该分解表示为

$\rho_1=\{R_1(\{$学生学号,课程名称,成绩$\},\{($学生学号,课程名称$)$→成绩$\})$,

$\qquad R_3(\{$学生学号,学生姓名,所在系$\},\{$学生学号→学生姓名,学生学号→所在系$\})$,

$\qquad R_4(\{$所在系,系主任$\},\{$所在系→系主任$\})\}$

若对分解 ρ_1 中的 R_1、R_3、R_4 三个关系进行自然连接,可恢复原关系 R 的所有信息,则称对 R 进行的 ρ_1 这种分解具有无损连接性。同时,分解 ρ_1 中的 R_1、R_3、R_4 三个关系模式上的函数依赖的并集也蕴含了 R 上的所有函数依赖,则称分解 ρ_1 具有保持函数依赖特性。

若将该关系模式按分解的定义进行如下两种分解。

方案 1:将 R 分解成

$\rho_2=\{R_1($学生学号$),R_2($学生姓名$),R_3($所在系$),R_4($系主任$),R_5($课程名称$),R_6($成绩$)\}$

该分解虽符合分解的定义,分解后的关系模式也不存在数据冗余和更新异常等问题,但是分解后信息发生了丢失,无法将分解后的关系通过连接操作恢复得到原关系 R 的数据,无法得知"具有某个学号的学生的姓名、属于哪个专业系"以及"每个专业系的系主任是谁"这样一些信息,因此分解 ρ_2 不具有无损连接性,也没有保持函数依赖。

方案 2:将 R 分解成

$\rho_3 = \{R_1(\{\text{学生学号},\text{课程名称},\text{成绩}\},\{(\text{学生学号},\text{课程名称}) \to \text{成绩}\}),$

　　　$R_2(\{\text{学生学号},\text{学生姓名},\text{所在系}\},\{\text{学生学号}\to\text{学生姓名},\text{学生学号}\to\text{所在系}\}),$

　　　$R_3(\{\text{学生学号},\text{系主任}\},\{\text{学生学号}\to\text{系主任}\})\}$

该分解符合分解定义,对分解后的关系进行自然连接,可恢复得到原关系的数据,即具有无损连接性。但原关系模式中的函数依赖"所在系→系主任"丢失了,并没有投影到某个关系模式上,即分解没有保持函数依赖,这将导致在 R_2 中对某学生的"所在系"的属性值进行修改,在 R_3 中该学生的"系主任"的属性值并没有发生改变,会出现数据的不一致问题。

所以,比较理想的分解应该是既具有无损连接性,又保持函数依赖。关系模式分解的两个特性涉及分解前后的关系等价问题,包括数据等价和语义等价两方面。数据等价是指分解前后的关系实例表示同样的信息内容,用"无损连接分解"衡量;如果是无损连接分解,那么 R 的当前值不会丢失信息。语义等价是指分解前后的关系模式上的函数依赖集等价,即有相同的函数依赖集闭包,用"保持函数依赖"来衡量;在函数依赖集闭包相等的情况下,数据的语义是不会出差错的。损失分解很难保持函数依赖,但无损连接分解也未必保持函数依赖。

5.4.2　无损连接分解和保持函数依赖分解

1. 无损连接分解

定义 5.20　设 $\rho = \{R_1(U_1,F_1),\cdots,R_k(U_k,F_k)\}$ 是 $R(U,F)$ 的一个分解,r 是 $R(U,F)$ 的一个关系,则 $\pi_{R_i}(r) = \{t.U_i \mid t \in r\}$ 为 r 在关系模式 R_i 上的投影,$m_\rho(r) = \pi_{R_1}(r) \bowtie \pi_{R_2}(r) \bowtie \cdots \bowtie \pi_{R_n}(r)$ 是 r 在 ρ 中的各关系模式上投影的连接。

定义 5.21　设 $\rho = \{R_1(U_1,F_1),\cdots,R_k(U_k,F_k)\}$ 是 $R(U,F)$ 的一个分解,若对 $R(U,F)$ 的任何一个关系实例 r 均有 $r = m_\rho(r)$ 成立,则称该分解 ρ 具有无损连接性。分解 ρ 是一个无损连接分解(lossless join decomposition),简称无损分解;否则,称为损失分解(lossy decomposition)。

根据定义来直接判断一个分解是否为无损连接分解是不可能的,下面给出判断一个分解是否为无损连接分解的算法。

算法 5.3　检验一个分解是否是无损连接分解。

输入:关系模式 $R(U,F)$,$U = \{A_1,A_2,\cdots,A_n\}$,设 F 是最小函数依赖集。R 上的分解 $\rho = \{R_1(U_1,F_1),R_2(U_2,F_2),\cdots,R_k(U_k,F_k)\}$。

输出:ρ 是否为无损连接分解。

步骤:(1) 建立一张 k 行 n 列的表,每行对应分解中的一个关系模式 $R_i(1 \leqslant i \leqslant k)$,每列对应一个属性 $A_j(1 \leqslant j \leqslant n)$。若属性 $A_j \in U_i$,则在 i 行 j 列处填上符号值 a_j,否则填 b_{ij}。

(2) 把表格看成关系模式 R 的一个呈现,针对 F 中的每个函数依赖,检查表格中的符号值是否满足函数依赖,即对形如 $X \to Y$ 的函数依赖,检查 X 属性列上值相同的行,其对应的 Y 属性列上的值是否相同。若 Y 属性列上的值不相同,则修改表格,将这些行中对应的 Y 属性列上的符号值改为一致。修改方法是:若这些行中对应的 Y 属性列上的符号值其中之一为 a_j,则都改成 a_j;否则,将其都改成 b_{mj},m 是这些行中行号的最小值。若

某个 b_{ij} 被更改,那么表格中 j 列上具有相同 b_{ij} 值的符号(不管它是否是本次需要修改的那些行上的值)均应进行相应的改变。若某次修改后,表中有一行的值为 $a_1,a_2,\cdots,a_n$,则算法结束。

对 F 中的所有函数依赖逐一进行一次这样的处理,称为对 F 的一次扫描。

(3) 若对 F 进行一次扫描后表中值有变化,则返回步骤(2),否则算法终止。

如果算法进行循环,则前一次扫描至少应该改变表格中的一个符号,表中符号有限,因此循环必然终止。

(4) 如果算法终止时,表中有一行的值为全 a,即 $a_1,a_2,\cdots,a_n$,则分解 ρ 为无损分解,否则为损失分解。

定理 5.5 ρ 为无损连接分解的充分必要条件是算法 5.3 终止时,表中有一行的值为 $a_1,a_2,\cdots,a_n$。(证明略)

【例 5-25】 设有关系模式 $R(U,F)$,$U=ABCDE$,$F=\{A{\rightarrow}C,B{\rightarrow}C,C{\rightarrow}D,DE{\rightarrow}C,CE{\rightarrow}A\}$。$\rho=\{R_1(AD),R_2(AB),R_3(BE),R_4(CDE),R_5(AE)\}$ 是 R 的一个分解,试判断 ρ 是否为无损连接分解。

解:先构造初始表,如表 5-8(a)所示。针对 F 中的每个函数依赖,反复检查表格中的符号值是否满足函数依赖,若不满足,则修改表格中的值。

对于函数依赖 $A{\rightarrow}C$,表 5-8(a)中 A 属性列的第 1、2 和 5 行符号值相同,均为 a_1,则将这些行中对应的 C 属性列上的符号值 b_{13}、b_{23}、b_{53} 都改成 b_{13},表格修改结果如表 5-8(b)所示。

对于函数依赖 $B{\rightarrow}C$,表 5-8(b)中 B 属性列的第 2 和 3 行符号值相同,均为 a_2,则将这些行中对应的 C 属性列上的符号值 b_{13}、b_{33} 都改成 b_{13},表格修改结果如表 5-8(c)所示。

对于函数依赖 $C{\rightarrow}D$,表 5-8(c)中 C 属性列的第 1、2、3 和 5 行符号值相同,均为 b_{13},则将这些行中对应的 D 属性列上的符号值 a_4、b_{24}、b_{34}、b_{54} 一致为 a_4,即其中之一为 a,则都改成 a 值,表格修改结果如表 5-8(d)所示。

对于函数依赖 $DE{\rightarrow}C$,表 5-8(d)中 DE 两个属性列的第 3、4 和 5 行符号值相同,均为 (a_4,a_5),则将这些行中对应的 C 属性列上的符号值 a_3、b_{13} 一致为 a_3,而且该列第 1 和 2 行的 b_{13} 值也同步改为 a_3,表格修改结果如表 5-8(e)所示。

对于函数依赖 $CE{\rightarrow}A$,表 5-8(e)中 CE 两个属性列的第 3、4 和 5 行符号值相同,均为 (a_3,a_5),则将这些行中对应的 A 属性列上的符号值 b_{31}、b_{41}、a_1 一致为 a_1,表格修改结果如表 5-8(f)所示。

对 F 进行一次扫描后,发现第三行即为 (a_1,a_2,a_3,a_4,a_5),则无须继续扫描,并可判断分解无损。

可以从算法的实现过程如下理解算法。

(1) 初始表中某一列可能出现相同的值时,其值必为 a_j,说明对应行中的关系模式中有相同属性,可以进行自然连接。

(2) 对于某一函数依赖 $X{\rightarrow}Y$,将 X 值相同的行中对应的 Y 属性列上的符号值改为一致,说明将这些具有相同 X 值的关系模式进行自然连接时,属性间保持函数依赖关系。

表 5-8 例 5-25 判断过程表格变化情况

(a)

模 式	属 性				
	A	B	C	D	E
$R_1(AD)$	a_1	b_{12}	b_{13}	a_4	b_{15}
$R_2(AB)$	a_1	a_2	b_{23}	b_{24}	b_{25}
$R_3(BE)$	b_{31}	a_2	b_{33}	b_{34}	a_5
$R_4(CDE)$	b_{41}	b_{42}	a_3	a_4	a_5
$R_5(AE)$	a_1	b_{52}	b_{53}	b_{54}	a_5

(b)

模 式	属 性				
	A	B	C	D	E
$R_1(AD)$	a_1	b_{12}	$\boldsymbol{b_{13}}$	a_4	b_{15}
$R_2(AB)$	a_1	a_2	$\boldsymbol{b_{13}}$	b_{24}	b_{25}
$R_3(BE)$	b_{31}	a_2	b_{33}	b_{34}	a_5
$R_4(CDE)$	b_{41}	b_{42}	a_3	a_4	a_5
$R_5(AE)$	a_1	b_{52}	$\boldsymbol{b_{13}}$	b_{54}	a_5

(c)

模 式	属 性				
	A	B	C	D	E
$R_1(AD)$	a_1	b_{12}	b_{13}	a_4	b_{15}
$R_2(AB)$	a_1	a_2	$\boldsymbol{b_{13}}$	b_{24}	b_{25}
$R_3(BE)$	b_{31}	a_2	$\boldsymbol{b_{13}}$	b_{34}	a_5
$R_4(CDE)$	b_{41}	b_{42}	a_3	a_4	a_5
$R_5(AE)$	a_1	b_{52}	b_{13}	b_{54}	a_5

(d)

模 式	属 性				
	A	B	C	D	E
$R_1(AD)$	a_1	b_{12}	b_{13}	$\boldsymbol{a_4}$	b_{15}
$R_2(AB)$	a_1	a_2	b_{13}	$\boldsymbol{a_4}$	b_{25}
$R_3(BE)$	b_{31}	a_2	b_{13}	$\boldsymbol{a_4}$	a_5
$R_4(CDE)$	b_{41}	b_{42}	a_3	a_4	a_5
$R_5(AE)$	a_1	b_{52}	b_{13}	$\boldsymbol{a_4}$	a_5

(e)

模 式	属 性				
	A	B	C	D	E
$R_1(AD)$	a_1	b_{12}	$\boldsymbol{a_3}$	a_4	b_{15}
$R_2(AB)$	a_1	a_2	$\boldsymbol{a_3}$	a_4	b_{25}
$R_3(BE)$	b_{31}	a_2	$\boldsymbol{a_3}$	a_4	a_5
$R_4(CDE)$	b_{41}	b_{42}	$\boldsymbol{a_3}$	a_4	a_5
$R_5(AE)$	a_1	b_{52}	$\boldsymbol{a_3}$	a_4	a_5

(f)

模 式	属 性				
	A	B	C	D	E
$R_1(AD)$	a_1	b_{12}	a_3	a_4	b_{15}
$R_2(AB)$	a_1	a_2	a_3	a_4	b_{25}
$R_3(BE)$	$\boldsymbol{a_1}$	$\boldsymbol{a_2}$	$\boldsymbol{a_3}$	$\boldsymbol{a_4}$	$\boldsymbol{a_5}$
$R_4(CDE)$	$\boldsymbol{a_1}$	b_{42}	a_3	a_4	a_5
$R_5(AE)$	$\boldsymbol{a_1}$	b_{52}	a_3	a_4	a_5

（3）扫描所有的函数依赖，即不断地根据给定的函数依赖对分解中的各关系模式进行自然连接，直至不会再产生新的连接结果。

（4）当表格中最后存在一行全 a 时，说明包含该行关系模式的这个分解，可以通过自然连接得到原关系模式 R 中所有属性的值，即 $r=m_\rho(r)$，数据间满足 F 中的函数依赖，数据没有丢失，保持数据等价，该分解是无损连接分解。而且值为全 a 的所在行的关系模式所包含的属性集（如表 5-8 中的 BE）恰是原关系模式 R 的候选键，符合候选键函数决定所有属性的特性。

当关系模式 R 只分解为两个关系模式时，可用如下定理来判断分解是否无损。

定理 5.6 设 $\rho=\{R_1(U_1),R_2(U_2)\}$ 是 $R(U)$ 的一个分解，则 ρ 为无损连接分解的充

分必要条件为$(U_1 \cap U_2) \to (U_1 - U_2) \in F^+$ 或$(U_1 \cap U_2) \to (U_2 - U_1) \in F^+$。

读者可自己根据定理 5.5 来证明定理 5.6。

【例 5-26】 设有关系模式 $R(U,F)$，$U = ABCDE$，$F = \{A \to BC, CD \to E, B \to D, E \to A\}$。$R$ 的两个分解为 $\rho_1 = \{R_1(A,B,C), R_2(A,D,E)\}$，$\rho_2 = \{R_1(A,B,C), R_2(C,D,E)\}$，试判断 ρ_1、ρ_2 是否为无损连接分解。

解：对于分解 $\rho_1 = \{R_1(A,B,C), R_2(A,D,E)\}$，

因为 $U_1 \cap U_2 = A$，$U_1 - U_2 = BC$，且已知 $A \to BC \in F$，

所以 $U_1 \cap U_2 \to U_1 - U_2$，$\rho_1$ 为无损分解。

对于分解 $\rho_2 = \{R_1(A,B,C), R_2(C,D,E)\}$，

因为 $U_1 \cap U_2 = C$，$U_1 - U_2 = AB$，$U_2 - U_1 = DE$，

且 $C_F^+ = C$，则 $C \to AB \notin F^+$，$C \to DE \notin F^+$，

所以 $U_1 \cap U_2 \to U_1 - U_2 \notin F^+$ 且 $U_1 \cap U_2 \to U_1 - U_2 \notin F^+$，$\rho_2$ 为损失分解。

可以用算法 5.3 验证本例题的结论。

2. 保持函数依赖分解

定义 5.22 对于关系模式 $R(U,F)$，设 $\rho = \{R_1(U_1, F_1), R_2(U_2, F_2), \cdots, R_n(U_n, F_n)\}$ 是 R 的一个分解，若 $F^+ = (\bigcup F_i)^+$，则称分解 ρ 保持函数依赖。

引理 5.3 给出了判断两个函数依赖集等价的可行算法，根据保持函数依赖的定义，可采用如下方法判断 R 的分解 ρ 是否保持函数依赖：

令 $G = \bigcup F_i$，则只需判断 F 与 G 是否等价。而要判断 F 与 G 是否等价，只须逐一对 F 或 G 中的函数依赖 $X \to Y$ 考察 Y 是否属于 X_G^+ 或 X_F^+。实际判断时只需对在 F 中不在 G 中、在 G 中不在 F 中的函数依赖进行考察即可。

【例 5-27】 设关系模式 $R(U,F)$，$U = ABCD$，$F = \{A \to B, B \to C, C \to D, D \to A\}$，试判断分解 $\rho = \{R_1(AB), R_2(BC), R_3(CD)\}$ 是否保持函数依赖。

解：由于该例题没有给出 F 在 U_i 上的投影，首先要先根据分解的定义，确定分解后各关系模式的函数依赖集 F_i，然后再加以判断。

由 F 在 U_i 上投影的定义及求解方法，可求得

$$F_1 = \{A \to B, B \to A\}, F_2 = \{B \to C, C \to B\}, F_3 = \{C \to D, D \to C\}$$

令 $G = \bigcup F_i = \{A \to B, B \to A, B \to C, C \to B, C \to D, D \to C\}$，$G$ 中函数依赖都来自 F_i，而 $F_i \subseteq F^+$，因此不需要判断 G 中函数依赖是否在 F^+ 中，只需要判断不在 G 中的 F 中的函数依赖 $D \to A$ 是否为 G 所覆盖。

由于 $D_G^+ = ABCD$，$A \in D_G^+$，所以 $D \to A \in D_G^+$，则 $F^+ = G^+$。

因此，分解 ρ 保持函数依赖。

从此例中可以看出，虽然 F 中的某个函数依赖(如 $D \to A$)并没有投影到分解中的某个关系模式上，分解仍可保持函数依赖。

5.4.3 模式分解算法

对指定的关系模式，若范式级别较低，如为 1NF 或 2NF，由于存在数据冗余和更新异常等问题，在实际中一般是不可用的。关系模式的规范化就是将满足低一级范式的关系

模式分解为若干满足高一级范式的关系模式的集合。在函数依赖范畴内,希望分解的结果能达到 BCNF,并且分解能具有无损连接性和保持函数依赖。但这三个目标有时不能同时满足,一般只能做到如下两点。

(1) 可以保证分解既具有无损连接性,又保持函数依赖,但不能保证分解后的各关系模式属于 BCNF,但可以都属于 3NF。

(2) 可以保证分解后的各关系模式属于 BCNF,但只能再保证分解具有无损连接性,不能保证分解保持函数依赖。

因此,分解的结果有时不得不在 3NF 和 BCNF 中进行选择,而这应取决于实际的应用需求。数据库设计者在设计关系数据库时,应权衡利弊,尽可能使数据库模式保持最好的特性。一般尽可能设计成满足 BCNF 的关系模式集,如果设计成满足 BCNF 的关系模式集达不到保持函数依赖的特性,那么只能降低要求,设计成满足 3NF 的关系模式集,以求达到保持函数依赖和无损连接分解的特性。

下面介绍满足不同分解要求的分解算法。

算法 5.4 分解关系模式为满足 3NF 的一个无损且保持函数依赖的分解算法。

输入:关系模式 $R(U,F)$。

输出:R 的一个具有无损连接性且保持函数依赖的满足 3NF 的分解 ρ。

算法实现流程:

(1) 判断 F 是否是一个最小函数依赖集,若不是,构造 F 的最小函数依赖集 F_m,令 $F=F_m$。

(2) 对 F 中的函数依赖按具有相同左部的原则分组(F 中所有形如 $X \rightarrow A_1, X \rightarrow A_2,$ $\cdots, X \rightarrow A_n$ 的函数依赖为一组),每一分组中包含的函数依赖子集 F_i' 所涉及的全部属性组成一个属性集 U_i。若 $U_j \subseteq U_i (i \neq j)$ 就去掉 U_j。

(3) 若 U_i 中均不包含 R 的候选键,则增加一个只包含候选键的属性集 U_i(R 中不在 F 中出现的属性,也应包含在候选键中)。

(4) 将 U_i 及 F 在 U_i 上的投影 F_i 构成一个关系模式 $R_i(U_i, F_i)$。

所求分解 ρ 为各关系模式 $R_i(U_i, F_i)$ 构成的集合。

由于 F 是最小函数依赖集,每个分组 U_i 上的函数依赖左部相同,分解中的每个关系模式 R_i 一定是一个以函数依赖左部为候选键的 3NF,即使对于 $U_j \subseteq U_i$ 的情况,也只是在 R_i 中增加了主属性对候选键的部分或传递函数依赖。

由于最小函数依赖集 F 中的每个函数依赖的属性都同时存在于分解得到的某个关系模式中,因此在分解得到的各关系模式中保持了 F 中所有的函数依赖。一般情况下 $F_i = F_i'$,对于第 2 步中 $U_j \subseteq U_i$ 的情况,$F_i = F_i' \cup F_j'$。

由于分解 ρ 中,存在某个关系模式中包含了 R 中的候选键,可用判断一个分解是否为无损连接分解的算法 5.3 来验证分解 ρ 具有无损连接性。验证结果表中包含候选键的关系模式所在的行一定可成为全 a。

这样就得到了一个由满足 3NF 的各关系模式 $R_i(U_i, F_i)$ 组成的既保持函数依赖,又具有无损连接性的分解。

【例 5-28】 关系模式 $R(U,F)$,其中 $U=\{E, G, H, I, J\}$,$F=\{E \rightarrow I, J \rightarrow I, I \rightarrow G,$

$GH \rightarrow I, IH \rightarrow E\}$,将 R 分解为满足 3NF 具有无损连接性和保持函数依赖特性的关系模式集合。

解:(1) F 已为最小函数依赖集,算法继续。

(2) 对 F 按具有相同左部的原则分组,得到每组所对应的属性集 $U_1 = EI$、$U_2 = IJ$、$U_3 = GI$、$U_4 = GHI$、$U_5 = EHI$。因为 $U_1 \subseteq U_5$、$U_3 \subseteq U_4$,所以去掉 U_1、U_3。

(3) 可确定 R 的一个候选键 HJ,由于 U_i 均不包含 HJ,则增加 $R_6 = HJ$。

(4) 将 U_i 及 F 在 U_i 上的投影 F_i 构成一个关系模式 $R_i(U_i, F_i)$,则分解 $\rho = \{R_2(\{I, J\}, \{J \rightarrow I\}), R_4(\{G, H, I\}, \{I \rightarrow G, GH \rightarrow I\}), R_5(\{E, H, I\}, \{E \rightarrow I, IH \rightarrow E\}), R_6(\{H, J\})\}$。可以判断分解具有无损连接性并保持函数依赖,且分解后的每个关系模式均为 3NF,ρ 即为所求。

算法 5.5 分解关系模式为满足 BCNF 的一个无损连接分解算法。

输入:关系模式 $R(U, F)$。

输出:R 的一个具有无损连接性的满足 BCNF 的分解 ρ。

递归算法实现流程:

(1) 判断 R 是否属于 BCNF,若是,则返回 $\rho = \{R\}$。

(2) R 不属于 BCNF,必有函数依赖 $X \rightarrow A$,X 不是 R 的候选键,则计算 X_F^+;将 R 分解为 R_1 和 R_2,$U_1 = X_F^+$,$U_2 = X(U - X_F^+) = X(U - U_1)$。

(3) 对 F 在 U_1 和 U_2 进行投影,得到 F_1 和 F_2。

(4) 返回第(1)步,递归地分解 $R_1(U_1, F_1)$ 和 $R_2(U_2, F_2)$,返回分解得到的结果集合。

由于 U 中属性有限,因而有限次递归后算法一定终止。

该算法能保证把 R 无损分解成 ρ,因每次分解得到的 R_1 和 R_2 有相同的属性(集) X,但不一定保证 ρ 能保持函数依赖。

【例 5-29】 关系模式 $R(U, F)$,$U = \{C, T, H, I, S, G\}$,$F = \{CS \rightarrow G, C \rightarrow T, TH \rightarrow I, HI \rightarrow C, HS \rightarrow I\}$,将 R 分解成具有无损连接性的 BCNF 关系模式集合。

解:

(1) 判断 R 是否属于 BCNF。

H、S 是 L 类属性,且 $HS_F^+ = U$,HS 为 R 的一个候选键,因此 R 不属于 BCNF,需进行分解。

(2) 考虑 $CS \rightarrow G$,因 CS 不是候选键,且 $CS_F^+ = CSGT$,则 $U_1 = CSGT$,$U_2 = CS(U - U_1) = CSHI$,将 R 分解为

$$\rho = \{R_1(\{C, S, G, T\}, \{CS \rightarrow G, C \rightarrow T\}),$$
$$R_2(\{C, H, I, S\}, \{CH \rightarrow I, HI \rightarrow C, HS \rightarrow I, HS \rightarrow C\})\}$$

(3) 对于 $R_1(\{C, S, G, T\}, \{CS \rightarrow G, C \rightarrow T\})$,$CS$ 是候选键,R_1 不是 BCNF;考虑 $C \rightarrow T$,将 R_1 分解为

$$\rho = \{R_{11}(\{C, T\}, \{C \rightarrow T\}), R_{12}(\{C, S, G\}, \{CS \rightarrow G\})\}$$

R_{11} 和 R_{22} 均是 BCNF,不需进一步分解。

(4) 对于 $R_2(\{C, H, I, S\}, \{CH \rightarrow I, HI \rightarrow C, HS \rightarrow I, HS \rightarrow C\})$,$HS$ 为候选键,

R_2 不是 BCNF;考虑 $CH \rightarrow I$,将 R_2 分解为
$$\rho = \{ R_{21}(\{C,H,I\},\{ CH \rightarrow I, HI \rightarrow C \}), R_{22}(\{C,H,S\},\{HS \rightarrow C\})\}$$
R_{21} 和 R_{22} 均是 BCNF,不需进一步分解。

因此,最终将 R 分解为
$$\rho = \{R_{11}(\{C,T\},\{ C \rightarrow T \}),$$
$$R_{12}(\{C,S,G\},\{ CS \rightarrow G \}),$$
$$R_{21}(\{C,H,I\},\{ CH \rightarrow I, HI \rightarrow C \}),$$
$$R_{22}(\{C,H,S\},\{HS \rightarrow C\})\}$$

因为在关系模式 $R_{22}(\{C,H,S\},\{HS \rightarrow C\})$ 中,HS 为 R 的一个候选键,利用算法 5.3 可验证分解 ρ 具有无损连接性。

利用该算法进行分解的结果并不是唯一的,与处理的函数依赖的先后顺序有关。

下面通过一个综合例题来总结归纳关系模式规范化设计过程。

【例 5-30】 关系模式 $R(U,F)$ 中 $U = ABCDEG$,$F = \{BG \rightarrow C, BD \rightarrow E, DG \rightarrow C,$ $ADG \rightarrow BC, AG \rightarrow B, B \rightarrow D\}$,完成下列问题。

(1) 寻找 F 的最小函数依赖集。

(2) 确定 R 的候选键。

(3) 判断 R 最高满足第几范式。

(4) 若 R 不满足 3NF,将 R 分解为具有无损连接性且保持函数依赖的满足 3NF 的关系模式集合。

解:(1) 寻找 F 的最小函数依赖集。

① 对 F 进行函数依赖右边属性单一化处理。

将 $ADG \rightarrow BC$ 分解为 $ADG \rightarrow B$ 和 $ADG \rightarrow C$,因 F 中存在 $AG \rightarrow B$ 和 $DG \rightarrow C$,所以 $ADG \rightarrow B$ 和 $ADG \rightarrow C$ 为冗余函数依赖,删除。
$$F = \{BG \rightarrow C, BD \rightarrow E, DG \rightarrow C, AG \rightarrow B, B \rightarrow D\}$$

② 去掉冗余的函数依赖。

判断 $BG \rightarrow C$ 是否冗余:
$$令 F_1 = \{BD \rightarrow E, DG \rightarrow C, AG \rightarrow B, B \rightarrow D\}$$
$$(BG)_{F_1}^+ = BCDEG, C \in (BG)_{F_1}^+, BG \rightarrow C \text{ 冗余}$$
$$F = \{BD \rightarrow E, DG \rightarrow C, AG \rightarrow B, B \rightarrow D\}$$

判断 $BD \rightarrow E$ 是否冗余:
$$令 F_2 = \{DG \rightarrow C, AG \rightarrow B, B \rightarrow D\}$$
$$(BD)_{F_2}^+ = BD, E \notin (BD)_{F_2}^+, BD \rightarrow E \text{ 不冗余}$$
$$F \text{ 不变}。$$

同理,判断其他函数依赖不冗余,$F = \{BD \rightarrow E, DG \rightarrow C, AG \rightarrow B, B \rightarrow D\}$。

③ 去掉各函数依赖左部冗余的属性。

本题需考虑函数依赖 $BD \rightarrow E, DG \rightarrow C, AG \rightarrow B$。

对于 $BD \rightarrow E$,在决定因素中去掉 B,判断 $D \rightarrow E$ 是否为 F 所蕴含,因为 $D_F^+ = \{D\}$,不包含 E,所以对于 $BD \rightarrow E$,B 不冗余。

在决定因素中去掉 D，判断 $B{\rightarrow}E$ 是否为 F 所蕴含，$B_F^+=\{BDE\}$，包含 E，所以对于 $BD{\rightarrow}E$，D 冗余，则用 $B{\rightarrow}E$ 代替 $BD{\rightarrow}E$。

$$F=\{B{\rightarrow}E,DG{\rightarrow}C,AG{\rightarrow}B,B{\rightarrow}D\}$$

同理，对 $DG{\rightarrow}C$，$AG{\rightarrow}B$ 进行判断，没有冗余属性。

$$F_m=\{B{\rightarrow}E,DG{\rightarrow}C,AG{\rightarrow}B,B{\rightarrow}D\}$$

（2）确定 R 的候选键。

在 $F_m=\{B{\rightarrow}E,DG{\rightarrow}C,AG{\rightarrow}B,B{\rightarrow}D\}$ 中，A、G 为 L 类属性，且 $(AG)_F^+=U$，所以 AG 为 R 的候选键。

（3）判断 R 最高满足第几范式。

因为 AG 为 R 的候选键，在 F_m 中，存在 $AG{\rightarrow}B$、$B{\rightarrow}E$、$B{\rightarrow}D$，即存在对候选键 AG 的传递依赖，所以 R 最高属于 2NF。

（4）将 R 分解为无损且保持函数依赖的满足 3NF 的关系模式集合。

已知 $F_m=\{B{\rightarrow}E,DG{\rightarrow}C,AG{\rightarrow}B,B{\rightarrow}D\}$，按算法 5.4，对 F_m 按具有相同左部的原则分组，$U_1=BDE$、$U_2=CDG$、$U_3=ABG$，因此将 R 分解为

$$\rho=\{R_1(\{B,D,E\},\{B{\rightarrow}E,B{\rightarrow}D\}),$$
$$R_2(\{C,D,G\},\{DG{\rightarrow}C\}),$$
$$R_3(\{A,B,G\},\{AG{\rightarrow}B\})\}$$

因为候选键 $AG\subseteq U_3$，则所求分解具有无损连接性并保持函数依赖，且每个关系模式为 3NF。

5.5　小结

本章主要在函数依赖的范畴内讨论了关系模式的规范化设计问题。函数依赖是关系模式属性间的一种数据依赖，反映了现实世界事物特征间的约束关系。

数据依赖满足一定约束（性质）的关系模式的集合称为范式，根据约束的程度，范式有多个级别。在函数依赖的范畴内，主要有 1NF、2NF、3NF、BCNF。范式从低到高，对关系模式的约束逐渐加强，范式之间是一种包含关系。

在函数依赖范畴内，从低范式到高范式，通过不断消除决定因素为非候选键的非平凡函数依赖，也逐渐消除了部分函数依赖和传递函数依赖给关系数据库带来的数据冗余、更新异常和数据不一致等问题。

数据库中关系模式属性间的约束关系可用一组函数依赖来表达。一个关系模式 R 上的函数依赖集 F 所蕴含的函数依赖的集合称为 F 的闭包 F^+。Armstrong 公理为计算 F^+ 提供了一个有效且完备的基础理论。属性集 X 关于函数依赖集 F 的闭包 X_F^+ 是 F^+ 中所有函数依赖于属性集 X 的所有属性的集合，可利用属性集闭包来判断给定的函数依赖 $X{\rightarrow}Y$ 是否属于 F^+。

若两个函数依赖集的闭包相等，则这两个函数依赖集等价。每一个函数依赖集至少等价一个最小函数依赖集 F_m。最小函数依赖集 F_m 必须具备三个条件：① F 中每一个函数依赖的右部为单一属性；② F 中不存在可被 F 中其他函数依赖所逻辑蕴含的函数依

赖;③函数依赖是左部不可约的。寻找与一个函数依赖集等价的最小函数依赖集的过程就是对函数依赖集不断进行等价变换,使其满足这三个条件的一个过程。

在最小函数依赖集的基础上,可确定候选键,判断范式级别,并利用分解算法来实现关系模式的规范化。模式分解应尽可能具备无损连接性和保持函数依赖,使分解前后的两个数据库模式等价,这种等价包括数据等价和语义等价两个方面。但为了保持数据等价,分解的结果有时不得不在 3NF 和 BCNF 中进行选择。

用户需要结合应用环境和业务需求合理地选择数据库模式所要满足的范式级别。有时出于对数据库性能的考虑而不过高要求数据库模式的范式级别,可允许存在如下数据冗余来获得比较好的性能。

(1) 复制某些数据列到一些表中以便更容易地访问而不必进行多表的连接。

(2) 存储派生数据以加快数据处理过程。

(3) 合并某些已分解的关系模式以减少多个表连接的开销。

关系规范化理论为关系数据库设计提供了理论的指南和工具。数据库设计是极其复杂的工作,数据库设计人员应熟悉规范化理论,实际的数据库设计工作中,可采用符合规范化设计理论的更容易使用的方法。

习　题

一、填空题

1. 一个只满足 1NF 的关系模式可能存在数据冗余导致存储空间浪费,还可能出现更新异常和_____问题。更新异常包括_____和_____。

2. 满足 1NF、2NF 和 3NF 的关系模式集合之间是一种_____关系。

3. 在函数依赖的范围内,_____NF 达到了最高的规范化程度。

4. 若关系模式 R 的所有属性都是不可再分的数据项,则称 R 属于第_____范式。

5. 满足 1NF 的关系模式消除非主属性对候选键的_____函数依赖后,可将范式等级提高到 2NF。

6. 关系模式由 2NF 转化为 3NF 是消除了非主属性对候选键的_____。

7. 关系模式由 3NF 转化为 BCNF 是消除了_____。

8. F 中的函数依赖所蕴含的所有的函数依赖的集合称为 F 的_____,_____为计算 F^+ 提供了一个有效且完备的基础理论。

9. 当且仅当两个函数依赖集的_____相等时,这两个函数依赖集等价。

10. 关系模式的规范化是通过_____来实现的。

二、选择题

1. 关系数据库规范化理论是为解决关系模式设计存在的_____问题而引入的。

　　A. 更新异常和数据冗余　　　　　　B. 提高查询速度

　　C. 减少数据操作的复杂性　　　　　D. 保证数据的安全性和完整性

2. 关系模型要求元组的每个分量的值必须是原子性的。下列对原子性的解释不正确的是_____。

　　A. 每个属性都没有内部结构　　　　B. 每个属性都不可再分解

C. 每个属性不能有多个值   D. 属性值不允许为 NULL

3. 设关系模式 $R(A,B)$ 上的函数依赖为 $A \rightarrow B$,则 R 最高属于_____。

    A. 2NF   B. 3NF   C. BCNF   D. 4NF

4. 3NF _____ 可规范为 4NF。

    A. 消除非主属性对候选键的部分函数依赖

    B. 消除非主属性对候选键的传递函数依赖

    C. 消除主属性对候选键的部分和传递函数依赖

    D. 消除非平凡且非函数依赖的多值依赖

5. 关系模式 R 中若没有非主属性,则_____。

    A. R 属于 2NF,但不一定属于 3NF

    B. R 属于 3NF,但不一定属于 BCNF

    C. R 属于 BCNF,但不一定属于 4NF

    D. R 属于 4NF

6. 对于关系模式 $R(U)$,X、Y 是 U 的子集,若对于 $R(U)$ 的任意一个可能的关系 r,r 中不可能存在两个元组在 X 上的属性值相等,而在 Y 上的属性值不等,则称_____。

    A. Y 函数依赖于 X B. Y 对 X 完全函数依赖

    C. X 为 U 的候选键   D. R 属于 2NF

7. 具有多值依赖的关系模式仍存在_____问题。

    A. 插入异常   B. 删除异常

    C. 数据冗余   D. 更新异常、数据冗余

8. 当属性 B 函数依赖于属性 A 时,属性 A 与 B 的值是_____。

    A. 一对多   B. 多对一   C. 多对多   D. 以上都不是

9. 关系模式分解的无损连接和保持函数依赖两个特性之间_____。

    A. 若分解无损则保持函数依赖   B. 若保持函数依赖则分解无损

    C. 二者同时成立,或同时不成立   D. 没有必然联系

10. 设关系模式 $R(A,B,C,D)$,F 是 R 上成立的函数依赖集,$F = \{AB \rightarrow C, D \rightarrow B\}$,那么 F 在 ACD 上的投影 $\pi_{ACD}(F)$ 为_____。

      A. $\{AB \rightarrow C, D \rightarrow B\}$ B. $\{AC \rightarrow D\}$

      C. $\{AD \rightarrow C\}$ D. $\varnothing$(即不存在非平凡的 FD)

三、简答题

1. 理解并给出下列术语的定义:

函数依赖、部分函数依赖、完全函数依赖、传递函数依赖、候选键、1NF、2NF、3NF、BCNF、多值依赖、4NF。

2. 拟建立一个关于系、学生、班级、学会等诸信息的关系数据库。其中:

描述学生的属性有:学号、姓名、出生年月、系名、班号、宿舍区。

描述班级的属性有:班号、专业名、系名、人数、入校年份。

描述系的属性有:系名、系号、系办公室地点、人数。

描述学会的属性有:学会名、成立年份、地点、人数。

有关语义如下：一个系有若干专业，每个专业每年只招一个班，每班有若干学生。一个系的学生住在同一宿舍区。每个学生可参加若干学会，每个学会有若干学生。学生参加某学会有一个入会年份。

请设计数据库中可能包含的关系模式，指出在关系模式中是否存在非主属性对候选键的传递函数依赖，对于函数依赖左部存在多属性的情况讨论函数依赖是完全函数依赖，还是部分函数依赖。指出各关系模式的候选键、外键，有没有全键存在？

3. 下面的结论哪些是正确的？哪些是错误的？对于错误的请给出一个反例说明。

（1）任何一个二目关系是属于 3NF 的。

（2）任何一个二目关系是属于 BCNF 的。

（3）任何一个二目关系是属于 4NF 的。

（4）当且仅当函数依赖 $A \to B$ 在 R 上成立，关系 $R(A, B, C)$ 等于其投影 $R_1(A, B)$ 和 $R_2(A, C)$ 的连接。

（5）若 $R.A \to R.B$，$R.B \to R.C$，则 $R.A \to R.C$。

（6）若 $R.A \to R.B$，$R.A \to R.C$，则 $R.A \to R.(B, C)$。

（7）若 $R.B \to R.A$，$R.C \to R.A$，则 $R.(B, C) \to R.A$。

（8）若 $R.(B, C) \to R.A$，则 $R.B \to R.A$，$R.C \to R.A$。

四、计算题

1. 设有关系模式 $R(U, F)$，其中，$U = (H, I, J, K, L, M)$，$F = \{H \to I, K \to H, LM \to K, I \to L, KH \to M\}$，确定 R 的候选键。

2. 设有关系模式 $R(XYZ)$，F 是 R 上的函数依赖集，$F = \{XY \to Z, Z \to X\}$。$R$ 被分解为 $\rho = \{R_1(XY), R_2(XZ)\}$，判断该分解是否保持函数依赖。

3. 有关系模式 $R(U, F)$，$U = \{A, B, C, D, E\}$，$F = \{A \to C, C \to D, B \to C, DE \to C, CE \to A\}$。

（1）给出 R 的候选键，判断 R 的范式级别。

（2）判断 R 的一个分解 $\rho = \{R_1(AD), R_2(AB), R_3(BC), R_4(CDE), R_5(AE)\}$ 是否为无损连接分解。

（3）若 R 不满足 BCNF，将 R 分解为 BCNF，并使分解具有无损连接性。

4. 设有关系模式 $R(U, F)$，其中 $U = ABCDE$，$F = \{A \to B, BC \to E, ED \to AB\}$。

（1）计算 $(CD)_F^+$、$(CDE)_F^+$、$(ACD)_F^+$ 及 $(BCD)_F^+$。

（2）给出 R 的所有候选键，说明判定理由。

（3）判断 R 最高满足第几范式，说明理由。

（4）若 R 不满足 BCNF，试改进该关系模式设计。

5. 假设为自学考试成绩管理设计了一个关系 $R(S\sharp, SN, C\sharp, CN, G, U)$，其属性的含义依次为考生号、姓名、课程号、课程名、分数和主考学校名称。规定每个学生学习一门课程只有一个分数；一个主考学校主管多门课程的考试，且一门课程只能属于一个主考学校管理；每名考生有唯一的考号，每门课程有唯一的课程号。

（1）根据题目所描述的语义写出关系模式 R 的基本函数依赖集。

（2）确定关系模式 R 的候选键。

（3）判断关系模式 R 最高达到第几范式，为什么？

（4）若 R 达不到 3NF，将 R 规范化为 3NF，并具有无损连接性和保持函数依赖特性。

6. 关系模式 $R(U,F)$ 中，$U=ABCDEG$，$F=\{AD\rightarrow E,AC\rightarrow E,BC\rightarrow G,BCD\rightarrow AG,BD\rightarrow A,AB\rightarrow G,A\rightarrow C\}$，完成下列问题。

（1）判断 F 是否为最小函数依赖集。若不是，请给出 F 的最小函数依赖集。

（2）确定 R 的候选键，并判断 R 最高满足第几范式，说明理由。

（3）如果关系 R 不属于 3NF，请将 R 分解为满足 3NF 的关系模式集合，并且分解具有无损连接性与保持函数依赖特性。

五、证明题

1. 在关系模式 $R(U,F)$ 中，$X\rightarrow A\in F$，求证：F 与 $G=F-\{X\rightarrow A\}$ 等价的充要条件是 $A\in X_G^+$。

2. 在关系模式 $R(U,F)$ 中，$X\subseteq U$，Z 是 X 的真子集，求证：F 与 $\{F-\{X\rightarrow A\}\}\cup\{Z\rightarrow A\}$ 等价的充要条件是 $A\in Z_F^+$。

六、思考题

对于函数依赖集 $F=\{B\rightarrow CD,C\rightarrow D,DE\rightarrow C,CE\rightarrow AB,E\rightarrow C\}$，其显然不是一个最小函数依赖集。请采用定理 5.1 的构造证明方法，严格按其步骤来对 F 进行最小化处理，请判断结果是否是 F 的最小函数依赖集，并对结论做进一步研究思考。

第6章 数据库的存储管理

利用 SQL 所创建的数据库要由 DBMS 生成磁盘上的数据文件，SELECT 语句描述的数据库查询也要由 DBMS 实现从磁盘上的数据文件获得所需的数据。数据库的存储管理技术解决的就是如何以最优的方法在磁盘上组织和存放数据库中大量有结构的领域相关数据，以提高磁盘的存储效率，并为实现对数据库的高效查询做好准备。

本章内容将涉及数据库系统中文件的组织结构，即逻辑文件中的数据在物理文件中如何存储；文件的存储结构，即逻辑文件中的数据在磁盘存储器上如何存放；文件的存取方法，即针对某种存储结构的文件怎样去查找、插入和删除记录等问题。

6.1 数据库存储管理的数据

数据库是大量有结构的相关的持久数据集合。存储在存储介质上的数据被组织为记录文件，每个记录是数据值的一个集合，数据值描述了有关实体、实体属性及其联系。在利用文件系统管理数据的系统中，每个文件存储同质实体的数据，各文件是孤立的，没有体现实体之间的联系。数据库系统是文件系统的发展，数据库系统中数据的物理组织必须体现实体之间的联系，支持数据库的逻辑结构——各种数据模型。

因此数据库系统中要存储 4 方面的数据：①数据描述，即数据外模式、模式、内模式；②数据本身；③数据之间的联系；④存取路径。

1. 数据描述

数据库系统要存储系统运行时所涉及的各种对象及其属性的描述信息。在关系数据库系统中，这些对象包括描述数据库结构及其约束的数据库模式、视图、访问权限以及数据库状态信息的记录和统计。例如，模式包含的关系名称及其属性构成；子模式所包含的关系名称及其属性构成；用户的标识、口令、存取权限；数据文件的名称、物理位置、文件组织方式；现有关系(基表)的个数、视图的个数、元组(记录)的个数、不同属性值的元组(记录)个数等。

数据库系统还要存储系统中对象之间关系的描述信息，包括各级模式间的映射关系、用户与子模式间的对应关系等。例如，哪个用户使用哪个子模式，哪个模式对应于哪些数据文件，以及存储在哪些物理设备上。

这些有关数据的描述(称为元数据)存储在数据库的数据字典中。数据字典是数据库系统运作的基础，任何数据库操作都要参照数据字典的内容。关系数据库中数据字典的组织通常与数据本身的组织相同。数据字典按内容的不同在逻辑上组织为若干张表，在物理上就对应若干文件而不是一个文件。由于每个文件中存放的数据量不大，可简单地用顺序文件来组织。

2. 数据及数据间的联系

对于数据自身的组织，DBMS 可以根据数据和处理的要求自己设计文件结构，也可以从操作系统提供的文件结构中选择合适的加以实现。

数据库中数据组织与数据之间的联系是紧密结合的。在数据的组织和存储中必须直接或间接、显式或隐含地体现数据之间的联系，这是数据库物理组织中主要考虑和设计的内容。

关系数据库中实现了数据表示的单一性，数据和数据之间的联系二者组织方式相同，都用一种数据结构——"关系表"来表示。在数据库的物理组织中，每一个关系表通常对应一种文件结构。文件存储结构是定义一个关系表文件中记录的特定组织形式。

3. 存取路径

存取路径是实现数据访问和存储的基本手段。在关系数据库中，存取路径是指访问一个关系表文件中的行集合的特殊技术，它使用一种基于表存储结构的算法，或者基于所选择的表上可用的索引。索引是附属的数据库结构，可能是单独存储的一个文件，它支持对关系表中行的快速访问。存取路径的物理组织通常采用 B＋树类文件结构和 Hash 类文件结构（见 6.5 节和 6.6 节）。

在关系数据库中，存取路径和数据是分离的，对用户是隐蔽的。SQL 语句的执行结果不会受到执行时所使用的存取路径的影响，因为查询是作用在数据库上的，由数据库返回查询结果的信息，所以在设计查询时，程序员不必关心系统的存取路径。

尽管存取路径的选择不会影响查询结果，但它对性能有重要的影响。根据所使用的存取路径，执行时间可能从几秒到几小时不等，特别是查询涉及大量的关系表，而这些表中有几千行或上万行时更是如此（见第 7 章）。

数据库系统中的这些数据都要采用一定的文件组织来组织、存储起来（见 6.4 节）。其中的数据字典是由系统建立的，数据库用户只能对数据字典中的内容进行查询操作，而不能进行更新操作。

比如，在 SQL Server 中，数据字典信息存储在一类称为系统表的特殊表中。这些系统表是在数据库创建时同时创建的，不能被用户删除和修改，其格式取决于 SQL Server 的内部架构，并与具体的 SQL Server 数据库管理系统版本有关。SQL Server 有三个基本系统数据库用于支持 SQL Server 的运行与管理。所有用户对象（包括基本表、视图、触发器等）都建立在用户数据库中，在一个 SQL Server 上可以建立多个数据库。数据库的物理存储基本是由 SQL Server 自动管理的。用户通过 SQL Server 提供的工具或接口，访问如下系统数据库和用户数据库。

1）master 数据库

master 数据库用于存储 SQL Server 系统的所有系统级信息，包括所有的其他数据库（如建立的用户数据库）的信息（包括数据库的设置、对应的操作系统文件名称和位置等）、所有数据库注册用户的信息以及系统配置信息等。master 数据库也称为主数据库，是用于管理其他数据库的数据库。从 SQL Server 2005 开始，系统对象不再存储在 master 数据库中，而是存储在 Resource 数据库中。

2）Resource 数据库

Resource 数据库是只读数据库，它包含了 SQL Server 中的所有系统对象。SQL

Server 系统对象（如 sys.objects）在物理上存在于 Resource 数据库中，但在逻辑上它们出现在每个数据库的 sys 架构中。Resource 数据库不包含用户数据或用户元数据。

3）tempdb 数据库

tempdb 数据库用于保存所有的临时表和临时存储过程，还可以满足任何其他的临时存储要求。tempdb 数据库是全局资源，所有连接到系统的用户的临时表和存储过程都存储在该数据库中。

4）model 数据库

model 数据库是一个模板数据库，当使用 CREATE DATABASE 命令建立新数据库时，新数据库总是先通过复制 model 数据库中的内容创建。

5）用户数据库

每个用户数据库存储与特定的主题或过程相关的数据，以及为支持对数据执行的活动而定义的其他对象，例如视图、索引、存储过程、用户定义函数和触发器等，这些对象一般也是以系统表的形式存储在数据库中的。

在 SQL Server 中，每个用户数据库至少具有两个存储的操作系统文件：一个数据文件和一个日志文件。数据文件（文件扩展名一般为 mdf）包含数据和对象。日志文件（文件扩展名一般为 ldf）包含恢复数据库中的所有事务所需的信息。在默认情况下，即在单磁盘系统中，数据文件和日志文件被放在同一个驱动器下的同一个路径下。但在实际的应用环境中，一般将数据文件和日志文件放在不同的磁盘上，以保证数据库的可靠恢复。

6.2　磁盘上数据的存储

数据库系统中的数据库必须物理地存储在某种计算机存储介质上，这样 DBMS 才可以在需要时检索、更新和处理这些数据。数据库通常存储在大容量的外部存储设备上。磁盘是目前常用的外部存储器，能长时间地联机存储数据，用户可以直接存取磁盘中某一位置的数据，因此磁盘也称为"直接存取存储器"。用户要访问数据，必须把数据从磁盘读到主存才能使用，而不是存储在主存中，其原因如下。

（1）GB(gigabyte,2^{30}B)数量级的数据库也不足为奇，目前已出现许多 TB(terabyte,2^{40}B)数量级甚至 PB(petabyte,2^{50}B)数量级的数据库。主存虽能提供对数据的高速存取，但存储空间有限，目前典型的计算机配置中主存是 8GB，数据库不能完全存放在主存中。

（2）相对于主存，磁盘是非易失性存储介质，当设备被关闭或者电源发生故障时，磁盘能保持内容的完整，导致磁盘永久丢失存储数据的情况较少出现。

（3）磁盘上每个数据单元的存储成本远远小于主存。

因此，磁盘的物理特性直接关系到一个数据库系统进行数据查询处理的性能。

6.2.1　磁盘的物理特性

磁盘有软磁盘和硬磁盘之分，软磁盘现在已较少使用，本书所提到的磁盘均指硬磁盘。磁盘由一个或多个圆盘（platter）组成，这些圆盘围绕着一根中心主轴旋转。圆盘的上下表面涂覆了一薄层磁性材料,在这些磁性材料上以不同的方式存储着二进制位。二进制位分布在盘面上以中心主轴为圆心的同心圆上,这些同心圆称为磁道(track)。所有盘面上半径相同的磁道构成一个柱面(cylinder)。磁道上被间隙(gap)分割的圆的片段称为扇区(sector)。间隙未被磁化为 0 或 1,大约占整个磁道的 10%,用于帮助标识扇区的起点。扇区是进行磁盘读写的基本单位,通常为 512B,若扇区的一部分磁化层被损坏,则整个扇区不能再使用。系统对扇区按磁道号进行统一编址;磁道先按柱面,再按盘面进行连续编号;柱面从外向内从 0 开始依次编号。

每个盘面上悬浮着一个磁头,每个磁头被固定在一个磁头臂上,所有盘面的磁头随磁头臂一同移动,磁头臂固定在磁盘驱动器上。一个或多个磁盘驱动器被一个磁盘控制器所控制,来控制移动磁头的机械部件。磁头的定位由接口电路根据柱面号移动磁头到达指定柱面,根据磁头号选中盘面,再根据扇区号抵达指定位置,然后磁头可读写经过它下面的盘面上的二进制位数据。磁盘存储器的结构如图 6-1 所示。

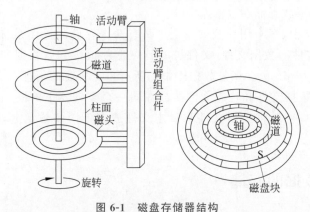

图 6-1　磁盘存储器结构

磁盘的物理特性一般可以通过如下指标来衡量。

(1) 容量:磁盘的总容量＝盘面数×每盘面的磁道数×每磁道的扇区数×每扇区的字节数。现在磁盘设备越来越小,价格越来越便宜,而存储容量越来越大。目前磁盘的容量可以达到 1TB,一台计算机可以配有几个磁盘。

(2) 存取时间:从发出读写请求到数据传输开始的时间。具体包括:

① 寻道时间(磁头定位):磁头定位于包含扇区 S(见图 6-1)的柱面上方所用的时间。盘面和磁头的选取由电子线路实现,时间可忽略。柱面的选取通过机械移动,将磁头移到该柱面,它不仅涉及机械移动,还涉及读写臂部件在启动和停止时克服惯性所用的时间。平均寻道时间是 1～10ms。

② 旋转延迟时间:在磁头处于柱面的上方后,盘片必须旋转一定的角度,使磁头定位于扇区 S 的开始处的上方,平均转半圈的时间需 0～10ms。同样包括机械移动,但惯性不是问题。

③ 传输时间:盘片旋转经过扇区 S 所花费的时间,受旋转时间的限制,在毫秒级以下。

将上述三个时间相加,通常情况下,访问一个扇区的时间平均是 10ms。

（3）数据传输速率：磁头一次能够传输数据的速率，取决于盘片的旋转速度和盘片表面的位密度，可达几十兆字节每秒。

（4）磁盘的可靠性：一般用平均故障时间来说明磁盘无故障连续运行的特性。一般可以保证磁盘工作 3 万～8 万小时（3.4～9.1 年）不出故障。

6.2.2 磁盘上数据的缓冲存取

从磁盘的物理特性，可得出结论：和中央处理器（CPU）相比，磁盘是一种低速设备，在数据库系统运行时，CPU 是不直接访问磁盘上的数据文件的。CPU 可以利用访问一个扇区的时间执行成百上千条指令，执行磁盘读写所花费的时间或许要比用于操纵主存中的数据所花费的时间长很多。因此，在试图优化一个数据库系统的性能时，有必要优化主存和磁盘之间的信息流。DBMS 通过在内存中开辟"缓冲区"，采用"预先读延迟写"的磁盘缓冲存取技术来匹配磁盘和内存的存取速度。

1. 磁盘块和磁盘缓冲区

数据在磁盘上以称为"块"（又称"页"）的定长存储单位形式组织。一个块是一个磁道上顺序存储的多个相邻扇区。读取时，只需一次时间延迟来将磁头定位于该块的扇区起始处。块是内、外存数据交换的基本单位。磁盘中的块称为"物理磁盘块"或"磁盘块"，内存中临时存放磁盘块内容的块称为"缓冲块"，所有的内存"缓冲块"组成了"磁盘缓冲区"。

存储记录的磁盘块的大小，即一个磁盘块所包含的扇区数要根据两方面来确定：一方面，当一个特定的应用访问块中记录 A1 时，应用很可能会访问块中与 A1 相邻的另一条记录 A2（如 A1 与 A2 属于同一关系表），如果 A2 和 A1 处在相同的磁盘块，则系统无须额外地读取另一个磁盘块。因此，磁盘块所包含的扇区数应足够大，以便能容得下这些额外的记录从而避免对磁盘的另一次访问。另一方面，随着磁盘块的增大，数据的传输时间会增加，大的磁盘块要求内存中有大的缓冲区，而且也可能大大地超出与 A1 相邻的实际要访问的信息（如超出一个表所包含的信息）。所以，磁盘块的大小需要权衡考虑，但决定权在厂家而不在用户。

下面这些访问磁盘的技术可以减少磁盘的平均访问时间，提高数据的传输速率和磁盘的可靠性等。

（1）将要一起访问的磁盘块放在同一柱面上，这样可以减少寻道的时间，以及旋转延迟时间。

（2）采用磁盘冗余阵列（redundant arrays of independent disk，RAID）技术将数据存储在几个而不是一个磁盘上。让更多的磁头组设备分别去访问磁盘块，可增加在单位时间内的磁盘块访问数量。

（3）采用镜像（mirror）技术，把两个或者更多的数据副本放在不同的磁盘上。这样读磁盘块的速率可提高 n 倍，而且增强了系统的可靠性。但写磁盘的速率没有任何提高，因为一个新缓冲块必须被写到每个磁盘上。

（4）在操作系统、DBMS 或磁盘控制器中，使用磁盘调度算法选择读写所请求的块的顺序。其中有一种电梯算法（elevator algorithm），当磁头通过柱面时，如果有一个或多个对该柱面上的块的请求，磁头就停下来。根据请求，读写这些磁盘块，然后磁头沿着正在行进的同一方向继续移动,直到遇到下一个包含要访问块的柱面。当磁头到达某位置,其前方不再有访问请求时,磁头就朝相反方向移动。

（5）预先将预期被访问的磁盘块读取到主存储器中。在一些应用中,如果能够预测从磁盘请求块的顺序,通过采用诸如电梯算法等,减少访问块所需要的平均时间。此策略也称为预取(prefetching)或双缓冲(double buffering)。

2. 缓冲区管理器

负责为数据库上的查询等处理过程提供内存缓冲区空间分配和管理的子系统称为缓冲区管理器。其职责是使处理过程得到它们所需的内存,并且尽可能缩小延迟和减少不可满足的要求。

假设每一个关系表存储在磁盘的一个数据文件中,当应用请求访问表中的特定记录 X 时(见图 6-2),它向缓冲区管理器发出请求(read 操作),如果数据所在磁盘块已在缓冲区中,缓冲区管理器将这个块在主存储器中的地址返回给请求者。如果这个块不在缓冲区中,缓冲区管理器要首先查找数据文件,确定哪个"磁盘块"包含记录 X,然后将这一"磁盘块"从磁盘传输到主存中的磁盘缓冲区中(input 操作)。此时,磁盘和内存这两种存储设备上会都有这一数据的备份。应用程序完成对数据的处理后,如果访问涉及对数据的修改,会对缓冲区中的数据进行修改(write 操作),最终还必须将缓冲区中数据备份写回磁盘(output 操作),废弃磁盘上数据的备份。数据所在磁盘块在修改后何时写回磁盘,由缓冲区管理策略决定。

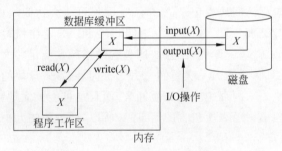

图 6-2 应用请求对磁盘上数据的访问

缓冲区管理策略的一个关键内容是当一个新的请求所访问的磁盘块需要内存缓冲区时,应该将哪个内存"缓冲块"丢出缓冲区,因为缓冲区管理器限制使用的缓冲区数以便适应内存的容量。通常使用的缓冲-替换策略对磁盘缓冲区的维护的原则是:最近被访问的磁盘块是活动的,它在不久的将来再次被引用的概率很高,所以这个磁盘块应保存在磁盘缓冲区中。

比如,最近最少使用(least recently used,LRU)策略的规则就是丢出最长时间没有读或写过的块。这种方法要求缓冲区维护一张表明每个缓冲块最后一次被访问的时间的表,每个数据库访问在这个表中生成一个表项。一般来说,长时间没有使用的缓冲块比那些最近被访问过的缓冲块有更小的最近被访问的可能性,LRU 是一个有效的策略。

LRU 是存储管理的经典算法。尽管 LRU 有一些缺陷,但由于它简单并且可操作性强,所以该算法及其近似实现在数据存储系统中被广泛使用。近年来在主要的操作系统和数据库系统中,一种改进的自适应缓存管理替换算法(low inter-reference recency set, LIRS)及其近似实现方法逐步取代了 LRU,更新了存储管理的关键技术。

I/O 操作(input 或 output 操作)是由操作系统中的文件系统完成的,数据库管理系统只需要调用操作系统的这一功能。

因此,加快数据库存取操作,提高数据库系统性能的关键是安排好数据,使得当某一个磁盘块中有数据被访问时,大约在同时很有可能该块上的其他数据也需要被访问。

数据库系统所要解决的问题:①记录如何存储在数据文件中,使得应用所要访问的记录尽量在相同的磁盘块上,应用访问所需的磁盘 I/O 操作次数最少;②怎样尽快找到记录所在的磁盘块,使得找到该记录所需的磁盘 I/O 操作次数最少。

假设有一个对数据库中关系 R 中的一个元组的查询请求,该元组有一个确定的键值 k,在 R 上创建了一个索引,用于标识带有键值 k 的元组出现的磁盘块。同时假设数据库存储在一个 Megatron 747 磁盘上,它能够以 11ms 级别的时间读取 16KB 的磁盘块。在 11ms 中,一个现代处理器可以执行几百万条指令。然而,一旦元组所在磁盘块在内存中,即使采用最笨的线性搜索,搜索键值 k 将仅执行几千条指令。因此,在主存中执行搜索的附加时间将比块访问时间的 1% 还要少,可以安全地忽略之。

综上所述,本书做如下假设:我们的计算机有一个处理器、一个控制器和一个磁盘。数据库本身太大以至于主存储器中容纳不下。用户要访问的数据库中的数据,起初必须从磁盘中检索,检索到的磁盘块缓冲存储在主存储器中。这样,磁盘块访问(磁盘 I/O)次数就是度量数据库操作所花费时间的近似值,而且应该被最小化。

6.3 文件的组织结构

在磁盘上,数据库以文件形式组织,文件由记录组成,用一个记录来表示一个数据对象(如元组)在磁盘块中的连续字节存放。通过将表示数据对象的记录放在一个或多个磁盘块中来表示诸如关系的数据集。

每条记录由一些字段(相关数据值或数据项)集合组成,其中每个数据项(值)由一个或多个字节构成,并与记录中的一个特定字段相对应。字段名及其相应数据类型的值集合即构成了一个记录类型或记录格式定义。字段的数据类型通常是编程时使用的某种标准数据类型。

对于给定的计算机系统,各数据类型所需的字节数是固定的,一个整型数据可能需要 4B,一个长整型数据需要 8B,一个逻辑型数据需要 1B,一个日期型数据可能需要 8B,K 个字符的定长字符串需要 K 字节,变长字符串需要的字节数等于字段值中的实际字节数。

通常,记录以记录的首部(header)开始,首部是关于记录自身信息的一个定长区域。可能要在记录中保存如下信息。

(1)一个指向该记录中所存储数据的模式的指针。例如,一个元组的记录可以指向该元组所属的关系的模式,此信息可以帮助系统找到记录的字段。

(2)记录长度。此信息帮助系统在不用查看模式的情况下略过某些记录。

(3)时间戳。标记记录最后一次被修改或被读的时间。此信息在实现数据库事务方面有用(在第 8 章讨论)。

（4）指向记录的字段指针。此信息可以代替模式信息，多用于有变长字段的记录中。

6.3.1 定长记录

在许多情况下，一个文件的所有记录均属于同一个记录类型，如果在文件中记录的每个字段的长度都是固定的，则称这个文件由定长记录组成。

定长记录是最基本、最常见的记录存储方式，所有记录都有相同的字段，且字段的长度都是固定的。因此，系统可以确定每个字段相对于记录开始位置的起始字节位置，有利于存取此文件的程序定位字段值。

【例 6-1】 对于例 4-1 中的"学生-课程"数据库中的关系模式 S（SNO，SN，SEX，SB，SD），若进行如下定义：

```
CREATE  TABLE  S
(SNO  CHAR(10)  PRIMARY  KEY,
 SN   CHAR(20)  NOT  NULL,
 SEX  CHAR(2),
 SB   DATE,
 SD   CHAR(20),
 CHECK  (SEX  IN  ('男','女')));
```

则该关系的元组所对应的记录有一个头部和以下 5 个字段。

（1）第一个字段 SNO 需要 10B。如果假设所有字段以一个 4 的倍数的字节开始，则为 SNO 分配 12B。目前许多计算机系统会根据情况对字段进行对齐，使所有字段的起始地址是 4 或 8 的倍数，没有被前面字段使用的空间就闲置。虽然记录被存放在磁盘而不是内存中，但这样安排记录可方便它移入内存并被更有效率地访问。

（2）第二个字段 SN 需要 20B，为 SN 分配 20B。

（3）第三个字段 SEX 需要 2B，保存"男"或"女"，为其分配 4B。

（4）第四个字段 SB 是一个 DATE 值，即一个 8B 的整数，为其分配 8B。

（5）第五个字段 SD 需要 20B，为其分配 20B。

记录的首部包含：①一个指向记录模式的指针；②记录的长度；③一个时间戳，用于表示记录的创建时间。

假设首部中每项 4B 长，图 6-3 给出了一个 S 元组对应的一个记录的格式，该记录的长度是 76B。

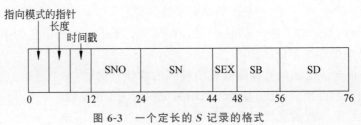

图 6-3 一个定长的 S 记录的格式

图 6-4 表示关系元组的定长记录在磁盘块中的一种存储方式。磁盘块中除了记录，还有一个可选的块首部，块首部存储如下一些信息。①与一个或多个其他块的相关块的链接；②块中的元组属于哪个关系的信息；③一个给出每一条记录在块内的偏移量的"目录"；④指明最后一次修改和/或存取块的时间戳。

图 6-4   定长记录在磁盘块中的一种存储方式

在块的首部后面，可把尽可能多的记录装入块中，而留下剩余空间不用。

块在磁盘空间的地址通过磁盘的设备 ID、柱面号、柱面内的磁道号和磁道内的块号等描述。记录的地址可通过它所在的块和其第一个字节在块内的偏移量来标识。

当记录需要被存取或修改时，记录所在的磁盘块就被读入内存。当含记录的磁盘块在内存时，块地址是其第一个字节的虚拟内存地址，且块内记录的地址是该记录第一个字节的虚拟内存地址。操作系统或 DBMS 决定磁盘地址的哪些部分目前在内存里，而硬件则将虚拟地址空间映射到主存的物理地址。

6.3.2   变长数据和记录

如果文件中的不同记录的大小(字节数)不同，就称这个文件由变长记录组成。如果文件记录均属于同一记录类型，但有一个或多个字段是大小变化的，或者不同类型的相关记录在磁盘块中聚集存储(见 6.4.3 节)，文件包含不同的记录类型的记录等，那么记录是变长的。在变长记录中的字段存在如下不同格式。

(1) 大小变化的数据项。例如，对一个 VARCHAR 属性的字段，可只为它分配所需的实际空间。

(2) 重复字段。如果在一个对象的记录中存储关联的对象的记录，那么有多少对象被关联到指定对象，在该记录中就会存储多少关联的记录。

(3) 可变格式的记录。有时无法事先确定记录的字段是什么，或者每一个字段出现多少次。例如，表示一个 XML 元素的一条记录(见 2.3.2 节)，该 XML 元素可以没有任何约束，或者可能有重复的子元素和可选属性等。

(4) 极大的字段。现代 DBMS 支持属性值非常大的属性，字段可能是一些非结构化的大对象数据，例如，图像、数字视频或音频流，或者自由文本，这些都被称为 BLOB (binary large objects，二进制大对象)。例如，一个电影记录可能有一个 2GB 大小的 MPEG 编码字段，还有一些普通的字段，如电影标题等。

对于变长记录，记录必须包含足够多的信息，以便能找到记录的任何字段。

比如，记录的一个或多个字段是变长的，一个简单而有效的方法就是将所有定长字段放在变长字段之前，然后在记录首部写入信息：①记录长度；②指向除第一个变长字段外的所有变长字段起始处(即偏移量)的指针。

【例 6-2】   对于例 4-1 中的"学生-课程"数据库中的关系模式 S(SNO,SN,SEX,SB,

SD),若进行如下定义:

```
CREATE   TABLE   S
(SNO  CHAR(10)  PRIMARY  KEY,
 SN   VARCHAR(20)  NOT  NULL,
 SEX  CHAR(2),
 SB   DATE,
 SD   VARCHAR(20),
 CHECK  (SEX  IN  ('男','女')));
```

其中,SNO、SEX、SB 为定长字段,分别占 12B、4B、8B。而 SN 和 SD 将由具有任意合适长度(不超过 20B)的字符串表示。在记录首部增加一个指向 SD 的指针,无须指向 SN 开头的指针,因为这个字段总是紧跟在记录的定长部分之后,可以被定位,如图 6-5 所示。图中"其他首部信息"与定长记录中的记录首部信息相同。

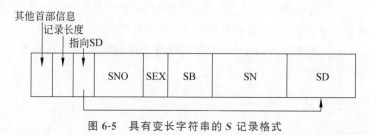

图 6-5　具有变长字符串的 S 记录格式

表示关系元组的变长记录存储在磁盘块中,其磁盘块的块首部也需包含存储定长记录的磁盘块的块首部中的一些信息。比如当记录不等长时,可在每一个块的首部创建一个"偏移量表",其中指针指向块中每个记录的位置。从块的外部指向记录的指针是一个"结构化地址",即块地址和偏移量表中该记录表项的位置。偏移量表从块的前端向后增长,而记录是从块的后端开始放置。因为事先不知道块能存储多少记录,不必一开始就给偏移量表分配固定大小的块首部,如图 6-6 所示。

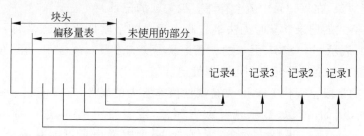

图 6-6　变长记录在磁盘块中的一种有偏移量表的存储方式

大多数 RDBMS 限制一条记录的大小,记录的长度不能大于块的长度,以简化缓冲区管理和空闲空间管理。当块的长度大于记录长度时,每个块中可包含多个记录。但对包含有大对象数据的变长记录可能无法在一个块中存放,这时需跨块存放。出现在一个块中的记录的一部分称为记录片段。如果记录跨块存放,则每一条记录和记录片段需要一些额外的首部信息,例如块中存放的是记录还是片段,是第几个片段,以及指向记录的其他片段的指针等。

对于要跨块存储的 BLOB,可在磁盘的一个或多个柱面上连续分配,便于有效地检索。若要对 BLOB 进行快速检索,可将 BLOB 进行分割,存储在几个磁盘中,以便同时检索 BLOB 的几个块。也可进一步满足用户对 BLOB 内部的部分数据的查询请求,比如请求观看一部电影的第 30 分钟,或者一个音频片段的结束部分等。

6.3.3　列存储

目前出现了将元组保存为记录的另一种方法,该方法将元组的每一列保存为一个记录。因为关系的整个列可能占据远多于一个磁盘块的空间,这些记录可能被分放在多个磁盘块中。如果保持在每个列中同一元组的值的顺序相同,则可以通过列记录来重构关系,或者与列值一起保存元组 ID 号或整数值,来说明一个列值属于哪个元组。

【例 6-3】 考虑如表 6-1 所示的关系。

列 X 表示为记录(a,c,e),列 Y 表示为记录(b,d,f)。如果要标识每个列值属于哪个元组,可用记录((1,a),(2,c),(3,e))和((1,b),(2,d),(3,f))分别表示。无论此关系有多少个元组,列都能用值的变长的记录或者重复的结构(该结构由元组 ID 和值组成)表示。

表 6-1　例 6-3 的关系

X	Y
a	b
c	d
e	f

如果将关系按列存储,由于属性值都是相同的类型,所以通常可以进行数据压缩,以节省存储空间。

但是,这种按列组织数据的方法,要在大多数的查询请求是针对所有数据或列的大部分数据时才有意义。目前该方法在数据仓库等方面得到应用。

6.4　文件的存储结构

一个文件由成千上万条记录组成,这些记录在磁盘上如何存放,如何安排,这是文件的存储结构问题。而对于某种存储结构的文件怎样去查找、插入和删除记录,这是文件中记录的存取方法问题。不同存储结构的文件的存取方法是不一样的,并且存取效率往往差别极大。

本节首先介绍数据库文件的几种存储结构形式,6.5 节再介绍文件记录的存取方法。

6.4.1　堆文件

堆文件(heap file)是最简单的数据文件结构。在这种文件结构中,关系的记录之间没有特定的顺序,文件行的顺序是任意的。将一条新记录插入文件中,只须找到一个有一些空闲空间的块,或者当块没有空闲空间时就找一个新块,然后将记录存储在那里。对于新建立的文件,记录按照其插入的先后顺序存放,新产生的记录行能有效地追加在文件的尾部。

堆文件的优点是实现简单,不需要特殊处理。如果对表的查询涉及访问所有的行,且行的访问顺序并不重要,那么堆文件是一种有效的存储结构。

堆文件的缺点表现在:一是查询效率低,根据查找条件搜索一个记录时,要逐个文件块进行线性查找。用 F 表示一个文件所占用的磁盘块,插入、删除和查询的平均代价在

$F/2$。若该记录在表中不存在,则代价将是 F。因此,这种文件结构对常见的等值查询和范围查询无任何优势。二是删除操作可能只是给记录加一个删除标记,导致存储空间的浪费,使搜索时间变长。

6.4.2　顺序文件

根据关系中某些属性值的排序顺序存储记录的文件称为顺序文件。排序所基于的属性称为排序属性(字段)。如果排序属性同时还是文件的键属性,则此属性也称为文件的排序键。

【例 6-4】　可将例 4-1 中的"学生-课程"数据库中关系表 S 所对应的磁盘文件按属性 SNO 进行顺序存储,查询显示如图 6-7 所示。

相对于堆文件,顺序文件的优点是:

(1) 如果查找条件是基于排序属性的值,可对磁盘文件进行二分查找,得到比线性查找更快的存取速度。假设文件共有 F 块,二分查找一般只须存取 $\log_2 F$ 个块。

	SNO	SN	SD	SB	SEX
1	s01	王玲	计算机	1990-06-30	女
2	S02	李渊	计算机	1990-03-23	男
3	s03	罗军	计算机	1991-08-12	男
4	s04	赵泽	计算机	1993-09-12	女
5	s05	许若	指挥自动化	1990-06-27	男
6	s06	王仙华	指挥自动化	1991-05-20	男
7	s07	朱祝	指挥自动化	1994-07-10	男
8	s08	王明	数学	1991-10-03	男
9	s09	王学之	物理	1992-01-01	男
10	s10	吴谦	指挥自动化	1991-03-25	女

图 6-7　顺序文件查询

(2) 如果查找属性与排序属性相同,则可高效地完成等值查询和范围查询。因为记录的物理顺序同时意味着满足条件的所有记录都连续存放在磁盘块中。

顺序文件的缺点表现在:对于一个顺序文件来说,插入和删除操作都是代价很大的操作,因为要求记录的存储必须保持有序性。下面是记录的几种不同的顺序存储方法,我们来了解记录的插入和删除操作是如何保持记录的存储有序的。

(1) 若采用图 6-6 所示的块组织方式,并允许滑动记录,记录在块中的滑动就是调整偏移量表中的指针。当要插入一个新记录时,首先找到那条记录应放置的块。假设此块有空间存放这条新记录,可能不得不在块中滑动记录以在合适的地点得到所需的空间,将新记录插入块中,并在此块的偏移量表中添加指向此记录的新指针。如果块中没有空间用于新记录的存储,可能就要到"邻近块"中找空间或创建一个溢出块。如果要删除一个记录,则执行相反的操作,回收记录空间,记录在块中滑动,让块中间总有一个未用的区域。

(2) 若采用图 6-6 所示的块组织方式,但不能滑动记录,则需要在块首部维护一个可用空间列表,当向块中插入一条新记录时,能够知道可用区域在哪里。删除记录时,通常的方法是在记录处放一个删除标记,并一直保留到对整个数据库进行重构。

(3) 还有一种办法是在文件中为每个记录增加一个指针字段,根据属性值的大小用指针把记录连接起来。对于删除操作,在找到记录后可通过修改指针实现。而将被删除的记录连接成一个自由空间,以便插入新记录时使用。对于插入操作,在指针链中找到插入的位置(应插到哪个记录的前面),在找到的记录的块内如果有自由空间,那么就在该位置插入新记录,并加入指针链中;如果无自由空间,那么就只能插入溢出块中。

顺序文件初始建立时,一般存储记录的物理顺序和排序键值的顺序一致,以便访问数据时减少对磁盘块的操作次数。但多次插入和删除操作后很难维持这种一致的状态,此时应该对文件重组,使其物理顺序和排序键值的顺序一致,以提高查找速度。

6.4.3 聚集文件

聚集(cluster),又称聚簇。如果一个文件是聚集的,则这个文件中元组紧缩到能存储这些元组的尽可能少的块中。通常聚集文件把某个或某些属性(称为聚集码,cluster key)上具有相同值的元组集中存放在连续的物理块中。

聚集功能可以大大提高按聚集码进行查询的效率。例如,要查询信息系的所有学生名单,设信息系有 500 名学生,在极端情况下,这 500 名学生所对应的数据元组可存放在 500 个不同的数据块上,为了访问到这些学生信息,至少需要 500 次 I/O 操作。如果将同一系的学生集中存放,则每读一个物理块就能得到多个满足条件的元组,从而显著地减少了访问磁盘的次数。

聚集功能不但适用于单个关系,也适用于经常进行连接操作的多个关系。即把多个连接关系的元组按连接属性值聚集存放(连接属性为聚集码),这就相当于把多个关系以"预连接"的形式存放,从而大大提高了连接操作的效率。

比如,在大多数数据库应用中,多种类型的实体会以多种形式关联。如果希望从两个相关记录中检索属性值,必须先检索其中的一条记录,然后再来检索另一个文件中的相关记录。在对象 DBMS 以及诸如层次和网状 DBMS 等传统数据库系统中,文件组织通常将记录间的关系实现为物理关系,这些文件组织通常都会在磁盘上分配一块区域,以存储不同类型的记录。从而不同类型的记录可以物理聚集在磁盘上,即聚集文件允许一个文件由多个关系的记录组成。

【例 6-5】 在例 4-1 中的"学生-课程"数据库中若要经常进行连接查询。

```
SELECT   S.SNO,SN,CNO,GRADE
    FROM   S,SC
        WHERE   S.SNO=SC.SNO
```

当关系 S 和 SC 存储在不同的磁盘文件中,进行连接操作时,在最坏情况下,每个相匹配的记录都存储在不同的磁盘块中,为获取所需的每一条记录都要读取一个磁盘块。在关系 S 和 SC 数据量很大时,要做连接的查询速度是很慢的。如果把 S 和 SC 的数据放在一个文件内,并且尽可能把 S 中每个学生的信息和 SC 中相关信息(如 SNO 值相同的记录)在同一磁盘块中相邻的位置上聚集存储,那么在读取学生的信息时,就能够把学生信息和聚集存储的成绩信息一次性地读到内存里,如图 6-8 所示。

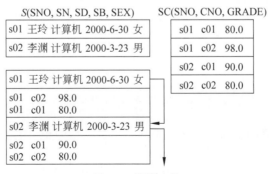

图 6-8　聚集文件

但是,该聚集文件在加速连接查询的同时,会导致其他类型的查询速度变慢。比如,会使查询 SELECT * FROM S 变得很困难。一种弥补措施是用指针将聚集文件中关系 S 的所有记录连接起来,见图 6-8。

6.4.4 散列文件(直接文件)

根据记录的属性值 K(一般为主键),使用一个散列函数 h(Hash function,又称哈希函数),计算得到的函数值 h(K)确定记录的地址,对记录进行存储和访问,这种方法称为散列方法。该属性称为散列键(或散列字段)。

在数据库散列技术中,一般使用桶(bucket)作为基本的存储单位。散列函数 h 以散列键为参数计算出一个 $0 \sim B-1$ 的整数,其中 B 是桶的数目。桶可以是磁盘中的块,也可以是连续块的簇。一般一个桶存储在一个磁盘块上。通过散列函数 h 将散列到某个桶中的记录存放到该桶的磁盘块中。散列函数将散列键值映射为一个相对桶号,而不是为桶分配一个绝对块地址。一个桶中存放散列函数值相同的多个记录,桶的空间大小是固定的,即一个桶中可以存放的记录数是固定的。如果映射到桶中的记录数超出桶可能存放的记录数,那么可以给该桶增加溢出块的链以存放更多的记录。

对于某一关系表文件,假定每个磁盘块只能存放 4 个记录,且 $B=3$,即散列函数 h 的返回值为 $0 \sim 2$,则该文件记录被分别存储在 3 个桶中。若分配到桶号为 1 的记录大于 4 个时,记录就被分配到溢出桶中,如图 6-9 所示。

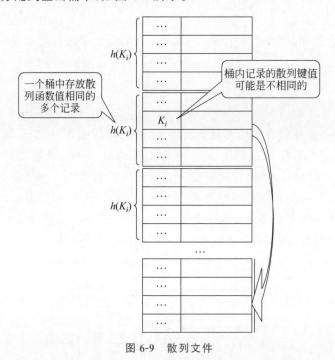

图 6-9　散列文件

由于不同散列键值的记录可能对应于同一个散列函数值,因此同一桶内记录的散列键值可能是不相同的。

在散列方法中,要求所用的散列函数应该满足如下条件。

(1) 地址的分布是均匀的:散列函数对散列键的"散列"应使得到的整数类似于散列键的一个随机函数,即把所有可能的散列键值转换成桶号以后,要求每个桶内的散列键值数目大体相同。这样各个桶中存储的记录是均匀分布的。

(2) 地址的分布是随机的:所有散列函数值不受散列键值的各种顺序的影响。

(3) 散列函数应该容易计算,因为要多次计算它。

当散列键值 K 为整数时,散列函数的一种常见选择是计算 K/B 的余数,且 B 通常为一个素数,或选为 2 的幂。当散列键值为字符串时,可以把每个字符看作一个整数来处理,把累加和除以 B,然后取其余数。

散列文件的优点是根据散列键值可以直接得到记录的磁盘块地址,I/O 操作次数少,因此散列文件的访问性能很高。如果绝大多数桶都只由单个块组成,那么一般的查询只须一次磁盘 I/O 操作,文件的插入和删除也只须要两次磁盘 I/O 操作。

当一个散列键值为 K 的新记录需要被插入时,就计算 $h(K)$。如果桶号为 $h(K)$ 的桶还有空间,就把该记录存放到此桶的磁盘块中,或在其存储块没有空间时存储到块链上的某个溢出块中。如果桶的所有磁盘块都没有空间,那么就增加一个新的溢出块到该桶的链上。

删除散列键值为 K 的记录与插入操作的方式相同,找到桶号为 $h(K)$ 的桶且从中搜索散列键值为 K 的记录,继而将找到的记录删除。如果记录可以在块中移动,可能会涉及合并同一链上的磁盘块。

散列文件的缺点是只适用于按散列键访问记录,存在地址冲突问题。在实际应用中,记录在散列键值上的分布往往是不均衡的,从而使得在某些桶中存在空间浪费现象,而在另外一些桶中则存在空间溢出问题。

6.4.5 SQL Server 的文件存储

下面介绍 SQL Server 提供的提高系统存储和响应效率的手段,进一步体会文件存储结构对数据库性能的影响。

关系数据库管理系统一般不需要用户关心数据的存储细节,但是对于大型数据库,如果数据量很大,为了方便管理和提高性能,可能会允许用户将数据库中的多个表分别存储在不同的物理文件中,或者把经常在一起使用的数据(如需频繁做连接操作的表)尽可能地物理存储在一起,进一步提高系统的查询和操作性能,也便于管理数据。

SQL Server 提供了文件组和分区两种手段,以达到把数据存储到指定的物理文件中的目的。

1. 文件组

文件组分为主文件组和用户定义文件组两类。主文件组包含主数据文件和没有明确分配给其他文件组的任何其他文件,系统表的所有信息存储在主文件组中。用户定义文件组是指通过在 CREATE DATABASE 或 ALTER DATABASE 语句中使用 FILEGROUP 关键字指定的任何文件组,可以在首次创建数据库时创建文件组,也可以以后在数据库中添加更多文件时创建文件组。

下面为数据库创建一个文件组。

```
CREATE DATABASE <数据库名>
[ON
[]<filespec>[,<filespec>,…]
[,FILEGROUP <文件组名><filespec>[,<filespec>,…]]
[LOG ON <filespec>[,<filespec>,…]]
```

或

```
ALTER DATABASE <数据库名>
ADD FILEGROUP <文件组名><filespec>[,<filespec>,…]
```

定义语句中<filespec>选项用于定义对应的操作系统文件属性,其语句格式:

```
[PRIMARY][(NAME=<逻辑数据文件名>,]
FILENAME='<操作系统数据文件路径和文件名>'
[,SIZE=<文件长度>]
[,MAXSIZE=<最大长度>]
[,FILEROWTH=<文件增长率>])[,…n]]
```

说明:文件组不能独立于数据库文件创建。文件组是在数据库中组织文件的一种管理机制。一个物理文件只可以是一个文件组的成员。

在 SQL Server 中最多可以为每个数据库创建 32 767 个文件组。文件组只能包含数据文件,文件组与日志无关,事务日志文件不能是文件组的一部分,日志空间和数据空间是分开管理的。

【例 6-6】 在创建数据库的同时创建一个用户文件组,为文件组添加文件,并将数据表存储在文件中。

```
CREATE DATABASE MyDB
  ON PRIMARY
    (NAME=elective_dat,
     FILENAME='c:\mssql\data\electivedat.mdf',
     SIZE=10MB,
     MAXSIZE=50MB,
     FILEROWTH=5MB),
  FILEGROUP MyDB_FG
    (NAME='MyDB_FG_dat1',
     FILENAME='c:\mssql\data\MyDB_FG_dat1.ndf',
     SIZE=5MB,
     MAXSIZE=50MB,
     FILEROWTH=5MB)
  LOG ON
    (NAME=elective_log,
     FILENAME='d:\mssql\log\electivelog.ldf',
     SIZE=5MB,
     MAXSIZE=25MB,
     FILEROWTH=5MB)
```

```
ALTER DATABASE MyDB
  ADD FILE
  (NAME='MyDB_FG_dat2',
   FILENAME='e:\mssql\data\ MyDB_FG_dat2.ndf',
   SIZE=5MB,
   MAXSIZE=50MB,
   FILEROWTH=5MB)
  TO FILEGROUP MyDB_FG
CREATE TABLE MyTable
  (cola int PRIMARY KEY,
   colb char(8))
  ON MyDB_FG
```

例 6-6 中创建了 MyDB 数据库,数据库包含一个主文件组(PRIMARY)和一个用户
定义文件组(MyDB_FG),还包括一个日志文件。主文件组只包括一个文件,MyDB_FG
用户文件组包括两个文件。通过在指定的文件组上创建表,可将 MyTable 表的所有数据
都存储在 c:\mssql\data\MyDB_FG_dat1.ndf 和 e:\mssql\data\MyDB_FG_dat2.ndf 两
个物理文件中。

由此可见,利用文件组可以达到把指定数据存储到指定物理文件的目的,并可以改善
数据库的性能。利用文件组可以实现跨多个磁盘或磁盘冗余阵列系统创建数据库,让更
多的磁头组设备同时并行地访问磁盘块,可以增加在单位时间内的磁盘块访问数量,加快
数据库操作的速度。此外,可将最常用的表放在一个文件组的一个文件中,该文件位于一
个磁盘上,而将数据库中其他不常访问的表放在另一个文件组的其他文件中,该文件组位
于另一个磁盘上,通过该方法实现数据布局,改善数据库性能。

2. 分区

为了将含有上百万条甚至上千万条记录的超大表,根据需要划分成若干数据子集,每
个数据子集存放到一个物理文件,达到可以快速、有效地管理和访问各数据子集的目的,
在 SQL Server Enterprise Edition(企业版)这样高版本的 DBMS 可以采用分区技术。

比如,对于一个每个月都会产生上百万条记录的表,可以按月划分数据子集,每个月
的数据集中存储在一起。若对当前月份主要执行 INSERT、UPDATE 和 DELETE 操作,
而对以前月份的数据则主要执行 SELECT 操作,这样按月份对表进行分区的优点尤为明
显,针对不同分区可以执行不同的维护操作。如果该表没有分区,那么任何操作都需要访
问整个表的数据,这样会消耗大量资源。

在 SQL Server Enterprise Edition 中,实现分区的步骤如下。

(1) 建立分区函数。

```
CREATE PARTITION FUNCTION <分区函数名>(<参数类型>)
  AS RANGE[LEFT|RIGHT]
    FOR VALUES([<临界值>[,…n]])
```

其中,<参数类型>不可以是 text、ntext、image、xml、timestamp、varchar(max)、nvarchar(max)、
varbinary(max)等大文本或大二进制数据类型。

（2）建立分区方案。

```
CREATE PARTITION SCHEME <分区方案名>
  AS PARTITION <分区函数名>
    [ALL]TO({<文件组名>|[PRIMARY]}[,…n])
```

其中，<文件组名>|[PRIMARY][,…n]指定用来实现分区的文件组，相应的文件组必须存在。分区分配到文件组的顺序是从分区 1 开始，按文件组在[,…n]中列出的顺序进行分配。在[,…n]中，可以多次指定同一个文件组，但文件组数应大于分区数。

（3）按分区方案建立表。

和使用文件组类似，可以在 CREATE TABLE 语句的尾部使用 ON 短语来指定使用的分区方案。

【例 6-7】 建立一个基于整数类型的分区函数及实现表的分区存储。

```
CREATE PARTITION FUNCTION myPF (int)
  AS RANGE LEFT FOR VALUES(1,100,1000);
CREATE PARTITION SCHEME myPS
  AS PARTITION myPF
  TO(test1fg, test2fg, test3fg, test4fg);
CREATE TABLE TestPartitionTable
  (col1 int,
    col2 char(10)
  )
  ON myPS(col1);
```

这里建立了 4 个分区，将来依据该分区方案建立的 TestPartitionTable 分区表，根据分区的列 col1 的值分别存储在 4 个文件组中。其中：

- col1≤1 的值存储在文件组 test1fg。
- 1<col1≤100 的值存储在文件组 test2fg。
- 100<col1≤1000 的值存储在文件组 test3fg。
- col1>1000 的值存储在文件组 test4fg。

6.5 索引

对于应用发出的对数据库的查询和更新操作，都必须根据选择条件选择出一条或多条记录以供检索、删除或修改。当多个文件记录均满足某一查找条件时，第一个记录（按文件记录的物理顺序）最先被找到，并将其指定为当前记录。此后的查找操作就从这条记录开始，再定位文件中满足条件的下一条记录。

从前面的分析可以看出，单靠对文件结构的改善，还不能从根本上解决对文件中记录的查找速度问题。尤其是许多查询只涉及文件中的少量记录，如果查询时读取磁盘文件上的所有数据记录并逐一检查，则效率低下。最好系统能直接定位那些满足查询条件的数据记录。目前大多数关系数据库管理系统采用一种辅助存取结构——索引（index），用于提高检索记录的速度以响应特定查找条件。

6.5.1　索引的概念

关系的某属性(组)上的索引是一种数据结构,它提供了在该属性(组)上快速查找具有某个特定值的元组的方法。索引可以建立在元组的某一属性或属性组上,这个属性或属性组称为索引键(index key),有时也称为查找键。索引键可以来自关系的任何一个属性或属性组,而不必是建立索引的关系的键属性。

通过建立索引结构,形成索引键值和记录地址之间的映射,在<索引键值,地址指针>对中,地址指针指向具有该索引键值的元组集的存放位置。索引结构可以存储在一个单独的文件中,该文件称为索引文件。<索引键值,地址指针>对作为索引文件的一条记录,或称为索引项。

由于索引记录中只含有索引键值和地址指针,索引文件所占的磁盘块的数量通常比数据文件所占的磁盘块的数量少,而且由于索引文件是按索引键值排序的,所以可以使用二分查找法来查找索引键值所在记录。若索引文件有 n 个索引块,只需查找 $\log_2 n$ 个块。若索引文件足够小,一般可一次读入内存,甚至可以永久地存放在主存缓冲区中。如果这样,查找索引键就只涉及主存访问而不需要执行 I/O 操作。由于可以很快找到某索引键值所在索引记录和其对应的记录地址,再根据记录地址将磁盘中的记录所在磁盘块直接读入内存,所以就不必扫描整个数据库文件,如图 6-10 所示。

图 6-10　利用索引文件访问数据文件中的记录

显然,使用索引可以大大减少对磁盘的 I/O 操作次数,从而可以加快记录的查找速度,有助于基于索引键高效地存取记录,节约查询处理的时间。特别对于比较大的数据文件,效果更加明显。因为当关系变得很大时,通过扫描关系中所有元组来找出那些(可能数量很少)匹配给定查询条件的元组代价太高。

【例 6-8】　考虑在例 4-1 中的学生选课数据库中进行如下查询。

```
SELECT *
    FROM  S
        WHERE  SEX= '女'  AND  SD= '计算机';
```

关系中可能存在 10 000 个学生元组,但只有大约 200 人是计算机系的,其中女同学只有 50 个左右。

实现这个查询的最原始的方式是获取所有 10 000 个元组,并用 WHERE 子句中的条件逐个测试每个元组。但如果存在某种方法,它仅取出学生所在系为计算机系的 200 多个元组,并且逐个测试性别是否为女,那么查询效率就会大大提高。更有效的方法是能直接取得满足两个条件的 50 个左右的元组,其性别为女,而所在系为计算机系,即为该关系建立多属性索引。

通常,DBMS 允许在多个属性上创建一个多属性索引,如果多属性索引中的键是某些属性按特定顺序的组合,那么可以使用这个索引找出匹配索引属性列表中前面的任何属性子集值的全部元组。这样,多属性索引的设计即是属性列表顺序的选择。在例 6-8中,若查找时对所在系的查询比对性别的查询要多,则要用基于(SD,SEX)的索引;而若对性别的查询比对所在系的查询多,则要用基于(SEX,SD)的索引。

在包含连接的查询中,索引同样非常有用。

【例 6-9】 在例 4-1 中的"学生-课程"数据库中增加一个专业系的关系模式 D(DN,DD),其中 DN 为专业系名称,DD 为系主任姓名。

```
SELECT  DD
    FROM  S,D
        WHERE  SNO='s06'  AND  S.SD=D.DN;
```

上述查询要求找出学号为 s06 的学生所在系的系主任的名字。如果在关系 S 的 SNO属性上建有索引,那么就可以用该索引来获得 SNO 值为 s06 的元组。从这个元组中,可以得到 SD 值。

假设关系 D 的 DN 属性上也建有索引,那么就可通过索引中键值等于 SD 值的项找到 D 中相应的元组,然后从这个元组中得到系主任的名字 DD 值。通过这两个索引,仅需查看分别来自两个关系的两个元组,即可得到所需的查询结果。

如果没有索引,在对两个关系进行连接操作时,系统需要遍历两个关系的每一个元组,则查询工作量非常大。如果在连接属性上建立索引,则可以大大提高连接操作的效率。所以,许多数据库系统要求进行连接查询的关系表必须有相应的索引,才能执行连接操作。

不仅可以基于关系的任何一个属性或属性组创建索引,而且在同一个关系上可以基于不同属性或属性组创建多个索引。关系表上的一个索引类似于一本书的索引,或者类似于图书馆的分类卡。

6.5.2 聚集索引和非聚集索引

1. 概念

如果关系表中数据记录按索引键物理排序,则称该有序索引为聚集索引(或聚簇索引,clustered index),否则就称之为非聚集索引(或非聚簇索引,unclustered index)。

一般来说,在一个关系表上建立索引不会影响数据文件中记录的物理存储顺序,但"聚集索引"的建立会使数据文件中记录的物理顺序与索引记录的排列顺序一致。也就是假设在关系表 S 中基于属性 SNO 建立聚集索引,就会生成基于属性 SNO 的顺序文件。若已存在关系表 S,则建立聚集索引文件的同时会导致文件中记录的物理顺序的变更,代价较大,因此不宜基于值经常更新的属性列建立聚集索引。

因为关系表中数据记录只能在一个排序键上排序,所以最多只有一个聚集索引。聚集索引通常称为主索引,非聚集索引通常称为辅助索引(或次索引)。

本节进行以下不代表典型情况的假定：假设关系表的索引键值为连续的自然数值，每个磁盘块中只存放两条记录，即文件的第一个块中存放键值为 1 和 2 的两条记录；假定每个磁盘块中存放 4 条索引记录，只列出索引键字段；假设数据记录以紧凑的方式呈现，实际的磁盘块中会有预留空间，以容纳可能插入关系中的新元组。

基于以上假设，聚集索引如图 6-11 所示，非聚集索引如图 6-12 所示。

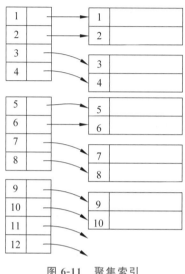

图 6-11　聚集索引

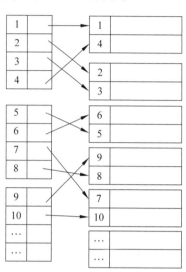

图 6-12　非聚集索引

在聚集索引中，物理位置上相近的索引项在一定程度上预示相应数据记录的索引键值也很近。因此，对于那些经常要按某属性列进行范围查询的情况特别有效。使用聚集索引找到第一个满足条件的数据记录后，便可以确保物理相近的其他记录也满足查询条件，从而能大大减少查找时所要访问的磁盘块，提高数据访问的性能。

【例 6-10】　一个关系表可能存储在 10 000 个磁盘块上，但对一个特定的查询（等值查询或范围查询）来说，只有 100 个元组满足条件。如果数据存储在没有索引文件的堆文件中，那么可能需要 10 000 次 I/O 操作；如果在这个查询的 WHERE 子句的查找属性上有一个非聚集索引是可用的，那么检索最多只需要 100 次 I/O 操作。如果在查找属性上有一个聚集索引是可用的，且每个磁盘块平均包含 20 条数据记录，可能只需要 5 次 I/O 操作，检索 5 个磁盘块。以上均忽略对索引文件的 I/O 操作。

2. 索引的创建

对某些数据库系统，聚集索引总是与数据文件集成为一种存储结构，在这种情况下，索引记录包含数据记录，由语句 CREATE TABLE 创建表时同时创建。非聚集索引存储在一个单独的文件中，可单独用语句 CREATE INDEX 来为表增加索引。

在用 CREATE TABLE 创建表的同时创建索引，要求在如下语句的完整性约束条件中加以说明。

```
CREATE  TABLE  <表名>
   (<属性列名 1><数据类型>[<列级完整性约束条件>]
```

[,<属性列名 2><数据类型>[<列级完整性约束条件>],…]

[,<表级完整性约束条件>]);

说明:

(1) <列级完整性约束条件>可为 PRIMARY KEY CLUSTERED|NONCLUSTERED,用来定义该属性列为主键,同时建立基于该主键的聚集或非聚集索引。

(2) <表级完整性约束条件>可为 PRIMARY KEY[CLUSTERED|NONCLUSTERED](<属性列名组>),用来定义<属性列名组>为表的主键,同时建立基于该主键的聚集或非聚集索引。

由语句 CREATE INDEX 创建索引的语句格式:

```
CREATE [UNIQUE] [CLUSTERED|NONCLUSTERED] INDEX <索引名>
    ON <表名>(<属性列名 1>[<次序>][,<属性列名 2>[<次序>],…])
    [其他参数];
```

说明:

(1) <索引名>是对索引的标识,用于后续对索引的维护。

(2) <表名>指定要建索引的基本表的名字。索引可以建在该表的一个或多个属性列上,各属性列名之间用逗号分隔。

(3) 每个<属性列名>后面还可以用<次序>指定索引键值的排列次序,可选 ASC(升序)或 DESC(降序),默认时为 ASC。

(4) UNIQUE 表示该索引中不存在索引键值相同的索引项。

(5) CLUSTERED|NONCLUSTERED 表示要建立的索引是聚集索引还是非聚集索引,默认为非聚集索引。

(6) "其他参数"是与物理存储有关的参数,例如说明将索引创建到指定分区或文件组。如果不指定,则索引存储由 DBMS 决定。

在建立索引后,相应的索引描述也存储到数据字典中。不再需要的索引应及时删除,避免系统为维护索引降低系统操作性能。

删除索引的语句格式:

```
DROP INDEX <索引名>ON <表名>;
```

或

```
DROP INDEX <表名>.<索引名>;
```

【例 6-11】 为例 4-1 中"学生-课程"数据库创建学生表,同时创建基于主键的索引。

图 6-13 中的 SQL 语句定义了学生关系表(S5),并在主键 SNO 上定义了聚集索引。若任意输入学生元组后,再打开表时,会按照学号 s01、s02……的顺序(升序)呈现出来,数据文件是一个基于 SNO 的顺序文件。若再想基于 SB 建立聚集索引,是不可以的,如图 6-14 所示。而若定义学生关系表(S3)的同时创建的是 SNO 上的非聚集索引,如图 6-15 所示,则任意输入学生元组后,再打开表时,会按照输入的顺序呈现出来,数据文件是一个堆文件。此时可再为关系表(S3)建立基于 SB 的聚集索引,如图 6-16 所示。若任意输入学生元组后,再打开表时,学生元组会按照出生日期的先后(升序)的顺序呈现出来,数据

文件是一个基于 SB 的顺序文件。

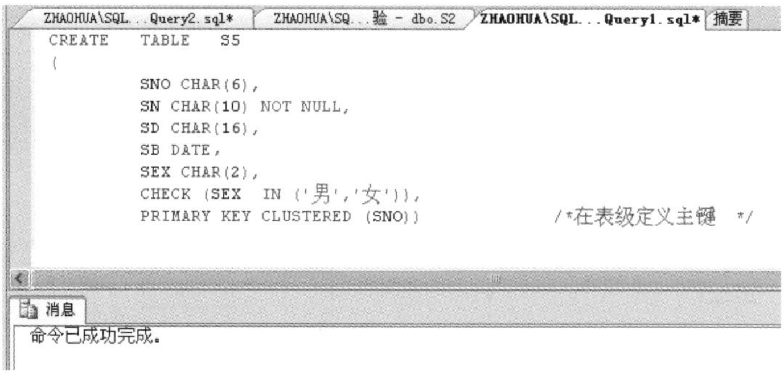

图 6-13　创建表的同时创建聚集索引

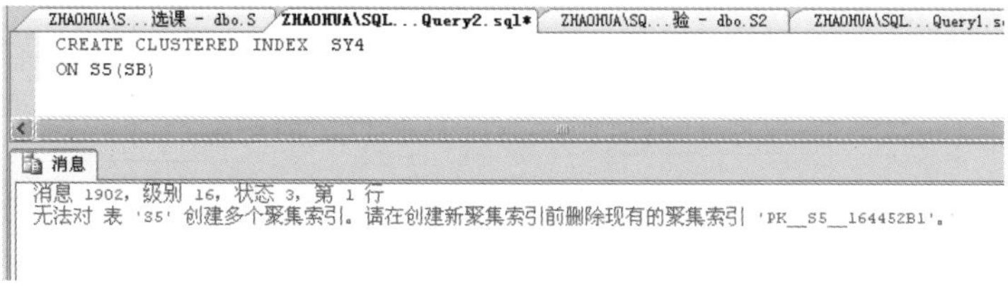

图 6-14　不能为同一个表创建多个聚集索引

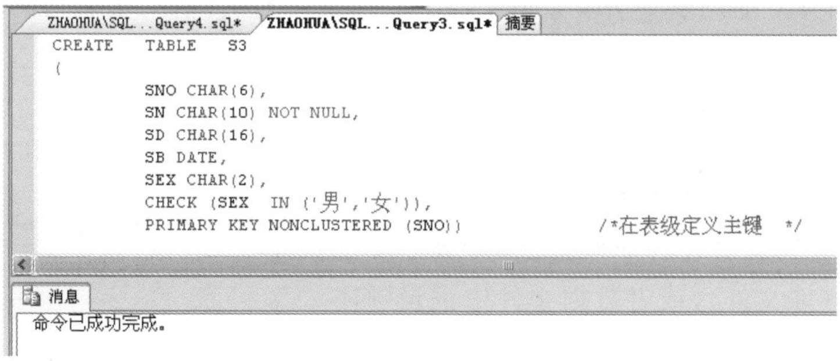

图 6-15　创建表的同时创建非聚集索引

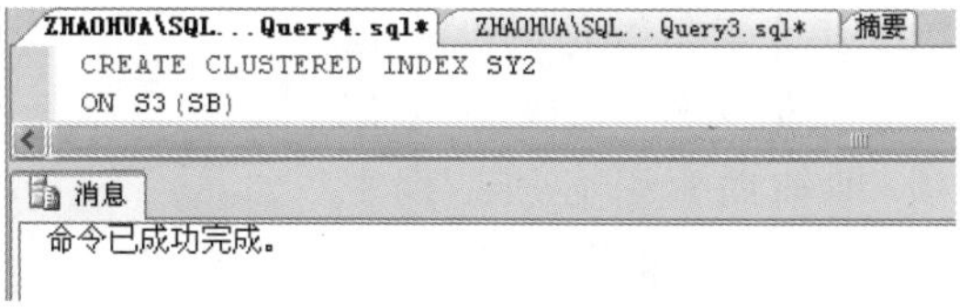

图 6-16　为表创建基于非主键的聚集索引

6.5.3　稠密索引和稀疏索引

按照索引对数据库记录的覆盖程度，可以将索引分为稠密索引（dense indices）和稀疏索引（sparse indices）。

1. 稠密索引

稠密索引可以基于以下三种情况定义。

(1) 索引键为关系表的候选键,可为数据文件中的每一条记录建立一个索引记录(索引项)。

图 6-17 为基于堆文件建立的稠密索引,索引键为候选键。图 6-18 为基于顺序文件上建立的稠密索引,索引键为候选键。

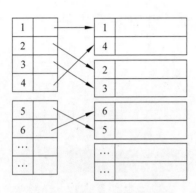

图 6-17　基于堆文件的候选键
建立的稠密索引

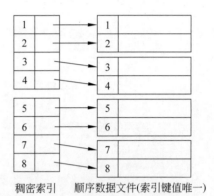

稠密索引　顺序数据文件(索引键值唯一)

图 6-18　基于候选键排序的顺序
文件上的稠密索引

图 6-17 所建立的稠密索引是数据文件上的非聚集索引(辅助索引),如图 6-12 所示。图 6-18 所建立的稠密索引是数据文件上的聚集索引,如图 6-11 所示。

(2) 索引键为关系表的非候选键,且数据文件为索引键上的顺序文件,则为数据文件中具有相同索引键值的记录建立一个索引记录,索引记录包括索引键值和指向具有该值的记录链表中第一个记录的指针,如图 6-19 所示。

(3) 索引键为关系表的非候选键,且数据文件为非顺序文件(堆文件),或者数据文件中记录顺序是由其他属性上主索引确定的,而不是按辅助索引的索引键顺序物理存储的,则具有同一索引键值的记录可能分布在文件的各个地方,因此索引文件中要存放指向数据文件中具有该索引键值的所有记录的指针。也就是说,对于数据文件中的每一个记录都必须有一个索引项,即辅助索引必须是稠密的。因为辅助索引不影响记录的存储位置,无法根据辅助索引来预测键值不在索引中显式指明的任何记录的位置,如图 6-20 所示。

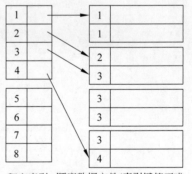

稠密索引　顺序数据文件(索引键值不唯一)

图 6-19　基于非候选键排序的顺序文件上的稠密索引

按照图 6-20 所示的结构存储索引文件,有时空间浪费很大。假如某个索引键值在数据文件中出现 n 次,那么这个键值在索引文件中就要存储 n 次。

如果只为指向该键值的所有指针存储一次键值,可节省存储空间。可以通过在稠密索引和数据文件之间加一个记录指针桶来实现,即将数据文件中具有该索引键值的所有记录的指针存放在一个指针桶中,索引项中的指针域再存放指向该指针桶的指针,如图 6-21 所示。

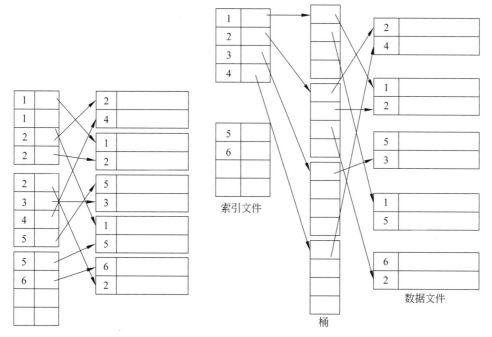

图 6-20　基于堆文件的非候选键
建立的稠密索引

图 6-21　使用记录指针桶建立的稠密索引

在图 6-21 所示的结构中,在数据文件中插入第一条索引键值为 K_i 的记录 R_i 时,在索引文件中将生成一个新的索引项 (K_i, P_i),同时系统将自动申请一个大小为 B 的记录指针桶 B_i,将指针 P_i 指向该记录指针桶 B_i,并将当前记录 R_i 的地址指针保存在记录指针桶 B_i 中。如果记录指针桶 B_i 已满,系统将申请一个新的记录指针桶,并连接到原来的记录指针桶的后面。

采用图 6-21 所示的方式,只要索引键值的存储空间比指针大,并且每个索引键值平均出现至少两次,就可以节省空间。不过,即使在键值和指针大小相当的情况下,在辅助索引上使用记录指针桶也有一个重要的好处:可以在不访问数据文件记录的前提下利用桶的指针来帮助回答一些查询和减少一些 I/O 开销。比如,当查询有多个条件,且每个条件都有一个可用的辅助索引时,可以通过在主存中将指针集合求交集来找到满足所有条件的指针,然后只须检索交集中指针指向的记录。这样就节省了检索满足部分条件而非所有条件的记录所需的 I/O 开销。

2. 稀疏索引

如果数据文件是索引键上的顺序文件,可以在索引文件中只为数据文件的每个磁盘块设一个键-指针对,记录该磁盘块中第一条数据记录的索引键值及该磁盘块的首地址。这样建立起来的索引文件称为稀疏索引,如图 6-22 所示。

只有当数据文件是按照索引键排序时,在该索引键上建立的稀疏索引才能被使用,因

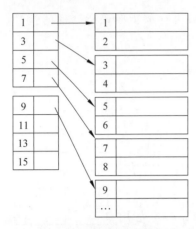

图 6-22 基于候选键排序的顺序
文件上的稀疏索引

为有序文件才允许定位不被索引引用的记录,因此稀疏索引一定是聚集的。而非聚集索引是稠密的。

使用稀疏索引占用空间小,比稠密索引节省了更多的存储空间,维护的开销也较小,定位包含所要查找记录的块,需要较少的 I/O 开销。

【例 6-12】 设一个关系有 10^6 个元组,在每个磁盘块中可存放 10 个这样的元组,则该关系大约占用 10^5 个磁盘块。假设每个磁盘块可以存放 100 个索引项,且使用二分查找法找到所需索引项。

若为该数据文件按主键建立一个稠密索引,则该稠密索引共有 10^6 个索引项,需要占用 10^4 个磁盘块。利用该稠密索引进行记录定位需要的磁盘 I/O 次数为

$$\log_2 10\,000 + 1 \approx 13.3 + 1 \approx 15 \text{ 次}$$

其中,14 次用来二分查找索引文件中索引项,1 次用来根据索引项来查找记录。

若该数据文件已经按照主键值从小到大的顺序构成了一个顺序文件,可为该顺序数据文件建立一个稀疏索引,则稀疏索引文件中有 10^5 个索引项,需要占用 10^3 个磁盘块。利用该稀疏索引进行记录定位需要的磁盘 I/O 次数为

$$\log_2 1000 + 1 \approx 9.97 + 1 \approx 11 \text{ 次}$$

在已有稀疏索引的情况下,查找一条键值为 K 的记录,首先在索引文件中找到索引键值小于等于 K 的索引项中索引键值最大的索引项。由于索引文件已按索引键排序,可以使用二分查找法来定位这个索引项,然后根据这个索引项的指针找到记录所在磁盘块,在调入内存的磁盘块中进行搜索,以找到键值为 K 的记录,或遇到索引键值更大的记录,或遇到文件尾为止,此时说明不存在键值为 K 的记录。

稀疏索引的索引键若不是关系表上的一个候选键,则存在对于相同的索引键值(见图 6-23)数据文件存在多个记录分散在相邻的不同磁盘块上的情况,在检索时会有前一磁盘块中的记录有可能被错过的现象。

由于稀疏索引只能用于顺序文件上,对特定记录的查找,需将相应的数据文件中的磁盘块读入内存后才能判别该记录是否存在,即查找给定值的记录需要更多的时间。而利用稠密索引可直接定位记录的位置,回答是否存在该记录。

6.5.4 多级索引

即使采用稀疏索引,可能建成的索引文件还是很大,索引文件本身也可能占据多个磁盘块,不能全部驻留内存,只能以顺序文件的形式存储在磁盘上。需要时,再把指定索引磁盘块调入内存。这样即便能定位索引磁盘块,并且能使用二分查找法找

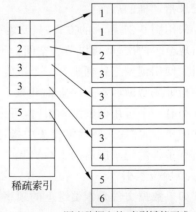

稀疏索引   顺序数据文件(索引键值不唯一)

图 6-23 基于非候选键排序的顺序
文件上的稀疏索引

到所需索引项,仍可能需要执行多次 I/O 操作,如例 6-12 所述。

为了能够快速定位查找记录的索引项,从而更快地找到所需的数据记录,引入多级索引(multilevel index)结构。直接建立在数据文件上的索引称为第一级索引,根据第一级索引文件建立的索引称为第二级索引,以此类推,从而可以建立一个多级索引结构。

在多级索引组织结构中,第一级索引可以是稠密索引,也可以是稀疏索引。由于索引文件本身是顺序文件,因此从第二级索引开始建立的更高级的索引都必须是稀疏索引,即对每个索引文件所占磁盘块建立一个索引记录。因为在一个索引文件上建立稠密索引将需要和该索引文件同样多的键-指针对,需要同样多的存储空间,这就失去了建立多级索引的意义。因此,多级索引的建立可在顺序文件上建立一级稠密索引,再在一级稠密索引上建立二级稀疏索引,如图 6-24 所示;可在堆文件上建立一级稠密索引,再在一级稠密索引上建立二级稀疏索引,如图 6-25 所示;可在顺序文件上建立一级稀疏索引,再在一级稀疏索引上建立二级稀疏索引,如图 6-26(索引键值唯一)和图 6-27(索引键值不唯一)所示。

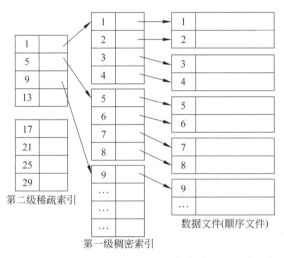

图 6-24　在顺序文件上建立一级稠密索引和二级稀疏索引

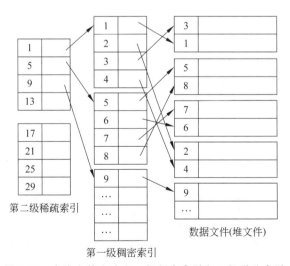

图 6-25　在堆文件上建立一级稠密索引和二级稀疏索引

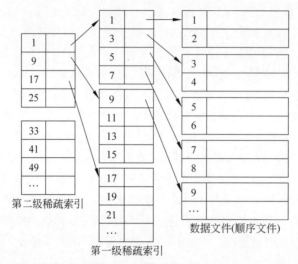

图 6-26 在顺序文件上建立一级稀疏索引和二级稀疏索引(索引键唯一)

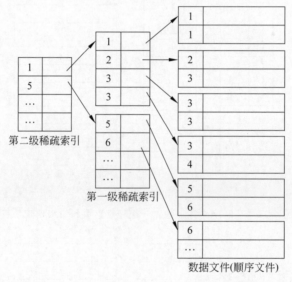

图 6-27 在顺序文件上建立一级稀疏索引和二级稀疏索引(索引键不唯一)

如果最后的索引文件较小,能在系统运行时常驻内存,查找速度还是较快的。例如,对例 6-12 中的 100 个索引块建立稀疏索引,只需一个索引块,可常驻内存。只要当第一级索引需要多个磁盘块(大于 1)存储时,就可以建立第二级索引。类似地,只有第二级索引需要多个磁盘块存储时,才需要建立第三级索引,这就形成了多级索引结构。

【例 6-13】 一个文件有 10^9 个记录,设每块可存储 10 个记录,需要 10^8 个块。若可建立第一级稀疏索引,那么就有 10^8 个索引记录。若每个存储块可存储 100 个索引记录,那么需要 10^6 个索引块。然后再建立第二级索引,有 10^6 个索引记录,需要 10^4 个索引块;再建立第三级索引,有 10^4 个索引记录,需要 100 个索引块;最后建立第四级索引,有

100 个索引记录,只需 1 个索引块。

6.5.5　倒排索引和文档检索

随着万维网的出现以及在线保存所有文档成为可能,研究文档的存储和按关键字集高效检索文档的问题成为数据库研究领域面临的一个难题。目前,最简单、最常用的形式是采用倒排索引的方法。该方法中文档的存储和索引的建立可用关系的术语进行如下描述。

(1) 对应一个倒排索引有一个关系模式,每个文档文件对应此关系的一个元组。

(2) 每个元组有若干属性,每个属性对应于文档中可能出现的一个词。每个属性都是布尔型的——表明该词在该文档中出现还是没有出现。属性的取值为真当且仅当该文档中至少出现一次该属性。

(3) 为关系的每个属性建辅助索引,索引中只有索引键值为 TRUE 的索引项。把所有的索引合成一个倒排索引。

【例 6-14】　图 6-28 为一个文档的倒排索引。取代数据文件中记录的是一个文档集合,每个文档可以存放在一个或多个磁盘块上。倒排索引本身是由一系列词-指针对组成,词实际上是索引键。倒排索引被存储在连续的块中。采用地址指针桶来提高空间利用率,如同在前面稠密索引(见图 6-21)所讨论的一样。

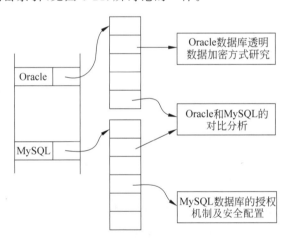

图 6-28　文档的倒排索引

桶文件中的指针可以是指向文档本身的指针,或者是指向词的一个出现的指针。当使用指针桶指向每个词的多次出现的时候,可使桶文件包含更多有关词的信息,比如出现在文档的标题、摘要或正文中的情况,甚至是出现在 HTML、XML 或其他标记语言的文档的题头、表或锚中的词。

6.5.6　位图索引

下面介绍一种不同于前面所述的索引——位图索引。

假设文件的 n 个记录有一个永久的编号:$1,2,\cdots,n$。此外,文件存在某种数据结构,

它对于任意的一个 i 可使我们容易地找到第 i 个记录。可为文件记录的某字段 F 建一个位图索引,该索引是一个长度为 n 的位向量的集合。每一个位向量对应于字段 F 可能取的一个值。如果第 i 个记录的字段 F 的值为 v,那么对应于值 v 的位向量在位置 i 上的取值为 1,否则为 0。

【例 6-15】 假设有一个用于统计"谁买金首饰"的数据库,为使问题简化,这里假设相关属性只有顾客的年龄和薪水。若数据库实例如图 6-29 所示,有 12 个顾客,则该数据库的位图索引是一个长度为 12 的位向量的集合。

对于第一个字段年龄,它有 7 个不同的值,因此年龄的位图索引由下面 7 个位向量组成。

25:100000001000   30:000000010000   45:010000000100
50:001110000010   60:000000000001   70:000001000000
85:000000100000

第 1 个位向量对应年龄 25,因为第 1、9 个记录的年龄都是 25,所以位向量的第 1、9 位为 1,其他位为 0。其他位向量依次对应年龄为 30、45、50、60、70 和 85 的值。

对于第二个字段薪水,它有 10 个不同的值,因此薪水的位图索引由下面 10 个位向量组成。

60:110000000000   75:001000000000   100:000100000000
110:000001000000 120:000010000000 140:000000100000
260:000000010001 275:000000000010 350:000000000100
400:000000001000

年龄	薪水
25	60
45	60
50	75
50	100
50	120
70	110
85	140
30	260
25	400
45	350
50	275
60	260

图 6-29 "谁买金首饰"的数据库实例

依次对应薪水为 60、75、100、110、120、140、260、275、350 和 400 的位向量。

表面上看,位图索引需要很多的空间,尤其是当字段有许多不同值时,因为位的总数是记录和取值数的乘积。假定在一个有 n 个记录的文件的字段 F 上建立位图索引,且在文件中出现的字段 F 的不同值的数目为 m,那么该索引的所有位向量的二进制位数就是 $m \times n$。如果字段 F 是键,该索引的所有位向量的二进制位数就是 n^2。如果磁盘块的大小为 4KB,那么在一个块中可存放 32 768 位,则该索引所需块数为 $m \times n \div 32\ 768$。这个数比存放文件本身所需的块数要小。如果 m 值很大,那么位向量中的 1 将会很少。如果 1 很少,那么可对位向量采取压缩编码等方式以便位向量平均所占用的位比 n 少得多。

使用位图索引的优势表现为在许多情况下可高效地回答部分匹配查询和范围查询。

【例 6-16】 对在 WHERE 子句含有多个查询条件的查询。

```
SELECT  SNO
   FROM   S
     WHERE  SB='2020'  AND  SD='计算机';
```

假设在属性 SB 和 SD 上建有位图索引,就能够对对应于 SB='2020' 和 SD='计算机系'的两个位向量求交,即逐位求这些向量的与,得到一个向量,该向量的位置 i 取值为 1,

当且仅当第 i 个 S 元组对应的学生就是 2000 年出生的计算机系的学生。

【例 6-17】 考虑例 6-15 中的数据库,假设要查询年龄范围在 45～55 且薪水范围在 100～200 的所有首饰购买者。针对此查询,可先找出在 45～55 这个范围内的年龄值向量,即 010000000100 和 001110000010,分别对应年龄 45 和 50。将这两个位向量进行按位或,得到一个新向量 011110000110:当且仅当第 i 个记录的年龄在 45～55 时它的位置 i 上取值为 1。然后再找出薪水在 100～200 的薪水向量,有 4 个,即 000100000000、000001000000、000010000000 和 000000100000,分别对应于薪水 100、110、120 和 140,将 4 个位向量进行按位或的结果是 000111100000:当且仅当第 i 个记录的薪水在 100～200 时它的位置 i 上取值为 1。最后将通过或运算得到的两个位向量进行按位与,得到一个新向量 000110000000,即满足查询条件的记录的位向量,于是从结果向量找到只有第 4 个记录(50,100)和第 5 个记录(50,120)是在所要求的范围内。

对上面的例子,如果能够按给定的元组号检索元组,就只需要读包含一个或多个这样元组的那些磁盘块。

6.6 索引文件的结构

索引可以有多种形式,每种索引都使用一种特定的数据结构来实现利用索引提高查询速度的目的。索引在提高数据查询性能的同时,不仅需要额外的存储空间,同时还会影响系统进行数据插入、删除和修改时的性能。因为在更新数据时,需要花费一定的时间来维护索引结构。因此,需要根据实际的数据应用,综合考虑各方面的因素,选择适合的索引结构。

选用何种数据结构的索引,主要基于以下几方面的考虑。

(1)存取类型:用户是根据属性值查找记录,还是根据属性值的范围查找记录。

(2)存取时间:通过索引查找特定记录或记录集所花费的时间。

(3)插入时间:找到正确的位置插入新记录所花费的时间和修改索引结构所花费的时间。

(4)删除时间:找到被删记录并进行删除所花费的时间和修改索引结构所花费的时间。

(5)索引空间的开销:索引结构所需要的额外存储空间。索引实际上是用空间代价来换取系统查询性能的提高。

目前常用的索引文件结构是采用顺序文件来实现单级索引,采用 B 树数据结构来实现多级索引,也可以基于散列或者其他查找数据结构构建索引。

6.6.1 B十树

在 6.5 节中所述的索引文件的文件组织是一个顺序文件,也称为索引顺序文件,IBM 早期的大量系统中都应用了这种文件组织。因为各级索引都是顺序文件,在数据文件是非顺序文件或者索引键值的变化比较频繁的情况下,索引顺序文件自身的维护非常复杂,对索引项的插入、修改和删除操作会导致索引项在索引文件中的大量移动。例如,插入是通过某种形式的溢出文件处理的,溢出文件会与数据文件周期性地合并,在重组文件的过程中要重新建立索引。为了充分发挥多级索引的作用,同时减少索引文件的插入和删除所带来的问题,目前大多数数据库系统使用 B 树数据结构来实现动态多级索引,而最常用的是其称为 B+树的变体。B 树把索引文件所占的磁盘存储块组织成一棵树,这棵树是平衡的。

1. B+树的组织

对应于每个 B 树索引都有一个参数 m,它决定了 B 树的所有磁盘存储块的布局。在数据库技术中,一棵 m 阶平衡树或者为空,或者满足以下条件。

(1) 每个结点至多有 m 棵子树。

(2) 根结点或为叶结点,或至少有两棵子树。

(3) 每个非叶结点至少有 $\lceil m/2 \rceil$ 棵子树。

(4) 从根结点到叶结点的每一条路径都有同样的长度,即叶结点在同一层次上。

一棵 m 阶 B+树是平衡树,按下列方式组织。

(1) 每个结点中至多有 $m-1$ 个索引键值 $K_1,K_2,\cdots,K_{m-1}$,m 个指针 $P_1,P_2,\cdots,P_m$,且 $K_1<K_2<\cdots<K_{m-1}$。形式为

$$<<K_1,P_1>,<K_2,P_2>,\cdots,<K_{m-1},P_{m-1}>,P_m>$$

P_1	K_1	P_2	K_2	$\cdots$	P_{m-1}	K_{m-1}	P_m

(2) 每个叶结点中的指针 P_i 指向一个索引键值为 K_i 的数据文件记录或一个记录指针桶,且指针桶中的每个指针指向具有索引键值为 K_i 的一条数据文件记录。每个叶结点最多可存放 $m-1$ 个索引键值 K_i,最少也要存放 $\lceil(m-1)/2\rceil$ 个索引键值 K_i。各叶结点中的 K_i 值不重复且不相交,构成数据文件的一级稠密索引,每个叶结点中的索引键值 K_i 按升序排列。利用每个叶结点中的最后一个指针指向下一个键值大于它的叶结点磁盘块。将所有叶结点按索引键值的排序顺序连接在一起,可提供对数据文件的基于索引键的有序访问。

(3) 非叶结点中,如果非叶结点有 n 个指针,则 $\lceil m/2 \rceil \leq n \leq m$,结点中将有 $n-1$ 个键值。对于 P_i 指向的子树中的索引键值 X,有

当 $1<i<n$ 时, $K_{i-1}\leq X <K_i$

当 $i=1$ 时, $X<K_i$,即 $X<K_1$

当 $i=n$ 时, $K_{i-1}\leq X$,即 $K_{n-1}\leq X$

非叶结点形成了叶结点上的一个多级稀疏索引,每个非叶结点(不包括根结点)中至少 $\lceil m/2 \rceil$ 个指针,至多有 m 个指针。指针的数目 n 称为结点的"扇出端数"。对于第一个指针 P_1 指向的子树中,所有索引键值均小于 K_1;对于第 i 个指针 $P_i(i=2,3,\cdots,n-1)$,P_i 指向的子树中,所有结点的索引键值均小于 K_i,而大于或等于 K_{i-1};指针 P_n 指向的子树中,所有索引键值均大于或等于 K_{n-1}。若 $n<m$,非叶结点中指针 P_n 之后的所有空闲空间都作为预留空间,可用于插入新的索引项。

(4) 根结点与其他非叶结点不同,它包含的指针数可以小于 $\lceil m/2 \rceil$,但必须至少包含

两个指针。这与前面所述只有某级索引需要多个磁盘块(大于 1)存储时才需要建立上一级索引相一致。

(5) 所有被使用的键和指针通常都存放在结点的开头位置,但叶结点的第 n 个指针例外,该指针要放在最后,用来指向下一个叶结点。

在对数据文件的记录进行更新操作后,系统会对 B+树进行维护,满足上述约束,从而保持 B+树的平衡。

图 6-30 给出了一棵 $m=4$ 的 B+树示意图。在树中每个块中可存放 3 个键值和 4 个指针,这是一个不代表通常情况的小数字。B+树状结构与内存中常用的树状结构(如二叉树)的一个重要区别在于结点的大小及其构成的树的高度不同。B+树的结点较大,一般占一个磁盘块大小,每个结点中可以有大量的指针,因此 B+树一般"胖而矮",不像二叉树那样"瘦而高"。一般在存储块能容纳 $m-1$ 个键值和 m 个指针的情况下,应把 m 取得尽可能大。

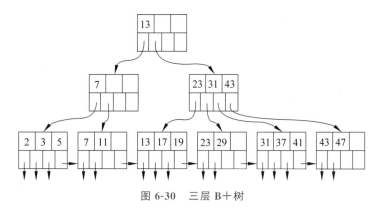

图 6-30　三层 B+树

【例 6-18】　假定磁盘块大小为 4KB,且整数型键值占 4B,指针占 8B。若不考虑磁盘块块首部信息所占空间,那么 m 值可以是满足 $4(m-1)+8m\leqslant4096$ 的最大整数值 m,即 $m=341$。

B+树是建立索引的一种强有力的工具。它的叶结点上指向记录的一系列指针可以起到在 6.4 节学过的任何一种多级索引文件中的指针序列的作用。

(1) B+树的索引键是关系表的主键,且索引是稠密的。叶结点中为数据文件的每一个记录设有一个键-指针对。该数据文件可以按主键排序(见图 6-24),也可以不按主键排序(见图 6-25)。

(2) 数据文件按主键排序,且 B+树是稀疏索引,在叶结点中为数据文件的每个块设有一个键-指针对(见图 6-26)。

(3) 数据文件按非键属性排序,且该属性为索引键,叶结点为数据文件里出现的每个属性值 K 设有一个键-指针对,其中指针指向索引键值为 K 的记录中的第一个(见图 6-27)。

图 6-30 为一棵完整的三层 B+树。其中,B+树的索引键是数据文件的主键,其值是 2~47 的所有素数,索引是稠密的,即叶结点中为数据文件的每一个记录设有一个键-指针对。所有叶结点都有 2 或 3 个键-指针对,指针指向具有这些键值的记录;还有一个指

向序列中键值大于它的下一叶结点的指针,若该叶结点是序列中的最后一个,则该指针为空。

根结点仅有两个指针,为所允许的最小指针数,根结点的键值将可通过第一个指针访问到的键值和可通过第二个指针访问到的键值分开,即不超过 12 的键值可通过根结点的第一个子树找到,大于或等于 13 的键值可通过第二个子树找到。而通过根结点的第一个子结点,又进一步将小于 7 和大于或等于 7(但小于 13)的键值分开。

2. B+树的查询

假设需要在 B+树中查找索引键值为 K 的记录,查询开始结点为 T(初始为根结点),则查询过程可如下进行。

(1) 如果结点 T 的键值为 $K_1, K_2, \cdots, K_n$,只有一个子结点可使我们找到具有键值 K 的叶结点。如果 $K < K_1$,则为第一个子结点;如果 $K_1 \leqslant K < K_2$,则为第二个子结点……如果 $K_n \leqslant K$,则为第 $n+1$ 个子结点。将这一子结点记为 T。

(2) 如果结点 T 是非叶结点,则返回步骤(1)继续查找。

(3) 否则(表示结点 T 是叶结点),在结点 T 中查找,若存在索引键值 $K_i = K$,则指针 P_i 可让我们找到所需的记录;如果不存在某个索引键值 $K_i = K$,则表示文件中没有索引键值为 K 的记录。

【例 6-19】 在图 6-30 的 B+树上分别查找索引键值 $K = 12$、$10 \leqslant K \leqslant 25$ 和 $K = 29$ 的记录。

在图 6-31 中,沿路径①(路径用直线箭头表示)可查找 $K = 12$ 的记录;沿路径②(用直线箭头和弧线箭头表示)可连续找到满足条件的 $K = 11$、13、17、19、23 的记录;沿路径③可查找 $K = 29$ 的记录。

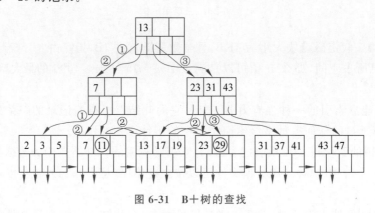

图 6-31　B+树的查找

在路径①中,若想找到 $K = 12$ 的记录,从根结点开始,其中只有一个键 13。因为 $12 < 13$,就沿着根结点的第一个指针找到包含键值为 7 的下层结点。在这个结点上由于 $7 < 12$,就沿着它的第二个指针找到包含键值 7、11 的叶结点,如果数据文件中有键值为 12 的记录,我们就应该在这个叶结点中找到键 12。既然没有发现值为 12 的键,可以确定在数据文件中没有键值为 12 的记录。

在路径②中,若想找到 $10 \leqslant K \leqslant 25$ 的记录,从根结点开始,首先找到键值 10 可能在的叶结点。因为10＜13，就沿着根结点的第一个指针找到包含键值为7的下层结点。在这个结点上由于7＜10，就沿着它的第二个指针找到包含键值7、11的叶结点，它的第一个键小于10，但第二个键11大于10，这样沿着此叶结点的第二个指针就可以找到满足条件的第一个记录。此叶结点中没有其他键值了，可沿着此叶结点的最后一个指针找到它的下一个叶结点，包含键值13、17和19。这些键都满足条件，可沿着它们的相应指针检索具有这些键的记录。然后再找到下一个叶结点，找到键值23及其相应的记录。而键29大于25，查询结束。这样就检索到了满足$10 \leqslant K \leqslant 25$的5个记录，其键值分别为11、13、17、19和23。因为叶结点是按索引键值的排序顺序连接在一起，所以可快速实现范围查询。

在路径③中，若想找到$K = 29$的记录，也从根结点开始。因为13＜29，就沿着根结点的第二个指针找到包含键值为23、31和43的下层结点。在这个结点上由于23＜29＜31，就沿着它的第二个指针找到包含键值23和29的叶结点，这样就找到了键29，沿着此叶结点的第二个指针就可以找到数据文件中键值为29的记录。

由此可见，对于一个层高为n的B＋树索引，查询时只须读取B＋树中从根结点到叶结点的n个磁盘块，再加上根据索引键值将数据文件中的所需磁盘块读入内存，即只须访问$n+1$次磁盘块就能找到记录。在数据文件很大时，这个查询速度是很快的。

对于典型的键、指针和块大小来说，一般取3作为B＋树的层数，除非数据库极大。例6-18即为针对典型的键、指针和块大小所取的每个块结点可容纳的键-指针对。假如一般的块的充满度介于最大（340）和最小（170）中间（在每个磁盘块中一般都保留一些空间，以插入新的索引项），即一般的块有255个指针。这样，一个根结点有255个子结点，有$255^2 = 65\,025$个叶结点；在这些叶结点中，可以有$255^3 \approx 1.66 \times 10^7$个指向记录的指针。也就是说，记录数小于或等于$1.66 \times 10^7$的文件都可以被三层的B＋树容纳。对该B＋树的查询只须三次磁盘I/O操作，甚至可以更少。假若根结点块缓存在主存中，则只须两次磁盘读操作。

3. B＋树的维护

对采用B＋树索引结构的数据文件插入和删除一个记录，虽然操作比查找要复杂，但许多地方仍优于其他数据结构。

如果要将一个键值为K的记录插入被图6-30中的B＋树索引的数据文件中，则要在B＋树中新插入一个键值为K的索引项，同时还要对B＋树进行相应的修改。

【例6-20】 图6-32为在图6-30中的B＋树上插入一个键值为40的索引项后的B＋树。

(1) 首先定位新的键-指针对应插入的叶结点位置（如图6-30中的第五个叶结点），若在叶结点中有空闲空间（即该叶结点中的键值数小于3），就把新键值放在那里；如果没有空间，就把该叶结点分裂成两个，并且把其中的键值分到这两个新结点中，使每个新结点有一半或刚好超过一半（图6-30中的第五个叶结点需分裂）。

(2) 某一层的结点分裂将使其上层插入一个新的键-指针对，即在其上层再递归地使用插入策略：如果有空间，则插入；如果没有，则分裂这个父结点且继续向树的高层推进（图中的第五个叶结点的父结点还需分裂）。

(3) 如果递归到根结点且根结点还没有空间，那么就分裂根结点且在其上层创建一个新的根结点，这个新的根结点有两个刚分裂的结点作为它的子结点。

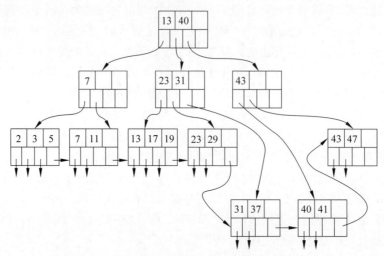

图 6-32　B＋树的插入(插入键值 40 之后)

　　如果要在 B＋树索引的数据文件中删除一个具有给定键值 K 的记录,必须先定位该记录和它在 B＋树中的键-指针对。删除记录本身后,还要从 B＋树中删除对应的键-指针对。如果删除键-指针对后,其所在叶结点 N 至少还有最小数目的键和指针,则不需要再做什么。但若该叶结点在删除之前刚好具有最小的充满度,那么在删除之后,就违背了对键数目的约束(m 阶 B＋树,每个叶结点最少也要存放$\lceil (m-1)/2 \rceil$个键值),此时需要沿着树往上递归地删除。

　　【例 6-21】　图 6-33 为在图 6-30 中的 B＋树上删除键值为 7 的索引项后的 B＋树。

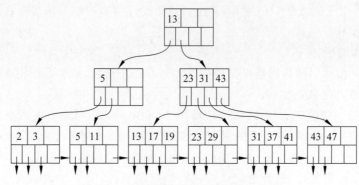

图 6-33　B＋树的删除(删除键值 7 之后)

　　(1) 若要删除结点 N 的一个键值,如果与结点 N(图 6-30 中第二个叶结点)相邻的兄弟(图 6-30 中第一个叶结点)中有一个的键和指针超过最小数目,那么它的一个键-指针对可以移到结点 N 中并保持键的顺序。结点 N 的父结点可能需要调整,以反映这个调整(图 6-30 中其父结点的键值改为 5,如图 6-33 所示)。

　　(2) 如果相邻的两个兄弟中没有一个能提供键值给结点 N 时,即它们拥有的键值都刚好为最小值,那么就将结点 N 和其中的一个兄弟(图中 N 只有一个兄弟)合并,要删除一个结点。此时,需要调整父结点的键,并删除父结点的一个键-指针对。如果父结点还有最小数目的键和指针,就完成了删除操作;否则,需要在父结点上递归地进行删除操作。图 6-34 为在图 6-33 中的 B＋树上再删除键值为 11 的索引项后的 B＋树。

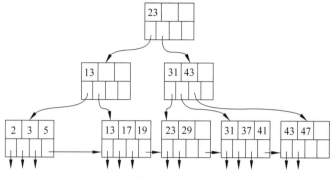

图 6-34　B＋树的删除(删除键值 11 之后)

对 B＋树索引文件组织作进一步的演变,使得 B＋树叶结点不存储指向数据记录的指针,而是直接存储记录本身,那么这种结构称为"B＋树文件组织"。这样,查询时到达叶结点后,直接可把数据记录找到,不必再沿着指针去找数据记录。索引文件性能得到进一步提高。

6.6.2　散列索引

散列方法不仅可以用在数据文件组织上,也可以用在索引文件结构的创建上。把索引键值与指针一起组合成散列文件结构的一种索引称为"散列索引"。

可采用如下方法构造散列索引:首先为数据文件中每个记录建立一个索引项,每个索引项包含索引键值和指向数据记录的指针;然后把这些索引项组织成散列结构,而不是稠密或稀疏索引结构,即同一桶内存放的是散列值相同的索引键值所在的索引项。

【例 6-22】　图 6-35 所示的是例 4-1 中的"学生-课程"数据库中关系表 S 的一个散列索引,其索引键是 SNO,散列函数是学号(数字部分)按 3 取模,散列在三个桶中。

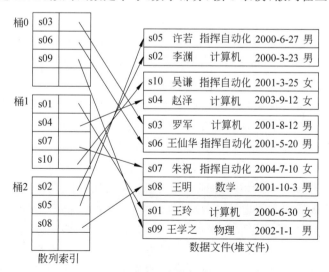

图 6-35　散列索引

散列索引的优点体现在可以使等值查找更为有效。因为对一个树索引来说,在到达叶结点之前,必须访问从根结点到叶结点的多个磁盘块。而使用散列索引对索引键值为 v 的记录进行等值搜索时,先计算 $h(v)$,找到存储在相应磁盘块上的桶,然后扫描桶的内容来定位索引键值为 v 的索引项(如果有的话)。因为没有其他桶包含相同键值的索引项,所以如果在桶中没有找到相应的索引项,那么在数据文件中就不存在索引键值为 v 的记录。

如果有足够的桶,绝大多数桶都只由单个块组成,那么索引键的等值查找可以通过只有一次 I/O 操作的检索实现,且文件的插入和删除也只须两次磁盘 I/O 操作。这样的结果比直接用稀疏索引、稠密索引或 B+树要好很多。

但散列索引不支持范围查找和部分键值查找。对散列索引而言,在某一范围内,索引键值连续的索引项随机地分布在各个桶中,高速缓存的命中率就会很低。因而对一个范围查找所花费的代价是和这一范围内索引项的数目成比例的。散列索引也不支持对索引键的一部分进行模糊查询,因为散列函数必须应用于整个索引键值。

和 B+树索引一样,散列索引中的一个索引项可存储一个指向数据文件中数据记录的指针,也可包含一条数据记录。如果索引项包含的是数据记录,桶就作为数据文件的一种存储结构,数据文件是桶的一个序列。

6.7　小结

本章首先讨论了在数据库系统中需要存储的数据。在关系数据库系统中,无论数据本身还是数据之间的联系,以及有关数据的描述(数据字典)均可以"关系表"文件结构存储在磁盘等存储介质上。

然后介绍了磁盘介质的物理特性。磁盘上的数据按块存储,由于存在寻道时间、旋转延迟和块传输时间等因素,存取磁盘块的代价很大。本书以磁盘块访问(磁盘 I/O)次数为度量数据库操作所花费时间的近似值,目标是使其最小化。

随后介绍了几种在磁盘上存储文件记录的方法。文件记录可以是定长的,也可以是变长的;可以是同一数据类型,也可以是不同数据类型;可以在磁盘上跨块存储,也可以非跨块存储。文件记录可以以堆文件、顺序文件、聚集文件和散列文件等文件结构存储在磁盘上。堆文件结构简单,但查询效率低;相对于堆文件,顺序文件可以按排序属性值的顺序读取记录,可高效地完成等值查询和范围查询,并可在块上对磁盘文件进行二分查找,但对于顺序文件,插入和删除操作都是代价很大的操作;聚集文件中元组紧缩到能存储这些元组的尽可能少的块中,通常把聚集码上具有相同值的元组集中存放在连续的物理块中,并允许一个文件由多个关系的记录组成,适用于对两个数据量很大的关系表经常进行连接查询的情况;散列文件的访问性能很高,可根据散列键值直接获得记录的磁盘块地址,但只适用于按散列键访问记录。

不同存储结构的文件的存取方法是不一样的,并且存取效率差别较大。本章着重讨论了辅助存取结构——索引的文件组织,以提高从数据文件检索记录的效率。索引可以建立在元组的某一属性或属性组上,这个属性或属性组称为索引键。通过建立索引键和记录地址之间的映射,可基于索引键高效地存取记录。

索引可以有多种形式,本章从不同角度讨论了聚集索引、稠密索引、稀疏索引、多级索引和位图索引,以及用于文档检索的倒排索引的概念。每种索引都使用一种特定的数据结构来实现利用索引提高查询速度的目的。目前常用的索引文件结构是采用顺序文件来实现单级索引,采用 B 树数据结构来实现多级索引,也可以基于散列或者其他查找数据结构构建索引。索引在提高数据查询性能的同时,不仅需要额外的存储空间,同时还会影响系统进行数据插入、删除和修改时的性能。在评价哪种索引能够改善应用的性能时,应从整体上进行考虑。相对来说,由于 B 树索引技术的灵活性和其对提高数据库访问性能的有效性,使其成为目前数据库系统中应用最广泛的一种数据组织和管理方式。

习 题

一、填空题

1. 数据库系统中要存储_____、_____、_____和_____4 方面的数据。

2. 有关数据的描述称为元数据,它存储在数据库系统的_____中。

3. 在关系数据库管理系统中,_____是访问一个关系表文件中行集合的特殊技术。

4. 数据库通常存储在大容量的外部存储设备上,_____是目前常用的外部存储器。

5. _____是内、外存数据交换的基本单位,是数据在磁盘上的定长存储单位。

6. 若关系表文件记录中有一个名为照片的字段,其中拟存放位图(bmp 文件),则该字段的类型应为_____。

7. 如果一个文件是_____存储的,则这个文件中元组紧缩到能存储这些元组的尽可能少的块中。

8. 在数据库管理系统中,通过 SQL 提供的_____语句命令建立索引文件。利用索引文件建立索引键值和_____之间的映射,可基于索引键高效地存取记录。目前大多数数据库系统使用_____数据结构来实现动态多级索引。

9. 按关键字集高效检索文档的最简单、最常用的方法是采用_____。

10. 使用位图索引的优势表现为可高效地实现_____查询和_____查询。

二、选择题

1. 在数据库系统的三级模式结构中,定义索引的组织方式属于_____。

    A. 概念模式   B. 外模式   C. 逻辑模式   D. 内模式

2. 数据字典中不包含以下_____项。

    A. 学生表的定义   B. 安全性和完整性约束规则

    C. 计算机系学生视图的定义   D. 学生"张三"的信息

3. 根据关系中某些属性值的排序顺序存储记录的文件称为_____。

    A. 堆文件   B. 顺序文件   C. 聚集文件   D. 散列文件

4. 下述关于散列文件的说法正确的是_____。

    A. 一个散列桶中存放散列函数值相同的多个记录

    B. 不同散列键值的记录不可能对应于同一个散列函数值

    C. 同一桶内记录的散列键值是相同的

    D. 散列键值必须为整型数

5. 下列关于索引的叙述正确的是_____。

    A. 可以根据需要在基本表上建立一个或多个索引,从而提高系统的查询效率

    B. 一个基本表最多只能有一个索引

    C. 建立索引的目的是为了给数据表中的元素指定别名,从而使别的表也可以引用这个元素

    D. 一个基本表上至少要存在一个索引

6. 下列关于索引的叙述不正确的是_____。

    A. 关系表中数据记录最多只能在一个排序键上排序,最多只有一个聚集索引

    B. 关系表上最多只有一个非聚集索引

    C. 稀疏索引只能建立在顺序文件上

    D. 稀疏索引一定是聚集的,而非聚集索引是稠密的

三、简答题

1. 简述数据字典的内容和作用。

2. 为什么 DBMS 创建数据库中关系表时都默认在主键上创建聚集索引?

3. 关系数据库常见的文件存储结构有哪些? 各有什么优缺点?

4. 解释为什么一个关系表上只能有一个聚集索引。

5. 解释为什么一个非聚集索引必须是稠密的。

6. 解释为什么必须基于顺序文件建立稀疏索引。

7. 为什么 DBMS 要建立多级索引组织结构? 如何构建?

8. 多级索引(树索引)和散列索引哪种适合用于等值搜索? 哪种适合范围搜索?

9. B+树的阶数 m 代表什么? 描述 B+树的内部结点和叶结点的结构。

10. 在图 6-30 中的 B+树上执行下列操作,说明操作实现的路径,哪些操作会引起树的改变?

(1) 查找键值在 20～30 的所有记录。

(2) 插入键值为 1 的记录。

(3) 删除键值大于或等于 23 的所有记录。

四、计算题

1. 假设一条数据记录包含如下顺序的字段:一个长度为 23B 的字符串,一个 4B 整数,一个 8B 日期值,并且记录有一个 12B 的首部。在下列几种情况下,这条数据记录各占用多少字节?

(1) 字段可在任何字节处开始。

(2) 字段必须在 4 的倍数的字节处开始。

(3) 字段必须在 8 的倍数的字节处开始。

2. 一个病人实体关系记录包含以下定长字段：病人的出生日期(8B)，身份证号码 (18B)，病人 ID(9B)；还包括变长字段：姓名，住址和病史。记录内一个指针需要 8B，记录有一个 12B 的首部。假设不需要对字段进行对齐，不包括变长字段空间，这条记录至少需要多少字节？

3. 假设一个磁盘块可存放 5 个记录，或 20 个键值-指针对。已知一个关系表文件有 n 个记录，创建该关系表文件的稠密索引和稀疏索引各需多少磁盘块？如果使用多级索引，并且最后一级的索引只能包含一个磁盘块，则需多少磁盘块？

4. 假定在 B+树中存储多级索引，指针存储占 4B，而键值存储占 20B，大小为 16MB 的磁盘块可存放多少个键值和指针？

5. B+树中非叶结点和叶结点的键值和指针的最小数目在下列情况下分别是多少？

（1）磁盘块可存放 11 个键值和 12 个指针。

（2）磁盘块可存放 12 个键值和 13 个指针。

第 7 章　关系查询与优化

查询处理器是 DBMS 中的一个功能组件集合,它能够将用户的查询和数据更新命令转变为数据库上的操作序列并且执行这些操作。一个 SQL 查询语句描述的是关于存储在数据库中的信息的一个查询,并没有提供关于查询将被如何执行的细节以及系统执行该查询所使用的技术,具体使用何种技术由数据库管理系统自身决定。数据库系统中数据的存储结构和物理组织所采用的技术最终都是为高效查询做准备的。理解 RDBMS 的内部运行机制,了解查询处理与优化的技术有助于编写更有可能被查询优化器改善的SQL 查询。

查询处理是 RDBMS 的核心功能,查询优化技术是实现查询处理功能的关键技术。关系数据库系统和非过程化的 SQL 之所以能够取得巨大的成功,关键得益于查询优化技术的发展。

在非关系系统中,用户使用过程化的语言表达查询要求,执行何种记录级的操作,以及操作的序列是由用户而不是由系统来决定的。用户必须了解存取路径,系统提供用户选择存取路径的手段,查询效率由用户的存取策略决定。如果用户进行了不当的选择,系统是无法对此加以改进的。

而在关系数据库系统中,用户只要提出"干什么",不必指出"怎么干"。正是查询优化功能减轻了用户选择存取路径的负担,而且比用户程序的"优化"做得更好。

7.1　数据库系统的查询处理步骤

查询处理器(query processor)是 DBMS 中的一个功能组件集合,其任务是把用户提交给RDBMS 的查询语句转换为高效的执行计划并加以执行。

查询处理分为查询编译和查询执行两大步骤,其中查询编译又可细分为查询分析、查询预处理、查询优化和生成执行代码等步骤。查询处理器的组成和查询处理的典型步骤如图 7-1 所示。

1. 查询分析

查询解析器(query parser)首先对使用诸如 SQL 的某种语言书写的查询语句进行语法分析,将查询语句转换成按某种方式表示查询语句结构的一棵语法树。

2. 查询预处理

查询预处理器(query preprocessor)对查询进行语义检查,将语法分析树转换成一个对应于 SQL 查询的初始关系代数查询树。

3. 查询优化

由查询优化器(query optimizer)对生成的对应于 SQL 查询的初始查询树进行优化,即选择适当的查询执行策略来处理查询的过程,生成一个可高效执行的查询处理计划。

查询优化一方面是在关系代数级进行优化,即代数优化,要做的是找出与给定关系代

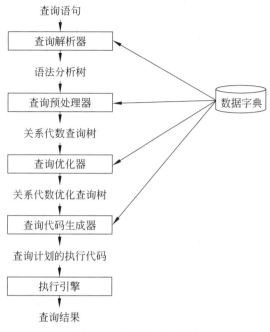

图 7-1　查询处理的步骤

数表达式等价、可被转换成一个预期所需执行时间较小的等价的逻辑查询计划；另一方面涉及查询语句处理的详细策略的选择，例如选择执行操作所采用的具体算法以及要使用的特定索引等，称为物理优化。

4. 生成执行代码

RDBMS 依据查询优化器得到的查询处理计划，由查询代码生成器（query code generator）生成执行这个查询处理计划的执行代码。

以上查询编译过程要使用数据字典中的元数据和统计数据。例如，每个关系的大小、一个属性的不同值的个数、某些索引的存在，以及数据在磁盘上的分布等。

5. 查询执行

执行引擎（execution engine）负责执行选定查询计划的每一步，以生成查询结果。

执行引擎与 DBMS 的其他大多数功能组件都直接地或通过缓冲区交互访问。为了对数据进行操作，它必须从数据库中将数据取到缓冲区，必须与事务管理器交互以避免存取已加锁的数据，它还要与日志管理器交互以确保所有数据库的变化都被正确地记录下来，用于发生故障后恢复（见 8.1.4 节）。

查询处理实际是从数据库中提取数据的一系列活动，包括将高级数据库语言表示的查询语句翻译成能在文件系统这一物理层次上实现的表达式，为优化查询进行各种转换，以及查询的实际执行。

本章重点讲解对查询分析与预处理的结果进行代数优化和物理优化的必要性，以及优化的方法。

7.2　查询分析与预处理

查询分析的工作是接受用类似 SQL 这样的高级查询语言表示的查询,并进行词法分析和语法分析。解析器(parser)首先扫描并识别查询文本中的语言标记,如 SQL 关键字、属性名和关系名等,然后检查查询语法,判断查询语句是否符合查询语言的语法规则(文法规则)。分析的结果是将 SQL 查询语言转换成语法分析树。关于如何设计一个语言的语法以及如何进行语法分析,将一个程序或查询语句转换成语法分析树,这些细节属于编译系统课程的内容,可阅读相关的教材或参考书。下面只通过一个例子来展示基于一定的语法规则得到的分析的结果。

【例 7-1】　在例 4-1 中的学生选课数据库中查询选修了课程号为 c02 课程的学生姓名。若用如下查询语句 Q1 实现两个关系的连接查询,则查询语句的语法分析树如图 7-2 所示。

```
Q1: SELECT  S.SN
       FROM  S,SC
          WHERE  S.SNO=SC.SNO  AND  SC.CNO='c02';
```

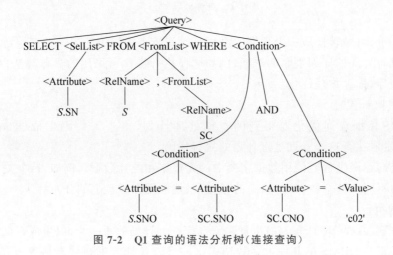

图 7-2　Q1 查询的语法分析树(连接查询)

若用如下查询语句 Q2 实现两个关系的嵌套查询,则查询语句的语法分析树如图 7-3 所示。

```
Q2: SELECT  SN
       FROM  S
          WHERE  SNO  IN  (SELECT  SNO
                              FROM  SC
                                 WHERE  CNO='c02');
```

如果查询语句中用到的关系实际上是一个视图,则在 FROM 列表中用到该关系的地方必须用描述该视图的语法树来替换,其语法树由视图的定义得到,本质上也是一个查询语句。

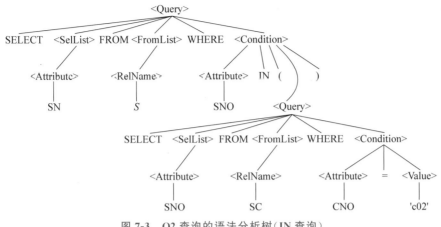

图 7-3 Q2 查询的语法分析树(IN 查询)

对查询语句的语法进行分析后,还需由查询预处理器对查询进行有效性检查。查询检查是根据数据字典对合法的查询语句进行语义检查,即检查语句中的数据库对象在所查询的特定数据库模式中是否为有效且有语义含义的名字,如在 SELECT 子句或WHERE 子句中提到的每个属性必须是当前模式内某个关系的属性,FROM 子句中出现的关系必须是当前模式中的关系或视图。如果在查询语句中没有把关系显式地附加在属性上(如 S.SNO),查询预处理器通过给属性加上它所引用的关系的信息来解析每一属性,同时检查二义性,如果某个没有显式附加关系的属性属于两个或多个具有该属性的关系,则报错。还要检查所有属性的类型是否与其使用相对应,以及根据数据字典中的用户权限和完整性约束定义对用户的存取权限进行检查(如果该用户没有相应的访问权限或违反了完整性约束定义,就拒绝执行该查询)。

语法分析与检查结束后,查询预处理器还要将语法分析树转换成关系代数查询树,即采用一些相应的规则,用一个或多个关系代数运算符替换语法树上的结点与结构,生成一个对应于 SQL 查询的关系代数初始查询树。对如何将语法分析树转换成对应的关系代数查询树,在此不做进一步的讨论,只对转换的结果进行分析。

关系代数查询树是一个树数据结构,在查询树中,查询的输入关系表示为叶结点,关系代数操作表示为内部结点,一元关系操作符只有一个子结点,二元关系操作符有两个子结点。

【例 7-2】 图 7-2 和图 7-3 所示的语法分析树,可转换为图 7-4 和图 7-5 所示的关系代数查询树。

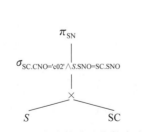

图 7-4 Q1 查询的关系代数查询树

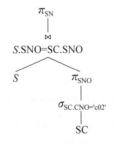

图 7-5 Q2 查询的关系代数查询树

关系代数查询树可用关系代数表达式来等价地表示出来。图 7-4 和图 7-5 所示的关系代数查询树可分别用如下关系代数表达式来表示。

$$Q1：\pi_{SN}(\sigma_{S.SNO=SC.SNO \wedge SC.CNO='c02'}(S \times SC))$$

$$Q2：\pi_{SN}(S \bowtie \pi_{SNO}(\sigma_{SC.CNO='c02'}(SC)))$$

在 RDBMS 中,查询编译器将查询语句经过分析与检查后转换为某种内部格式(如关系代数查询树),并可用关系代数等价地表示。当把查询语句转换为关系代数表达式时就获得了一个可能的逻辑查询计划。在后续的讲解中,同一查询的不同的关系代数表达式就代表不同的关系代数查询树,也就是不同的逻辑查询计划。

7.3 代数优化

查询编译器将查询预处理器所生成的关系代数初始查询树作为一个可能的逻辑查询计划,还要由查询优化器将其转换成一个预期所需执行时间较小的等价的关系代数查询树,即对关系代数初始查询树进行代数优化,目标是得到一个可被转换成最有效的物理查询计划的一个"优化"的逻辑查询计划。

7.3.1 代数优化的必要性

正如在 7.2 节中所讨论的,对于用户输入的具有相同语义的 SQL 查询,若表达的方式不同,系统可以用不同的等价的关系代数表达式(查询树)来表示这一查询。

在例 7-1 和例 7-2 中,对于在学生选课数据库中"查询选修了课程号为 c02 课程的学生姓名"这个查询用两种 SQL 语句表达,产生了两种关系代数表达式查询树,下面分析这两种不同关系代数查询树所对应的逻辑查询计划的执行效率,说明为什么要进行代数优化。

如果查询优化器打算确定许多查询计划中的哪一个执行最快,那么估计代价是必需的。这里仍将使用磁盘 I/O 的次数作为衡量每个查询的代价的标准。这个衡量标准与 6.2.2 节所持的观点一致,即从磁盘中读取数据的时间比对内存中的数据做任何有限的操作花费的时间都长。

在衡量代价时,需要使用如下一些参数。

(1)操作符使用的内存大小 M。假设内存被分成缓冲区,缓冲区的大小与磁盘块的大小相同。M 表示一个特定的操作符执行时可以获得的内存缓冲区的数目。

(2)关系 R 所占磁盘块的大小 $B(R)$。当描述一个关系 R 的大小时,绝大多数情况下,只关心包含 R 的所有元组所需的磁盘块的数目。这个块的数目表示为 $B(R)$,在明确关系 R 的情况下,可简记为 B。通常,假设 R 聚集存储在 B 个块或近似 B 个块中。

(3)关系 R 中元组的数目 $T(R)$。在明确关系 R 的情况下,关系 R 中元组的数目可简记为 T,一个块中能容纳的 R 的元组数可表示为 T/B。

(4)关系 R 的一个属性列上不同值的数目 $V(R,a)$。如果 a 是 R 的一个属性,那么 $V(R,a)$ 是 R 中属性 a 上不同值的数目。

【例 7-3】 分析例 7-1 中实现"查询选修了课程号为 c02 课程的学生姓名"的两种关

系代数查询树的执行效率。

$$Q1: \pi_{SN}(\sigma_{S.SNO = SC.SNO \wedge SC.CNO = 'c02'}(S \times SC))$$

$$Q2: \pi_{SN}(S \bowtie \pi_{SNO}(\sigma_{SC.CNO = 'c02'}(SC)))$$

在这里做以下几点假设。

(1) 假设学生选课数据库中有 1000 个学生元组，10 000 个选课元组，即 $T(S) = 1000$，$T(SC) = 10\,000$。其中，选修 c02 号课程的元组为 50 个。

(2) 假设数据记录均为定长记录，一个磁盘块能存储 10 个 S 元组记录，或 100 个 SC 元组记录，则关系表 S 和关系表 SC 各占用 100 个磁盘块，即 $B(S) = 100$，$B(SC) = 100$。

(3) 对关系 S 和关系 SC 的连接采用嵌套循环方法(见 7.4.1 节)，选择关系 S 作为外循环关系。内存的磁盘缓冲区 $M = 7$，可同时容纳 5 块关系 S 的磁盘块、1 块关系 SC 的磁盘块，1 块用于存放中间结果。

(4) 关系 S 和关系 SC 的运算结果装满一个缓冲区块后必须及时地由缓冲区存储到磁盘上的中间文件中，一个缓冲区块能存储 10 个运算结果记录。

(5) 假设缓冲区管理器每秒读写 20 个磁盘块。

基于上面的假设来计算完成两个查询中的代数操作所需的时间。

1) 查询 Q1：$\pi_{SN}(\sigma_{S.SNO = SC.SNO \wedge SC.CNO = 'c02'}(S \times SC))$

(1) 做广义笛卡儿积 $S \times SC$。

关系 S 和关系 SC 做乘积操作，需要读取两个关系的所有元组，由于磁盘缓冲区有限，先读取关系 S 的 5 个磁盘块和关系 SC 的 1 个磁盘块到内存的缓冲区中，然后把缓冲区中关系 S 的每个元组与关系 SC 的每个元组分别配对，作为乘积结果中的元组。配对后得到的元组存满一个缓冲区块后就写到磁盘上的中间结果文件中。再从磁盘上读入关系 SC 的 1 个磁盘块到内存的缓冲区中，将读入的关系 SC 中的元组和内存中的关系 S 中的每个元组分别配对，直到关系 SC 所在磁盘块均已读入内存。之后再读取关系 S 的 5 个磁盘块到缓冲区中，重复上述处理过程，直到把关系 S 处理完。

由于关系 S 和关系 SC 各占用 100 个磁盘块，磁盘缓冲区只能同时存储关系 S 的 5 个磁盘块和关系 SC 的 1 个磁盘块，对于关系 S 的每 5 个磁盘块中的元组，均需读取一遍关系 SC 的所有磁盘块，因此需读取关系 SC 共 20 遍，则

读取关系 S 和关系 SC 的总的磁盘块数 = 读取关系 S 的磁盘块数 +

读取关系 SC 的遍数 × 每遍读取的关系 SC 的磁盘块数

$$= B(S) + (100/5) \times B(SC) = 100 + 20 \times 100 = 2100(块)$$

已假设每秒读写 20 块，则

计算 $S \times SC$ 时读取数据时间 $= 2100/20 = 105(s)$

广义笛卡儿积运算的中间结果元组数 $= T(S) \times T(SC) = 1000 \times 10\,000 = 10^7(个)$

一个缓冲区块只能存储 10 个中间结果元组，则

运算中间结果需占用的磁盘块数 $= 10^7/10 = 10^6(块)$

运算中间结果写入磁盘时间 $= 10^6/20 = 5 \times 10^4(s)$

(2) 选择操作 $\sigma_{S.SNO = SC.SNO \wedge SC.CNO = 'c02'}$。

需要将中间结果文件中的元组再读入内存中，按照选择条件选取满足条件的元组。

已假设忽略内存处理时间,则

$$选择操作执行时间 = 中间结果文件读取时间$$
$$= 运算中间结果写入磁盘时间$$
$$= 5 \times 10^4 (s)$$

运算结果只有 50 条记录,可驻留内存。

(3) 投影操作 π_{SN}。

对内存的 50 条选择操作的结果元组进行操作,时间忽略不计,则

$$查询 Q1 所需总时间 = 105 + 5 \times 10^4 + 5 \times 10^4 = 100\ 105 (s) \approx 27.8 (h)$$

2)查询 Q2:$\pi_{SN}(S \bowtie \pi_{SNO}(\sigma_{SC.CNO = 'c02'}(SC)))$

(1) 读关系 SC 并做选择和投影操作 $\pi_{SNO}(\sigma_{SC.CNO = 'c02'}(SC))$。

$$读取关系 SC 的磁盘块数 = B(SC) = 100 (块)$$
$$读数据时间 = 100/20 = 5 (s)$$

在内存中,对读取的数据做选择和投影操作,时间忽略不计。满足条件的中间结果元组数 = 50,驻留内存,不必用中间文件。

(2) 读关系 S 并做连接和投影操作 $\pi_{SN}(S \bowtie \pi_{SNO}(\sigma_{SC.CNO = 'c02'}(SC)))$。

$$读取关系 S 的磁盘块数 = B(S) = 100 (块)$$
$$读数据时间 = 100/20 = 5 (s)$$

在内存中,对读取的 S 元组与内存的 50 个选课元组做自然连接操作,并对操作结果进行投影,时间忽略不计,则

$$查询 Q2 所需总时间 = 5 + 5 = 10 (s)$$

从上面的分析结果可以看出,查询 Q2 的执行效率高。

以上两种不同的关系代数表达式(查询树)的语义是相同的,但对于实现同一查询的不同的关系代数表达式(查询树),其操作的次序不同,查询效率不同,查询时间相差很大。而查询优化器的作用就是对查询预处理器产生的关系代数初始查询树进行优化,得到较优的逻辑查询计划,而不管用户书写的 SQL 查询是什么形式。

关系代数表达式(查询树)的优化就是指按照一定的规则改变关系代数表达式中操作的次序和组合,将其转换为一个可以更高效执行的关系代数表达式(查询树),如下面要介绍的基于代数等价的启发式优化。

7.3.2　基于代数等价的启发式优化

基于代数等价的启发式优化方法利用一些启发式规则,将一个代数表达式转换为另一个不同的但等价的代数表达式,产生可被进一步优化的查询执行计划。

许多 RDBMS 采用该方法对关系代数表达式(查询树)进行优化,这种优化方法与关系的存储技术无关,主要讨论如何合理安排操作的顺序,以减少查询花费的空间和时间。

1. 关系代数表达式等价的概念

关系代数表达式等价是指用相同的关系实例代替两个表达式中相应的关系所得到的结果是相同的。

对于例 7-3 中的查询 Q1 和 Q2,若用相同的关系实例 S 和 SC 代替表达式中的关系 S 和关系 SC,所得的结果是相同的,所以查询 Q1 和 Q2 是等价的。

2. 常用的等价变换规则

查询优化器可以逐步地将一个关系代数表达式(初始查询树)转换为另一个更为高效的关系代数表达式(查询树),但是必须确保转换的每一步都能得到一个等价的关系代数表达式(查询树)。为此,查询优化器必须知道哪些转换规则可以保证等价性。

关系代数表达式的等价变换主要包括以下一些转换规则。

设 E、E_1、E_2、E_3 是关系代数表达式,F、F_1、F_2 是条件表达式。

1)连接、笛卡儿积的交换律

$$E_1 \times E_2 \equiv E_2 \times E_1$$

$$E_1 \bowtie E_2 \equiv E_2 \bowtie E_1$$

$$E_1 \bowtie_F E_2 \equiv E_2 \bowtie_F E_1$$

2)连接、笛卡儿积的结合律

$$(E_1 \times E_2) \times E_3 \equiv E_1 \times (E_2 \times E_3)$$

$$(E_1 \bowtie E_2) \bowtie E_3 \equiv E_1 \bowtie (E_2 \bowtie E_3)$$

假设 F_1 只涉及 E_1 和 E_2 的属性,F_2 只涉及 E_2 和 E_3 的属性,则有

$$(E_1 \bowtie_{F_1} E_2) \bowtie_{F_2} E_3 \equiv E_1 \bowtie_{F_1} (E_2 \bowtie_{F_2} E_3)$$

一个运算符的交换律是指提供给该运算符的参数的顺序是无关紧要的,其结果总是相同的。例如,$+$ 与 $\times$ 是算术运算中可交换的运算符,则对于任意的数 x 与 y,$x+y = y+x$ 与 $x \times y = y \times x$ 成立。

一个运算符的结合律是指该运算符出现的两个地方,既可以从左边进行组合,也可以从右边进行组合。例如,$+$ 与 $\times$ 是算术运算中满足结合律的运算符,则对于任意的数 x、y 和 z,$(x+y)+z = x+(y+z)$ 与 $(x \times y) \times z = x \times (y \times z)$ 成立。

规则(1)、(2)里的连接和笛卡儿积运算既满足交换律,又满足结合律,则可对用连接和笛卡儿积运算符连接起来的任意多个操作数进行随意组合与排列,而不会改变结果。

这些规则可用于各种运算符的算法中,有助于把表达式中的关系调整到适当的位置上去。

3)投影的串接定律

假设:$A_i (i=1,2,\cdots,n)$,$B_j (j=1,2,\cdots,m)$ 是属性名,$\{A_1, A_2, \cdots, A_n\}$ 构成 $\{B_1, B_2, \cdots, B_m\}$ 的子集,则有

$$\pi_{A_1, A_2, \cdots, A_n}(\pi_{B_1, B_2, \cdots, B_m}(E)) \equiv \pi_{A_1, A_2, \cdots, A_n}(E)$$

该规则本质上并不能进行优化,但可与其他转换规则一起使用。

4)选择的串接定律

$$\sigma_{F_1}(\sigma_{F_2}(E)) \equiv \sigma_{F_1 \wedge F_2}(E)$$

选择的串接定律说明选择条件可以合并,这样查询时就可对内存中的元组一次筛选满足全部条件的元组。

该规则本质上并不能进行优化,但可与其他转换一起使用,参见规则(6)的使用。

由于 $F_1 \wedge F_2 = F_2 \wedge F_1$,因此如下选择的交换律也成立。

$$\sigma_{F_1}(\sigma_{F_2}(E)) \equiv \sigma_{F_2}(\sigma_{F_1}(E))$$

5）选择与投影的交换律

假设：选择条件 F 只涉及属性 $A_1,\cdots,A_n$，则有

$$\sigma_F(\pi_{A_1,A_2,\cdots,A_n}(E)) \equiv \pi_{A_1,A_2,\cdots,A_n}(\sigma_F(E))$$

假设：F 中有不属于 $A_1,\cdots,A_n$ 的属性 $B_1,\cdots,B_m$，则有

$$\pi_{A_1,A_2,\cdots,A_n}(\sigma_F(E)) \equiv \pi_{A_1,A_2,\cdots,A_n}(\sigma_F(\pi_{A_1,A_2,\cdots,A_n,B_1,B_2,\cdots,B_m}(E)))$$

6）选择对笛卡儿积的分配律

假设：F 中涉及的属性都是 E_1 中的属性，则有

$$\sigma_F(E_1 \times E_2) \equiv \sigma_F(E_1) \times E_2$$

假设：$F=F_1 \wedge F_2$，并且 F_1 只涉及 E_1 中的属性，F_2 只涉及 E_2 中的属性，则由上面的等价变换规则(1)、(4)、(6)可推出：

$$\sigma_F(E_1 \times E_2) \equiv \sigma_{F_1}(E_1) \times \sigma_{F_2}(E_2)$$

假设：$F=F_1 \wedge F_2$，F_1 只涉及 E_1 中的属性，F_2 涉及 E_1 和 E_2 两者的属性，则有

$$\sigma_F(E_1 \times E_2) \equiv \sigma_{F_2}(\sigma_{F_1}(E_1) \times E_2)$$

该规则可使部分选择在笛卡儿积前先做，可以减少参与笛卡儿积运算的元组数，从而减少存取中间结果关系所需的空间和时间。

7）选择对自然连接的分配律

假设：F 是只涉及 E_1 和 E_2 的公共属性，则有

$$\sigma_F(E_1 \bowtie E_2) \equiv \sigma_F(E_1) \bowtie \sigma_F(E_2)$$

8）选择对并的分配律

假设：E_1、E_2 有相同的属性或属性有对应性，则有

$$\sigma_F(E_1 \bigcup E_2) \equiv \sigma_F(E_1) \bigcup \sigma_F(E_2)$$

9）选择对差运算的分配律

假设：E_1 与 E_2 有相同的属性或属性有对应性，则有

$$\sigma_F(E_1 - E_2) \equiv \sigma_F(E_1) - \sigma_F(E_2)$$

10）投影对笛卡儿积的分配律

假设：$A_1,\cdots,A_n$ 是 E_1 的属性，$B_1,\cdots,B_m$ 是 E_2 的属性，则有

$$\pi_{A_1,A_2,\cdots,A_n,B_1,B_2,\cdots,B_m}(E_1 \times E_2) \equiv \pi_{A_1,A_2,\cdots,A_n}(E_1) \times \pi_{B_1,B_2,\cdots,B_m}(E_2)$$

应用该规则可使投影运算在笛卡儿积前先做，可以减少参与笛卡儿积运算的元组，从而减少存取中间结果关系所需的空间和时间。

11）投影对并的分配律

假设：E_1 和 E_2 有相同的属性名，则有

$$\pi_{A_1,A_2,\cdots,A_n}(E_1 \bigcup E_2) \equiv \pi_{A_1,A_2,\cdots,A_n}(E_1) \bigcup \pi_{A_1,A_2,\cdots,A_n}(E_2)$$

12）选择与连接运算的结合

根据 3.2.2 节中 F 连接的定义，可得

$$\sigma_F(E_1 \times E_2) \equiv E_1 \bowtie_F E_2$$

$$\sigma_{F_1}(E_1 \bowtie_{F_2} E_2) \equiv E_1 \bowtie_{F_1 \wedge F_2} E_2$$

3. 主要的启发式规则

基于以上的等价变换规则，可采用如下一些启发式优化方法对关系代数表达式（查询

树)进行优化。

(1) 选择运算应尽可能先做。这是优化策略中最重要、最基本的一条。尽早完成选择操作来减少参与运算的元组个数,减少后续的连接或笛卡儿积等操作的运算量,可使运算的中间结果数据记录大大变小,减少存储中间结果关系所需的磁盘空间,进而减少对其进行存取的磁盘 I/O 次数,提高查询执行效率。

(2) 投影运算和选择运算同时进行。对同一关系的若干投影和选择,可在读取的关系数据记录上同时完成所有这些运算,以避免重复读取关系。

(3) 将投影运算与其前面或后面的双目运算结合。这样不必为投影运算单独读取关系,减少读取关系的遍数。

(4) 将某些选择运算同在其前面执行的笛卡儿积结合成为一个连接运算。

正如在第 3 章连接运算所描述的:

$$\sigma_F(R \times S) \equiv R \bowtie_F S$$

$$\pi_L(\sigma_F(R \times S)) \equiv R \bowtie S$$

若在表达式中,条件 F 的意思是 R 和 S 中具有相同名字的属性进行等值比较,L 是包含 R 和 S 中每一个等值对中的相同属性以及其他所有属性的列表,则可把后面跟着选择运算的乘积运算认为是某个连接运算,使选择与乘积一道完成,以避免做完乘积后,需要再读取一个大的乘积中间结果关系来进行选择运算。连接运算要比同样关系上的笛卡儿积运算之后对乘积进行选择节省很多时间(正如在例 7-3 中的分析)。

(5) 提取公共子表达式。当对视图进行查询时,定义视图的表达式就是公共子表达式的情况。如果其结果不是很大的关系,将其从外存读入可能比每次都计算其结果的时间少得多,则可先计算一次公共子表达式,并把结果写入中间结果文件。

4. 启发式代数优化算法

下面给出遵循启发式规则,应用等价变换公式将一个初始查询树转换为执行效率更高的一个优化查询树的算法。

输入:一个关系代数查询树。

输出:计算关系代数表达式的一个优化序列。

算法的步骤:

(1) 分解选择运算。

利用规则(4)把形如 $\sigma_{F_1 \wedge F_2 \wedge \cdots \wedge F_n}(E)$ 的关系代数表达式变换为形如 $\sigma_{F_1}(\sigma_{F_2}(\cdots(\sigma_{F_n}(E))\cdots))$ 的关系代数表达式。

(2) 交换选择运算,将其尽可能移到叶端。

在查询树中,通过利用规则(4)~(9)进行交换,尽可能把每一个选择运算下推到尽可能早些执行的地方,即移向树的叶端。

(3) 交换投影运算,将其尽可能移到叶端。

在查询树中,通过利用规则(3)、(5)、(10)和(11),尽可能把投影操作向下推,移向树的叶端。其中规则(3)可使某些投影消失,规则(10)可将投影分裂为两个,使得其中的一个可能被移到树的叶端。

（4）合并串接的选择和投影运算。

利用规则（3）～（5）把选择和投影的串接合并成单个选择、单个投影或一个选择后跟一个投影，以使多个选择或投影能同时进行或者在一次扫描中完成。尽管这种变换似乎违背"投影尽可能早做"的原则，但这样做效率更高。

（5）对内结点分组。

把上述步骤得到的语法树的内部结点分组，每个二元运算（×、$\bowtie$、$\cup$、$-$）和它所有的直接祖先（不超过其他二元运算结点的 σ 或 π 运算结点）为一组。如果其后代直到叶子全是单目运算，则也将它们并入该组。但当双目运算是笛卡儿积（×），而且其后的选择不能与它结合为等值连接时除外，把后代这些单目运算单独分为一组。

（6）生成优化序列。

生成一个序列，每组结点的计算是序列中的一步。各步的顺序是任意的，只要保证任何一组的计算不会在它的后代组之前完成。

该算法的基本思想就是首先应用能够减少中间结果大小的操作，通过在树中把选择和投影操作尽可能下移，包括尽早完成选择操作来减少元组数，尽早完成投影操作来减少元组属性数。

【例 7-4】 利用优化算法对例 7-3 中执行效率较低的查询 Q1 的查询树进行优化。

查询 Q1：$\pi_{SN}(\sigma_{S.SNO=SC.Sno \land SC.CNO='c02'}(S \times SC))$ 所对应的初始查询树如图 7-4 所示。根据算法可对 Q1 的代数表达式进行如图 7-6 所示的等价变换。

其相应的查询树的变换如图 7-7 所示。

将图 7-7 与图 7-5 进行比较，可见经过查询优化器的优化，查询 Q1 与查询 Q2 的逻辑查询计划将趋于一致，查询 Q2 是一个比查询 Q1 较优的查询，与例 7-3 的分析一致。可见书写一个"好"的 SQL 语句也很重要。

$$\pi_{SN}(\sigma_{S.SNO=SC.SNO \land SC.CNO='c02'}(S \times SC))$$

$$\downarrow$$

$$\pi_{SN}(\sigma_{S.SNO=SC.SNO}(\sigma_{SC.CNO='c02'}(S \times SC)))$$

$$\downarrow$$

$$\pi_{SN}(\sigma_{S.SNO=SC.SNO}(\sigma_{SC.CNO='c02'}(SC \times S)))$$

$$\downarrow$$

$$\pi_{SN}(\sigma_{S.SNO=SC.SNO}(\sigma_{SC.CNO='c02'}(SC) \times S))$$

$$\downarrow$$

$$\pi_{SN}(\sigma_{C.CNO='c02'}(SC) \bowtie S)$$

图 7-6 查询 Q1 的等价变换过程

【例 7-5】 供应商零件数据库中有供应商、零件、项目和供应 4 个基本关系：

- 供应商关系 $S(Sno, Sname, Status, City)$。
- 零件关系 $P(Pno, Pname, Color, Weight)$。
- 工程项目关系 $J(Jno, Jname, City)$。
- 供应情况关系 $SPJ(Sno, Pno, Jno, Qty)$。

用户有一查询：检索使用上海供应商生产的红色零件的工程号。

试写出该查询尽可能优化的关系代数表达式，并画出对应的关系代数查询树。

按照关系代数表达式优化的启发式规则，选择和投影运算尽量先做，可写出如下优化的关系代数表达式。

$$\pi_{Jno}(\pi_{Sno}(\sigma_{City='上海'}(S)) \bowtie \pi_{Sno,Pno,Jno}(SPJ) \bowtie \pi_{Pno}(\sigma_{Color='红色'}(P)))$$

其对应的关系代数查询树如图 7-8 所示。

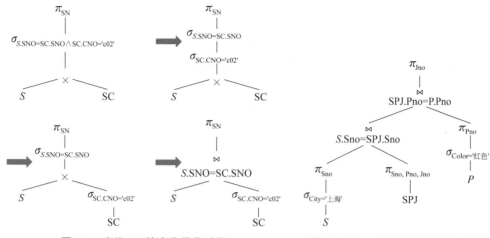

图 7-7　查询 Q1 的查询优化过程　　　　图 7-8　例 7-5 的关系代数优化查询树

7.4　物理优化

代数优化只改变了逻辑查询计划中操作的次序和组合,为达到查询优化的目标,仅进行代数优化是不够的,还要对优化的逻辑查询计划进行物理优化。

物理优化就是在从一个逻辑查询计划产生物理查询计划时,要为逻辑查询计划的每一个操作符选择实现算法,并选择这些操作符的执行顺序,还包括许多实现细节,如被查询的关系是怎样被访问的,即获得所存储数据的方式以及一个关系何时或是否应当被排序等;还必须估计每个可能选项的执行代价,使用代价估计来评价一个查询计划。

7.4.1　操作符的实现算法

在关系代数运算中,笛卡儿积和连接运算是最耗时的。例如,关系 R 有 m 个元组,关系 S 有 n 个元组,那么 $R \times S$ 就有 $m \times n$ 个元组。当关系很大时,R 和 S 本身就要占用较大的外存空间,由于内存空间是有限的,只能把 R 和 S 的一部分读进内存。如何有效地执行笛卡儿积操作,花费较少的时间和空间,就涉及操作符的算法选择问题。

每一个操作符的算法的选择是将逻辑查询计划转变为物理查询计划过程中的一个必不可少的部分。针对各种操作符,如选择、投影、分组、并、差、连接和笛卡儿积等,已提出了很多算法,大体上分为三类:①基于排序的方法;②基于散列的方法;③基于索引的方法。

本书只对选择和连接(自然连接)操作的某些算法进行介绍,说明为什么需要进行物理优化,以及如何进行物理优化。

对算法的描述仍采用 7.3.1 节中的观点和衡量代价参数,使用磁盘 I/O 操作(简称磁盘 I/O)的次数作为衡量每个查询的代价的标准,使用参数:①操作符使用的内存大小 M;②关系 R 的大小 $B(R)$;③关系 R 中元组的数目 $T(R)$;④关系 R 的一个属性列上不同值的数目 $V(R, a)$。

1. 选择操作的实现算法

选择操作 $\sigma_C(R)$ 是读取关系 R 中那些满足谓词条件 C 的元组。定位这些元组的基本方法有简单的全表扫描法和索引扫描法两种。

1）简单的全表扫描法

在很多情况下,关系 R 以文件的形式存放在外存储器的某个区域中,它的元组以记录的形式存放在磁盘块中。系统知道 R 中元组所在的块,并且可以一个接一个地得到这些块来检索文件中的每条记录,并检查每个记录是否是满足选择条件的元组。这个操作也称为"表-扫描"。

如果 R 是聚集的,即 R 中元组紧缩存储在尽可能少的 $B(R)$ 个磁盘块中,那么全表扫描的选择算法的代价近似为 $B(R)$。但如果 R 不是聚集的,R 中的元组记录分布在其他关系的元组记录之间,那么全表扫描所需读取的磁盘块可能与 R 中的元组一样多,即 I/O 代价为 $T(R)$。

2）索引扫描法

如果选择条件中的属性上有索引,假设条件 C 是 $a=v$ 的形式,这里 a 是一个存在着索引的属性,v 是一个值。可以使用 v 值来查找索引,得到恰好指向 R 中具有 a 值为 v 的那些元组的指针,只须取回 R 中这些满足选择条件 $a=v$ 的元组。例如,R 上有一个像 6.5.3 节所讨论的稀疏索引,先在索引中找到满足条件 $a=v$ 的索引记录,得到所有包含 R 中具有 a 值为 v 的那些元组所在的磁盘块,根据索引记录的指针从关系表文件中找到满足条件的元组记录。

如果 $R.a$ 上的索引是聚集的,则关系 R 按属性 a 聚集存储在 $B(R)$ 个磁盘块中,具有某一 a 值的元组平均聚集分布在 $B(R)/V(R,a)$ 个磁盘块中,那么读取 $\sigma_{a=v}(R)$ 所需的磁盘 I/O 的次数将大约是 $B(R)/V(R,a)$,当然需向上取整。如果 a 是 R 的一个关键字,那么 $V(R,a)=T(R)$,可以假定 $T(R)$ 一定大于 $B(R)$,然而至少需要一次磁盘 I/O 去读取具有关键字值为 v 的元组。

如果 $R.a$ 上的索引是非聚集的,满足条件的元组可存储在不同的磁盘块上,必须大约访问 $T(R)/V(R,a)$ 个元组。因此,$T(R)/V(R,a)$ 是估计的所需要的磁盘 I/O 次数。

【例 7-6】 假设 $B(R)=1000$,$T(R)=20\,000$,即 R 有 20 000 个元组可存放在 1000 个磁盘块中。假设 a 是 R 的一个属性,且在 a 上有一个索引,估计 $\sigma_{a=0}(R)$ 的代价。

以下是一些可能的情形以及最坏情况下的磁盘 I/O 的次数。在所有情况中,均忽略访问索引块的代价。

（1）如果 R 是聚集的,不使用索引,则需进行全表扫描,取回 R 的每一个块,那么代价是 1000 次磁盘 I/O。

（2）如果 R 不是聚集的,而且不使用索引,则需进行全表扫描,取回 R 的每一个元组所在的磁盘块,那么代价是 20 000 次磁盘 I/O。

（3）如果 $V(R,a)=100$ 且索引是聚集的,那么相同 a 值的元组聚集存储在平均 $B(R)/V(R,a)$ 块磁盘块中,因此基于索引的算法需要 $1000/100=10$ 次磁盘 I/O。

（4）如果 $V(R,a)=100$ 且索引是非聚集的,那么相同 a 值的元组可能随机存储在 $T(R)/V(R,a)$ 块磁盘块中,因此基于索引的算法需要 $20\,000/100=200$ 次磁盘 I/O。

（5）如果 $V(R,a)=20\ 000$，即 a 是一个关键字，那么基于索引的算法，不管索引是聚集的或是非聚集的，都将需要 1 次磁盘 I/O。

2. 连接操作的算法实现

连接操作是查询处理中最耗时的操作之一。查询中遇到的多数连接操作是等值连接和自然连接，这里只讨论自然连接。等值连接以与自然连接基本相同的方式执行，不是等值连接的 θ-连接可以用在等值连接或积之后加以选择来代替。

在下面的连接算法中，将 $R(X,Y)$ 与 $S(Y,Z)$ 连接，Y 表示 R 和 S 的所有公共属性，X 是 R 的所有不在 S 模式中的属性，Z 是 S 的所有不在 R 模式中的属性。假设 S 是较小的关系。所讨论的方法可以扩展到更一般形式的连接操作上。

1）一趟连接运算

假设较小的关系 S，可存入内存的 $M-1$ 块中。要计算连接，执行以下步骤。

（1）读取 S 的所有元组，并且构造一个以 Y 属性为查找关键字的内存查找结构。

（2）将 R 的每一磁盘块中的元组读到内存中剩下的那一个缓冲区中。对于 R 的每一个元组 t，利用查找结构找到 S 中与 t 在 Y 的所有属性上相符合的元组。对于 S 中每一个匹配的元组，将它与 t 配对后形成一个元组，并且将结果元组移到输出文件中。

只要 $B(S)\leqslant M-1$ 或近似地 $B(S)\leqslant M$，算法就能正常使用。算法读取操作对象需要 $B(S)+B(R)$ 次磁盘 I/O，仅从磁盘读取一次数据的算法称为一趟（one-pass）算法。

2）嵌套循环连接

嵌套循环（nested loop）连接算法是对外层循环关系（如 S）中的每个元组，检查内层循环关系（如 R）中的每个元组是否满足连接条件，如果满足条件，则连接后作为结果输出，直到外层循环关系中的元组处理完为止。嵌套循环连接有一系列的连接算法，可以用于任何大小的关系，没必要要求有一个关系必须能装入内存。这里只介绍基于块的嵌套循环连接算法。

基于块的嵌套循环连接算法对作为操作对象的两个关系的访问均按块组织，假定 $B(S)\leqslant B(R)$，且 $B(S)>M$。使用尽可能多的内存来存储属于较小关系 S 的元组，S 是外层循环中的关系。该算法按以下步骤计算 $R \bowtie S$。

（1）读取关系 S 的 $M-1$ 个磁盘块中的元组到内存缓冲区中。

（2）为 S 在内存中的元组创建一个查找结构，它的查找关键字是 R 和 S 的公共属性。

（3）浏览 R 的所有块，依次读取每一块到内存 M 块中的最后一块中。

（4）在读入 R 的一个块后，将块中所有元组与 S 在内存中的所有块中的所有元组进行比较。对于那些能连接的元组，输出连接得到的元组。

（5）重复执行前面的步骤，直到处理完 S 中所有磁盘块中的数据。

图 7-9 给出了基于块的嵌套循环连接算法的嵌套循环结构。

对算法进行分析，外循环的循环次数是 $B(S)/(M-1)$，在每次循环中，读取 S 的 $M-1$ 个块和 R 的 $B(R)$ 个块。这样，读取数据的磁盘 I/O 次数是 $B(S)(M-1+B(R))/(M-1)$，或者 $B(S)+(B(S)B(R))/(M-1)$。如果 $B(S)\leqslant M-1$，那么嵌套循环连接与前面的一趟连接算法是一样的。

```
FOR    S 中每个大小为 M-1 块的数据块组
  BEGIN
      将这些数据块组读入内存缓冲区中;
      将其元组组织为查找结构,查找关键字是 R 和 S 的公共属性;
      FOR    R 的每个块 b
        BEGIN
          将 b 读入内存;
          FOR    块 b 的每一个元组 t
            BEGIN
                找出 s 在内存中的元组中那些能与 t 连接的元组;
                输出 t 与这些元组中每一个的连接结果;
            END
        END
  END
```

图 7-9　基于块的嵌套循环连接算法

【例 7-7】　假定 $B(R)=1000, B(S)=500, M=101$。使用 100 个内存块的缓冲区来对 S 进行缓冲,则图 7-9 算法中的外层循环需循环 5 次。在每次外循环中,用 100 次磁盘 I/O 读取 S 的数据块组,在内循环中用 1000 次磁盘 I/O 来读取 R。因此,运算中读取数据需要 $5 \times (100+1000)=5500$ 次磁盘 I/O。

如果交换内外循环中的关系,外循环需执行 10 次,每次循环需进行 $100+500=600$ 次磁盘 I/O,总共 6000 次。所以,在外循环中使用较小的关系,算法使用的磁盘 I/O 要略少一些,略有优势。

尽管嵌套循环连接通常并不是可能的连接算法中最有效的算法,但在一些早期的 RDBMS 中,它是唯一可用的方法。即使现在,在某些更有效的连接算法中,仍然需要把它作为一个子程序。例如,当各个连接关系中的大量元组在连接属性上具有相同的值时。极端的例子是当连接属性仅有一个值时,这时一个关系中的每个元组与另一关系的每个元组都能连接,在这种情况下,除了对在连接属性上值相等的两个元组集合进行嵌套循环连接外,就真的没有其他更好的选择了。

3）排序-归并连接

逻辑相关的数据在物理上聚集存储是排序-归并(sort-merge)连接算法最重要的性能因素。可以通过建立聚集索引等方式使关系 R 和 S 按照连接属性 Y 有序(默认升序)聚集存储。可以仅用两个缓冲区,一个给 R 的当前块,另一个给 S 的当前块,然后按以下步骤计算 $R \bowtie S$。

(1) 按照连接属性的顺序对关系 R 和 S 并发地进行物理顺序扫描,把关系 R 和 S 的首个磁盘块中的元组读入内存缓冲区。

(2) 在读入内存的当前 R 和 S 的元组中顺序查找连接属性 Y 的最小匹配值 y。如果需要,从排序的 R 和(或)S 中继续读取下一个磁盘块,直到找到最小匹配值 y。

(3) 连接内存中 R 和 S 的具有相同 y 值的所有元组。如果一个关系在内存中已没有未考虑的元组,就顺序读取该文件的下一个磁盘块,重新加载为那个关系而设的缓冲区,直到处理完两个关系中具有相同 y 值的所有元组。

(4) 在内存 R 和 S 的元组中顺序查找连接属性 Y 的下一个匹配值 y,从步骤(3)开始重复执行。直到处理完某一关系的所有磁盘块中的元组。

采用排序-归并连接算法,两个关系文件的磁盘块要按顺序复制到内存缓冲区中,仅仅对各关系中的元组扫描一次,从而与另一关系中的元组进行匹配。算法进行归并连接时读取操作对象只需要 $B(S)+B(R)$ 次磁盘 I/O。然而如果关系文件未排序,必须首先用 Y 作为排序关键字,使用某种排序算法对关系 R 和 S 进行排序,例如两阶段多路归并排序算法等。

【例 7-8】 考虑例 7-7 中的关系,即 $B(R)=1000,B(S)=500,M=101$。假设 R 和 S 均已按属性 Y 排序,当归并 R 和 S 以得到连接的元组时,用 1500 次磁盘 I/O 来读取 R 和 S 的每一个块,仅需要 101 个内存块中的两个。如果需要,可以使用所有 101 块来容纳具有公共 Y 值的 R 和 S 的元组。

4)基于散列的连接

基于散列的连接算法的基本思想是如果数据量太大以至于不能存入内存缓冲区中,可以使用一个合适的散列键散列一个或多个操作对象的所有元组,使执行该操作时需要一起考虑的所有元组分配到相同的桶中。然后通过一次处理具有相同散列值的一对桶的方式执行操作。

假设 h 是散列函数,用连接属性 Y 作散列键,来散列两个关系 R 和 S 的元组,将元组散列到适当的散列桶中。如果 R 与 S 的元组能连接,那么它们必然出现在具有某个 i 值的对应的桶 R_i 和 S_i 中,可按以下步骤计算 $R \bowtie S$。

(1) 可按桶号 i 的大小将包含较少磁盘块的桶(S_i 中的桶)读入内存的缓冲区中,构造内存中的一个散列查找结构。

(2) 读入另一关系 R 中的与 S_i 对应的桶 R_i,将读入的 R_i 中的元组与内存中 S_i 中的记录进行连接,将连接的结果进行输出。

(3) 重复以上步骤,直到 S 中的所有桶处理完。

对于该算法,只要每一个桶对中有一个能全部装入 $M-1$ 个缓冲区中,算法就能正常使用。算法中连接操作读取操作对象需要 $B(S)+B(R)$ 次磁盘 I/O,仅从磁盘读取一次数据。如果 $B(S) \leqslant M-1$,那么该算法类似于前面的一趟算法,只是用一个散列表作为内存中的查找结构。

【例 7-9】 考虑例 7-7 中的关系,即 $B(R)=1000,B(S)=500,M=101$。假设以连接属性 Y 作为散列键将 R 和 S 分别散列到 100 个桶中,则一个桶的平均大小对于 R 占 10 个磁盘块,对于 S 占 5 个磁盘块。远远小于 101 块可用的缓冲区数量,所以在每一个桶对上执行一趟连接即可完成运算。执行对应桶的一次连接需要 1500 次磁盘 I/O。

5)基于索引的连接

在前面的选择运算的算法中,已感受到使用索引带来的好处。在连接运算中,如果一个关系有一个属性 Y 上的索引(假设有索引的关系为 S, S 不必是较小的),那么可按如下步骤计算 $R \bowtie S$。

(1) 读入 R 的一个磁盘块,考虑块中每一个元组 t,令 t_y 是元组 t 中 y 属性的值。

（2）使用 S 上的索引,来找到 S 中所有在 Y 属性上具有相同 t_y 的那些元组所在的磁盘块,将这些元组(所在的磁盘块)读入内存与 R 中的元组 t 连接起来,作为结果输出。

（3）重复以上步骤,直到 R 中的所有元组处理完。

该算法所需的磁盘 I/O 次数依赖如下几个因素。

（1）如果 R 是聚集的,那么将需要读取 $B(R)$ 个块来得到 R 的所有元组;如果 R 是非聚集的,那么可能会需要将近 $T(R)$ 个磁盘 I/O 来读取 R 的所有元组。

（2）对于 R 的每一个元组,将平均读取 S 的 $T(S)/V(S,Y)$ 个元组。如果 S 在 Y 上有一个非聚集的索引,那么读取 S 所需的磁盘 I/O 的次数是 $T(R)T(S)/V(S,Y)$,但如果 S 上的索引是聚集的,那么仅 $T(R)B(S)/V(S,Y)$ 次磁盘 I/O 就够了。对于算法中的每一个 Y 值,可能需要增加几次磁盘 I/O,用于读取相关索引文件。

【例 7-10】 考虑例 7-7 中的关系,即 $B(R)=1000,B(S)=500,M=101$。假设一个块可以容纳每个关系的 10 个元组,即 $T(R)=10\,000,T(S)=5000$,同时假设 $V(S,Y)=100$。

如果 R 是聚集的,并且 S 在 Y 上有一个聚集索引,那么将需要 1000 次磁盘 I/O 用来读取 R 的所有元组,再加上 $10\,000\times500/100=50\,000$ 次磁盘 I/O 读取 S。如果 R 是非聚集的或者 S 上的索引是非聚集的,代价会更高。

对于前面不同算法所讨论的同样的数据,这个算法的代价有点大。索引连接算法看起来不是一个好方法。然而常见的连接查询的情况是与 S 相比,R 是很小的,$V(S,Y)$ 是很大的。在这种情况下,S 的大多数元组的 Y 值根本不出现在 R 中,这些元组将无须被算法检查,即不需要读入内存。例如,在例 7-3 中的查询 Q_1 优化后(见例 7-4),参与连接运算的 R 为 $\sigma_{SC.CNO='c02'}(SC)$,其元组个数只有 50 个,$S$ 上索引键 SNO 的值有 1000 个,只有 50 个 SNO 值会出现在 R 中。但是,不论基于排序的还是基于散列的连接方法,都需检查 S 的每一个元组至少一次。所以,在实际的应用中,索引选择算法仍是一种常用的方法。

7.4.2 基于代价的物理优化方法

通常考察由逻辑计划派生而得到的多个不同的物理计划,并对每个物理计划进行评价,或者估计实现这个计划的代价,来选择具有最小估计代价的物理查询计划。

1. 查询计划的代价因素

一个查询的实际执行所需的代价包括以下几部分。

（1）磁盘访问代价:读写记录所在磁盘数据块的代价。搜索关系中记录的代价取决于该关系上的存取结构类型,例如排序、散列、索引等。此外,还有一些因素会影响访问代价,例如文件块是连续存储在同一磁盘柱面上,还是分散存储在磁盘上。

（2）存储代价:存储由查询执行计划产生的中间结果关系的代价。

（3）计算代价:在查询执行过程中对数据缓冲区完成内存操作的代价。这些操作包括检索记录、排序记录、归并记录以完成连接,以及基于属性值完成计算等。

（4）内存使用代价:与执行查询所需内存缓冲区数相关的代价。

（5）通信代价:将查询与查询结果从一个数据库站点传送到另一个站点(或发出查询的终端)的代价。

对于大型数据库,查询优化的重点是最小化对磁盘的访问代价。简单的代价估计会忽略其他因素,只是根据磁盘与内存之间传输的磁盘块数来比较不同的查询执行计划。对于较小的数据库,查询涉及的文件中的大部分数据都可以完整地存储在内存中,所以重点是最小化计算代价。分布式数据库涉及多个站点,所以还要最小化通信代价。由于为代价因素指定合适的加权系数的难度很大,因此很难在代价估计中把所有的代价因素都包括在内。这就是某些代价估计仅考虑磁盘访问代价一个因素的原因。

和前面一样,仍将查询计划的代价用所需的磁盘 I/O 次数来衡量,而所需的磁盘 I/O 次数又受以下因素影响。

(1) 在选择逻辑查询计划时所选取的用于实现查询的逻辑查询运算符。例如,进行乘积运算还是连接运算。

(2) 中间关系的大小。这已在例 7-3 中讨论过。

(3) 用于实现逻辑查询运算符的物理查询运算符。例如,连接运算算法的选择,对给定关系是否加以排序等其他运算,它们是在逻辑查询计划中不显式存在而在物理查询计划中所需要的。

(4) 由一个物理运算符向下一个物理运算符传递参数的方式。例如,是通过在磁盘上保存中间结果,还是通过使用迭代算子每次传送一个参数的一个元组或一个主存缓冲区。

在评价由给定的逻辑查询计划导出的可能的物理查询计划时,需要知道各个物理计划的代价是多少。然而,在不执行查询计划的情况下,是不能准确知道其代价的。由于执行一个查询计划比查询编译器选择一个计划所做的工作要多得多,我们不想对一个查询执行多个计划,因此需要不执行查询计划而估计该计划的代价。要准确估计不同查询计划的代价,查询优化器需要从数据库中有效地获得某些重要的参数信息,即从数据字典中获取代价估计所需的各种信息。

2. 代价估计基于的数据信息

代价估计基于的数据信息主要包括如下几方面。

(1) 对于每个关系表文件,该表的记录总数(T)、记录长度、占用的块数(B)、占用的溢出块数(BO)。

(2) 对于关系表文件的每个属性,该属性不同值的个数(V)、选择率(具有该值的记录数/T)、该属性最大值、最小值、该属性上是否已建索引,何种索引(B+树索引、散列索引、聚集索引)。

(3) 对于索引,如 B+树索引,该索引的层数(L)、不同索引值的个数、索引的选择基数 S(有 S 个元组有某个索引值)、索引的叶结点数(Y)等。

这些统计值用到以后的查询优化中,优化器可以根据这些信息做出正确的估算,选择高效的执行计划。

在查询优化器中,统计量通常仅是周期性地加以计算,以免统计自身成为数据库系统的“热点”。同时,因为这些统计量在短时间内不会发生剧烈变化,即使不太准确的统计量也是有用的,只要它们被一致地应用到所有的计划中。统计量的重新计算会在一段时间后或者一定数目的更新后自动触发。

现代 DBMS 一般允许用户或管理员显式地要求做统计信息的收集。当数据库管理员发现性能很差的查询计划会经常被查询优化器选中时,他们可能会要求重新计算统计量,以期纠正该问题。

3. 物理查询计划的选择方法

存在多种选择物理查询计划的方法。因为有多个可能的物理查询计划,要穷尽所有的查询计划进行代价估算往往是不可行的,会造成查询优化本身付出的代价大于获得的益处。为此,通常首先使用启发式规则,选取若干较优的候选方案,减少代价估算的工作量;然后分别计算这些候选方案的执行代价,较快地选出最终的优化方案。

1) 启发式选择

DBMS 对查询进行物理优化时也可以使用通常用于选择逻辑计划的方法:基于启发式规则做一系列选择。某些操作(如选择和连接操作)可以有多种执行这个操作的算法,可以根据一些启发式规则来选择代价较小的实现操作的算法。

下面是一些常用的启发式规则。

(1) 对于选择操作常用的启发式规则。

① 若关系 R 的元组数较小,如 $T(R) < M$,可采用简单的全表扫描方法,即使选择列上有索引。

② 如果逻辑计划需要进行 $\sigma_{a=v}(R)$ 操作,且关系 R 在属性 a 上有索引,则使用索引扫描法。

③ 对于更一般的选择操作,如选择涉及 $a=v$ 那样的一个条件及其他条件,可以先进行一次索引扫描,然后对选中的元组做进一步选择(也称过滤)。

(2) 对于连接操作常用的启发式规则。

① 如果两个关系都已经按照连接属性排序,则选用排序-归并算法。

② 如果一个关系在连接属性上有索引,则选用索引连接方法,其中该关系在算法内层循环中(即算法中的关系 S 可通过连接运算的交换律来满足)。

③ 如果前两个规则不适用,而其中一个关系较小,则可以选用散列连接方法。

④ 最后可以选用嵌套循环方法,并选择其中较小的关系,即占用的磁盘块数较小的关系作为算法的外循环中的关系(即算法中的关系 S)。

启发式选择方法往往作为其他方法的基础,其他方法可能会从一个根据启发式选定的物理计划开始,搜索代价更小的查询计划。

2) 基于代价估算的选择

基于启发式规则选择查询计划是定性的选择,实现方法简单,而且优化本身代价较小,适合解释执行的系统。在编译执行的系统中,查询优化和执行是分开的,查询优化器可通过估计每一个可能的物理查询计划的代价,比较并选择估计代价最小的查询计划。

下面以选择操作为例,说明在逻辑查询计划到物理查询计划的转换中如何进行代价估计,并根据查询计划代价的估算来选择物理查询计划。

假设操作是 $\sigma_C(R)$,其中条件 C 是一个或多个项的 AND。根据前面介绍的选择操作的算法可得到执行该查询操作的不同算法的代价。

(1) 全表扫描进行过滤的代价。

将关系磁盘块逐个读入内存,并检查每个元组是否是满足条件的元组。

① 如果 R 被聚集存储,则查询的代价 cost $=B(R)$。

② 如果 R 没被聚集存储,则查询的代价 cost $=T(R)$。

(2) 索引扫描进行过滤的代价。

从条件 C 中选出一个等值选项,即"属性等于常数"的形式,例如 $a=10$,存在关于属性 a 的索引,利用索引扫描来找出匹配元组,然后对这些元组进行过滤,看它们是否满足全部条件 C。

① 如果索引是聚集的,则查询的代价 cost $=B(R)/V(R,a)$。

② 如果索引不是聚集的,则查询的代价 cost $=T(R)/V(R,a)$。

从条件 C 中选出一个不等值选项,例如 $b<20$,存在关于属性 b 的索引,利用索引扫描来找出匹配元组,然后对这些元组进行过滤,看它们是否满足全部条件 C。

① 如果索引是聚集的,则查询的代价 cost $=B(R)/2$。

② 如果索引不是聚集的,则查询的代价 cost $=T(R)/2$。

对于选择中涉及非等值比较时,有人认为查询倾向于产生更小量的可能的元组,即查询将返回约 $T(R)/3$ 的元组而不是一半的元组。

【例 7-11】　关系 $R(a,b,c)$ 上的一个选择 $\sigma_{a=1 \text{ AND } b=2 \text{ AND } c<5}(R)$。同时,令 $T(R)=5000,B(R)=200,V(R,a)=100,V(R,b)=500$。另外,假设 R 是聚集的,并且所有 a、b、c 上都有索引,只有 c 上的索引是聚集的。

以下是执行这个选择的各查询计划的代价估算。

(1) 表扫描后进行过滤,因为 R 是聚集的,其代价是 $B(R)$,即 200 次磁盘 I/O。

(2) 使用 a 的索引进行索引扫描,找出 $a=1$ 的元组,再从中过滤出 $b=2$ 和 $c<5$ 的元组。由于有大约 $T(R)/V(R,a)=50$ 个元组的 a 值等于 1,并且 a 上的索引不是聚集的,因此使用这个非聚集索引的代价大约为 50 次磁盘 I/O。

(3) 使用 b 的索引进行索引扫描,找出 $b=2$ 的元组,再从中过滤出 $a=1$ 和 $c<5$ 的元组。由于有大约 $T(R)/V(R,b)=10$ 个元组的 b 值等于 2,并且 b 上的索引不是聚集的,因此需要大约 10 次磁盘 I/O。

(4) 使用 c 的索引进行索引扫描,找出 $c<5$ 的元组,再从中过滤出 $a=1$ 和 $b=2$ 的元组。由于 c 上的索引是聚集的,因此需要大约 $B(R)/2=100$ 次磁盘 I/O。

可以看到代价最小的计划是第 3 种,估计代价为 10 次磁盘 I/O。因此,这个选择 $\sigma_{a=1 \text{ AND } b=2 \text{ AND } c<5}(R)$ 的最佳物理查询计划是先索引扫描所有 $b=2$ 的元组,然后再从中过滤满足另外两个条件的元组。

基于代价的优化方法使用的是估计的代价,RDBMS 选择查询代价相对较小的物理查询计划,生成查询执行计划。

7.5　小结

查询处理是 RDBMS 的核心,本章概要介绍了 RDBMS 查询处理的步骤。查询处理的任务是把用户提交给 RDBMS 的查询语句经过查询分析、查询检查和查询优化,生成高效的执行计划。

查询编译器对用户的查询语句进行语法分析,将查询语句转换成按某种方式表示查询语句结构的语法树。语法分析与检查结束后,查询编译器再将语法分析树转换成一个对应于查询语句的关系代数初始查询树。

查询优化器对关系代数初始查询树进行代数优化,即按照一定的规则,改变关系代数表达式中操作的次序和组合,将其转换为一个可以更高效执行的"优化"的逻辑查询计划。主要介绍了基于代数等价的启发式优化方法所涉及的等价变换定律、启发式规则以及优化算法,这种优化方法与关系的存储技术无关,主要讨论如何合理安排操作的顺序,以减少查询花费的空间和时间。

查询优化器还要对优化的逻辑查询计划进行物理优化,为逻辑查询计划的每一个操作符选择实现算法,并选择这些操作符的执行顺序。介绍了选择和连接运算的实现算法,包括选择运算的全表扫描和索引扫描方法,连接运算的嵌套循环连接、排序-归并连接、基于散列的连接和基于索引的连接等方法。基于选择和连接操作,讨论了采用启发式规则和代价估算方法来进行物理优化的方法。基于启发式规则的方法根据一些启发式规则来选择实现操作的算法;基于代价估算的方法通过估计可能的物理查询计划的代价,选择估计代价最小的查询计划来执行。

习　题

一、填空题

1. 在关系数据库系统中,由于实现了查询优化,用户只要提出_____,不必指出_____。

2. 查询处理分为查询编译和_____两大步骤,而查询编译又可细分为_____、_____和_____等步骤。

3. 在 RDBMS 中,查询编译器将查询语句经过分析与检查后转换为某种内部格式,并可用_____等价地表示。

4. 代数优化是由查询优化器将关系代数初始查询树转换成一个预期所需执行时间较小的_____的关系代数查询树,目标是得到一个可被转换成最有效的物理查询计划的一个_____的逻辑查询计划。

5. 关系代数表达式(查询树)的优化就是指按照一定的规则,改变关系代数表达式中操作的_____和_____,将其转换为一个可以更高效执行的关系代数表达式。

6. 每一个操作符的_____的选择是将逻辑查询计划转变为物理查询计划过程中的一个必不可少的部分。

7. 在关系代数运算中,_____和_____运算是最耗费时间和空间的。究竟应采用什么策略才能节省时间和空间,这就是优化的准则。

二、选择题

1. 设 E 是关系代数表达式,F 是选择条件表达式,并且只涉及 $A_1, A_2, \cdots, A_n$ 属性,则有_____。

A. $\sigma_F(\pi_{A_1,A_2,\cdots,A_n}(E)) \equiv \pi_{A_1,A_2,\cdots,A_n}(\sigma_F(E))$

B. $\sigma_F(\pi_{A_1,A_2,\cdots,A_n}(E)) \equiv \sigma_F(\pi_{A_1,A_2,A_n}(E))$

C. $\sigma_F(\pi_{A_1,A_2,\cdots,A_n}(E)) \equiv \pi_{A_1}(\sigma_F(E))$

D. $\sigma_F(\pi_{A_1,A_2,\cdots,A_n}(E)) \equiv \pi_{A_1,A_2,\cdots,A_n}(\sigma_F(\pi_{A_1,A_2,\cdots,A_n,B_1,B_2,\cdots,B_m}(E)))$

2. 设 E 是关系代数表达式,若 F 中有不属于 $A_1,A_2,\cdots,A_n$ 的属性 $B_1,B_2,\cdots,B_m$,则有_____。

A. $\sigma_F(\pi_{A_1,A_2,\cdots,A_n,B_1,B_2,\cdots,B_m}(E)) \equiv \sigma_F(\pi_{A_1,A_2,\cdots,A_n}(E))$

B. $\sigma_F(\pi_{A_1,A_2,\cdots,A_n,B_1,B_2,\cdots,B_m}(E)) \equiv \sigma_F(\pi_{A_1,A_2,A_3}(E))$

C. $\sigma_F(\pi_{A_1,A_2,\cdots,A_n,B_1,B_2,\cdots,B_m}(E)) \equiv \pi_{A_1}(\sigma_F(E))$

D. $\sigma_F(\pi_{A_1,A_2,\cdots,A_n,B_1,B_2,\cdots,B_m}(E)) \equiv \pi_{A_1,A_2,\cdots,A_n,B_1,B_2,\cdots,B_m}(\sigma_F(E))$

3. 如果条件 F 不仅涉及 L 中的属性,而且还涉及不在 L 中的属性 L_1,则有_____。

A. $\pi_L(\sigma_F(E)) \equiv \pi_L(\sigma_F(\pi_{L \wedge L_1}(E)))$

B. $\pi_L(\sigma_F(E)) \equiv \pi_L(\sigma_F(\pi_{L \vee L_1}(E)))$

C. $\pi_L(\sigma_F(E)) \equiv \sigma_F(\pi_{L \wedge L_1}(E))$

D. $\pi_L(\sigma_F(E)) \equiv \sigma_F(\pi_{L \vee L_1}(E))$

4. 如果条件 F 形如 $F_1 \wedge F_2$,F_1 仅涉及 E_1 中的属性,F_2 涉及 E_1 和 E_2 中的属性,则有_____。

A. $\sigma_F(E_1 \times E_2) \equiv \sigma_{F_1}(E_1) \times \sigma_{F_2}(E_2)$

B. $\sigma_F(E_1 \times E_2) \equiv \sigma_{F_1}(\sigma_{F_1}(E_1) \times \sigma_{F_2}(E_2))$

C. $\sigma_F(E_1 \times E_2) \equiv \sigma_{F_2}(\sigma_{F_1}(E_1) \times \sigma_{F_2}(E_2))$

D. $\sigma_F(E_1 \times E_2) \equiv \sigma_{F_2}(\sigma_{F_1}(E_1) \times E_2)$

三、简答题

1. 简述为何要对关系代数表达式进行优化。

2. 基于代数等价的启发式优化中应用的主要启发式规则有哪些?

3. 对于学生选课数据库,若"查询计算机系学生选修的所有课程名称"的 SQL 查询语句为

```
SELECT  CN
FROM  S,C,SC
WHERE  S.SNO=SC.SNO  AND
       SC.CNO=C.CNO  AND
       S.SD='计算机';
```

请画出其对应的初始关系代数查询树,并用基于等价的关系代数启发式优化算法对其进行优化处理,画出优化后的关系代数查询树。

4. 一个 SELECT 查询语句的实际执行所需的代价包括哪些因素?

5. 选择操作的实现算法有哪些?其查询代价如何?

6. 连接操作的实现算法有哪些?其查询代价如何?

7. 以选择操作和连接操作为例,基于启发式规则进行物理优化的一些常用启发式规

则有哪些?

四、计算题

1. 假设关系 R 和 S 的 $B(R)=B(S)=10000$,并且 $M=1001$。计算基于块的嵌套循环连接的磁盘 I/O 代价。

2. 假设关系 R 的 $B(R)=10000$,$T(R)=500000$,$R.a$ 上有一个索引,令 $V(R,a)=k$,k 是某个常数。给出下列情况下 $\sigma_{a=0}(R)$ 的代价,用 k 的一个函数表示,忽略访问索引所需的代价。

(1) 索引是非聚集的。

(2) 索引是聚集的。

(3) R 是聚集的,而且不使用索引。

3. 假设关系 $R(a,b,c,d)$ 的 $T(R)=5000$,$B(R)=500$,$V(R,a)=50$,$V(R,b)=1000$,$V(R,c)=5000$,$V(R,d)=500$,且有一个属性 a 上的聚集索引以及其他属性上的非聚集索引。给出下列选择运算的最佳查询计划及其磁盘 I/O 代价。

(1) $\sigma_{a=1 \wedge b=2 \wedge c \geqslant 3}(R)$。

(2) $\sigma_{a=1 \wedge b \leqslant 2 \wedge c \geqslant 3}(R)$。

(3) $\sigma_{a=1 \wedge b=2 \wedge c=3}(R)$。

第8章 事务处理

随着关系数据库基本理论的日益成熟,各大公司开发和实现了一些关系数据库管理系统产品,例如 Oracle、SQL Server 以及开源的 MySQL 等。基于这些 DBMS 产品的支持,各应用领域开发实现了相应的信息管理系统,例如银行业务系统、民航订票系统、图书管理系统等。

来自系统中用户的操作请求,由 DBMS 经过查询检查、分析与优化后,生成可执行代码,实现了对数据库的访问。这些操作请求可能由成千上万的不同地点的计算机终端,例如某个网络 App 用户终端启动,在同一时间完全可能有两个操作访问同一个应用系统所管理的信息。

为解决早期的 DBMS 产品在应用过程中会经常出现并发操作和各类故障所带来的数据不一致问题,在后续的 DBMS 产品中引入了事务的概念,提供了事务处理技术保证数据的一致性和应用系统性能,支持多用户共享数据。

8.1 事务的概念

8.1.1 概念的引入

在银行业务系统中,账户转账是常见的业务,是经济学中的交易(transaction)。在早期的业务系统中,转账操作可能会出现例 8-1 中的问题。

【例 8-1】 银行的账户信息一般存储在关系数据库管理系统所管理的数据库中,假设用户账户信息存储在数据库中的 Accounts 关系表中,表的定义为

```
CREATE TABLE Accounts
  (acctNO CHAR(20) PRIMARY KEY,
   balance float
   );
```

表中有账户号码 acctNO 和余额 balance 两个属性。

假如要从账户 A 转账 1000 元给账户 B,但是在转账过程中,由于系统发生故障,可能会导致 1000 元资金从账户 A 中支出,但并没有存入账户 B 中。为什么会出现这样的问题?

从用户的观点,电子资金转账是一个业务,是一笔交易,是一个独立的操作,而在 DBMS 中,它是由如下两个数据库操作完成的。

```
UPDATE  Accounts
  SET  balance=balance-1000
  WHERE  acctNo=A;            --从账户 A 中减去 1000 元
UPDATE  Accounts
```

```
SET   balance=balance+1000
WHERE   acctNo=B;                          --向账户 B 中加上 1000 元
```

如果在执行第一个操作之后和第二个操作之前发生故障，可能是计算机停止运转，或者是数据库和正在执行转账的处理器之间的网络连接出现故障，会导致前一个操作完成，而后一个操作没有执行，从而导致 1000 元资金从账户 A 中支出，但并没有存入账户 B 中，出现了数据库中的数据与业务结果的不一致。对用户来说，要么转账成功，要么不能转账，这是用户所能接受的，其他错误是不能忍受的。

对两个并发执行的业务操作，例如要从账户 B 和账户 C，同时向账户 A 转账，可能出现分别从账户 B 和账户 C 支出了 500 元和 1000 元，而在账户 A 中却只存入了 500 元或 1000 元，而不是存入 1500 元的现象，这也出现了数据库中的数据与业务结果不一致的问题。

对于下面航班值机系统中的并发业务操作也存在同样的问题。

【例 8-2】 航空公司为购买 2020 年 1 月 1 号航班 F123 机票的乘客 A 办理值机手续，值机系统为乘客选择座位前，可能提交一个对数据库的如下查询。

```
SELECT   seatNo
  FROM   Flights
  WHERE  fltNo='F123'
         AND fltDate='2020-01-01'
         AND seatStatus='available';
```

当为乘客 A 选定一个空位后，如 16A 时，值机系统提交一个对数据库的如下更新操作。

```
UPDATE   Flights
  SET   seatStatus='occupied',NAME='A'
  WHERE  fltNo='F123'
         AND  fltDate='2010-01-01'
         AND  seatNo='16A';
```

与此同时，可能为另一个乘客 B 办理值机的值机系统终端上也看到座位 16A 是空位，也为乘客 B 选择了座位 16A，系统也会提交一个对数据库的更新操作。这两个操作的每一个都可以正确地执行，但是全局结果不对，两个顾客都获得了座位 16A。

并发业务操作和故障所产生的数据库中的数据与业务结果不一致的问题，会经常出现在 DBMS 的早期应用中，使得在数据库理论相对成熟后，相当长的一段时间内 DBMS 产品无法广泛应用。

1976 年，Jim Gray 在数据库领域引入事务（transaction）概念，提出了用事务处理技术来解决这些问题，使得 DBMS 在实现事务处理机制以后得到广泛的应用，成为数据库技术应用于银行、金融等行业的基础。将信用卡刷卡、网上转账这些操作作为数据库事务来完成，事务处理机制保证了这些操作的一致性和完整性。

Jim Gray 在事务处理技术上的创造性思维和开拓性研究成果反映在其专著 *Transaction Processing：Concepts and Techniques* 中，Jim Gray 也因此获得 1998 年的图

灵奖。

8.1.2 事务的定义

在许多数据库应用系统中,数据库用于存储现实世界中一些企业的状态信息,或其所管理的数据,事务就是应用程序中实现业务操作(交易操作)的、与数据库交互的程序。实际上,事务多是为了响应现实世界中影响企业状态的事件而对数据库进行的更新,维护企业状态与数据库状态相一致。例如,银行信息系统中的转账事务,就是为了反映银行客户的账户间的资金变化,更新数据库中的账户信息,使得转账后的数据库中的当前数据,即数据库状态与银行的账户状态一致。

事务又不是一种普通的程序,事务是一组需要一起执行的操作序列,是数据库系统中的逻辑工作单元。所谓逻辑工作单元,是指从用户的角度看,事务是数据库系统中执行的最小程序段。

在基于关系数据模型的数据库系统中,一个事务程序中包含的操作可以是一条 SQL 语句、一组 SQL 语句或一个应用程序段。

如果没有显式地定义事务,则由 DBMS 按默认规定自动划分事务,一般系统默认每个 SQL 语句就是一个事务。以交互方式向 DBMS 提交的每一个查询或更新语句就是一个事务。

当事务需包含若干 SQL 语句或程序操作语句时,可以由编程者显式定义事务,控制事务的开始与结束。

SQL 提供了定义事务的语句,用 BEGIN TRANSACTION 来标记事务的开始,然后是事务所包含的 SQL 语句序列或程序段,最后以如下两种方式结束事务。

(1) 以 COMMIT 语句提交事务。COMMIT 语句表示事务正常结束,即事务被提交了(committed)。COMMIT 语句的执行,表示事务中的所有操作语句均已成功执行,其中对数据库的所有更新操作结果,应写到磁盘上的物理数据库中去,数据库进入一个新的正确状态。

(2) 以 ROLLBACK 语句回滚事务。ROLLBACK 语句表示事务运行的过程中发生了某种故障,事务不能继续执行,事务夭折(abort),数据库可能处于不正确的状态。ROLLBACK 语句的执行,表示事务夭折前所有已完成的对数据库的更新操作结果应该撤销,使数据库恢复到该事务执行前的数据库状态,即事务被回滚(rolled back)。

【例 8-3】 将例 8-1 中的转账业务操作定义为事务 T。同时假定账户不能透支转账,在账户余额不足时打印"金额不足,不能转账!"信息。

```
BEGIN TRANSACTION T
  DECLARE @balance_A float
  UPDATE  Accounts
    SET  @balance_A=balance=balance-1000
    WHERE  acctNo='A';                  --从账户 A 中减去 1000 元
  IF  @balance_A<0  BEGIN
                    PRINT '金额不足,不能转账!'
```

```
                    ROLLBACK
                END
    ELSE BEGIN
            UPDATE  Accounts
                SET  balance=balance+1000
                WHERE  acctNo='B';  --向账户 B 中加上 1000 元
            COMMIT
        END
```

在例 8-3 中,事务以 BEGIN TRANSACTION 开始,并命名该事务为 T。在对账户 A 的余额进行更新操作(余额值减少 1000)后,对账户 A 的余额值进行判断,当余额值小于 0,即余额不足时,则打印"金额不足,不能转账!"信息,并以 ROLLBACK 方式正常结束事务;否则,继续转账操作,对账户 B 进行更新(余额值增加 1000),并以 COMMIT 方式结束事务。

此时,事务中除了包含两个实现转账操作的 SQL 更新语句,还包括了 T-SQL 程序控制语句和变量定义语句。

8.1.3 事务的 ACID 特性

事务的 ACID 特性是指事务要具有的 4 个特性:原子性(atomicity)、一致性(consistency)、隔离性(isolation)和持久性(durability)。

1. 原子性

事务的原子性是指事务作为数据库系统的逻辑工作单元,事务中的所有数据库操作是不可分割的。事务必须作为整体,执行或根本不执行,即事务中包括的所有操作要么都执行完,要么就根本没有执行。事务的这种"全或无"特性称为事务的原子性。

事务的原子性要求每个事务要么提交,要么因异常中止而回滚。如果事务没有执行完,其结果就像它根本没有被执行一样。如果仅有事务的部分操作被执行,则没有保证事务的原子性。

对于例 8-3 中的银行转账事务,事务的原子性要求要么从账户 A 支出 1000 元,存入账户 B 中;要么没有从账户 A 支出,账户 B 也没有进账;而不能只从账户 A 支出,却没有存入账户 B 中。

2. 一致性

事务的一致性要求事务成功执行后,提交的结果应与业务操作结果保持一致,保证业务操作的正确完成。事务的一致性还要求事务的执行要满足对业务操作的完整性约束,即操作执行的结果是有效的。

对于例 8-3 中的银行转账事务,事务的一致性要求事务的执行只能从账户 A 支出 1000 元,给账户 B 存入 1000 元,其他操作都是错误的。

同时,如果银行规定账户不能透支转账,那么定义这个转账事务时需加上实现约束的语句,即当事务从账户 A 支出 1000 元后余额小于 0 时则终止转账,使操作结果有效。

确保单个事务的一致性是编写该事务的应用程序员的职责,程序员必须确保事务中对数据库的操作正确实现系统的业务功能。

事务的一致性约束也可由 DBMS 的完整性子系统提供支持,阻止任何违反约束的事务的执行。例如,对于例 8-1 中的 Accounts 关系表中,若在表的定义中增加不能透支转账约束,即

```
CREATE TABLE Accounts
    (acctNO CHAR(20) PRIMARY KEY,
     balance float,
     check (balance >= 0)
    );
```

则当每个事务执行时,DBMS 自动检查是否违反所定义的约束,并且阻止任何违反约束的事务的完成。在这种情况下,即使在例 8-3 中不对账户 A 的余额进行判断也不会透支转账,在出现透支时事务将会因故障而非正常结束,由 DBMS 来回滚事务(见 8.2.1 节)。

3. 隔离性

前面针对单个事务讨论了一致性,在多用户的现代数据库系统中,系统有能力同时执行多个事务,把这种类型的执行方式称为并发。事务的并发执行,可有效提高系统的事务吞吐量,减少事务等待时间,并充分发挥数据库共享资源的特点。

在事务并发执行情况下,在任何给定的时刻,系统中都可能有许多正在执行的却只部分完成的事务。一个事务可能包含多个数据库操作,多个事务同时并发执行,则不同事务中的数据库操作可能会交错执行,并可能对同一数据对象进行操作。单个事务的一致性并不能保证数据库就处于一致性的状态,并发执行的事务间还必须具有隔离性。

事务作为一个逻辑工作单元,在用户看起来,事务内的操作是不能被其他不属于该事务的数据库操作分隔开的,事务的隔离性就是指一个事务正常执行而不被来自并发执行的事务中的数据库操作所干扰的特性。每个事务都应感觉不到系统中有其他事务在并发地执行。

对于例 8-3 中的银行转账事务,事务的隔离性要求并发执行的另一个对账户 A 进行操作的事务,在该转账事务开始后和提交前是不能读取账户 A 的余额并对其进行更新的,否则就会带来数据的不一致问题(详见 8.3.1 节)。

隔离性要求事务并发执行的整体效果必须等同于某一次序下事务顺序(serially)执行的效果。因为如果所有的事务保持一致性,并且数据库初始化时就处于一致性状态,则事务顺序地执行将保持数据库的一致性。

4. 持久性

事务的持久性也称永久性(permanence),指一个事务一旦提交,它对数据库中数据的更新就应该持久地保存在数据库中,后续的其他操作或故障不应该对其执行结果有任何影响,即使计算机或数据库的存储介质发生故障甚至崩溃,也不应丢失执行的结果。

对于例 8-3 中的银行转账事务,事务的持久性要求当事务提交后,即顾客确认转账成功并离开后,不管银行的操作计算机或存放系统数据库的磁盘出现任何故障,都不会引起与这次转账相关的数据丢失。

事务保持 ACID 特性是数据库保持一致性的前提。

这里解释一下什么是数据库的一致性及一致性状态。

数据库的当前实例数据也称为数据库状态。用户在数据库上的操作主要是对数据库的状态值进行查询和更新,每个操作后的数据库结果状态正是下一个操作的数据库的作用状态,即用户对数据库的操作使数据库从一个状态转变为另一个状态。假设数据库的初始状态与企业的当前业务状态相一致,则数据库是一个一致性状态。如果在事务执行过程中,硬件和软件都不会出错,则事务执行结果不会产生不能解释的数据库状态值,数据库状态能反映事务对数据库的操作,则称事务使数据库保持一致性,数据库仍处于一致性状态。

需要说明的是,数据库可能会在事务执行过程中的某一时刻处于不一致的状态,但在事务结束后数据库应处于一致性状态。

由于并发执行的事务会破坏事务的隔离性,系统出现的各类故障会破坏事务的原子性和持久性。因此,DBMS 必须对事务进行处理,对并发执行的事务进行并发控制,保证事务的隔离性;对发生故障后系统中的事务更新结果进行恢复,保证事务的原子性和持久性;此外,应用程序员可利用 DBMS 的完整性约束机制保证事务的一致性。当 DBMS 的事务处理机制支持事务的 ACID 特性的时候,数据库就能维持一个一致的、当前最新的企业状态,并且事务一直能给用户提供正确的和最新的响应。

8.1.4　事务的管理

在 DBMS 中,保证事务的正确执行是事务管理器(transaction manager)的工作,即由事务管理器负责系统中事务的管理,事务管理器的工作包括下面一些内容。

(1) 对一个即将开始的事务,事务管理器需要给其一个唯一标识,即事务号(事务 ID),如在 MySQL 中,事务号是一个全局唯一的 64 位数值。当事务更新数据时,要在数据项上记载对其操作的事务,就用事务号来代表事务。对于事务号的生成方式,不同的 DBMS 并不相同,有的以一个时间戳值作为一个事务号的组成部分,如 Google 的 Spanner 以 TrueTime API 生成事务 ID;有的以一个自增的整型数字为事务号,如 PostgreSQL;有的事务号则更为复杂,如 Oracle 的事务号中会包含回滚段号、回滚段中事务的槽号以及事务序列号等。

(2) 对于结束的事务,无论是提交还是回滚,事务管理器都需要为事务设置一个状态标识,即为一个具体的事务号做一个结束标志,如 PostgreSQL 使用 clog 为每一个事务记录其状态标识。对于提交事务,在事务结束前,事务管理器需要把事务结束的信息提前写到日志中,并确保日志能够存储到磁盘上,用于发生故障后的数据恢复;若并发控制采用封锁技术实现,在事务结束前或结束后,还要进行锁的释放。

(3) 事务管理器与同在 DBMS 的存储数据管理模块中的其他组成部分相互作用,如图 8-1 所示,实现事务处理的并发控制和数据恢复两个主要功能。

在 DBMS 中,事务管理器接受来自应用的事务命令,这些命令告诉事务管理器事务何时开始、何时结

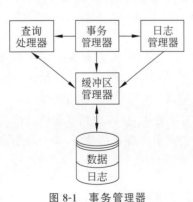

图 8-1　事务管理器

束,以及应用的期望等;将关于事务操作的消息传给日志管理器,将关于何时可以或必须将缓冲区中数据写入磁盘的消息传给缓冲区管理器,并传消息给查询处理器使之能执行查询及其他构成事务的数据库操作。同在第 6 章所介绍的一样,对磁盘上数据库的访问通过缓冲区管理器来进行。日志管理器维护日志,日志和数据一样占用缓冲区和磁盘空间,由缓冲区管理器在一定的时候将缓冲区中的日志复制到磁盘上。

8.2 事务的恢复

数据库管理系统所具有的把数据库从错误状态(不一致状态)恢复到某一已知的正确状态(一致性状态或完整性状态)的功能,称为数据库的恢复(recovery)功能。

数据库的恢复通过 DBMS 的事务处理提供的恢复机制来实现,恢复机制对发生故障后系统中的事务更新结果进行数据恢复,保证事务的原子性和持久性,从而进一步保持数据库的一致性。

下面首先讨论导致数据库出现错误状态的原因及其错误状态,再讨论恢复机制如何将数据库从不同的错误状态恢复到正确状态。

8.2.1 故障及其错误状态

尽管数据库系统中采取了各种保护措施来防止数据库的安全性和完整性被破坏,并保证并发事务的正确执行,但是计算机系统中的硬件故障、软件错误、操作员的失误以及恶意的破坏仍是不可避免的,引发的故障轻则造成运行事务非正常中断,影响数据库中数据的正确性;重则破坏数据库,使数据库中全部或部分数据丢失,从而导致数据库处于错误状态。

数据库可能发生的故障大致可分为以下几类。

1. 事务故障

事务故障是指事务在执行过程中发生错误,导致事务夭折,不能执行完成。发生的错误主要有两种:一种是事务内部包含的数据操作执行受限,如不满足完整性约束限制、访问不到数据、运算溢出等,导致事务无法继续正常执行;另一种错误是系统进入一种不良的状态,如发生死锁等,导致事务无法继续正常执行。

对于可能会预期到的第一种错误,用户可在定义事务时,在错误发生时让事务回滚,例如,对于例 8-3 中的银行转账事务,当账户 A 余额不足导致事务不能继续执行时,让事务回滚。对于非预期的第二种错误,无法由事务自身进行处理,需要由 DBMS 来强行中止发生故障的事务。

2. 系统故障

系统故障是指造成系统停止运转的任何事件,例如,特定类型的硬件错误(CPU 故障)、操作系统故障、DBMS 代码错误、突然停电等。

发生系统故障后,系统要重新启动。由于内存是易失性的存储器,系统重启会造成主存内容,尤其是数据库缓冲区中的内容被丢失,导致所有运行事务都将非正常终止,但系统故障不会影响到磁盘上的数据库。

3. 介质故障

系统故障常称为软故障（soft fault），介质故障则称为硬故障（hard crash）。介质故障主要指造成数据库存储介质完全毁坏的故障，如磁盘损坏、磁头碰撞、瞬时强磁场干扰等；或者是自然灾害或人为破坏造成的设备毁坏，如爆炸或火灾等引起数据库服务器的毁坏。介质故障比事务故障和系统故障发生的可能性要小，但破坏性更大，会破坏存储介质上的数据库，有时是难以恢复的。

故障发生后，导致数据库可能出现的不一致错误与系统的数据读写操作策略有关。

在数据库系统中，数据库通常存储在磁盘上。由于读取磁盘的速度相对内存来说是比较慢的，为了能够加快系统处理数据的速度，必须将事务读取的数据缓存在内存的数据库缓冲区中。当事务执行时，首先到缓冲区去读取数据，假设要读取的数据用 X 表示，若数据 X 不在缓冲区中，则需由缓冲区管理器将数据库中 X 所在磁盘块的内容由磁盘输入到主存中，即执行 input(X) 操作；然后数据 X 被事务读入事务的私有工作区，即执行 read(X, t) 操作；在工作区内完成对数据 X 的拷贝 t 的处理，事务会在每一个更新操作后，将 t 值复制给缓冲区中的数据 X，即执行 write(X, t) 操作，如果此时数据 X 不在缓冲区中，也要首先执行 input(X) 操作，将数据 X 从磁盘读到数据缓冲区中；数据缓冲区的数据更新到磁盘上需由缓冲区管理器执行 output(X) 操作。事务与磁盘数据的交互如图 8-2 所示。

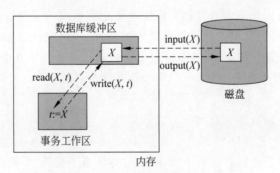

图 8-2　事务与磁盘数据的交互

一些 DBMS 的事务处理恢复机制实际上采用的是一种窃取但不强制的缓冲区管理策略。由于内存的缓冲区大小有限，数据库缓冲区也不会足够大，为了从磁盘上输入事务 B 所需的数据到内存，需要占用事务 A 所处理的数据使用的内存空间，就要先将尚未提交的事务 A 所处理的数据输出到磁盘上，事务 A 的某个 write(X, t) 操作可能需要在事务 A 提交之前完成对数据库的更新，即执行事务 A 的 output(X) 操作，再执行事务 B 所需的数据的 input 操作，此时称事务 B 窃取事务 A 的空间。此外，在事务提交后，其他事务可能仍会访问缓冲区中的数据库数据，因此，强制地执行 output 操作可能是低效的，例如，在 100 个事务连续更新同一个数据库对象的情况下，需要强制写 100 次，而实际上一次就足够了。因此，并不需要将事务的更新结果立即反映到磁盘上，即不强制地执行 output 操作。至于窃取哪个事务占用的内存空间，以及何时强制执行提交事务所写数据的 output 操作，由缓冲区管理器根据具体的缓冲器置换算法决定，如采用一种 LRU，即最近最久未使用算法。

当恢复机制采用这种窃取但不强制的缓冲区管理策略,就会出现在事务提交之前,事务的部分执行结果可能已被更新到磁盘上的数据库中;或事务提交后,事务的执行结果可能并没有立即更新到磁盘上的数据库中。

因此,当数据库系统发生故障后,数据库可能会出现如下三种错误现象,处于暂时的不一致错误状态,破坏了事务的原子性和持久性。

(1) 发生事务故障后,事务不能正常提交,但夭折的事务的部分执行结果可能已对数据库进行了更新,事务不能保持原子性。

(2) 发生系统故障后,除了夭折的事务的部分执行结果可能已写入磁盘上的数据库;有些已提交的事务对数据库的更新结果可能有一部分甚至全部还留在缓冲区中,尚未写回到磁盘上的数据库中。因此,系统故障破坏了事务的原子性和持久性。

(3) 发生介质故障后,不仅影响正在存取磁盘上数据库的所有运行事务,使这些事务夭折,更主要的是会破坏磁盘上的数据库,使已提交的事务对数据库的更新结果丢失。因此,介质故障会破坏事务的原子性和持久性。

事务处理的恢复机制就是在数据库系统发生各类故障后,对于可能处于不一致错误状态的数据库,采取一定的恢复技术,并运用相关的恢复策略,来保持事务的原子性和持久性,将数据库恢复到一个一致性状态。

需要说明的是,不同 DBMS 的事务处理机制所采用的缓冲区管理策略可能不同,发生故障后的数据库不一致错误状态也会不同,恢复技术和恢复策略的具体实现也会有所不同。

为了更好地阐述问题,也为更好地理解数据库管理系统的实现技术,本书后续将事务中的数据库操作用对数据库缓冲区的读写操作来表示。对于例 8-3 中的银行转账事务,用例 8-4 中对缓冲区数据 A 和 B 的读写来表达对数据库中账户 A 和账户 B 中余额的读写操作。

【例 8-4】　用对数据库缓冲区的读写操作来表示例 8-3 中银行转账事务 T 内的更新操作。

```
BEGIN TRANSACTION T
  Read(A, t1)
  t1 := t1 - 1000
  Write(A, t1)                    --从账户 A 中减去 1000 元
  Read(B, t2)
  t2 := t2 + 1000
  Write(B, t2)                    --向账户 B 中加上 1000 元
COMMIT
```

8.2.2　恢复的实现技术

为了记录系统中事务的运行情况及其对数据库的更新,用于发生故障后事务的恢复,保持事务的持久性,以及为保存磁盘上的数据,保持事务的持久性,最常用的技术是创建

日志和对数据进行转储。通常在 DBMS 中,这两种方法是一起使用的。

8.2.2.1　日志

在出现事务故障后,系统必须知道已经执行过的事务操作信息,从而保证能够完整并正确地进行故障恢复。系统维护着一个日志(log)来记录事务对数据库的重要操作,使得数据库的每一个更新都单独记录在日志上。

1. 日志的内容

不同数据库系统采用的日志格式并不完全一样,但日志中均需要包括:

(1) 事务的开始标记(BEGIN TRANSACTION)。

(2) 事务的结束标记(COMMIT 或 ROLLBACK)。

(3) 事务对数据库的所有更新操作。

对于更新操作的日志记录,每个日志记录主要包括:

(1) 事务的标识(标明是哪个事务)。

(2) 操作的数据对象(数据对象的内部标识,可为物理存储地址)。

(3) 更新前数据的旧值(对插入操作而言,此项为空值)。

(4) 更新后数据的新值(对删除操作而言,此项为空值)。

因此,在日志中会由系统自动生成如下形式的日志记录。

(1) [start_transaction, T]:事务 T 开始执行。

(2) [commit, T]:事务 T 成功完成。表明事务 T 对数据库所做的任何更新都应写到磁盘上。若由缓冲区管理器决定何时将事务提交结果从主存复制到磁盘上,则当生成[commit, T]日志记录时,并不能确定更新已经在磁盘上。

(3) [abort, T]:事务 T 异常中止。表明事务 T 所做的任何更新都不能写到磁盘上,否则事务管理器有责任消除其对磁盘数据库的更新。

(4) [write, T, X,旧值,新值]:事务 T 已将数据项 X 的值从旧值改为新值。该日志记录是 write 操作写入内存后产生的,更新记录所表示的数据更新通常发生在主存中而不一定是在磁盘上。

日志就是一系列事务操作对应的日志记录构成的一个操作序列,并带有过程中产生的数据。每当事务执行时,日志管理器负责在日志中记录每个重要的事件,事务的开始和结束标记,以及事务对数据库的更新操作就被记录到日志里,这些记录不允许被修改或删除。

实际的 DBMS 中的日志根据所记载的内容分为两种:REDO 日志和 UNDO 日志。REDO 日志记录的是更新后的新值,UNDO 日志记录的是更新前的旧值,分别用于实现对事务的更新结果进行 REDO 操作和 UNDO 操作。

日志产生后被保存在内存的日志缓冲区,由缓冲区管理器来管理,将日志刷出到外存,存放在日志文件中。通常,日志文件可以有多个。有的 DBMS 日志文件是不重用的,如 PostgreSQL 的日志文件,其文件名称是连续增长的。而使用文件组等概念的 DBMS,如 Oracle 等,它们的日志文件是重用的。不重用的日志文件能够容忍长事务存在,而重用的日志文件因事务太长导致所用的日志文件用光时,会因无日志文件可用导致 DBMS

不得不挂起,如 Informix。

在实践中,通常为了保证系统安全和性能,可为每个日志(尤其是 REDO 日志)文件设置镜像,并分配到不同的存储介质上。

2. 登记日志的原则

为了保证数据库是可恢复的,把日志记录登记在日志时必须遵循以下两条原则。

(1) DBMS 可能同时处理多个事务,在日志中登记日志记录的顺序必须严格按并发事务中操作执行的时间次序,事务 T 产生的日志记录可能和其他事务的日志记录相互交错,如图 8-3 所示。

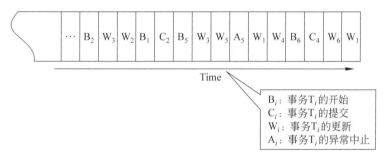

图 8-3 多事务并发操作产生的日志记录示意图

图 8-3 给出了一段 6 个事务中的操作交错执行的日志记录示意,其中的 B_i 代表事务 T_i 的开始执行日志记录,C_i 代表事务 T_i 的成功完成提交日志记录,W_i 代表事务 T_i 写数据到缓冲区,即更新数据的日志记录,A_i 代表事务 T_i 的异常中止日志记录。每个事务的第一条日志记录都是该事务的开始记录,最后一条日志记录为 COMMIT 记录或 ABORT 记录。本书后续的日志记录示意图均采用该约定。

(2) 因为把对数据的更新结果写到数据库中和把表示这个更新的日志记录写到日志中是两个不同的操作,有可能在这两个操作之间发生故障,即这两个写操作只完成了一个,因此,必须先将日志记录写到日志,后将更新结果写到数据库。如果先进行了数据库更新,而在日志中没有登记这个更新,则在发生故障事务夭折后,就无法利用日志撤销这个夭折事务的更新操作了。如果先写日志,但没有更新数据库,那么可以利用日志进行恢复。

遵循以上登记日志的原则,可以保证一个事务的所有其他日志都必须在它的 COMMIT 日志记录写入日志前写入日志,而只有在一个事务的 COMMIT 日志记录写入日志后该事务的 COMMIT 操作才能完成。

DBMS 的恢复机制必须能实现将日志缓冲区中的日志记录先写到磁盘的日志中,并且要保证磁盘上的日志的可靠存储。

8.2.2.2 数据转储(备份)

日志可以用来实现针对事务故障和系统故障的数据恢复,为了在发生介质故障造成磁盘上的数据丢失时数据库也能进行恢复,通常还要采用数据转储(也称备份)技术。

数据转储由数据库管理员定期地在某种存储介质上,如磁盘或光盘等,创建一个与数据库自身分离的数据库备份,这些数据库备份(简称备份,也称后备副本或后援副本)保存数据库在转储时的状态,被存放在尽量远离数据库的安全可靠的地方。

转储是一个冗长的过程,十分耗费时间和资源,不能频繁进行。数据库管理员应该根据数据库使用情况确定一个适当的转储周期和转储方式。例如,根据转储时系统状态的不同,转储可分为静态转储和动态转储。

1. 静态转储

如果有可能暂时关闭数据库系统,可以进行静态转储。静态转储是在系统中无运行事务时进行的转储。转储必须等待正在运行的用户事务结束才能进行,新的事务必须等待转储结束才能执行。因此,转储期间没有对数据库的任何存取操作,也不会产生日志记录。

静态转储虽然简单,并且能够得到一个与转储时的数据库相一致的副本,但会降低数据库系统的运行效率。

2. 动态转储

大多数数据库系统不能在转储所需要的一段时间(可能是几个小时)内关闭,因此需要考虑动态转储。动态转储和用户事务可以并行执行,动态转储期间允许事务对数据库进行数据的存取。

动态转储可以克服静态转储的缺点,它不用等待正在运行的用户事务结束,也不会影响新事务的运行。但是,在动态转储进行的数分钟或数小时中,系统中的运行事务可能更新了磁盘上的数据库中的数据,转储结束时备份上的数据可能是、也可能不是转储开始时的值,备份上的数据库可能会包含未提交事务的中间执行结果,是数据库处于不一致状态时的值,得到的备份可能不是数据库某个一致性状态的副本。

【例 8-5】 在转储期间的某个时刻 T_c,磁盘上数据 $A=100$、$B=200$,被转储到磁盘备份上。在转储过程中,磁盘上数据 A 被更新为 150,B 被更新为 250,并在下一时刻 T_d,$A=150$ 又被转储到备份中。转储结束后,备份上的 $A=150$,$B=200$,并不与转储前后磁盘上 A 和 B 的状态值一致。

根据生成的备份中的数据,转储又可分为完全转储和增量转储。完全转储在每次转储时都复制整个数据库,每次备份的数据量大,时间长。增量转储只需要复制上次转储后更新过的数据,每次备份的数据量小,时间短。

数据库以数据文件和日志文件的形式存储在磁盘介质上,数据转储就是要得到这些磁盘文件的备份。例如,SQL Server 支持的 T-SQL 提供可对数据库进行完全转储和增量转储的 BACKUP 操作语句来得到全备份或增量备份。

BACKUP 操作语句的一般格式:

```
BACKUP {DATABASE|LOG}  <数据库名>
  {FILE=logic_file_list|FILEGROUP=filegroup_list}
  TO {DISK|TAPE}='physical_backup_device_name'
  [WITH DIFFERENTIAL];
```

说明:

（1）DATABASE 指明进行数据库转储。若加上 FILE＝logic_file_list 指明要进行数据文件转储，logic_file_list 为要转储的文件的逻辑文件名列表；若加上 FILEGROUP＝filegroup_list 指明要进行文件组转储，filegroup_list 为要转储的文件组列表。

该语句可对单个数据文件进行转储，也可对包括多个数据文件的文件组进行转储。分别对文件或文件组进行转储的功能提高了转储的效率和灵活性。

（2）LOG 指明进行事务日志转储。每次数据库完全转储之后都会启动一个新的日志，对日志转储得到上一次完全转储后生成的新日志备份。不与 WITH DIFFERENTIAL 选项同时使用。

（3）TO DISK 指明转储备份到磁盘，TO TAPE 指明转储备份到磁带，physical_backup_device_name 指定了存储备份的存储路径和物理存储文件。

（4）WITH DIFFERENTIAL 选项指明进行数据库或文件（组）的增量转储，缺省则为完全转储。增量转储是在完全转储的基础上进行的，每次增量转储的基准是最近一次完全转储，而不是上一次增量转储。

系统生成的活动日志，以及转储得到的数据库全备份、增量备份和日志备份构成的数据库备份，均是为数据库产生的冗余数据。

利用这些冗余数据，要能在发生故障后，将数据库从一个不一致的错误状态，恢复到一个一致性状态，还需要相关的恢复策略。

8.2.3　恢复的策略

假设恢复机制仍采用前面讨论的窃取但不强制的缓冲区管理策略，针对不同故障所导致的错误状态，数据库恢复的策略和方法也不一样。

1. 事务故障后的数据库恢复

事务故障导致事务不能正常提交，并且夭折事务的部分执行结果可能已对数据库进行了更新，破坏了事务的原子性。

对于发生事务故障后的数据库恢复，恢复机制在不影响其他事务运行的情况下，强行回滚（ROLLBACK）该夭折事务，对该事务进行 UNDO 操作，来撤销该事务已对数据库进行的更新，使得该事务好像根本没有执行过一样，保持了事务的原子性，将数据库恢复到一致性状态。

【例 8-6】 对于例 8-3 中从账户 A 转账 1000 元到账户 B 的银行转账事务，假设转账前账户 A 的余额为 1500 元，账户 B 的余额为 0，事务在执行完对账户 A 的更新后，可能会因故障导致事务不能继续执行，但对账户 A 的更新结果却已写到磁盘中了，即账户 A 的值已改为 500 元，但账户 B 的值仍为 0 元。或者事务在执行完对账户 B 的更新后，也可能会因故障导致事务不能提交，而对账户 A 和账户 B 的更新结果却都已写到磁盘中了，即账户 A 的值已改为 500 元，账户 B 的值已为 1000 元。以上更新操作相应的更新日志记录也已先写入磁盘的日志中。

对于该夭折的转账事务，UNDO 操作就是根据系统产生的日志信息，将事务对账户 A 和账户 B 进行更新前账户 A 和账户 B 的值重新写回磁盘中，即账户 A 的值改回为 1500 元，账户 B 的值改回为 0。

恢复机制对事务进行的 UNDO 操作,就是利用日志撤销此事务已对数据库进行的更新,将更新前的旧值重新写回磁盘的数据库中,并在日志中生成事务的异常中止记录,即 ABORT 日志记录,来标记事务以 ROLLBACK 方式结束。

事务故障的恢复是由系统自动完成的,对用户是透明的。基于图 8-4 给出的一段多事务并发执行的日志示意图,假设事务 T_1 在生成更新日志记录后发生故障,则系统进行事务恢复的步骤如下(见图 8-4)。

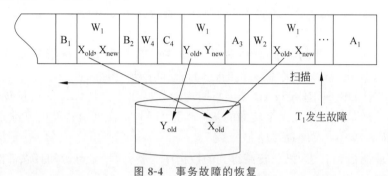

图 8-4 事务故障的恢复

(1) 从日志尾部开始向前反向扫描日志(即从最近写的记录到最早写的记录),查找该事务(T_1)的更新操作(W_1)。

(2) 对找到的更新操作执行逆操作,即将更新日志记录中对某数据项更新前的值(如 X_{old})写入数据库,覆盖更新后的值(如 X_{new})。假如更新操作是插入操作,更新前的值应为空,恢复时相当于做删除操作;若该更新操作是删除操作,恢复时相当于做插入操作。

(3) 继续反向扫描日志,查找该事务的其他更新操作,并做同样处理。

(4) 直至读到此事务的开始标记(B_1),恢复就完成了,并在日志中添加该事务的异常中止记录(A_1)。

恢复过程对日志从后向前反向扫描处理,可保证最后恢复的数据是事务开始时的数据。

在某些 DBMS 中,恢复过程对数据库所做的更新操作也可能会产生另一种形式的日志信息记载在日志中,但这些日志信息不会再用于恢复操作。

2. 系统故障后的数据库恢复

系统故障使所有运行事务都非正常终止,导致这些夭折事务的部分执行结果产生的对数据库的更新可能已写入磁盘上的数据库;故障后内存被刷新,数据库缓冲区的内容丢失,导致一些已完成的事务对数据库的更新结果可能有一部分甚至全部在缓冲区中,尚未写回磁盘上的数据库。

对于发生系统故障后的数据库恢复,恢复机制在系统重新启动时,利用日志撤销(UNDO)所有非正常终止的事务已对数据库进行的更新,保持夭折事务的原子性;重做(REDO)所有已提交事务对数据库的更新,保持提交事务的持久性。从而将数据库恢复到发生故障前的一致性状态。

【例 8-7】 对于例 8-3 中从账户 A 转账 1000 元到账户 B 的银行转账事务,假设转账前账户 A 的余额为 1500 元,账户 B 的余额为 0。事务在执行完对账户 A 和账户 B 的更新后,进行了提交操作。但事务提交后,事务对数据库的更新结果还没有及时地写到磁盘的数据库中,还在内存的数据库缓冲区里,若此时系统发生故障,会使缓冲区中数据丢失。

对于该提交事务,REDO 操作就是根据系统产生的日志信息,将该事务对账户 A 和账户 B 更新后账户 A 和账户 B 的值写到磁盘数据库中,即账户 A 的值改为 500 元,账户 B 的值改为 1000 元。

由于事务提交生成 [commit,T] 日志记录时,并不能确定更新已经在磁盘上。恢复机制对提交事务进行的 REDO 操作,就是利用日志重新执行此事务已对数据库进行的更新,将更新后的新值写到磁盘的数据库中,使事务以 COMMIT 方式结束。

系统故障的恢复是由 DBMS 在系统重新启动时自动完成的,无须用户干预。基于图 8-5 给出的一段并发事务正向扫描日志示意图,假设系统在事务 T_1 生成更新日志记录后崩溃,则系统进行恢复的步骤如下。

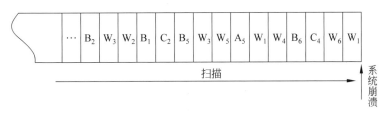

图 8-5 正向扫描日志

(1) 首先从日志头部开始向后正向扫描日志(从最早写的日志记录到最近写的日志记录),找出在故障发生前已提交的事务和未执行完的事务即夭折事务。

对于在日志中既有 BEGIN TRANSACTION 记录,也有 COMMIT 记录的已提交事务(如 T_2、T_4),将其事务标识记入待重做事务队列 REDO-LIST。

对于在日志中只有 BEGIN TRANSACTION 日志记录,而无相应的 COMMIT 日志记录的尚未完成的事务(如 T_1、T_3 和 T_6),将其事务标识记入待撤销队列 UNDO-LIST。

对于有 ABORT 日志记录的事务 T_5,因该事务已在系统崩溃前被回滚,不再对其进行恢复。

(2) 对撤销队列 UNDO-LIST 中的各个事务进行撤销(UNDO)处理。

从日志尾部向前反向扫描日志,对待撤销事务队列 UNDO-LIST 中的所有需撤销的事务(如 T_1、T_3、T_6)的更新操作依次执行其逆操作,即将更新记录中"更新前的值"写入数据库(见图 8-6),最终完成对每个需撤销事务的回滚,并生成其异常中止记录。

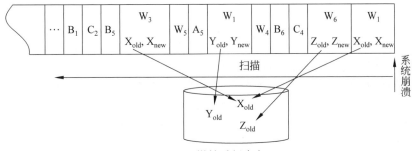

图 8-6 撤销夭折事务

由于系统崩溃前可能有多个未提交的事务,其中某些事务可能均对某个数据对象,如 X,进行了更新,所以恢复操作的顺序必须是从日志尾部向前反向进行,以保证最终恢复到数据库中的 X 值是所有夭折事务开始执行前的值。

(3) 对重做队列 REDO-LIST 中的各个事务进行重做(REDO)处理。

从日志头部向后正向扫描日志,对重做队列中的每个需重做的事务(如 T_2、T_4)重新执行日志中所记录的更新操作,即将更新记录中"更新后的值"写入数据库(见图 8-7)。

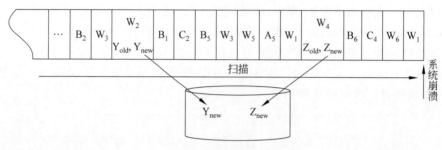

图 8-7 重做已提交的事务

恢复操作的顺序必须是从日志头部向后正向进行,保证对一个特定数据对象的多个更新的执行顺序与系统崩溃前的执行顺序一致。

前面的恢复策略,为了提高恢复效率,在撤销事务和重做事务的过程中,并没有把不同事务的撤销或重做分开进行,而是对日志进行一次扫描,在扫描的过程中每遇到一个更新记录,就执行一次 UNDO 或 REDO 操作。但不管日志有多长,恢复过程都要搜索整个日志,检查所有日志记录。

这种做法存在两个问题:一是为确定哪些事务需要撤销,哪些事务需要重做,需搜索整个日志;二是重做的很多已提交事务实际上早已将它们的更新操作结果写到磁盘的数据库中了,然而恢复机制又重新执行了对数据库的更新。

为了解决这两个问题,现在许多 DBMS(如 SQL Server)提供一种检查点(checkpoint)技术实现系统故障的恢复。

3. 采用检查点技术进行系统故障后的数据库恢复

检查点技术可以限制恢复过程必须回溯的日志长度,有效减少搜索日志的时间,同时有效减少系统重新启动后需要重做的事务,从而减少数据库恢复所需的时间和资源。

采用检查点技术的 DBMS,其恢复机制在系统运行过程中,要定期或不定期地在生成的日志上设置检查点(如每隔一小时建立一个检查点),或者按照某种规则建立检查点(如活动日志已写满一半时设置一个检查点)。

这里介绍一种基于静态检查点技术实现系统故障后数据库恢复的策略,该技术在设置检查点时,具体要完成以下工作。

(1) 暂时中止运行事务的执行,系统不再执行对数据库的更新,也不产生新的日志记录。

(2) 将当前日志缓冲区中的所有日志记录写入磁盘的日志文件中。

(3) 在日志中写入一个检查点记录。

检查点记录的内容包括:

① 建立检查点时刻所有正在执行的事务。

② 这些事务最近一个日志记录的地址。

(4) 将当前数据缓冲区中的所有数据写入磁盘的数据库中。

(5) 把检查点记录在日志中的地址写入一个重新开始文件。重新开始文件用来记录各个检查点在日志中的地址。

(6) 继续执行运行中止的事务。

在设置检查点所做的工作使得采用检查点技术可以提高恢复效率。系统出现故障时,恢复机制将根据事务的不同状态采取不同的恢复策略。

假设系统运行时,在 t_c 时刻设置了一个检查点,而在下一个检查点到来之前的 t_f 时刻系统发生故障。此时,系统中运行的事务可分成 5 类($T_1 \sim T_5$),如图 8-8 所示。各类事务相对于检查点和故障时刻产生的日志记录见图 8-9 中的日志示意图。

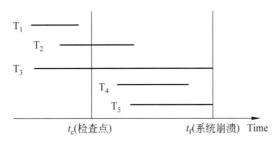

图 8-8　与检查点和故障时刻有关的事务可能状态

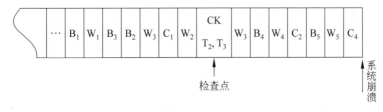

图 8-9　5 类事务的对应日志记录示意图

T_1:在检查点之前已提交的事务。

T_2:在检查点之前开始执行,在检查点后、故障点前已提交的事务。

T_3:在检查点之前开始执行,在故障点时还未完成的事务。

T_4:在检查点之后开始执行,在故障点之前已提交的事务。

T_5:在检查点之后开始执行,在故障点时还未完成的事务。

根据系统在检查点所做的工作以及 5 类事务对应的日志记录可以确定:

(1) T_1 类已提交事务不必重做。因为其对数据库的更新(如 W_1 操作)结果,已在设置检查点的 t_c 时刻写到数据库中了。

(2) T_2、T_4 类事务需要重做。因为它们对数据库的更新(如 W_4 操作)结果可能仍在内存缓冲区中,还未写到磁盘的数据库中。但是重做 T_2 类事务时,并不需要重做此类事务早于检查点记录的更新操作(如 W_2),因为此类操作对数据库的更新结果在建立检查点过程中已经被刷新到磁盘。

(3) T_3、T_5 类事务必须撤销。因为它们还未提交,在系统崩溃前它们对数据库的更新结果不能确定是否已写到磁盘的数据库中,所以必须撤销事务可能造成的对数据库的更新(如 W_5 操作)。而且撤销 T_3 类事务时,还要撤销已写到磁盘的其在检查点前已对数据库进行的更新操作(如 W_3 操作)结果。

根据系统在检查点所做的工作,以及对各类事务的恢复操作的分析,使用检查点技术进行恢复的步骤可如下进行。

(1) 从重新开始文件中找到系统崩溃前最后一个检查点记录在日志中的地址,由该地址在日志中找到最后一个检查点记录。

(2) 由该检查点记录得到在设置检查点时刻所有正在执行的事务(如 T_2、T_3 事务),将其放入活动事务队列 ACTIVE-LIST 中。

(3) 建立两个事务队列。

① UNDO-LIST:需要执行 UNDO 操作的事务集合。

② REDO-LIST:需要执行 REDO 操作的事务集合。

把 ACTIVE-LIST 队列中的事务暂时放入 UNDO-LIST 队列,REDO-LIST 队列暂时为空。

(4) 从检查点记录开始向后正向扫描日志,确定需要重做或撤销的事务。

如有新开始的事务 T_i,即遇到事务 T_i 的 BEGIN TRANSACTION 日志记录,如 B_4,把 T_4 暂时放入 UNDO-LIST 队列;如有新提交的事务 T_j,即遇到事务 T_j 的 COMMIT 日志记录,如 C_2,把 T_2 从 UNDO-LIST 队列移到 REDO-LIST 队列,扫描日志直到日志结束,即系统崩溃处。当日志扫描结束时,UNDO-LIST 队列和 REDO-LIST 队列分别标识需要撤销的事务(如 T_3、T_5)以及需要重做的事务(如 T_2、T_4)。

(5) 从日志尾部向前反向扫描日志,对 UNDO-LIST 队列中的每个事务执行撤销操作(UNDO)。

(6) 从检查点开始向后正向扫描日志,对 REDO-LIST 队列中的每个事务执行重做操作(REDO)。

可以看到,前面的恢复过程是从检查点开始搜索日志和重做已提交事务,因此,采用检查点技术可以提高恢复效率。

本节所述的检查点是一种静态检查点,即在建立检查点时其效果相当于必须关闭系统,即没有新事务的产生,现有事务停止执行,不产生日志记录。而这种暂停执行事务的情况是许多应用程序所不能接受的。因此,有的 DBMS 采用一些更复杂或恢复效率更高的检查点技术,恢复策略中也可能先执行重做操作等。在此不再进一步讨论。

4. 介质故障后的数据库恢复

介质故障是最严重的一种故障,最主要的危害是破坏磁盘上的数据库,使得所有已提交的事务的结果不能持久地保存在磁盘上,并影响正在存取这部分数据的所有事务,破坏事务的持久性和原子性。

介质故障的恢复不仅要使用日志,还要使用数据转储得到的数据库备份(副本)。备份保存数据库在转储时的状态,当介质故障发生时,数据库就可以被恢复到这一状态。要想将数据库恢复到离故障发生时更近的状态,就需要使用日志。前提是日志的备份得到保存,并且日志自身在故障之后仍存在。为防止日志的丢失,可以将日志在刷新到磁盘后就对它进行备份。当发生介质故障,磁盘上的数据和日志都丢失时,就可以使用数据和日志的备份进行恢复,至少能恢复到日志被转储的那一时刻。

进行恢复的步骤如下。

(1) 根据备份恢复数据库。

找到最近的完全转储的备份,并根据它来恢复数据库(即将备份复制到数据库)。如果有后续的增量转储备份,按照从前往后的顺序,根据各个增量转储备份恢复数据库。

(2) 利用日志恢复数据库。

对于静态转储,装入数据库备份后数据库即处于一致性状态。利用日志重做故障前(或日志转储前)已完成的事务,即可将数据库恢复到与故障时刻(或日志被转储时刻)相一致的状态,如图 8-10 所示。

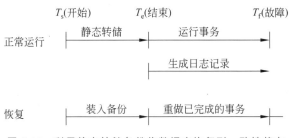

图 8-10　利用静态转储备份将数据库恢复到一致性状态

对于动态转储,装入数据库备份后,还需根据日志,利用恢复系统故障的方法,撤销转储结束时未完成事务在数据库备份中产生的更新结果,并重做故障前(或日志转储前)已完成的事务,将数据库恢复到与故障时刻(或日志被转储时刻)相一致的状态,如图 8-11所示。

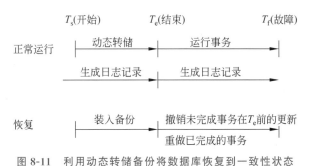

图 8-11　利用动态转储备份将数据库恢复到一致性状态

利用备份和日志进行恢复时,没有必要对转储结束后到故障发生前还在运行的事务进行撤销处理,因为这些事务对数据库进行的更新随着磁盘的损坏已经丢失,相当于已经"撤销"了。

利用备份进行介质故障的恢复需要 DBA 的介入,但 DBA 只要装入最近转储的数据库备份(离故障发生时刻最近的转储备份)和有关的日志文件备份,然后执行恢复命令即可,具体的恢复操作仍由 DBMS 完成。

在 SQL Server 中,可使用 RESTORE DATABASE 语句来完成数据库的恢复操作。RESTORE DATABASE 语句的一般格式:

```
RESTORE  DATABASE  <数据库名>
  {FILE=logic_file_name|FILEGROUP=logical_filegroup_name}
  FROM {DISK|TAPE}='physical_backup_device_name'
  [WITH
    [[,]{NORECOVERY|RECOVERY}]
    [[,]REPLACE]
  ]
```

说明:

(1) FILE = logic_file_name 指明备份中要恢复的数据库逻辑文件名称;FILEGROUP=logical_filegroup_name 指明备份中要恢复的包括多个数据库文件的文件组名称。

(2) {DISK | TAPE} = 'physical_backup_device_name'指定备份文件所在的存储路径。

(3) NORECOVERY 指定恢复操作不撤销备份中任何未提交的事务,如果后续还有恢复操作则选择此项,此时数据库处于不一致的状态;RECOVERY(默认)指定恢复操作撤销备份中任何未提交的事务,系列恢复操作的最后一个恢复操作选择此项,之后数据库将处于某个一致性状态,可以使用数据库了。

(4) REPLACE 指定是否对系统中同名数据库进行覆盖。选择该选项则删除现有系统中具有相同名称的数据库,再创建指定的数据库及其相关文件;如果没有该选项,则进行安全检查以防止意外重写现有的数据库。

利用数据库备份恢复数据库后,还要利用日志来恢复,使恢复后的数据库接近故障前的一致性状态。

若介质故障带来日志文件的丢失,也需要利用日志备份来恢复日志。

日志的恢复使用 RESTORE LOG 语句,其语句的一般格式:

```
RESTORE  LOG  <数据库名>
  FROM {DISK|TAPE}='physical_backup_device_name'
  [WITH
    [[,]{NORECOVERY|RECOVERY}]
    [[,]STOPAT=date_time
    |[,]STOPATMARK='mark_name'[AFTER datetime]
    |[,]STOPBEFOREMARK='mark_name'[AFTER datetime]
    ]
  ]
```

说明:

（1）｛DISK｜TAPE｝＝'physical_backup_device_name'指定日志备份所在的存储路径。

（2）NORECOVERY｜RECOVERY 选项指定本次恢复操作是否撤销备份中任何未提交的事务，所有中间恢复步骤都选择 NORECOVERY 选项，最后一个恢复操作选择 RECOVERY 选项。

（3）STOPAT＝date_time 指定将日志恢复到指定日期和时间点处。

（4）STOPATMARK｜STOPBEFOREMARK 指定将日志恢复到指定的标记处（包括｜不包括该标记）。如果省略 AFTER datetime，则恢复操作将在含有指定的第一个标记处停止；如果指定 AFTER datetime，则恢复操作将在 datetime 时间之后的指定的第一个标记处停止。

DBMS 利用备份日志进行数据库恢复的操作，同发生系统故障后进行数据库恢复的操作类似，不再赘述。

【例 8-8】 假设某企业的数据库每周日晚 24 时进行一次全库备份，每天晚 24 时进行一次增量备份，每小时进行一次日志备份，数据库在周五早晨 7 时 30 分左右发生安全事故并毁坏。假设系统用的 DBMS 是 SQL Server，应如何进行恢复使数据库最接近真实状态？

系统的数据库管理员应在数据库不能使用后，立即装入最近的，即上周日晚 24 时备份的数据库全备份文件，以及周四晚 24 时进行的数据库增量备份文件，若系统日志没有被毁坏，则可直接执行 RESTORE DATABASE 恢复命令。对全备份文件的恢复操作使用 NORECOVERY 选项，对增量备份文件的恢复操作使用 RECOVERY 选项。

若系统日志也被毁坏，则还要装入周五早晨 7 时进行的日志增量备份文件，然后先执行 RESTORE LOG 恢复命令恢复日志，再执行前面的对数据库全备份和增量备份文件的 RESTORE DATABASE 恢复命令。

8.3 并发控制

8.3.1 并发控制的必要性

事务在执行过程中需要不同的资源，为了充分利用系统资源，发挥数据库共享资源的特点，在多用户的现代数据库系统中，系统有能力同时执行多个并发的事务，在任一时刻可能有成百上千个正在执行的却只部分完成的事务。

当多用户并发地存取数据库时就会产生多个事务同时存取同一数据的情况，并发执行的事务之间的相互影响可能导致数据库状态的不一致。各个事务的一致性并不能保证数据库就处于一致性的状态，并发执行的事务间还必须具有隔离性。保证并发执行的事务之间保持隔离性的整个过程称为并发控制（concurrency control）。DBMS 的并发控制机制采用一定的并发控制技术来实现事务的并发执行。

1. 事务的调度

隔离性要求事务并发执行的整体效果必须等同于某一次序下事务顺序执行的效果。为了保证事务的隔离性和数据库的一致性，并发控制机制需要对并发执行的事务之间的并发操作进行正确调度。因而,并发控制机制也称为调度器(scheduler)。

1)调度

多个并发执行的事务中的并发操作按照它们的执行时间排序形成的一个操作序列称为调度。

n 个事务 $T_1,T_2,\cdots,T_n$ 的调度 S 是这 n 个事务中的操作的一个执行顺序。调度 S 需要服从下述约束。

(1)在 S 中事务 T_i 中的操作的执行顺序必须与单个 T_i 执行时操作的执行顺序相同,即同一个事务中的操作在调度中的执行顺序是固定不变的。

(2)在 S 中事务 T_j 中的操作可以与 T_i 中的操作交错执行。

2)串行调度和非串行调度

若调度 S 中的多个事务依次执行,每个事务 T 中的操作都是连续执行的,不存在不同事务中的操作交错执行,则称该调度为串行调度(见图 8-13 和图 8-14),否则称为非串行调度。并发事务中操作的不同交错执行顺序就构成了不同的非串行调度(见图 8-15)。

【例 8-9】 对图 8-12 中的事务 T_1、T_2 和 T_3,仍用对缓冲区数据的读写来表达事务对数据库的读写操作,变量 t、s 分别是事务中的局部变量,不是数据库中的数据。数据库中的数据 X、Y 的值是它们在主存缓冲区的值,而不一定是它们在磁盘上的值。同时,为了更清晰地表达事务对数据库的并发操作,后续省略掉事务定义语句。这样事务 T_1、T_2 有两个串行调度,一个是 T_1 在 T_2 前(见图 8-13(a)),即 T_1 中的所有操作都在 T_2 中的所有操作之前执行,而另一个是 T_2 在 T_1 前(见图 8-13(b))。如果两个调度中 X、Y 的初值一样,如 $X=100$、$Y=50$,则两个串行调度的结果一样,均为 $X=150$、$Y=100$。

T_1	T_2	T_3
BEGIN TRANSACTION T_1 　Read(X, t_1) 　t_1 := t_1−50 　Write(X, t_1) 　Read(Y, t_2) 　t_2:= t_2+50 　Write(Y, t_2) COMMIT	BEGIN TRANSACTION T_2 　Read(X, s) 　s:=s+100 　Write(X, s) 　COMMIT	BEGIN TRANSACTION T_3 　Read(X, s) 　s:=s*2 　Write(X, s) 　COMMIT

图 8-12　事务 T_1、T_2 和 T_3

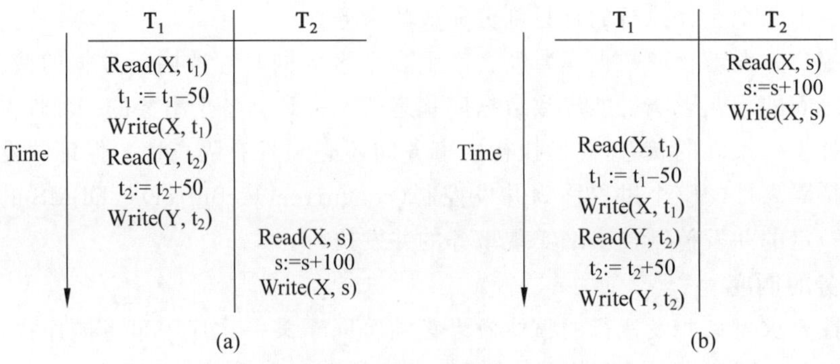

图 8-13　串行调度(一)

但是,通常并不能期望串行执行的结果与事务顺序无关。如图 8-14 中的并发事务 T_1 和 T_3,若事务的执行顺序不同,两个串行调度的结果并不一样。假设初值 $X=100$、$Y=50$,则结果分别为 $X=100$、$Y=100$(见图 8-14(a))和 $X=150$、$Y=100$(见图 8-14(b))。

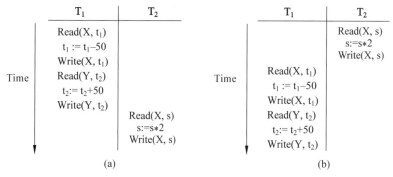

图 8-14　串行调度(二)

可见对于并发执行的事务,不同的串行调度其结果并不一样。但不管结果如何,多个并发事务的串行调度结果,会与该多个事务的串行执行的一个结果相同。若所有的事务具有一致性并且事务执行前数据库就处于一致性状态下,则事务的串行执行将保持数据库的一致性,多个并发事务的串行调度也会保持数据库的一致性。

2. 并发事务的非串行调度带来的数据不一致性问题

为提高数据库系统的效能,实际应用中并发事务中的并发操作更多的是进行交错执行,构成非串行调度。在图 8-15 中,给出了图 8-12 中的事务 T_1 和事务 T_2 的两种非串行调度。

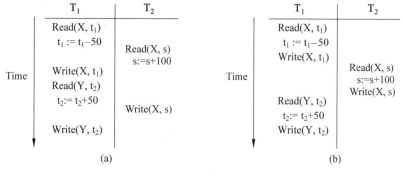

图 8-15　非串行调度

在并发事务的非串行调度中,来自不同事务的操作可能同时读入缓冲区中的数据(如 X),并对数据进行读或写。但在没有并发控制的情况下,并发事务同时试图读或写同一个数据库对象可能会产生数据不一致性问题,主要体现在如下几方面。

1) 更新丢失

更新丢失(lost update)是指在并发事务的非串行调度中,来自不同事务的操作,先后读取同一数据对象并对其进行更新,一个事务对该数据对象的更新结果,覆盖了另一个事务对该数据对象的更新结果,导致先写的数据更新结果丢失。

【例 8-10】 图 8-16 为图 8-15(a)的非串行调度,事务 T_1 读取了缓冲区中数据对象 X 之后,修改了 X 值,但在将 X 值写入缓冲区之前,事务 T_2 也读取了 X,并修改了 X 值,又在事务 T_1 将 X 值写入缓冲区之后,也将 X 值写入缓冲区。假设 X 初值为 100,这样缓冲区中的数据 X 的最终结果就是 200,只增加了 100 而没有减少 50,不是图 8-13 中串行调度的结果 150。事务 T_1 对 X 的更新结果丢失,如图 8-16(a)所示。

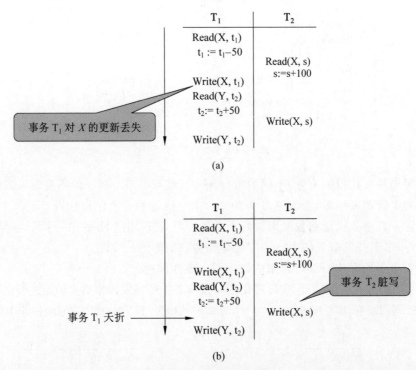

图 8-16 更新丢失问题

另一种情况,若在事务 T_2 将 X 值写入缓冲区后,事务 T_1 发生故障回滚,需对 X 值进行撤销操作,则会使事务 T_2 的更新结果失效,相当于事务 T_2 的更新结果丢失,也称事务 T_2 发生了脏写现象,如图 8-16(b)所示。

2)脏读

脏读(dirty read)是指在并发事务的非串行调度中,一个事务读取了另一个还没有提交事务所写的中间结果数据。这些数据也称为脏数据(dirty data),脏读也就是对脏数据的读取。

【例 8-11】 在图 8-17(a)两个并发事务的非串行调度中,事务 T_1 读取了缓冲区中数据对象 X 之后,修改了 X 值,并将 X 值写入缓冲区。假设 X 初值为 100,这时缓冲区中的数据 X 的结果就是 50。随后事务 T_2 读取了事务 T_1 对 X 的更新结果 50。但事务 T_1 随后发生了故障,被撤销回滚,将 X 的值恢复为事务 T_1 开始时的值,即 100。这样事务 T_2 读取的是被夭折事务 T_1 撤销了的数据,是脏数据。若事务 T_2 在读取 X 后对 X 值进行了更新,会使数据库处于不一致状态。

另一种情况,在图 8-17(b)中,当事务 T_2 读取了另一个事务 T_3 对 X 的更新结果后,

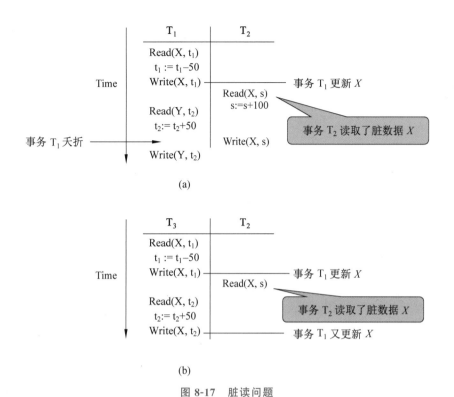

图 8-17　脏读问题

事务 T_3 又修改了 X 值,这样事务 T_2 读取的是事务 T_3 对 X 的中间更新结果值,不是数据库一致性状态下的值,也是脏数据。

这里造成事务 T_2 脏读的是事务 T_1 的写操作,事务 T_1 中的写操作应该是 UPDATE 操作或 INSERT 操作引发的,不能是 DELETE 操作,否则事务 T_2 不会读到数据。

3)不可重复读

不可重复读(non-repeatable read)是指在并发事务的非串行调度中,同一事务对同一数据对象的多次读取得到不同的结果。

【例 8-12】　在图 8-18(a)两个并发事务的非串行调度中,事务 T_1 读取数据 X、Y 后,对其进行了求和,之后事务 T_2 对 X 进行了修改并将结果写入缓冲区,当事务 T_1 再次对 X、Y 进行求和时,得到与前一次不同的值,出现 X 值不可重复读现象,导致了一个错误的求和结果。

通常,不可重复读问题是指事务 T_1 读取了一个存在的确定的数据(如元组)后,事务 T_2 对其进行了修改或删除,即事务 T_2 中的写操作为 UPDATE 或 DELETE 操作。当事务 T_1 再次读取该数据时,得到与前一次不同的值。

若当事务 T_1 按一定的条件从数据库中读取了某些数据(如元组)后,事务 T_2 插入了满足条件的新数据(元组)或修改了其他已有数据使之满足事务 T_1 的查询条件,则当事务 T_1 再次按相同条件读取数据时,发现多了一些数据(元组)。这种不可重复读问题,称为幻影(phantom row)现象,也称为幻读(或幻像),如图 8-18(b)所示。

幻影现象可以看作不可重复读的一个特例,只是造成事务 T_1 不可重复读的事务 T_2

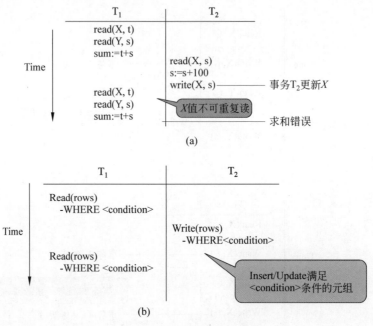

图 8-18　不可重复读问题

着眼于对事务 T_1 所读数据进行更新（修改或删除），而造成事务 T_1 出现幻影的事务 T_2 着眼于新增事务 T_1 所读的数据（插入或修改后增加）。

产生上述数据不一致问题的主要原因，是并发事务的非串行调度的执行使并发的事务之间互相干扰，破坏了并发事务之间的隔离性。为解决这些问题，需要对并发执行的事务进行控制，使得一个事务的执行不受其他事务的干扰，从而避免数据的不一致性。

3. 非串行调度的可串行化

由于多个并发事务的串行调度不会破坏数据库的一致性状态，如果通过控制，使得并发事务的非串行调度的执行效果与这些并发事务的串行调度的执行效果相同，则仍可保持数据库的一致性。因此，并发控制要实现的就是并发事务的非串行调度的可串行化，即把"可串行性"作为并发事务正确调度的准则。

1）可串行化调度

如果 n 个并发事务的一个非串行调度 S 的执行效果，等价于这 n 个事务的某个串行调度 S' 的执行效果，则称这 n 个事务的该非串行调度 S 是可串行化的调度。

这里的等价是指对于任意的数据库初始状态，调度 S 和调度 S' 的执行效果都相同。

【例 8-13】　在图 8-19 中，给出两个并发事务的一个调度，此调度不是串行的，但却是可串行化的。在这个调度中，从任何一个一致的状态开始，其结果都与先执行事务 T_1 再执行 T_2 的串行调度的结果一样。而图 8-20 中的非串行调度却是一个非可串行化的调度，其结果并不总与事务 T_1、T_2 的任一串行调度的结果相同，虽然可能存在某种巧合，使得其结果相同。读者可自行设定初始状态进行验证。

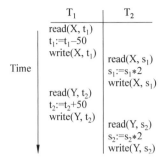

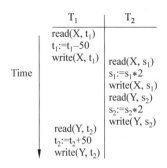

图 8-19 非串行的可串行化调度　　　　　　图 8-20 非可串行化的调度

对于并发事务的非串行调度,当且仅当它是可串行化的,才能保持事务的隔离性。因此,DBMS 把"可串行化"作为对并发事务进行并发控制的目标。而大多数 DBMS 的并发控制机制实现的是一个更强的要求,实现的是并发事务的非串行调度的冲突可串行化。

2) 冲突操作

由前面的讨论可以看到,并发事务同时试图读或写同一个数据库对象可能产生数据不一致性问题。这是因为并发事务之间存在着冲突操作。

冲突(conflict)操作是指并发事务非串行调度中的一对连续的操作(读或写操作),操作应来自不同的事务,如果它们的执行顺序交换后,操作所在的事务中至少有一个的后续操作结果会改变,则这对操作就是冲突的。

因此,不同事务对不同数据对象的读写操作是不冲突的,不同事务对同一数据对象的读操作也是不冲突的,但不同事务对同一数据对象的写以及读-写或写-读操作是冲突的。

用 $r_i(X)$ 和 $w_i(X)$ 分别表示某事务 T_i 从缓冲区读数据 X 和往缓冲区写数据 X,则并发事务中的如下相邻操作是冲突的。

(1) 不同事务对同一数据对象的写操作,即 $w_i(X)$ 和 $w_j(X)$ 是冲突的,如图 8-16(a) 中的 write(X, t_1) 和 write(X, s)。因为事务 T_i 和 T_j 的写入值可能不同,交换操作的顺序,最终缓冲区中的 X 值是不同的。

正是冲突的 $w_i(X)$ 和 $w_j(X)$ 操作带来数据更新丢失问题,交换操作的顺序,丢失的将是不同事务的更新结果。

(2) 不同事务对同一数据对象的读-写操作或写-读操作,即 $r_i(X)$ 和 $w_j(X)$ 是冲突的。交换读写操作 $r_i(X)$ 和 $w_j(X)$ 的顺序会影响到事务 T_i 所读到的数据不同,如果将写操作 $w_j(X)$ 从读操作 $r_i(X)$ 后移到 $r_i(X)$ 前,那么事务 T_i 读到的值将是被 T_j 新写入的值,而不是交换前应读到的值。

例如,若将图 8-16(a)中事务 T_1 的 write(X, t_1) 操作从事务 T_2 的 read(X, s) 后,移到 read(X, s) 前,如图 8-17(a)所示,则事务 T_2 所读到的数据是事务 T_1 新写入的值。

对于冲突的读写操作 $r_i(X)$ 和 $w_j(X)$,若写操作 $w_j(X)$ 在前,读操作所在事务 T_i 可能会出现脏读现象,如图 8-17(a)所示;若写操作 $w_j(X)$ 在后,事务 T_i 可能会出现不可重复读现象,如图 8-18(a)所示;若读操作 $r_i(X)$ 在前,写操作 $w_j(X)$ 在后,然后又读操作 $r_i(X)$,事务 T_i 可能会出现幻影现象,如图 8-18(b)所示。

为了避免并发事务之间存在的冲突操作带来数据不一致问题，并发控制技术通过实现并发事务非串行调度的冲突可串行化，让冲突操作串行执行，非冲突操作并发执行，从而保证并发事务的非串行调度执行方式既能满足数据的一致性需求，又能提高并发事务的执行效率。

3）冲突可串行化调度

并发事务非串行调度中的相邻操作如果是非冲突的，则这两个操作是可以交换的。例如，不同事务的不涉及同一数据对象或不含写操作的两个操作是可以交换的，不会影响相关事务的执行效果。

因此，如果将一非串行调度通过一系列相邻的非冲突操作的交换转换为另一个调度，则这两个调度是冲突等价的。

如果一个非串行调度冲突等价于一个串行调度，则称该非串行调度是冲突可串行化的。

【例 8-14】 对于如下两个并发事务的一个非串行调度，判断这个调度是否是冲突可串行化的。

$$r_1(A); w_1(A); r_2(A); w_2(A); r_1(B); w_1(B); r_2(B); w_2(B)$$
Time

在调度中，只列出事务对缓冲区数据的读写操作，忽略事务读取数据后在内存中的计算，因这些操作的先后不影响调度的结果。

如图 8-21 所示，通过不断交换该调度中相邻的不同事务对不同数据对象的读写操作，即非冲突操作(标有下画线)，最后可将该调度转换为一个相当于 T_1 先于 T_2 执行的串行调度。因此，可以判断这个非串行调度是冲突可串行化的。

$$r_1(A); w_1(A); r_2(A); \underline{w_2(A); r_1(B)}; w_1(B); r_2(B); w_2(B)$$
$$r_1(A); w_1(A); \underline{r_2(A); r_1(B)}; \underline{w_2(A); w_1(B)}; r_2(B); w_2(B)$$
$$r_1(A); w_1(A); r_1(B); \underline{r_2(A); w_1(B)}; w_2(A); r_2(B); w_2(B)$$
$$\underline{r_1(A); w_1(A); r_1(B); w_1(B)}; \underline{r_2(A); w_2(A); r_2(B); w_2(B)}$$
$$\qquad\qquad T_1 \qquad\qquad\qquad\qquad T_2$$

图 8-21 非冲突操作的交换

冲突可串行化是可串行化的一个充分条件，即冲突可串行化调度是可串行化调度。冲突可串行化对一个可串行化调度来说并不是必要的，但它是商用 DBMS 在需要保证可串行化时通常使用的条件。

【例 8-15】 有 3 个事务：
$$T_1: w_1(A); w_1(B);$$
$$T_2: w_2(A); w_2(B);$$
$$T_3: w_3(B);$$
它们各自为 B 写入一个值，T_1 和 T_2 在为 B 写入值之前还都为 A 写入值。

那么，调度 $S_1: w_1(A); w_1(B); w_2(A); w_2(B); w_3(B);$ 为一可能的串行调度。S_1 最后使 B 具有 T_3 写入的值，而 A 具有 T_2 写入的值。

调度 $S_2: w_1(A); w_2(A); w_2(B); w_1(B); w_3(B);$ 具有与 S_1 一样的效果，则该调度为

可串行化的调度。但却不满足冲突可串行化条件，不是冲突可串行化调度。

8.3.2 并发控制的实现技术

并发控制就是对事务的并发执行进行"控制"，"控制"的含义就是限制，即限制并发以保证数据的一致性。串行化的含义是完全限制并发，可串行化是在能保证数据一致性的情况下，允许某些并发的操作被执行，以提高系统整体的运行效率。

DBMS 采用的并发控制技术实现的就是并发事务非串行调度的可串行化（或冲突可串行化）。目前常用的并发控制技术有封锁、多版本、时间戳和有效性确认等。

基于锁的方法是通过阻塞其他会产生冲突操作的事务来保证可串行化的；多版本并发控制采用"快照隔离"方法来提高基于锁的方式带来的并发低效问题；基于时间戳的方法通过回滚产生冲突操作的事务来保证可串行化；基于有效性确认的方法本质上是基于时间戳的并发控制方法，所以也是通过回滚产生冲突操作的事务来保证可串行化的。

并发控制技术从实现的思路角度可分为乐观的和悲观的两类，其差别在于是事后检查还是提前预防。

（1）乐观的并发控制（optimistic concurrency control，OCC）：此类并发控制允许并发操作执行，但在事务提交的时刻，进行隔离性和完整性约束的检查，如果有违反，则事务被中止。对于并发操作冲突少的应用环境，乐观并发控制方法是适合的。基于有效性检查的方法就是乐观的。

（2）悲观的并发控制（pessimistic concurrency control，PCC）：此类并发控制先检查并发操作是否满足隔离性和完整性约束，如果可能违反，则阻塞这样的操作。基于锁的方法和基于时间戳的方法都是悲观的。

8.3.2.1 封锁技术

封锁技术是目前大多数商用 DBMS 采用的并发控制技术。封锁技术通过在数据对象上维护"锁"来阻塞其他会产生冲突操作的事务，来实现并发事务非串行调度的冲突可串行化。

基于锁的并发控制的基本思想是：当一个事务在对其需要访问的数据对象（如关系、元组等）进行操作之前，先向系统发出封锁请求，获得所访问的数据库对象上的锁，即对数据对象进行加锁，来限制并发的其他事务对这些数据对象的访问。

从技术实现上看，加锁操作就是为特定的数据对象设置一个标志位，若数据对象上存在标志位（或标志位有值）就不能进行读写操作，则放弃加锁请求或等待锁释放（消除被设置的标志位）。

1. 锁

1）封锁模式

引入锁（lock）后，事务在执行时，除读写数据外还必须申请和释放锁。事务 T 即使只想读数据库对象 A 而不写它，也必须获得 A 上的锁，以免另一个事务可能为 A 写入一个新值而导致事务 T 出现脏读或不可重复读现象。另一方面，只要几个事务都不写 A，不允许几个事务同时读 A 也不利于数据共享。因此，常用的封锁模式中有两种不同种类的锁,一种用于读(称为"共享锁"或"读锁"),一种用于写(称为"排他锁"或"写锁")。

(1)共享锁(share lock,简称 S 锁):若事务 T 想读取数据库对象 A 而不更新 A,事务 T 必须申请获得 A 上的共享锁;若申请成功,则事务 T 在数据对象 A 上加共享锁,事务 T 可以读 A 但不能写 A,其他事务只能再对 A 加共享锁,而不能加排他锁。这就保证了其他事务可以读 A,但在事务 T 释放 A 上的共享锁之前不能对 A 做任何更新。

(2)排他锁(exclusive lock,简称 X 锁):若事务 T 不仅要读取数据库对象 A 还要更新 A,事务 T 必须申请获得 A 上的排他锁;若申请成功,则事务 T 在数据对象 A 加上排他锁,事务 T 不仅可以读 A 还能写 A,其他事务不能再对 A 加任何类型的锁。这就保证了在事务 T 释放 A 上的排他锁之前,其他事务不能再读取或更新 A。

因此,对任何数据库对象 A,其上可以有一个排他锁,或者没有排他锁而有多个共享锁,即可以有多个事务同时读取 A,但只能有一个事务读取并更新 A。

2)锁的升级

为了使并发执行的事务提早执行或提前完成,提高事务的执行效率,如果事务想要更新数据库对象 A,那么需要申请 A 上的一个排他锁;如果事务只要读取 A 而不更新 A,那么倾向于只申请 A 上的共享锁;如果一个事务 T 想要读取 A 并可能更新 A,那么应首先申请 A 上的一个共享锁,获得 A 上的共享锁后,友好地对待其他事务,允许其他事务申请并获得 A 上的共享锁,同时读取 A,而仅当事务 T 准备好为 A 写入新值时,再申请将加在 A 上的共享锁升级为排他锁,而事务 T 的锁升级请求是否会得到满足,则要看此时数据库对象 A 上的加锁情况。

3)锁相容性矩阵

如果封锁模式中有多种类型的锁,那么在同一数据库对象已经被某事务加锁的情况下,并发控制机制能否同意其他事务的封锁请求的策略,可用一个锁相容性矩阵来描述。锁相容性矩阵是一个描述锁管理策略的简单方法。

表 8-1 中的锁相容性矩阵,最左边一列表示在某数据库对象上事务 T_1 已经获得的锁的类型,其中,S 为共享锁,X 为排他锁,—表示没有加锁。最上边一行表示另一事务 T_2 对该数据库对象发出的封锁请求类型。T_2 的封锁请求能否被满足用矩阵中的 Y 和 N 表示,Y 即 Yes,表示 T_2 申请的锁与 T_1 已持有的锁相容,封锁请求可以满足。N 即 No,表示事务 T_2 申请的锁与 T_1 已持有的锁冲突,T_2 的封锁请求被拒绝。

表 8-1　共享锁和排他锁的相容性矩阵

T_1 获得的锁	T_2 申请的锁		
	X	**S**	**—**
X	N	N	Y
S	N	Y	Y
—	Y	Y	Y

Y＝Yes,相容的请求

N＝No,不相容的请求

2. 两阶段封锁协议

在运用封锁技术进行并发控制时,需要对事务何时申请所要访问的数据库对象上的锁、何时释放所获得的锁等约定一些规则,这些规则称为封锁协议。约定不同的规则就形成了各种不同的封锁协议,两阶段封锁协议(two-phase locking protocol,2PL)是最常用的一种实现可串行化的封锁协议。

为了体现锁的作用,在事务的读写操作前加入如下加锁和解锁的动作。

Slock(A)：表示事务请求并获得数据库对象 A 上的共享锁。

Xlock(A)：表示事务请求并获得数据库对象 A 上的排他锁。

Unlock(A)：表示事务释放它在数据库对象 A 上的锁(解锁)。

【例 8-16】 对图 8-20 中的非可串行化的调度加入加锁和解锁的动作，在读之前申请读锁并获得锁，在写之前升级为写锁并获得锁，写完释放锁，如图 8-22 所示。在图 8-22 中，并发的两个事务虽然保持了事务的一致性，以及封锁操作的合法性，但它们的非串行调度仍是非可串行化的。

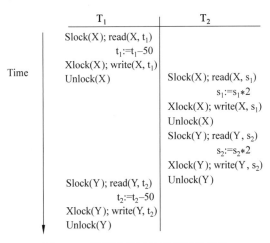

图 8-22 封锁后仍不能实现可串行化

利用两阶段封锁协议则可以实现图 8-20 中的非可串行化调度的冲突可串行化。

两阶段封锁是对一个事务中封锁操作的顺序进行限制的条件，要求在每个事务中，所有加锁请求先于所有解锁请求，即事务在对数据库对象进行封锁时必须分加锁和解锁两个阶段。

(1) 第一阶段是获得锁阶段，也称扩展阶段。在这个阶段，事务只能申请得到完成事务操作所需要的所有锁，以后不能再申请新的锁。

(2) 第二阶段是释放锁阶段，也称收缩阶段。在这个阶段，事务释放所获得的所有锁，也不能再申请任何锁。

若事务 T 遵循两阶段封锁协议，其封锁操作序列应类似如下形式，先是对需要访问的各数据对象加锁，然后再开始释放锁。

Slock(A)…Slock(B) …Xlock(C)…Unlock(B)…Unlock(A) …Unlock(C)

若其封锁操作序列类似如下形式，则事务 T 不遵循两阶段封锁协议。

Slock(A)…Unlock(A)… Slock(B)…Xlock(C)…Unlock(C)… Unlock(B)

在实际应用中，为了便于阶段的划分，通常将释放锁阶段放在事务结束时的 COMMIT 或 ROLLBACK 操作中完成。

许多 DBMS 的并发控制机制采用严格的两阶段锁协议(strict two-phase locking protocol，S2PL)来实现并发事务的可串行化，其协议规则包含如下具体内容。

(1) 事务 T 在读一个数据库对象前必须获得该数据库对象上的读锁，如果没有其他事务拥有这个数据库对象上的写锁,那么事务 T 的封锁请求得到满足,操作继续执行。

(2)事务 T 在更新一个数据库对象前必须获得该数据库对象上的写锁,如果没有其他事务拥有这个数据库对象上的读锁或写锁,那么事务 T 的封锁请求得到满足,操作继续执行。若事务 T 已具有该数据库对象上的读锁,则必须将读锁升级到写锁,也必须获得该数据库对象上的写锁。

(3)若事务 B 对数据库对象的封锁请求与事务 A 已获得的锁不相容时,事务 B 将处于等待状态,直到事务 A 释放其所拥有的锁为止。

(4)事务所获得的锁将一直保持到事务结束才释放,即直到事务提交或者中止,且提交或者中止日志记录已被刷新到磁盘后,事务才允许释放锁。这是严格封锁的要求。

可以证明,若并发执行的所有事务均遵循严格的两阶段封锁协议,则对这些事务的任何并发调度策略都是冲突可串行化的。

【例 8-17】 图 8-23 给出了利用严格的两阶段封锁协议可使图 8-20 中的非可串行化调度变为冲突可串行化的。事务 T_1 在读取数据对象 X 之前申请并获得读锁,写数据对象 X 之前升级读锁为写锁,写后并没有释放锁。事务 T_2 在读取数据对象 X 之前申请的 X 上的读锁与事务 T_1 已持有的数据对象 X 上的写锁不相容,封锁请求得不到满足,事务 T_2 在事务 T_1 释放锁之前被拒绝执行,处于等待状态。封锁策略导致非可串行化调度中的冲突操作被推迟执行,调度的执行效果相当于事务 T_1 先于 T_2 的一个串行调度,实现了并发事务的非可串行化调度的冲突可串行化。

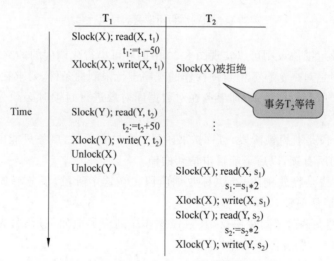

图 8-23 用严格两阶段封锁协议实现冲突可串行化

利用严格两阶段封锁协议也可解决前面讨论的"脏读"问题。

【例 8-18】 在图 8-24 中,利用严格的两阶段封锁协议可使图 8-17(a)中的非串行化调度中的事务 T_2 推迟执行,因事务 T_2 申请的数据对象 X 上的读锁与事务 T_1 已持有的 X 上的写锁不相容而处于等待状态,直到事务 T_1 夭折回滚并释放其所持有的锁后才开始执行。此时事务 T_2 读取的数据对象 X 的值将是事务 T_1 回滚后的 X 值,即事务 T_1 未开始执行前的 X 值,不再是脏数据。

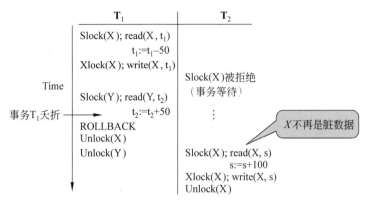

图 8-24　利用严格两阶段封锁协议解决"脏读"问题

　　请读者尝试利用两阶段封锁协议解决"不可重复读"问题。下面来看利用两阶段封锁协议解决"更新丢失"问题会有什么现象。

　　【例 8-19】　在图 8-25 中,试图利用严格两阶段封锁协议来解决图 8-16 中的"更新丢失"问题。非串行调度中的事务 T_1 首先获得数据对象 X 上的读锁并开始执行,随后事务 T_2 对数据对象 X 的读锁请求也可得到满足开始执行。当事务 T_1 想对 X 写入新值时,欲将读锁升级为写锁,但其申请的数据对象 X 上的写锁与事务 T_2 当前所持有的读锁不相容,事务 T_1 的写锁请求被拒绝,事务 T_1 开始等待。当事务 T_2 想对 X 写入新值时,也需将读锁升级为写锁,但其申请的数据对象 X 上的写锁也与事务 T_1 当前所持有的读锁不相容,事务 T_2 的写锁请求也被拒绝,事务 T_2 也开始等待。这就造成两个并发事务都不能继续执行,并将一直相互等待,进入一种死锁状态。

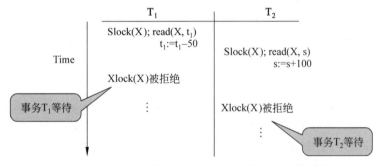

图 8-25　利用 S2PL 解决"更新丢失"问题产生死锁现象

　　利用严格两阶段封锁协议实现并发事务可串行化会带来死锁的可能性,即并发执行的事务中某些事务一直申请并等待另一个事务持有的锁。

3. 死锁

　　死锁(deadlock)是并发执行的事务由于竞争数据库对象上的锁资源而产生的一种运行事务被阻塞或等待的现象。根据发生死锁时并发事务的等待状态的不同,可将死锁细分为"活死锁"(简称"活锁")和"死死锁"(简称"死锁")。

1）活锁

活锁是指并发事务中有部分事务因封锁请求得不到满足而长期处于等待状态,但其他事务仍然可以继续运行下去,处于长期等待状态的事务也称为被"饿死"。

【例8-20】 在图8-26中有4个并发事务,事务T_1首先获得数据对象A上的读锁开始执行,在事务T_1没有释放锁前,事务T_2对数据对象A的写锁请求被拒绝,事务T_2处于等待状态。事务T_3、T_4因锁请求逐渐得到满足,能够继续执行。导致事务T_1释放锁后事务T_2仍然处于等待状态,且可能要一直等待,形成活锁。

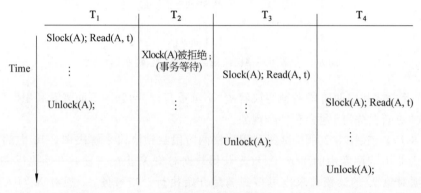

	T_1	T_2	T_3	T_4
Time	Slock(A); Read(A, t)			
	⋮	Xlock(A)被拒绝; (事务等待)		
			Slock(A); Read(A, t)	
	Unlock(A);	⋮		Slock(A); Read(A, t)
			⋮	
			Unlock(A);	⋮
				Unlock(A);

图8-26 活锁现象

避免发生活锁的简单方法是采用先来先服务的策略。当多个事务申请封锁同一数据对象时,按申请封锁的先后次序对这些事务排队。该数据对象上的锁一旦释放,申请队列中第一个事务首先获得锁。

2）死锁

并发执行的某些事务各自拥有一些数据对象上的"锁",并去申请或等待其他事务释放其所持有的某数据库对象上的"锁",因请求得不到满足而产生的循环等待状态,称为"死锁"。

例8-19中事务T_1、T_2分别拥有数据对象X上的读锁,又都申请X上的写锁,都等待对方释放所持有的X上的读锁,两个事务将一直等待下去,谁也不能完成,形成死锁。

从例8-19和例8-20可以看到,利用两阶段封锁协议进行并发控制,难免会造成并发事务相互申请与另一个事务已获得的锁不相容的锁,或者多个事务在同一数据对象上持有共享锁,并都希望将锁升级的现象,从而导致出现死锁。

3）死锁的预防与检测

DBMS应能够对可能发生的死锁进行处理,处理死锁的方法大致分为两种:一是对事务进行管理,预防死锁形成;二是允许死锁发生,再及时检测并进行解除。

（1）死锁的预防。

根据产生死锁的原因,预防死锁的发生就是要破坏产生死锁的条件。常用的预防死锁的方法如下。

① 一次封锁法:要求每个事务必须获得所有要访问的数据对象上的锁后,才能开始执行,而不是先占有部分锁。由于很难事先精确地确定每个事务所要封锁的数据对象,因

此该方法扩大了封锁的范围,从而降低了系统的并发度。

② 顺序封锁法:将数据库对象按某种顺序排列,所有并发事务都按这个顺序申请数据对象上的锁,那么就不会由于事务相互等待锁而导致死锁。由于数据库系统中可封锁的数据对象众多,并且随着数据的插入、删除等操作而不断地变化,要维护这样极多而且变化的数据的封锁顺序非常困难,成本很高。

③ 事务等待图法:避免在事务等待图中出现环路(后续详述)。

(2) 死锁的检测和解除。

大多数事务管理器允许死锁发生,定期检测系统中是否存在死锁,一旦检测到死锁,就要设法解除。常用的方法如下。

① 超时回滚:对事务执行的时间做出限制,如果事务的执行时间超过了限制时间,就认为其发生了死锁,将其回滚。例如,在 MySQL/InnoDB 中,通过设置 innodb_lock_wait_timeout 来指定事务等待获取锁资源的最长等待时间,最小可设置为 1s,一般默认安装时为 50s,而一个典型事务执行时间为几毫秒或十几毫秒,则超时回滚的应该是陷入死锁的事务。

当一个事务超时并回滚后,该事务将释放其持有的锁和其他资源,死锁涉及的其他事务有可能获得所需的锁资源而完成。

该方法实现简单,但有可能将长事务误判为死锁,或者超时时限设置得过长,死锁发生后不能及时发现。

② 事务等待图:一个由结点和边构成的有向图 $G=(T,U)$。其中,T 为结点的集合,每个结点表示正运行的事务;U 为边的集合,每条有向边表示一个事务在等待另一个事务释放其拥有的锁。例如,事务 T_2 持有数据对象 A 上的读锁,事务 T_1 要申请 A 上的写锁,则 T_1 等待 T_2 释放持有的锁,在 T_1、T_2 之间画一条有向边,从 T_1 指向 T_2,如图 8-27(a)所示。

用事务等待图可动态反映系统中并发事务相互间申请等待其他事务持有的锁的情况。若事务等待图中存在环路,则表示系统中存在死锁,那么环路中的任何事务都不能继续执行,例如图 8-27(b)中,事务 T_1、T_2、T_4 依次等待,出现了死锁。

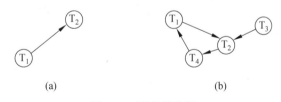

(a)　　　　　　　　　　(b)

图 8-27　事务等待图

如果在等待图中无环路,那么至少有一个事务不在等待其他事务,该事务肯定能完成并释放资源;然后有另一个事务不用等待,这个事务又能完成;以此类推,最终每个事务都能完成。

DBMS 需周期性地(如每隔 50s)检测事务等待图,一旦系统检测到事务等待图中存在环路后,则判定存在死锁,就要设法解除。通常采用的方法是选择一个撤销该事务所需代价最小的事务,如将图 8-27(b)中的事务 T_2 回滚,被撤销的事务 T_2 将不再申请锁,且释放其持有的所有锁,图中的事务 T_1、事务 T_3 均可以执行不用再等待,事务 T_1 完成后又会释放其拥有的锁,事务 T_3 也能接着执行完成,解除死锁。

事务等待图可以用来在死锁形成后检测死锁,也可以用来预防死锁的形成。避免死锁的一种策略就是回滚所提封锁请求将导致等待图中出现环路的任一事务。对撤销的事务所做的操作就是前面所讲的 UNDO 操作。

通常,主流 DBMS 都实现了自动解除死锁的机制,如 PostgreSQL 使用事务等待图来自动检测并预防死锁现象的产生;Informix 采用超时回滚方法避免死锁;MySQL 通过设置 innodb_deadlock_detect 参数打开或关闭死锁检测,选择使用事务等待图检测死锁并回滚引发死锁的当前或其他事务,也可采用超时回滚方法避免死锁。

有了检测和解除死锁的手段,但仍然不希望发生死锁,因为死锁会造成系统资源的浪费,降低系统的运行效率。即使不发生死锁,并发控制机制通过给数据库对象加锁来实现事务隔离性,也会增加事务的响应时间,减少系统的事务吞吐量。对于某些应用来说这是无法接受的,为了适应这些应用,大多数商业 DBMS 提供两种方法来改善,即采用多粒度封锁方法或定义事务的隔离性级别。

4. 多粒度封锁

事务可访问的数据库对象可以是逻辑单元,例如关系、关系中的元组、关系的属性值或属性值集合、关系上的索引项或整个索引甚至整个数据库等;也可以是物理单元,例如数据所占用的磁盘块(页)、索引所占用的磁盘块(页)、磁盘块中的物理记录等。

在数据库系统中,数据是以磁盘块(页面)为单位存储在磁盘上的,磁盘块(页面)被读入数据缓冲区供上层的数据访问层解析页面结构得到逻辑意义上的元组,而数据缓冲区的组织也是以页面为单位的,所以封锁的对象也可以是磁盘块(页面)。

多粒度封锁技术,根据封锁的数据库对象的大小不同来划分封锁的粒度,将锁加在不同粒度的数据库对象上。

1)封锁粒度

封锁对象单元的大小决定了锁的粒度(granularity)。如果封锁对象单元小,则称为细(fine)粒度,否则称为粗(coarse)粒度。粒度形成了基于包含关系的层次结构。

实际应用中,通常细粒度锁是加在元组上的锁,也称行级锁;粗粒度锁是加在关系上的锁,也称表级锁。当对关系加上锁后,关系中的所有元组也被隐式地加上了同样的锁。

因此,相对粗粒度锁,使用细粒度锁的事务可以只封锁事务实际访问的数据对象,事务的并发程度会更好。

【例 8-21】 对于银行业务系统,如果将账户关系表作为封锁对象,整个存储账户余额的关系表只能被一个事务加锁。由于业务系统中会有并发的许多事务对账户表中的不同用户的账户信息进行更新,这些事务都需要账户关系表上的一个排他锁,无论有多少处理器可以用来执行这些事务,同一时间只能有一个存款或取款事务能进行,因而系统中事务的并发度极低。如果选择给单独的页或数据块加锁,那么对应元组位于不同页或块上的账户就可以同时被更新。如果将关系表中的元组作为封锁对象,那么存取款事务对账户的更新都可以同时进行。

细粒度锁比粗粒度锁具有更好的并发度,事务只封锁它们实际使用的数据对象。然而,与细粒度锁相关的开销比较大,并发控制机制需要更多的空间来保存关于细粒度锁的信息,也需花费更多的时间来管理锁。因此,封锁粒度的选择需同时考虑管理锁的开销和事务并发度两个因素,以获得最佳的系统性能。

一般来说,对于需要处理大量元组的事务可以以关系为封锁粒度;对于需要处理多个关系的大量元组的事务可以以数据库为封锁粒度;而对于一个只处理少量元组的用户事务,以元组为封锁粒度就更合适。

一些 DBMS 实现了多粒度封锁功能,提供不同的封锁粒度,供不同的事务选择使用,来更好地满足应用需求和提高系统性能。但是,不同的 DBMS 实现的多粒度封锁模式并不相同。例如,SQL Server 提供的封锁方式和封锁粒度有以下 5 种。

(1) NOLOCK 锁:用于 SELECT 语句,读数据前不用申请数据对象上的锁。

(2) TABLOCK 锁:用在关系表上加共享锁,在读完数据后立即释放封锁。

(3) HOLDLOCK 锁:用于 TABLOCK 后,可将共享锁保留到事务结束,而不是在读完数据后立即释放锁。

(4) UPDLOCK 锁:在操作语句中满足条件的指定元组上加更新锁,允许对这些元组进行更新操作。其他事务可以对同一关系表中的其他元组也加更新锁,但不允许对表加共享锁和排他锁。

(5) TABLOCKX 锁:用在关系表上加排他锁。

SQL Server 提供在 SELECT、INSERT、UPDATE 和 DELETE 等语句中添加 WITH 子句来显式地进行封锁操作。

下面,通过并发执行带有封锁操作的事务,理解 DBMS 中封锁类型、封锁粒度的概念,掌握多粒度封锁技术的应用。

【例 8-22】 在 SQL Server 上建立例 4-1 中的学生选课数据库,并发执行表 8-2 中的两个事务。

表 8-2　学生选课数据库上并发执行的事务

时间	事务 T_1	事务 T_2
t0	BEGIN TRAN T_1 　SELECT sno, grade 　FROM sc WITH(TABLOCK) 　WHERE sno = 's01';	
t1		BEGIN TRAN T_2 　UPDATE sc WITH(UPDLOCK) 　SET grade = 100 　WHERE sno='s01';
t2	SELECT sno, grade FROM sc WITH(NOLOCK) WHERE sno = 's01';	

时间	事务 T_1	事务 T_2
t3	UPDATE sc WITH(UPDLOCK) SET grade = 99 WHERE sno = 's02';	
t4		SELECT sno，grade FROM sc WITH(TABLOCK) WHERE sno = 's02';
t5	COMMIT TRAN T_1	
t6		ROLLBACK SELECT sno，grade FROM sc WHERE sno = 's01';

可在 SQL Server 的对象资源管理器上同时打开多个查询窗口来模拟并发事务的执行，如图 8-28 所示。在查询窗口 1 执行事务 T_1，在查询窗口 2 执行事务 T_2。

图 8-28　SQL Server 的对象资源管理器上并发事务的执行窗口

t0 时刻：开始执行事务 T_1，对关系表 SC 中 sno = 's01'的元组进行查询，使用 TABLOCK 锁，得到满足条件的两个元组，如图 8-29 所示。

t1 时刻：开始执行事务 T_2，修改学号为 s01 的学生的成绩为 100，使用 UPDLOCK 锁，语句可以执行，如图 8-30 所示，说明事务 T_1 在读完数据后立刻释放了读锁。

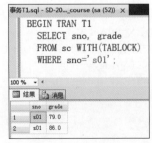

图 8-29　事务 T_1 对 SC 表中 sno= 's01'
　　　　的元组的查询结果

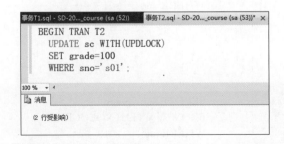

图 8-30　事务 T_2 修改学号为 s01 的学生的成绩为 100

t2 时刻：继续运行事务 T_1，使用 NOLOCK 锁来查询 SC 表中学号为 s01 的元组，查询可执行，如图 8-31 所示。事务 T_1 可读到事务 T_2 修改后的数据，看到 SC 表中 sno= 's01' 的元组的 grade 值被修改为 100，而事务 T_2 还没有提交，事务 T_1 读取了脏数据。

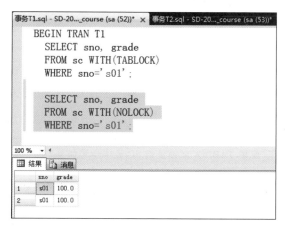

图 8-31　事务 T_1 使用 NOLOCK 锁可查询 SC 表中学号为 s01 的元组

t3 时刻：事务 T_1 继续执行，使用 UPDLOCK 锁修改学号为 s02 的学生的成绩为 99。语句可以执行，如图 8-32 所示，说明事务 T_2 只在 sno= 's01' 的元组上加上了更新锁。

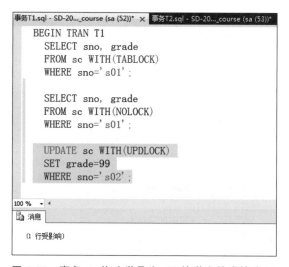

图 8-32　事务 T_1 修改学号为 s02 的学生的成绩为 99

t4 时刻：继续运行事务 T_2，使用 TABLOCK 锁，对 SC 表中 sno = 's02' 的元组进行查询，无结果显示，事务 T_2 处于等待状态，如图 8-33 所示。

t5 时刻：提交事务 T_1，如图 8-34 所示。在窗口 2 可看到事务 T_2 已执行，读取了事务 T_1 提交后的数据，如图 8-35 所示，事务 T_2 不会读取"脏数据"。

t6 时刻：回滚事务 T_2，并对事务 T_2 中修改的元组进行查询，可看到对 SC 表中 sno = 's01' 的元组修改被撤销了，如图 8-36 所示。而已提交的事务 T_1 已读取了事务 T_2 中

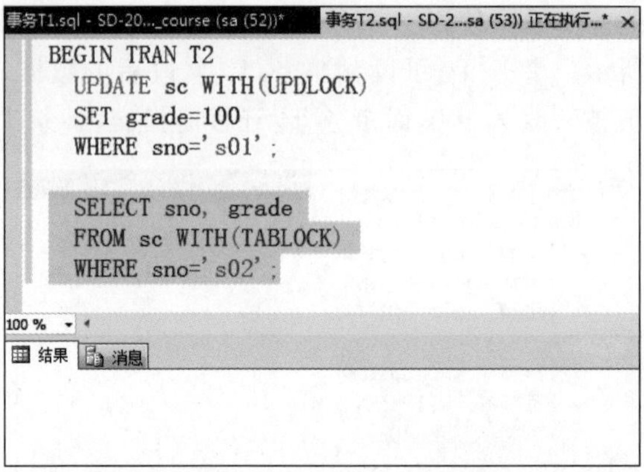

事务T1.sql - SD-20..._course (sa (52))*
事务T2.sql - SD-2...sa (53)) 正在执行...*
BEGIN TRAN T2
UPDATE sc WITH(UPDLOCK)
SET grade=100
WHERE sno='s01';
SELECT sno, grade
FROM sc WITH(TABLOCK)
WHERE sno='s02';
100 %
结果
消息

图 8-33　事务 T_2 使用 TABLOCK 锁查询 SC 表中学号为 s02 的元组的操作被阻塞

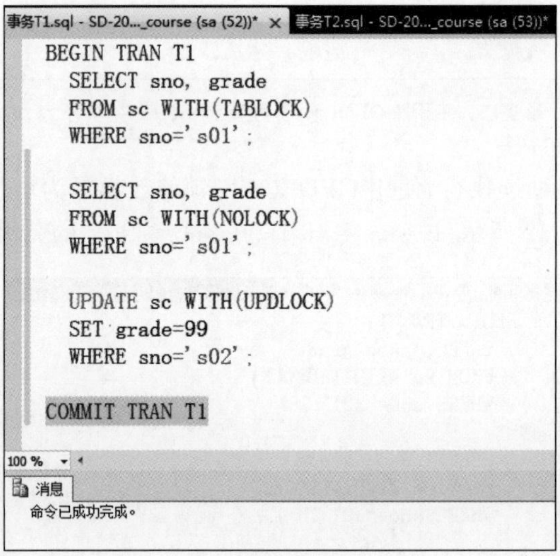

事务T1.sql - SD-20..._course (sa (52))*
事务T2.sql - SD-20..._course (sa (53))*
BEGIN TRAN T1
SELECT sno, grade
FROM sc WITH(TABLOCK)
WHERE sno='s01';
SELECT sno, grade
FROM sc WITH(NOLOCK)
WHERE sno='s01';
UPDATE sc WITH(UPDLOCK)
SET grade=99
WHERE sno='s02';
COMMIT TRAN T1
100 %
消息
命令已成功完成。

图 8-34　提交事务 T_1

事务T1.sql - SD-20..._course (sa (52))*
事务T2.sql - SD-20..._course (sa (53))*
BEGIN TRAN T2
UPDATE sc WITH(UPDLOCK)
SET grade=100
WHERE sno='s01';
SELECT sno, grade
FROM sc WITH(TABLOCK)
WHERE sno='s02';
100 %
结果
消息
sno grade
1 s02 99.0

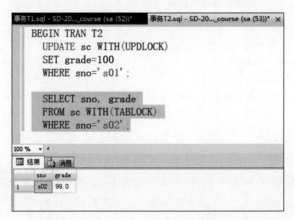

图 8-35　t4 时刻被阻塞的事务 T_2 可执行并可看到事务 T_1 的更新结果

间修改过的值(见图 8-31),即脏数据。

图 8-36　事务 T_2 回滚后 SC 表中学号为 s01 的学生成绩恢复为初始值

由例 8-22 中两个并发事务的执行结果可以看到:

- SELECT 语句加 NOLOCK 锁,可使并发操作立即执行,但会读取"脏数据"。
- TABLOCK 锁是一个短期读锁,可以避免读"脏数据"。
- UPDLOCK 锁是一个长期写锁,是细粒度锁,元组锁。

【例 8-23】　在 SQL Server 上建立例 4-1 中的学生选课数据库,在对象资源管理器上同时打开两个查询窗口,并发执行表 8-3 中两个事务。

表 8-3　学生选课数据库上并发执行的事务

时间	事务 T_1	事务 T_2
t0	BEGIN TRAN T_1 　SELECT sno,grade 　　FROM sc WITH(TABLOCK) 　　WHERE sno = 's01';	
t1		UPDATE sc WITH(UPDLOCK) 　SET grade=100 　　WHERE sno = 's01';
t2	SELECT sno,grade 　FROM sc WITH(TABLOCK) 　　WHERE sno = 's01';	
t3	SELECT sno,grade 　FROM sc WITH(TABLOCK HOLDLOCK) 　　WHERE sno = 's01';	

续表

时间	事务 T_1	事务 T_2
t4		UPDATE sc WITH(UPDLOCK) SET grade = 0 WHERE sno = 's01';
t5	SELECT sno，grade FROM sc WITH(TABLOCK HOLDLOCK) WHERE sno='s01';	
t6	COMMIT TRAN T_1	

t0 时刻：开始执行事务 T_1，首先使用 TABLOCK 锁，对关系表 SC 中 sno = 's01' 的元组进行查询，仍然得到满足条件的两个元组，如图 8-37 所示。

t1 时刻：开始执行事务 T_2，即执行一条更新语句，也就是一个隐式定义的事务，使用 UPDLOCK 锁修改学号为 s01 的学生的成绩为 100，语句可以执行，如图 8-38 所示。说明事务 T_1 在读完数据后立刻释放了封锁。

图 8-37　事务 T_1 使用 TABLOCK 锁查询 SC 表中学号为 s01 的元组

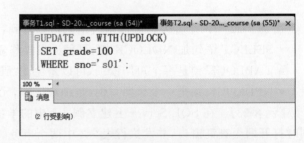

图 8-38　单语句事务 T_2 使用 UPDLOCK 锁修改学号为 s01 的学生的成绩为 100

t2 时刻：继续运行事务 T_1，再次执行与前面相同的查询操作，操作可执行，得到的查询结果与前一次查询结果不一样，如图 8-39 所示。说明短期读锁不具有可重复读特性。

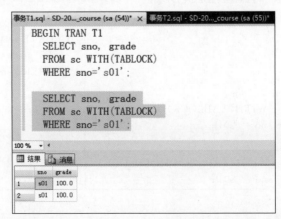

图 8-39　事务 T_1 再次使用 TABLOCK 锁查询 SC 表中学号为 s01 的元组

t3 时刻：事务 T_1 继续执行，在 TABLOCK 锁前加保持锁，再进行查询，查询结果如图 8-40 所示，与图 8-39 一样。

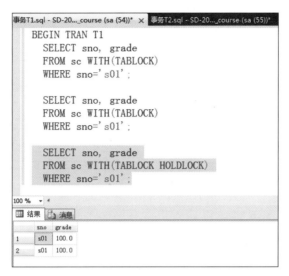

图 8-40　事务 T_1 使用 TABLOCK HOLDLOCK 锁查询 SC 表中学号为 s01 的元组

t4 时刻：在查询窗口 2 重新执行一个新事务 T_2，仍是一个更新语句，此时操作不再执行，而进入等待状态，如图 8-41 所示。说明事务 T_1 并没有释放读锁。

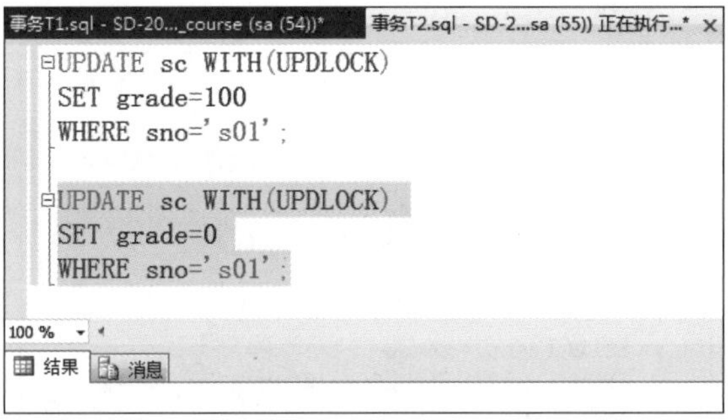

图 8-41　新的单语句事务 T_2 使用 UPDLOCK 锁修改学号为 s01 的学生成绩的操作被阻塞

t5 时刻：事务 T_1 再次执行前面的查询操作，查询结果如图 8-42 所示，与图 8-40 相同，保持不变，说明长期读锁具有可重复读特性。

t6 时刻：提交事务 T_1，如图 8-43 所示，事务 T_2 的操作才可以执行，如图 8-44 所示。

由例 8-23 中两个并发事务的执行结果可以看到：

- 使用 TABLOCK 锁，事务可以避免读"脏"数据，但数据不具有可重复读的特性。
- 使用 HOLDLOCK 锁，可使 TABLOCK 锁变为长期读锁，可以保证数据的可重复读特性。

从上面两个例子中并发事务的执行结果可以看到，运用多粒度封锁技术可提高并发事务的并发程度。用户可利用 DBMS 提供的多粒度封锁模式，根据应用需求，选择封锁

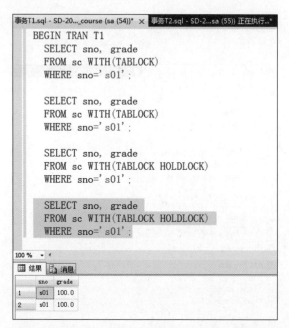

图 8-42　事务 T_1 再次使用 TABLOCK HOLDLOCK 锁查询 SC 表中学号为 s01 的元组

图 8-43　事务 T_1 提交

粒度和封锁类型,通过显式地为事务中的操作加锁,可以控制事务的并发执行。但在事务的并发执行过程中,在提高事务的并发程度的同时,也会带来数据的不一致问题。用户需要根据事务对并发性和数据一致性的要求合理地使用锁。

2)意向锁

采用多粒度锁封锁技术引入了一些新的实现问题。假设事务 T_1 已经获得了一个关系

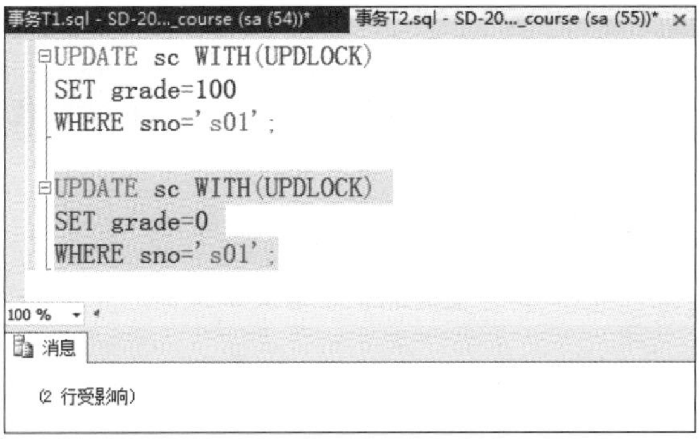

图 8-44　t4 时刻被阻塞的事务 T_2 可执行

的某个特定元组的写锁,事务 T_2 想申请整个关系上的读锁(读取关系表上的所有元组),并发控制机制不应该满足事务 T_2 的请求,因为不应该允许 T_2 读取被 T_1 封锁的元组。问题是并发控制机制如何检测到这个冲突,因为冲突的锁是加在不同的数据对象上的。

解决的方法是有层次地组织锁,可采用多粒度树来表示多级封锁粒度。根结点是整个数据库,表示最大的数据粒度,叶结点表示最小的数据粒度。图 8-45 给出了一个三级粒度树。

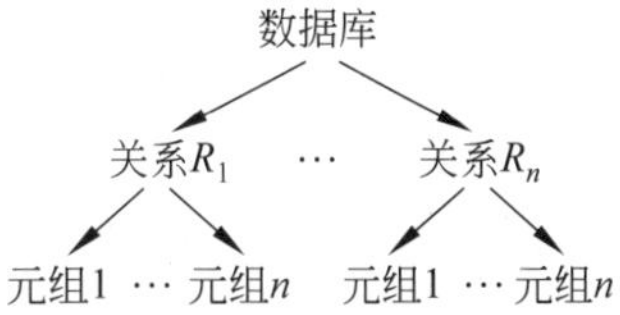

对多粒度树中的数据库对象上锁的管理遵循多粒度封锁协议。多粒度封锁协议既包括普通锁(S 锁和 X 锁),又包括意向锁(intention lock)。

图 8-45　三级粒度树

DBMS 为实现多粒度封锁,在事务对数据对象进行封锁的时候,如在给元组加锁前,要先给元组所在的关系加一个意向锁,意向锁的作用就是标识关系中的某些元组正在被锁定,或者其他用户将要锁定关系中的某些元组。

具有意向锁的多粒度封锁协议要求申请封锁时,应该按粒度树自上而下的次序进行;释放封锁时,则应该按自下而上的次序进行。

多粒度封锁协议要求按如下规则给粒度树中数据对象加锁。

(1) 要在任何结点上加 S 或 X 锁,必须从粒度树的根结点开始。

(2) 对树中任一结点加普通锁前,必须先对它的上层结点加意向锁;如果对一个结点加上意向锁,则说明将对该结点的下层结点加锁。

(3) 对多粒度树中的每一个结点加上普通锁,意味着这个结点的所有下层结点也被加以同样类型的锁。

根据事务要对数据对象进行的读写操作不同,一般有以下三种意向锁。

(1) 意向共享锁(intention shared,IS):表明拥有该锁的事务想(意向)获得该结点的下层结点上的 S 锁。例如,事务想获得某个元组的共享锁,它必须首先获得元组所在关系上的 IS 锁。

(2) 意向排他锁(intention exclusive,IX):表明拥有该锁的事务想(意向)获得该结点的下层结点上的 X 锁。例如,事务想获得某个元组上的排他锁,它必须首先获得元组所在关系上的 IX 锁。

(3) 共享意向排他锁(shared intention exclusive,SIX):SIX 锁是 S 锁和 IX 锁的组合。SIX 锁表明拥有该锁的事务同时获得了该结点上的 S 锁和 IX 锁,被允许读取整个结点和更新部分下层结点。例如,事务想更新关系中某个元组,需要读取所有的元组来决定更新哪些元组,它必须首先获得这个关系上的 SIX 锁。

多粒度封锁的锁管理策略可用表 8-4 中的锁相容矩阵来表示。

表 8-4　多粒度封锁的锁相容矩阵

T_1	T_2					
	S	X	IS	IX	SIX	—
S	Y	N	Y	N	N	Y
X	N	N	N	N	N	Y
IS	Y	N	Y	Y	Y	Y
IX	N	N	Y	Y	N	Y
SIX	N	N	Y	N	N	Y
—	Y	Y	Y	Y	Y	Y

注:Y=Yes,表示相容的请求;N=No,表示不相容的请求。

从表 8-4 矩阵中可看到:

(1) 在一个结点上事务的读意向和写意向可同时满足,即 IS 锁和 IX 锁或 SIX 锁相容。表明当一个事务打算读结点 N 的一个下层结点时,允许另外的一个事务打算写 N 的一个下层结点。潜在的冲突允许在较低的层次上解决。

(2) 在一个结点上事务的写意向和另一个写意向也可同时满足,即 IX 锁与 IX 锁相容。

(3) 在一个结点上事务的写意向与该结点上的读写操作是冲突的,即 IX 锁与 S 锁或 X 锁或 SIX 锁不相容。

(4) 在一个结点上事务的读意向只与该结点上的写操作是冲突的,即 IS 锁与 X 锁不相容。

结论:意向锁比读锁和写锁弱,意向锁之间不会产生冲突,互相兼容。

【例 8-24】　基于图 8-45 的三级粒度树,若有事务 T_1 要对关系 R_1 加 S 锁,则要首先对数据库加 IS 锁。如果数据库上未加不相容的 X 锁即可给其加 IS 锁,即使数据库上加了 IX 锁,只要 R_1 上未加不相容的锁(X 锁或 IX 锁),就可给 R_1 加 S 锁。若 R_1 上加了 X 锁,表明确实在对数据库(应已加 IX 锁)的下层结点(R_1)进行写操作;若 R_1 上加了 IX 锁,表明已有另一个事务打算更新或正在更新 R_1 的下层结点,所以不能给 R_1 加上 S 锁。不再需要搜索和检查 R_1 中的元组是否加了不相容的锁(X 锁),因为元组上加了 X 锁,则在关系上一定加了 X 锁或 IX 锁。

意向锁是由系统隐式进行添加的,对用户透明。具有意向锁的多粒度封锁方法提高了系统的并发度,减少了加锁和解锁的开销,已经在实际的 DBMS 产品中得到广泛应用。

5. 事务的隔离级别

DBMS 除了采用严格的两阶段封锁协议来保证并发事务的可串行化,实现事务的隔离性,也可允许用户选择一个可以保证应用程序有效执行并且能够使并发度最大的隔离性等级。通常用隔离级别来描述这些隔离性等级。

隔离级别(isolation level)表示一个事务在与其他事务并发执行时所能容忍的被其他事务干扰的程度。事务的隔离级别越高,与其他事务间的隔离性能越好,被其他事务的干扰程度越小,事务的并发程度越低。

不同的隔离级别,对应的封锁协议不同,即事务封锁的数据对象粒度、保持锁的时间不同。有的隔离级别要求将锁保持到事务提交的时候,这种锁称为“长期锁”;有的隔离级别只将锁保持到语句执行完毕就释放,这种锁称为“短期锁”。例如,SQL Server 多粒度封锁模式中的 TABLOCK 锁是短期锁,HOLDLOCK 保持锁就是长期锁。为避免出现“更新丢失”问题,在所有的隔离级别上写锁都是长期锁,读锁在每个级别上的处理方式不同。

实际的 DBMS 将不同的读锁和写锁进行组合运用,同时结合多粒度封锁,就形成了不同的封锁协议。ANSI 用 4 个隔离级别来定义这些封锁协议,并用每个级别满足的数据一致性来命名。这 4 个隔离级别按隔离性能从低到高递增的顺序以及满足的数据一致性如表 8-5 所示。

表 8-5　ANSI 标准隔离级别

隔 离 级 别	脏　　读	非 重 复 读
READ UNCOMMITTED(读未提交)	是	是
READ COMMITTED(读提交)	否	是
REPEATABLE READ(可重复读)	否	否(有幻影)
SERIALIZABLE(可串行化)	否	否(无幻影)

表 8-5 中从上到下隔离级别从低到高,隔离性能增加,数据不一致问题减少,但事务的并发程度降低。各隔离级别所对应的封锁协议如下。

(1) READ UNCOMMITTED(读未提交):运行在该隔离级别下的事务,没有获得读锁也可以执行读操作,即事务可以读取其他事务已经在其上加了写锁的数据,因此,该事务可能会读取没有提交事务所写的脏数据。

脏读有时是严重的,有时是无关紧要的。当它无关紧要时,可以偶尔脏读一次。例如,当某事务只是想大概了解数据库的当前状态,并不关心数据的准确性,则该事务就可运行在该隔离级别下,不用为了不脏读而进行耗时的等待,造成事务并发性的降低。

(2) READ COMMITTED(读提交):运行在该隔离级别下的事务,读数据之前,要获得数据对象上的读锁,若该数据对象上已加写锁,则要等到该数据对象上的写锁释放,因此事务只会读取其他事务提交后的数据,不会读取脏数据。但事务的读锁是短期锁,读操作完成之后就立即释放了读锁,若有另一个事务随后对该事务所读的数据进行了更新并提交,则该事务对同一数据对象进行的再次读取的结果,与前一次是不一样的,会出现不可重复读问题。

(3) REPEATABLE READ(可重复读)：运行在该隔离级别下的事务,要获取SELECT 语句读取的查询结果中每个元组上的长期读锁,即保持读锁直到事务提交,因此,该事务对查询结果中元组的再次查询不存在不可重复读问题。但在该事务执行时,可能有其他事务向数据库插入满足该 SELECT 语句查询条件的新元组,或者修改了其他已有元组使之满足该事务的查询条件,从而导致该事务中该 SELECT 语句的再次执行有可能检索到前次查询没有检索到的新元组,产生幻影现象,新出现的元组称为幻影元组。

(4) SERIALIZABLE(可串行化)：该隔离级别对应的是严格的两阶段封锁协议(S2PL)。运行在该隔离级别下的事务,在进行所有数据对象的读操作前都要求获得长期读锁,对关系表做查询,锁会加在关系表上,不会有幻影现象,事务的执行是可串行化的。

SQL 提供了在事务执行前对事务的隔离级别进行设置的功能,使得同一个应用程序的不同事务可以在不同的隔离级别下执行。

例如,MySQL 和 SQL Server 均可通过如下语句设置隔离级别。

```
SET TRANSACTION ISOLATION LEVEL <隔离级别>
```

其中,语句中的隔离级别可以是 ANSI 标准中 4 个隔离级别类型中的任何一个。

遵循 ANSI 标准的 DBMS 会设置默认的隔离级别,通常是较低的隔离级别,如READ COMMITTED 或 REPEATABLE READ,以提高事务的并发度。利用该设置语句才能改变当前应用(或会话)的默认隔离级别或当前事务的隔离级别,并一直保持到设置为另一个隔离级别或事务结束。

事务的隔离级别是运行在该隔离级别下的事务遵守的封锁协议,事务加锁的类型、封锁粒度、保持锁的时间,以及产生的数据不一致问题等,只与该事务自身的隔离级别有关,与并发的其他事务的隔离级别无关,也不会影响到运行在其他隔离级别下的事务对数据的读写方式。但事务中的操作能否执行与并发事务在共享数据对象上的封锁情况有关。

例如,在 SERIALIZABLE(可串行化)级别上执行的事务 T 采用 S2PL 协议,对事务T 而言,所有其他事务要么完全在 T 之前执行,要么完全在 T 之后执行;如果另一事务运行在 READ UNCOMMITTED(读未提交)隔离级别,则该事务可以读取事务 T 的中间更新结果,即脏数据。

下面,通过在 SQL Server 的对象资源管理器上执行两个并发事务,来理解隔离级别对事务中数据操作的影响。SQL Server 完全兼容 ANSI 92 标准定义的 4 个隔离级别,它的默认隔离级别是 READ COMMITTED(读提交)。

【例 8-25】 在 SQL Server 上建立例 4-1 中的学生选课数据库,在对象资源管理器上同时打开两个查询窗口,并发执行表 8-6 中的两个事务,观察两个事务在默认隔离级别,即 READ COMMITTED(读提交)隔离级别下并发执行的情况,分析操作的封锁情况,以及事务的并发性和数据的一致性。

表 8-6　学生选课数据库上并发执行的事务

时间	事务 T_1	事务 T_2
t0	BEGIN TRAN T1 　SELECT ＊ FROM sc;	
t1		BEGIN TRAN T2 　UPDATE sc 　SET grade ＝ grade＋2 　WHERE sno = 's01'; 　SELECT ＊ FROM sc;
t2	SELECT ＊ FROM sc;	
t3		COMMIT TRAN T2

t0 时刻：开始执行事务 T_1，首先对关系表 SC 进行查询，查询结果如图 8-46 所示。

t1 时刻：开始执行事务 T_2，修改学号 sno 为 S01 的学生的成绩，操作可执行，查询可看到 SC 表中 sno ='s01'的记录的 grade 值被更新，如图 8-47 所示。说明事务 T_1 的读锁是短期锁，读锁只保持到语句执行完毕。

图 8-46　事务 T_1 对关系表 SC
　　　　　的查询结果

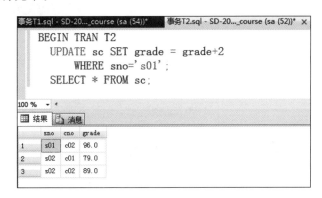

图 8-47　事务 T_2 将关系表 SC 中学号为 s01 的
　　　　　学生的成绩增加 2

t2 时刻：继续运行事务 T_1，事务 T_1 再次进行同样的查询，可以看到查询不能执行，如图 8-48 所示。说明事务 T_2 中写锁是长期锁，事务 T_2 写完并没有释放锁，事务 T_1 不能读还未提交的事务 T_2 所写的数据，即不会读取脏数据。

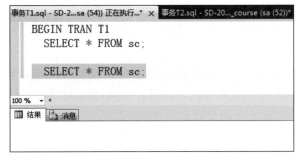

图 8-48　事务 T_1 对关系表 SC 的再次查询操作被阻塞

t3 时刻：提交事务 T_2，如图 8-49 所示。

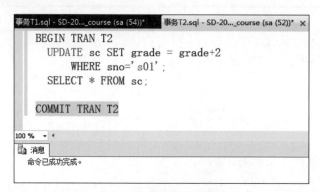

图 8-49　事务 T_2 提交

同时在查询窗口 1，可看到事务 T_1 可以进行查询了，但查询结果中 sno 值为 s01 的元组的 grade 值与前一次查询不一致了，如图 8-50 所示，事务 T_1 可读到事务 T_2 提交后的数据，出现了不可重复读现象。

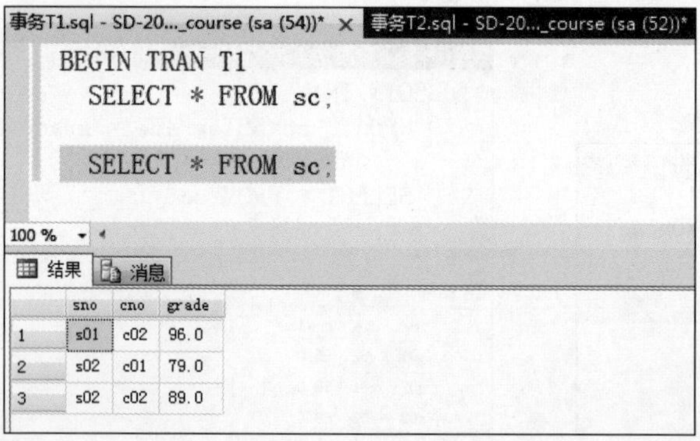

图 8-50　t2 时刻被阻塞的事务 T_1 可执行并读到事务 T_2 的更新结果

这个例子说明 DBMS 的默认隔离级别为 READ COMMITTED（读提交），该隔离级别读锁是短期锁，只保持到语句执行完毕，事务不会读取脏数据，但会出现不可重复读现象。

【例 8-26】　在 SQL Server 上建立例 4-1 中的学生选课数据库，在对象资源管理器上同时打开 3 个查询窗口，并发执行表 8-7 中的 3 个事务，观察一个在 REPEATABLE READ（可重复读）隔离级别下的事务，与两个在默认隔离级别（READ COMMITTED 读提交）下的事务并发执行的情况，分析操作的封锁情况，以及事务的并发性和数据的一致性。

t0 时刻：开始执行事务 T_1，首先设置事务的隔离级别为 REPEATABLE　READ 可重复读，然后对 SC 表中学号 sno = 's01' 的元组进行查询，查询结果如图 8-51 所示，只有 1 个元组。

表 8-7 学生选课数据库上并发执行的事务

时间	事务 T₁	事务 T₂	事务 T₃
t0	SET TRANSACTION ISOLATION LEVEL REPEATABLE READ; BEGIN TRAN T1 　SELECT ＊ FROM sc 　　WHERE sno ＝ 's01';		
t1		BEGIN TRAN T2 　SELECT ＊ FROM sc 　　WHERE sno ＝ 's02'; 　UPDATE sc 　　SET grade ＝ grade＋2 　　WHERE sno ＝ 's02'; 　SELECT ＊ FROM sc 　　WHERE sno ＝ 's02'; 　UPDATE sc 　　SET grade ＝ grade＋2 　　WHERE sno ＝ 's01';	
t2	SELECT ＊ FROM sc 　WHERE sno ＝ 's01';		
t3			INSERT INTO sc VALUES('s01', 'c01', 70);
t4	SELECT ＊ FROM sc 　WHERE sno ＝ 's01';		
t5	COMMIT TRAN T1		
		SELECT ＊ FROM sc 　WHERE sno＝'s01';	

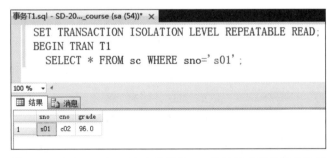

图 8-51 事务 T₁ 对 SC 表中学号为 s01 的学生成绩的查询结果

t1 时刻：在默认隔离级别下执行事务 T₂，在修改学号 sno＝ 's02' 的学生的成绩的语句前后，分别查询满足更新条件的元组，如图 8-52 所示，通过比较更新前后的查询结果可看到更新可以实现。然后再修改学号 sno＝ 's01' 的学生成绩，操作不能执行，处于等待状态，如图 8-53 所示。说明事务 T₁ 的读锁是加在元组上的，且读完并没有释放锁。

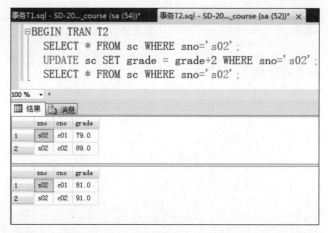

图 8-52　事务 T_2 将 SC 表中学号为 s02 的学生的成绩增加 2

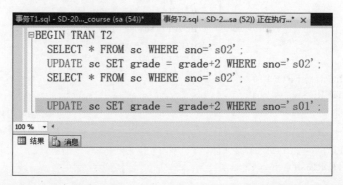

图 8-53　事务 T_2 对 SC 表中学号为 s01 的学生成绩的修改操作被阻塞

t2 时刻：继续执行事务 T_1，重新对 SC 表中 sno = 's01' 的元组进行查询，发现查询结果未变，如图 8-54 所示，事务 T_1 可重复读取数据。

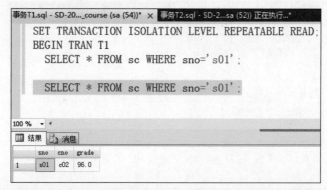

图 8-54　事务 T_1 可重复读取 SC 表中学号为 s01 的学生成绩值

t3 时刻：在查询窗口 3 中执行事务 T_3，即一个单语句事务操作，向 SC 表中插入一个学号为 s01 的学生的选课元组，会发现操作可以执行，不用等待，如图 8-55 所示。

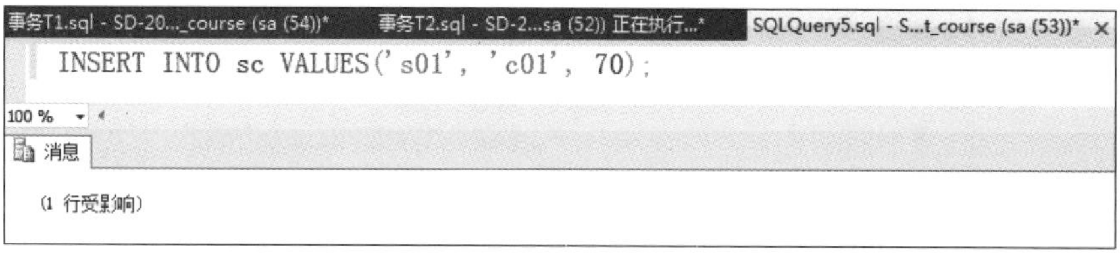

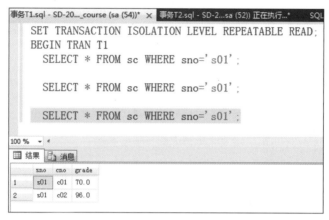

图 8-55   单语句事务操作可向 SC 表中插入学号为 s01 的学生的选课元组

t4 时刻：继续执行事务 T_1，重新对 SC 表中 sno = 's01' 的元组进行查询，可发现查询得到的结果与前一次相比，结果中多了 1 条元组，可看到事务 T_3 插入的元组，即产生了幻影现象，如图 8-56 所示。

图 8-56   事务 T_1 可读到事务 T_3 插入的幻影元组

t5 时刻：提交事务 T_1，如图 8-57 所示。同时可看到在查询窗口 2 中，事务 T_2 中的更新操作已可执行，如图 8-58 所示，查询后可看到提交的事务 T_3 的插入结果以及本事务的更新结果，如图 8-59 所示。

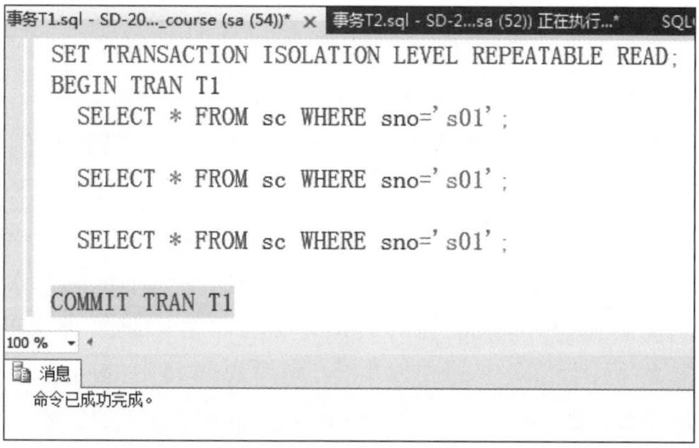

图 8-57   事务 T_1 提交

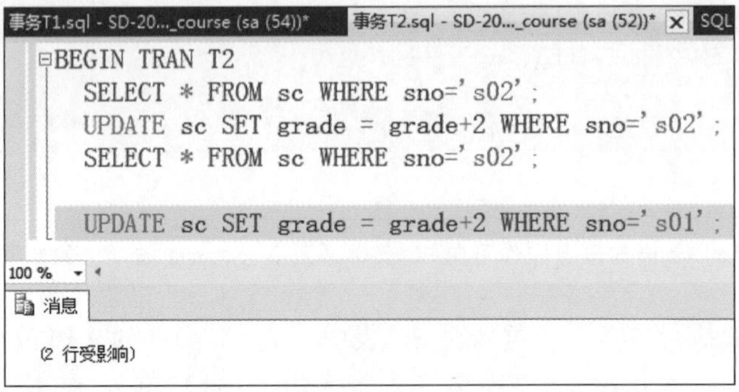

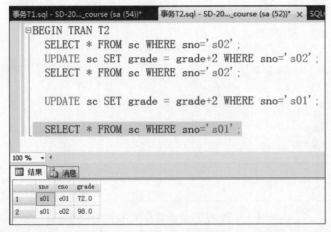

图 8-58　t1 时刻被阻塞的事务 T_2 修改 SC 表中学号为 s01 的学生成绩的操作可执行

图 8-59　事务 T_2 的查询结果反映了其他提交事务和本事务的更新结果

例 8-26 中并发事务的执行结果说明，在 REPEATABLE READ（可重复读）隔离级别下，读锁是元组锁、长期锁，读锁保持到事务提交。运行在该隔离级别下的事务不会出现不可重复读问题，但会产生幻影现象。

读者可以通过对例子中的并发事务设置不同的隔离级别，来进一步理解不同隔离级别下事务的干扰程度、并发效率以及锁的使用。

在实际应用中，也可以将隔离级别和多粒度封锁结合起来使用。例如，如果指定事务的隔离级别是 REPEATABLE READ（可重复读），则事务中所有 SELECT 语句的执行都运行于该隔离级别下，遵守该隔离级别的封锁协议，直到事务结束或将隔离级别设置为另一个级别。如果必要，可以通过指定表级封锁（如 SQL Server 中的 TABLOCK），来限定单个 SELECT 语句的封锁操作，该语句的封锁行为将不会影响事务中的其他语句。读者可在 SQL Server 上运行例 8-27 中的并发事务，同时思考其中的问题，来进一步理解隔离级别和多粒度封锁技术的运用。

【例 8-27】　表 8-8 给出在例 4-1 中的学生选课数据库上并发执行的两个事务，其中事务 A 使用多粒度封锁方式，事务 B 使用隔离级别来保证事务的隔离性。请读者思考如下问题，并在 SQL Server 上建立学生选课数据库来验证自己的结论。

（1）在 t1 时刻，事务 B 的 SELECT 语句能否及时执行？为什么？

（2）在 t2 时刻，事务 B 的 SELECT 语句能否及时执行？为什么？

（3）在 t3 和 t4 时刻，事务 B 的 SELECT 语句查询得到的结果是否一致？为什么？

（4）在 t5 时刻，事务 A 的 UPDATE 语句能否及时执行？为什么？

表 8-8　学生选课数据库上并发执行的事务

时间	事务 A	事务 B
t0	BEGIN TRANSACTION 　SELECT * 　　FROM sc WITH(TABLOCKX);	SET TRANSACTION ISOLATION LEVEL READ UNCOMMITTED; BEGIN TRANSACTION
t1		SELECT ＊ FROM sc; SET TRANSACTION ISOLATION LEVEL READ COMMITTED;
t2	ROLLBACK;	SELECT ＊ FROM sc;
t3		SELECT ＊ FROM sc 　　WHERE sno＝'s01';
	BEGIN TRANSACTION 　UPDATE sc WITH(UPDLOCK) 　　SET grade＝100 　　WHERE　sno＝'s01'; COMMIT TRANSACTION	
t4		SELECT ＊ FROM sc 　　WHERE sno＝'s01'; SET TRANSACTION ISOLATION LEVEL REPEATABLE READ; 　SELECT ＊ FROM sc 　　WHERE sno＝'s01';
t5	UPDATE sc WITH(UPDLOCK) 　SET grade＝95 　WHERE sno＝'s01';	
		COMMIT TRANSACTION

8.3.2.2　多版本并发控制

多版本并发控制（multiversion concurrency control，MVCC）技术不是一个可独立使用的并发控制技术，而是需要基于其他并发控制技术，如基于两阶段封锁协议的多版本两阶段封锁协议（multiversion two-phase locking protocal）、基于时间戳的多版本时间戳排序机制（multiversion timestamp-ordering scheme）等。

多数数据库引擎采用的并发控制技术，都是基于封锁技术的，然后在封锁技术的基础上，可采用 MVCC 技术来弥补基于封锁技术因读-写、写-读这两种冲突操作互相阻塞带来的并发度低的不足，如 MySQL/InnoDB、Oracle、PostgreSQL 都是如此。

该技术为了解决并发事务对同一数据对象的读写操作的冲突，采用一种快照隔离（snapshot isolation）的方式来实现并发控制。

快照和事务紧密相关。在事务发生这根线上（时间轴），不断有事务产生、提交或回滚，这表明每一个事务在事务发生这根线上都是一段，这样的段在事务生命长河中有多个，多个段间有重叠有分离。从一个时间段上看，可能看到 0 个事务、1 个事务或多个事务，这样的时间段就是一个快照，不同的快照，就是不同的段。

快照是事务发生线上的一个线段，有比这个线段起始点（快照左边界 xmin）早发生的事务，也有在这个线段结束点（快照右边界 xmax）之后发生的事务。例如，PostgreSQL 通过 getsnapshotdata() 函数获取本事务的快照，此函数遍历所有的进程，找出所有活动的进程中事务 ID 的最小值给 xmin、所有已经提交的事务 ID 的最大值赋给 xmax，用 [xmin,xmax] 这样的一个区间标识出本事务可见的事务区间。

快照保存了当前活动事务，是时间线上的多个正处于活动状态（尚未提交或回滚）的事务列表，即活动事务的事务 ID 的范围，用以表明本事务与其他事务的生命重叠范围，也决定这些事务中的操作可以读写数据的范围。若事务的 ID 小于快照的左边界，则其对应的数据被快照持有者的事务可见；若事务的 ID 大于快照的右边界，则其对应的数据不被快照持有者的事务可见。

MCVV 技术为同一数据对象在不同的快照中生成多个版本，使得不同事务对同一数据对象的读操作可以根据读时刻的快照作用在不同的版本上，避免了三种读数据异常现象，允许读写操作并发，使得长的读事务也能够被放心地并发执行，大大提高了传统的以更新操作为主的事务型数据库在分析、查询方面的能力，因而被传统的 DBMS 厂商所青睐。

MCVV 技术是如何解决并发事务间的读写冲突的呢？

当并发事务要写一个数据对象时，数据库引擎为该数据对象生成一个新的版本；并发事务读该数据对象时，则在最近生成的版本上读。这样，相同的数据可以被并发事务同时读写，同一数据对象在不同的快照间是隔离的，不相互影响。

假设图 8-60 中有 4 个并发的事务 $T_1 \sim T_4$，则 MCVV 技术可做到以下几点。

（1）事务所能读取的数据，一定是已经提交的事务的最新数据，读到的数据一定是一致的。

在图 8-60 中，因事务 T_1 提交的时间早于事务 T_3 开始的时间，事务 T_3 提交的时间早于事务 T_4 开始的时间，假设事务 T_1 和事务 T_3 都更新了数据对象 X，则事务 T_4 能看到的数据对象 X 一定是事务 T_3 生成的版本。

（2）若并发事务含有写操作，则以事务的开始时间戳为获取版本的基准，在当前最新的版本上生成一个新的版本，从而并发的事务在同一数据对象的不同版本上进行读写，不会发生读-写或者写-读冲突，不会产生脏读、不可重复读以及幻影现象。

假设数据初始版本为 X_0，事务 T_1 更新了数据对象 X，则会生成一个新的版本 X_1，因

事务 T_2 的开始时间早于事务 T_1 的提交时间,则事务 T_2 只能看到版本 X_0 而看不到版本 X_1;而事务 T_3 的开始时间晚于事务 T_1 的提交时间,所以事务 T_3 能看到版本 X_1 而看不到版本 X_0;这样,并发的事务 T_2 和 T_3 在同一数据对象的不同版本上进行读写,不会看到彼此对数据的更新,版本是隔离的,更新的结果也是隔离的,不会相互干扰。

(3) 若并发事务在不同的版本上同时写了同一数据对象,则遵循先提交者获胜(first committer wins)或者先写者获胜(first writer wins)原则,即并发的、同时写同一数据对象的事务只能有一个成功提交,另一个必须回滚,相当于并发不存在,从而解决写-写冲突,不会产生更新丢失现象。

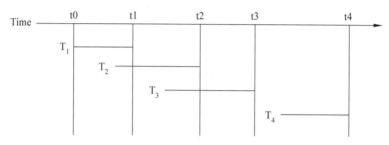

图 8-60　MVCC 中的并发事务

尽管多版本并发控制的事务并发效率很高,但是不能保证并发事务是可串行化的,无法保证数据的一致性。因为多个版本的存在使得用户定义在数据对象上的语义不能得到保证,也就是在不同版本上的操作不能保证语义施加在同一物理真身上,会产生写偏序(write skew)问题。解决的方法可采用可串行化的快照隔离(serializable snapshot isolation,SSI)技术,如 PostgreSQL 的并发控制策略。

下面介绍多版本并发控制技术与封锁技术结合在 MySQL 中实现并发控制。

MySQL 是一个处于上层的 Server,提供了 SQL 的解析、查询优化和执行等,事务管理和存储交由下层以插件方式提供。不同的插件提供的基本功能不同,其中 InnoDB 作为 MySQL 的默认存储引擎,提供具体的事务操作和并发控制。

MySQL 的 InnoDB 把 MVCC 和严格的两阶段封锁(S2PL)融合在一起实现并发事务的并发控制。其中封锁技术是并发控制的基础,在此基础上,实现 MCVV 机制,用以提高基于锁的方式带来的并发低效问题,使得读-写、写-读操作不再阻塞,提高了单纯基于锁的事务并发效率。

InnoDB 提供 S(共享锁)、X(排他锁)、IS(意向共享锁)和 IX(意向排他锁)4 种类型的普通锁,以及元数据锁和元组锁两种细粒度锁。锁的施加时机和解锁时间,与隔离级别及 MVCC 机制紧密相关。在 serializable(可串行化)隔离级别下,InnoDB 严格遵守两阶段封锁(S2PL)协议,MVCC 机制不起作用。如果是其他隔离级别,MVCC 机制则使得 SELECT 操作能够在最新的一致性版本上读,所以读数据是不加锁的。读写冲突不再发生,提高并发效率。

例如,当隔离级别大于或等于 REPEATABLE READ(可重复读)时,事务内的所有的 SELECT 操作都使用同一个版本,此版本是在第一个 SELECT 操作时建立的。当隔离级别小于或等于 READ COMMITTED(读提交)时,事务内的每一个 SELECT 操作分别创建自己的版本,因此每次读都不同,后面的 SELECT 操作可读到已提交的事务所写的数据。

MySQL 在事务开始时,可以指定 READ WRITE 或 READ ONLY 为事务的访问模式,如果是一个 READ ONLY 的事务,执行的全过程是不加锁的。MySQL 之所以能提供只读事务这样的功能,主要依赖于 MCVV 机制。MySQL、PostgreSQL 和其他使用了MCVV 技术的 DBMS 都有能力把事务区分为 READ WRITE 和 READ ONLY 两类。而单纯基于封锁技术的 Informix 等就不能提供只读事务这样的功能。

InnoDB 中的多版本是元组级的多版本,即每个元组对象可有多个不同的版本,除第一个版本是插入操作生成外,其他的多个版本是多次更新操作产生的。最新的数据存储在数据页面中,其他的数据旧版本存储在回滚段中,根据 UNDO 日志来实现的。InnoDB中的 read view 读视图本质上就是 MVCC 技术中的一个快照。

【例 8-28】 在 MySQL 上建立例 4-1 中的学生选课数据库,同时打开两个会话窗口,如图 8-61 所示。在默认隔离级别(REPEATABLE READ,可重复读)下并发执行表 8-9中的两个事务,分析操作的结果,以及事务的并发性和数据的一致性。

表 8-9　学生选课数据库上并发执行的事务

时间	事务 T₁	事务 T₂
t0	SHOW VARIABLES LIKE 'TRANSACTION_ISOLATION'; START TRANSACTION; 　USE 学生选课; 　SELECT ＊ FROM s 　　WHERE sno＜'s03';	
t1		SHOW VARIABLES LIKE 'TRANSACTION_ISOLATION'; START TRANSACTION ; 　USE 学生选课; 　SELECT ＊ FROM s 　　WHERE sno＜'s03'; 　INSERT INTO s VALUES('s02', '李渊', '男', ' 2002-03-23', '计算机');
t2	SELECT ＊ FROM s 　　WHERE sno＜'s03';	
t3		UPDATE s SET sno＝'s10' 　　WHERE sno＝'s01' ; 　SELECT ＊ FROM s 　　WHERE sno＜'s03' OR sno＝'s10' COMMIT;
t4	SELECT ＊ FROM s 　　WHERE sno＜'s03';	

t0 时刻:在会话窗口 1 中,首先查看默认隔离级别,确认为 REPEATABLE READ

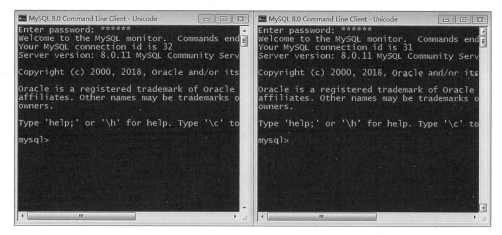

图 8-61 同时打开的 MySQL 的两个会话窗口

(可重复读),然后开始执行事务 T_1,打开数据库,对 S 表中学号 sno<'s03' 的元组进行查询,查询结果只有 1 个学号为 s01 的学生元组,如图 8-62 所示。

```
MySQL 8.0 Command Line Client - Unicode

mysql> SHOW VARIABLES LIKE 'TRANSACTION_ISOLATION';
+-----------------------+-----------------+
| Variable_name         | Value           |
+-----------------------+-----------------+
| transaction_isolation | REPEATABLE-READ |
+-----------------------+-----------------+
1 row in set, 1 warning (0.00 sec)

mysql> START TRANSACTION;
Query OK, 0 rows affected (0.00 sec)

mysql> USE 学生选课;
Database changed
mysql> SELECT * FROM s WHERE sno < .'s03';
+-----+------+-----+------------+--------+
| sno | sn   | sex | sb         | sd     |
+-----+------+-----+------------+--------+
| s01 | 王玲 | 女  | 2000-06-30 | 计算机 |
+-----+------+-----+------------+--------+
1 row in set (0.12 sec)

mysql>
```

图 8-62 事务 T_1 查询 S 表中学号 sno<'s03' 的学生元组的结果

t1 时刻:在会话窗口 2 中,确认隔离级别为 REPEATABLE READ(可重复读),然后开始执行事务 T_2,打开数据库,也对 S 表中学号 sno<'s03'的元组进行查询,查询结果与事务 T_1 相同,随后插入 1 个学号为 s02 的学生元组,操作能够执行,如图 8-63 所示。

t2 时刻:事务 T_1 重新对 S 表中学号 sno<'s03'的元组进行查询,查询结果与前次查询一样,如图 8-64 所示,并未查询到新插入的元组,未产生幻影现象。

t3 时刻:事务 T_2 将学号 sno='s01'的学生的学号改为 s10,操作可执行,没有被阻塞,重新对 S 表中学号 sno<'s03'的元组和学号 sno='s10' 的元组进行查询,查询看到前面插入的学号为 s02 的元组和对学号为 s01 的元组的修改,然后提交事务 T_2,如图 8-65 所示。

t4 时刻:事务 T_1 再次对 S 表中学号 sno<'s03'的元组进行查询,查询结果与前面的查

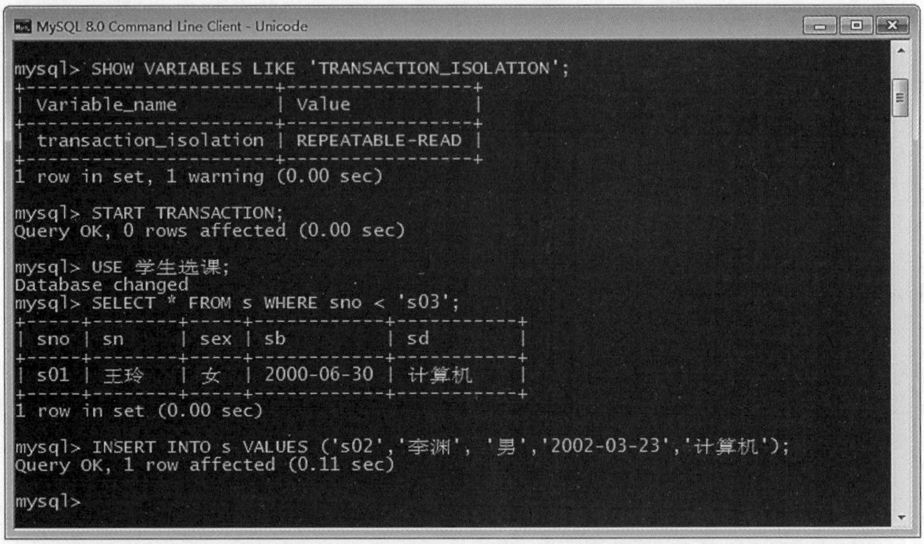

图 8-63　事务 T_2 插入学号为 s02 的学生元组到 S 表中

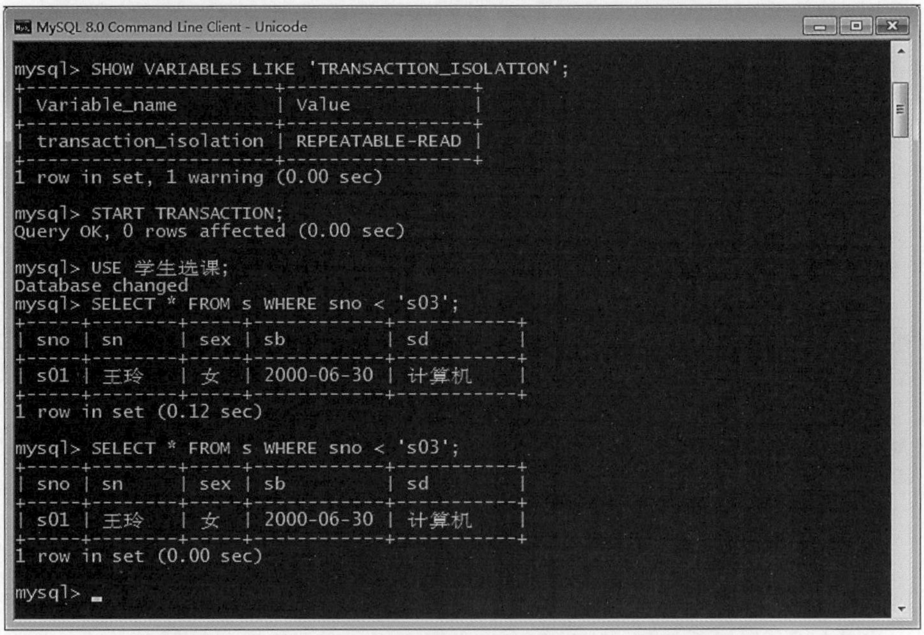

图 8-64　事务 T_1 可重复读取 S 表中学号 sno＜'s03'的元组

询一样,并没有看到事务 T_2 的修改结果,即未读取事务 T_2 提交的数据,如图 8-66 所示。

　　由此可见,在 REPEATABLE READ(可重复读)隔离级别下,MySQL 中的事务内的所有的 SELECT 操作读取的是同一个版本,可重复读并且没有幻影现象。并发事务的写操作在另一个版本上进行的,其读写操作并不被阻塞,提高了事务的并发效率。

　　【例 8-29】　在 MySQL 上建立例 4-1 中的学生选课数据库,同时打开两个会话窗口,在 READ COMMITTED(读提交)隔离级别下并发执行表 8-10 中的两个事务,分析操作

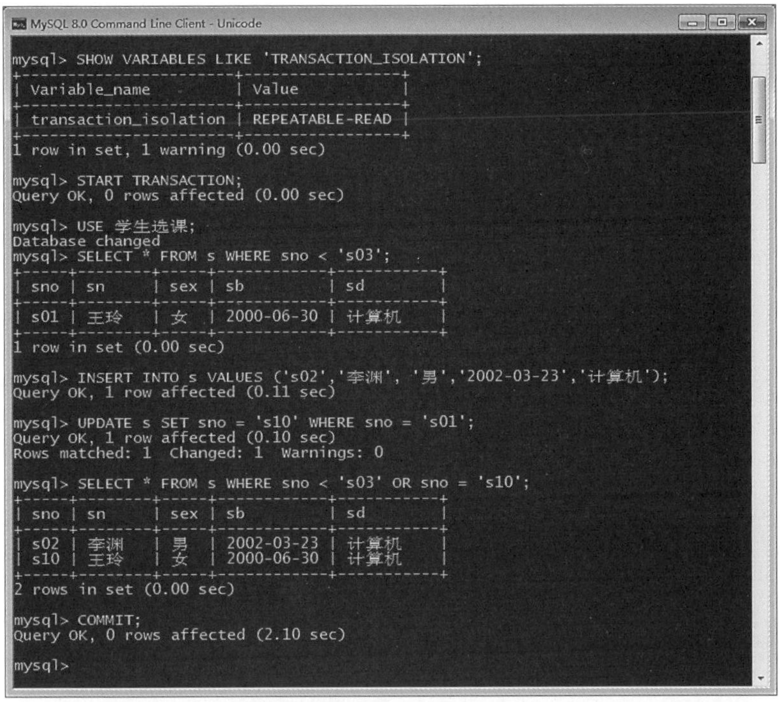

图 8-65　事务 T_2 可将 S 表中学号为 s01 的学生的学号改为 s10

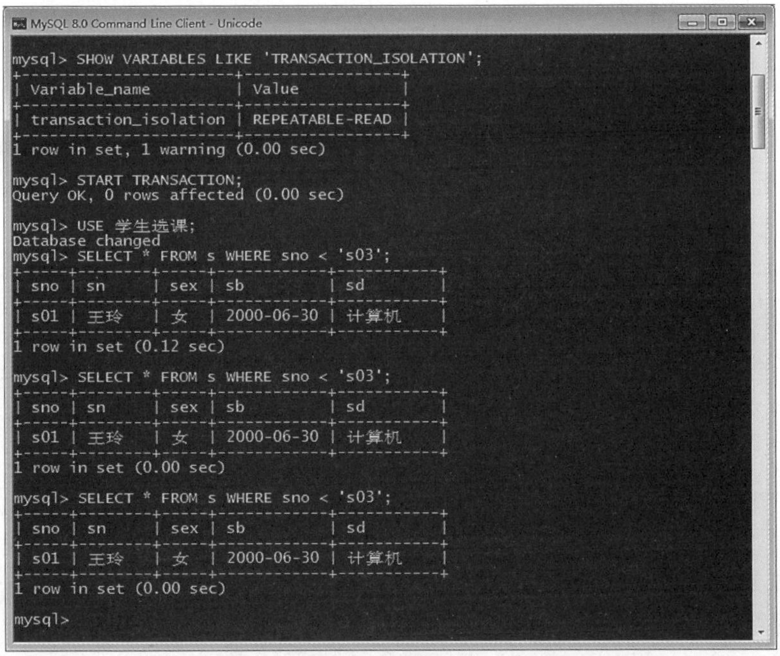

图 8-66　事务 T_1 看不到已提交事务 T_2 的修改结果

的结果，以及事务的并发性和数据的一致性。

表 8-10　学生选课数据库上并发执行的事务

时间	事务 T_1	事务 T_2
t0	SET SESSION TRANSACTION ISOLATION LEVEL READ COMMITTED； START TRANSACTION； 　USE 学生选课； 　SELECT ＊ FROM sc；	
t1		SET SESSION TRANSACTION ISOLATION LEVEL READ COMMITTED； START TRANSACTION； 　USE 学生选课； 　SELECT ＊ FROM sc；
t2	UPDATE sc SET grade ＝ 0 　WHERE grade ＞＝ 60； SELECT ＊ FROM sc；	
t3		UPDATE sc SET grade ＝ 100 　WHERE grade ＜ 60； SELECT ＊ FROM sc；
t4	SELECT ＊ FROM sc； COMMIT；	
t5		SELECT ＊ FROM sc； COMMIT； SELECT ＊ FROM sc；

t0 时刻：首先设置隔离级别为 READ COMMITTED（读提交），然后开始执行事务 T_1，打开数据库，对 SC 表进行查询，查询结果有 4 个元组，其中有 2 个元组的 grade ＞ 60，有 2 个元组的 grade ＜ 60，如图 8-67 所示。

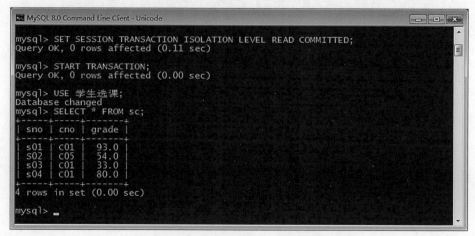

图 8-67　事务 T_1 查询 SC 表的结果

t1 时刻：设置隔离级别为 READ COMMITTED(读提交)，然后开始执行事务 T_2，打开数据库，也对 SC 表进行查询，查询结果与事务 T_1 中的查询结果相同，如图 8-68 所示。

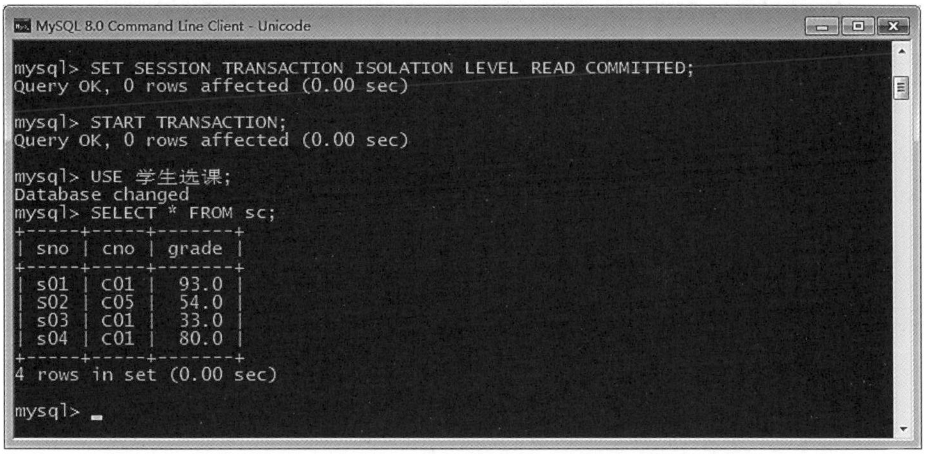

图 8-68　事务 T_2 查询 SC 表的结果

t2 时刻：事务 T_1 将 SC 表中 grade≥60 的元组的 grade 值改为 0，查询可看到更新操作结果，如图 8-69 所示。

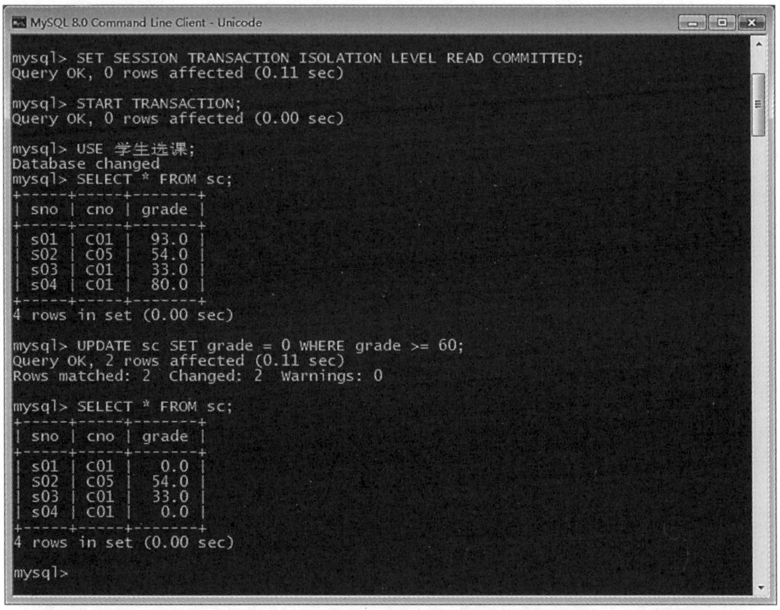

图 8-69　事务 T_1 将关系表 SC 中 grade≥60 的元组的 grade 值改为 0

t3 时刻：事务 T_2 将 SC 表中 grade < 60 的元组的 grade 值改为 100，查询可看到本事务的更新操作结果，看不到事务 T_1 的更新操作结果，如图 8-70 所示。

t4 时刻：事务 T_1 再次对 SC 表进行查询，查询结果与前次查询结果相同，也不会看到事务 T_2 的更新操作结果，然后提交事务 T_1，如图 8-71 所示。

```
MySQL 8.0 Command Line Client - Unicode

mysql> SET SESSION TRANSACTION ISOLATION LEVEL READ COMMITTED;
Query OK, 0 rows affected (0.00 sec)

mysql> START TRANSACTION;
Query OK, 0 rows affected (0.00 sec)

mysql> USE 学生选课;
Database changed
mysql> SELECT * FROM sc;
+-----+-----+-------+
| sno | cno | grade |
+-----+-----+-------+
| s01 | c01 |  93.0 |
| s02 | c05 |  54.0 |
| s03 | c01 |  33.0 |
| s04 | c01 |  80.0 |
+-----+-----+-------+
4 rows in set (0.00 sec)

mysql> UPDATE sc SET grade = 100 WHERE grade < 60;
Query OK, 2 rows affected (0.11 sec)
Rows matched: 2  Changed: 2  Warnings: 0

mysql> SELECT * FROM sc;
+-----+-----+-------+
| sno | cno | grade |
+-----+-----+-------+
| s01 | c01 |  93.0 |
| s02 | c05 | 100.0 |
| s03 | c01 | 100.0 |
| s04 | c01 |  80.0 |
+-----+-----+-------+
4 rows in set (0.00 sec)

mysql>
```

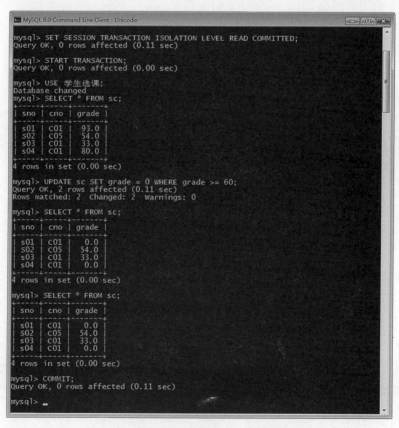

图 8-70　事务 T_2 将 SC 表中 grade < 60 的元组的 grade 值改为 100

```
MySQL 8.0 Command Line Client - Unicode

mysql> SET SESSION TRANSACTION ISOLATION LEVEL READ COMMITTED;
Query OK, 0 rows affected (0.11 sec)

mysql> START TRANSACTION;
Query OK, 0 rows affected (0.00 sec)

mysql> USE 学生选课;
Database changed
mysql> SELECT * FROM sc;
+-----+-----+-------+
| sno | cno | grade |
+-----+-----+-------+
| s01 | c01 |  93.0 |
| s02 | c05 |  54.0 |
| s03 | c01 |  33.0 |
| s04 | c01 |  80.0 |
+-----+-----+-------+
4 rows in set (0.00 sec)

mysql> UPDATE sc SET grade = 0 WHERE grade >= 60;
Query OK, 2 rows affected (0.11 sec)
Rows matched: 2  Changed: 2  Warnings: 0

mysql> SELECT * FROM sc;
+-----+-----+-------+
| sno | cno | grade |
+-----+-----+-------+
| s01 | c01 |   0.0 |
| s02 | c05 |  54.0 |
| s03 | c01 |  33.0 |
| s04 | c01 |   0.0 |
+-----+-----+-------+
4 rows in set (0.00 sec)

mysql> SELECT * FROM sc;
+-----+-----+-------+
| sno | cno | grade |
+-----+-----+-------+
| s01 | c01 |   0.0 |
| s02 | c05 |  54.0 |
| s03 | c01 |  33.0 |
| s04 | c01 |   0.0 |
+-----+-----+-------+
4 rows in set (0.00 sec)

mysql> COMMIT;
Query OK, 0 rows affected (0.11 sec)

mysql> _
```

图 8-71　事务 T_1 再次查询 SC 表的结果不变

t5 时刻：事务 T_2 再次对 SC 表进行查询，查询结果可看到事务 T_1 提交后的更新操作结果，事务 T_2 提交后，两个事务的更新操作结果均保留，如图 8-72 所示。

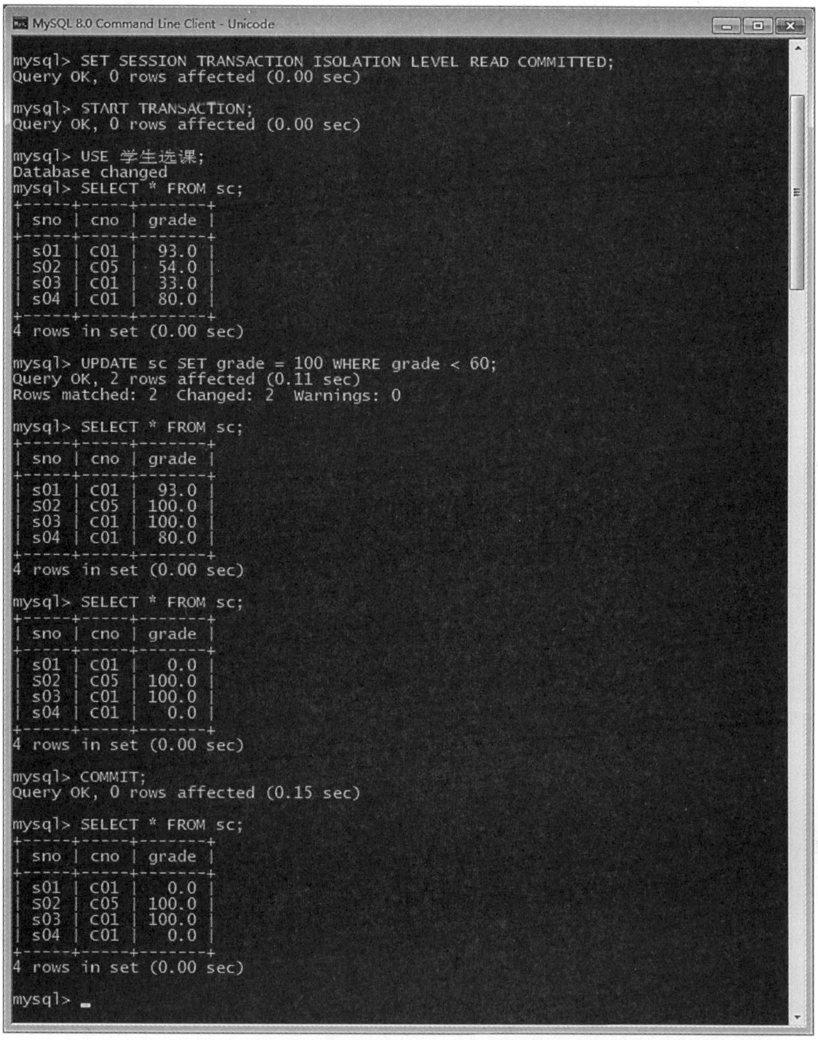

```
MySQL 8.0 Command Line Client - Unicode

mysql> SET SESSION TRANSACTION ISOLATION LEVEL READ COMMITTED;
Query OK, 0 rows affected (0.00 sec)

mysql> START TRANSACTION;
Query OK, 0 rows affected (0.00 sec)

mysql> USE 学生选课;
Database changed
mysql> SELECT * FROM sc;
+-----+-----+-------+
| sno | cno | grade |
+-----+-----+-------+
| s01 | c01 |  93.0 |
| s02 | c05 |  54.0 |
| s03 | c01 |  33.0 |
| s04 | c01 |  80.0 |
+-----+-----+-------+
4 rows in set (0.00 sec)

mysql> UPDATE sc SET grade = 100 WHERE grade < 60;
Query OK, 2 rows affected (0.11 sec)
Rows matched: 2  Changed: 2  Warnings: 0

mysql> SELECT * FROM sc;
+-----+-----+-------+
| sno | cno | grade |
+-----+-----+-------+
| s01 | c01 |  93.0 |
| s02 | c05 | 100.0 |
| s03 | c01 | 100.0 |
| s04 | c01 |  80.0 |
+-----+-----+-------+
4 rows in set (0.00 sec)

mysql> SELECT * FROM sc;
+-----+-----+-------+
| sno | cno | grade |
+-----+-----+-------+
| s01 | c01 |   0.0 |
| s02 | c05 | 100.0 |
| s03 | c01 | 100.0 |
| s04 | c01 |   0.0 |
+-----+-----+-------+
4 rows in set (0.00 sec)

mysql> COMMIT;
Query OK, 0 rows affected (0.15 sec)

mysql> SELECT * FROM sc;
+-----+-----+-------+
| sno | cno | grade |
+-----+-----+-------+
| s01 | c01 |   0.0 |
| s02 | c05 | 100.0 |
| s03 | c01 | 100.0 |
| s04 | c01 |   0.0 |
+-----+-----+-------+
4 rows in set (0.00 sec)

mysql>
```

图 8-72　事务 T_2 再次查询 SC 表可看到事务 T_1 的更新操作结果

由此例可见，并发的事务中的冲突读写操作并不被阻塞。但在 READ COMMITTED（提交读）隔离级别下，MySQL 中的事务内后面的 SELECT 操作可读到已提交的事务所写的数据，会有不可重复读问题。

同时，该例说明 MVCC 存在着“写偏序”问题，即两个并发写事务的结果既不是事务 T_1 的更新结果，学生的成绩都小于 60；也不是事务 T_2 的更新结果，学生的成绩都大于 60；或者是事务 T_1 先更新，事务 T_2 后更新，学生的成绩都是 100。这是因为每个事务的更新操作是在元组的不同版本上进行的，操作语义施加在不同版本上，多版本的非冲突的更新结果均保留下来，出现了“写偏序”。

8.3.2.3　基于时间戳的并发控制

基于时间戳的并发控制技术,也称时间戳排序并发控制技术,是根据一事务开始的时间戳和其他事务的读写操作的时间戳值做比较来决定冲突发生时并发事务该如何处理。

时间戳排序并发控制技术有两类主体:事务和数据项。时间戳就是要"盖(赋值)"在这两类主体上。

通常事务管理器在事务开始的时候,为每个事务分配一个时间值作为此事务发生的标识,但有的系统是在事务提交的时候才分配时间值,这个时间值称为一个"时间戳",时间戳就如同为事务盖了一个章。对于一个事务,被赋予的时间戳值不会再发生变化。时间戳取值有两种方式:系统时钟和逻辑计数器。时间戳的大小可以表征一系列事务执行的先后次序,后执行的事务比先执行的事务时间戳要大。

数据对象上有两个时间戳,一个是"读时间戳",记录最后读取该数据项的事务的时间戳;另一个是"写时间戳",记录写入该数据项当前值的事务所对应的时间戳,即最后修改该数据对象的事务的时间戳标识。

时间戳排序协议确保若事务 T_i 的时间戳 $TS(T_i)$ 早于事务 T_j 的时间戳 $TS(T_j)$,即 $TS(T_i)<TS(T_j)$,并发调度器必须保证所产生的并发调度等价于事务 T_i 先于事务 T_j 的某个串行调度,即以事务的开始时间戳值决定可串行性顺序。换句话说,就是确保任何有冲突的 READ 操作和 WRITE 操作按事务时间戳顺序执行。

那么,时间戳并发控制技术是如何确保在访问冲突的情况下,多个事务按照事务时间戳的顺序来访问数据项的呢?

这里假设

- $TS(T_i)$:表示事务 T_i 开始的时间戳,即事务开始时刻的时间值。
- $READ(X)\text{-}TS(T_i)$:表示读数据项 X 的事务 T_i 的时间戳。
- $WRITE(X)\text{-}TS(T_i)$:表示写数据项 X 的事务 T_i 的时间戳。
- $COMMIT(X)\text{-}TS(T_i)$:事务 T_i 写数据项 X 后,事务 T_i 是否提交。

读或写数据项的时间戳值与事务的时间戳值有关,这些值在数据项 X 上存在,即每个数据项上各有一份。

基于时间戳的并发控制技术分如下几种情况处理读-写操作冲突。

(1) 并发事务 T_1 先执行了 WRITE(X)写操作,事务 T_2 后执行 READ(X)操作,并且 $TS(T_2)<WRITE(X)\text{-}TS(T_1)$,如图 8-73 所示。

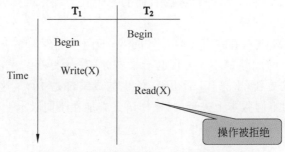

图 8-73　基于时间戳的写-读冲突(过晚读)

由于存在写-读冲突,并且 $TS(T_2) <$ WRITE(X)-TS(T_1),即后执行的事务先写,先执行的事务 T_2 读的过晚,调度的结果不能等价于事务 T_2 先于事务 T_1 的串行调度。因此,事务 T_2 的 READ(X)操作被拒绝,事务 T_2 回滚。事务 T_2 重启后,将被赋予新的更大的时间戳。

(2) 并发事务 T_1 先执行了 WRITE(X)写操作,事务 T_2 后执行 READ(X)读操作,并且 $TS(T_2) \geqslant$ WRITE(X)-TS(T_1),如图 8-74 所示。

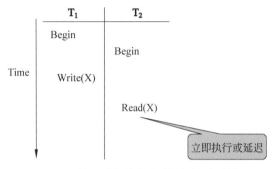

图 8-74　基于时间戳的写-读冲突(防脏读)

虽然存在写-读冲突,但由于 $TS(T_2) \geqslant$ WRITE(X)-TS(T_1),即先执行的事务先写,后执行的事务 T_2 后读,调度的结果可等价于事务 T_1 先于事务 T_2 的串行调度。因此,READ(X)操作被允许执行。但为了防止事务 T_1 因夭折回滚后,事务 T_2 出现脏读现象,并发控制机制需查看为写事务设置的 COMMIT(X)-TS(T_1)提交位,其值为 TRUE,则事务 T_2 的 READ(X)操作被立即执行,否则延迟事务 T_2 的读操作,即事务 T_2 被阻塞等待。

(3) 并发事务 T_1 先执行了 READ(X)读操作,事务 T_2 后执行 WRITE(X)写操作,并且 $TS(T_2) <$ READ(X)-TS(T_1),如图 8-75 所示。

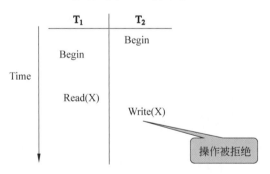

图 8-75　基于时间戳的读-写冲突(过晚写)

由于存在读-写冲突,并且 $TS(T_2) <$ READ(X)-TS(T_1),即后执行的事务先读,先执行的事务 T_2 写的过晚,调度的结果不能等价于事务 T_2 先于事务 T_1 的串行调度。因此,事务 T_2 的 WRITE(X)操作被拒绝,事务 T_2 回滚。

对于图 8-76,根据以上的时间戳并发控制策略,请读者分析事务 T_2 的 WRITE(X)操作是否被允许执行,事务 T_1 的后一个 READ(X)是否被允许执行、是否会出现不可重复读现象。

(4) 并发事务 T_1 先执行了 WRITE(X)读操作,事务 T_2 后执行 WRITE(X)写操作,并且 TS(T_2)<WRITE(X)-TS(T_1),如图 8-77 所示。

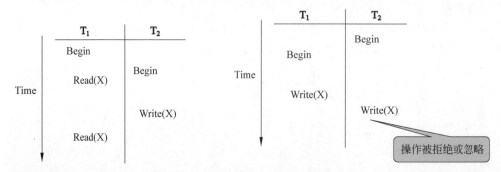

图 8-76   基于时间戳的读-写-读冲突   图 8-77   基于时间戳的写-写冲突

由于存在写-写冲突,并且 TS(T_2)< WRITE(X)-TS(T_1),即后执行的事务先写,先执行的事务 T_2 写的过晚,调度的结果不能等价于事务 T_2 先于事务 T_1 的串行调度。因此,事务 T_2 的 WRITE(X)操作被拒绝,事务 T_2 回滚。

但 Thomas 写规则改进了这一点,不回滚产生冲突的事务 T_2,而是忽略事务 T_2 的写操作,一定程度上提高了并发的效率。

由于事务的开始时间戳值决定了事务的可串行化顺序,因此,决定冲突发生时并发事务该如何处理主要看并发调度的结果是否等价于该顺序的串行调度。若等价,则允许冲突操作执行,否则回滚产生冲突操作的事务。

事务 T_i 被并发控制机制回滚之后,被赋予新的时间戳并重新启动,自动进入系统。如果不被赋予新的时间戳,则事务 T_i 仍然可能与其他事务发生冲突导致事务 T_i 不得不再次回滚,可能会因得不到提交而处于"提交饿死"的状态,被赋予新的时间戳可以有效减少"提交饿死"的情况发生。

基于时间戳的并发控制与封锁并发控制的不同之处在于:

(1) 基于时间戳的并发控制协议不会产生死锁。当有冲突发生时,被判断为存在冲突的事务立即被回滚,不会存在并发事务互相等待的问题,死锁现象不会发生。

(2) 事务结束前,读或写等操作不互相阻塞,只是在提交阶段判断是否存在"冲突",以决定并发事务的提交顺序,即基于时间戳的并发控制只会在提交阶段发生阻塞。因此,基于时间戳的并发控制可被认为是"乐观"(OCC)的方法。

基于时间戳的并发控制主要用于分布式事务处理,来协调本地事务和分布式事务。

8.3.2.4   基于有效性的并发控制技术

基于有效性检查(validation protocal)的并发控制技术和基于时间戳的并发控制技术有很多相似之处,不同之处是以事务的有效性验证时间戳值决定事务的可串行化顺序,有效性验证时间早的事务优先提交。

基于有效性的并发控制技术将每一个事务的生命周期划分为如下两个或三个阶段,

每个事务按阶段依次顺序执行。

(1) 读阶段：将事务 T_i 涉及的数据项读入事务 T_i 的局部变量中，所有的写操作都是对局部变量进行修改，并不对数据库中的数据项进行真正更新，因此没有读写操作的冲突问题。在读阶段事务的并发度会很高，事务在"乐观"地执行着，只在读写操作完成后才判断冲突是否存在。所以，基于有效性检查的并发控制技术是一种乐观的并发控制技术。

(2) 有效性检查阶段：根据有效性检查规则，对事务 T_i 进行有效性测试，即判断事务 T_i 的 write 操作是否违反可串行性。如果违反可串行性，即事务的有效性测试失败，则终止这个事务。

(3) 写阶段：如果事务 T_i 的有效性检查通过，则把事务 T_i 中被修改的局部变量的值复制到数据库中。只读事务不需要本阶段。

对事务 T_i 的三个阶段的时间进行如下标识。

- Start(T_i)：表示事务 T_i 开始执行时间。
- Validation(T_i)：表示事务 T_i 开始有效性检查时间。
- Finish(T_i)：表示事务 T_i 完成写阶段的时间。

在有效性检查阶段，基于如下有效性检查规则：

(1) 如果 Validation(T_i) < Validation(T_j)，则并发事务的调度结果应等价于事务 T_i 先于事务 T_j 的串行调度。

(2) 若不能保证串行执行，即不能保证 Finish(T_i) < Start(T_j)，需保证事务 T_i 所写的数据项与事务 T_j 所读的数据项不相交，即 Start(T_j) < Finish(T_i) < Validation(T_j)，事务 T_i 的写阶段必须在事务 T_j 的有效性检查阶段前完成。这样，事务 T_i 的写不影响事务 T_j 的读，事务 T_i 与事务 T_j 的写不重叠，保证可串行性。

(3) 当满足可串行性时，事务 T_j 的有效性检查阶段可以确保冲突发生后事务 T_j 被回滚。

8.4 小结

在实际的数据库应用系统中，对于需要一组 SQL 语句作为一个整体来同步完成的复杂的数据操作，需要利用 SQL 提供的事务定义语句来定义这组 SQL 语句为一个事务。事务是数据库的逻辑工作单元，DBMS 为了保证定义的事务中的操作能作为一个逻辑整体，实现的事务处理机制要保证定义的事务具有 ACID 特性，只要 DBMS 能够保证系统中一切事务的原子性、一致性、隔离性和持久性，也就保证了数据库处于一致性状态。

并发执行的事务会破坏事务的隔离性，系统出现的各类故障会破坏事务的原子性和持久性。数据库管理系统必须对事务进行处理，对并发执行的事务进行控制，保证事务的隔离性；对发生故障后系统中的事务更新结果进行数据恢复，保证事务的原子性和持久性，从而进一步保持数据库的一致性。

在数据库系统正常运行时，DBMS 为创建的数据库维护一个运行日志，并提供工具让用户将数据库进行备份，使得当数据库系统发生事务故障、系统故障和介质故障后，恢复机制能利用存储在日志文件和备份中的冗余数据来重建数据库，将数据库恢复到故障前某一时刻的一致性状态。对事务故障的恢复就是利用日志撤销（UNDO）事务已对数据库进行的更新。对系统故障的恢复要在系统重新启动时，撤销所有未完成的事务，重做（REDO）所有已提交的事务；采用检查点技术可提高系统恢复的效率。对介质故障的恢复，可使用备份的数据和日志将数据库恢复到故障发生前的某个一致性状态。

事务的并发执行不加控制会带来更新丢失、读脏数据、不可重复读等数据不一致问题。为保证事务的隔离性，需要对事务的并发执行进行控制，常见的方法是封锁技术。封锁技术通过在数据对象上维护"锁"以防止非可串行化的行为，两阶段封锁协议可实现冲突可串行化。但封锁技术会产生死锁现象，可采用超时回滚或事务等待图等方法加以避免和解除。为克服封锁技术带来的增加事务的响应时间、减少事务吞吐量的问题，大多数商业 DBMS 还允许根据应用需求来选择封锁粒度和事务的隔离级别，提供的隔离级别主要包括 READ UNCOMMITTED（读未提交）、READ COMMITTED（读提交）、REPEATABLE READ（可重复读）和 SERIALIZABLE（可串行化）等。如果事务不能运行在 SERIALIZABLE（可串行化）隔离级别，则需要用户容忍某种不影响应用的数据不一致问题存在，否则只能牺牲效能来得到可串行化的结果。除了封锁技术外，有的 DBMS 还采用多版本并发控制、基于时间戳的并发控制和基于有效性确认等并发控制实现技术。

【图灵奖人物】 事务处理领域权威 Jim Gray（吉姆·格雷）与第四科学范式

Jim Gray 毕业于美国加州大学伯克利分校，先后供职于 IBM 公司、微软旧金山研究所，曾参与主持过 IMS、System R、SQL/DS、DB2 等项目的开发。1976 年，Jim Gray 在数据库领域引入事务概念，提出了事务处理技术来解决数据库应用领域的并发事务和故障带来的数据不一致问题，为数据库系统的应用奠定了坚实基础，使得 DBMS 在实现事务处理机制以后得到广泛的应用，成为数据库技术应用于银行、金融等行业的基础。

Jim Gray 在事务处理技术上的创造性思维和开拓性研究成果反映在其专著 *Transaction Processing：Concepts and Techniques* 中。Jim Gray 也因此获得 1998 年的图灵奖。

Jim Gray 爱好航海运动，2007 年 1 月 28 日独自乘船出海，不幸在外海失踪。在 2007 年的计算机科学与电信委员会大会上，Jim Gray 生前的最后一次演讲"The Fourth Paradigm：Data-Intensive Scientific Discovery"（第四范式：数据密集型科学发现），提出了科学研究的 4 个范式，即科学研究经历了经验科学、理论科学、计算科学，来到今天的数据密集型科学的新时代，也就是我们所熟知的大数据时代。

习 题

一、填空题

1. DBMS 的基本逻辑工作单元是_____。

2. 在关系数据库管理系统中，事务是用户定义的一组_____ 或整个程序。

3. 事务必须具有的 4 个特性是_____、_____、_____ 和_____，简称事务的_____ 特性。

4. 一个事务中对数据库的所有操作是一个不可分割的操作序列，要么都做，要么都不做,这个特性称为事务的_____。

5. 一个事务的执行不能被其他事务干扰的特性,称为事务的_____。

6. 数据库系统可能发生的故障有_____故障、_____故障和_____故障。

7. 多个事务的并发操作会带来_____、_____和_____三种数据不一致现象。

8. 并发控制的主要技术是采用_____技术。

9. 用于数据库恢复的基本技术有_____和_____。

10. 如果事务是一致的,多个事务并发执行的整体效果等同于某一次序下事务串行执行的效果,那么该并发事务的调度将保持数据库的_____状态。

11. 若事务 T 对数据对象 A 加了 S 锁,则其他事务只能对数据对象 A 再加_____,不能加_____,直到事务 T 释放 A 上的锁。

12. _____语句的执行表示事务执行的过程中发生了某种故障,事务夭折,事务夭折前所有已完成的对数据库的更新操作结果应该撤销。

13. _____语句的执行表示事务中的所有操作语句均已成功执行,对数据库的所有更新操作结果应写到磁盘上的物理数据库中去。

二、选择题

1. DBMS 实现并发控制和恢复的基本单位是_____。

    A. 表   B. 命令   C. 事务   D. 程序

2. 对事务回滚的正确描述是_____。

    A. 将事务对数据库的更新进行撤销

    B. 将事务对数据库的更新写入硬盘

    C. 跳转到事务程序的开头重新执行

    D. 将事务中修改的变量值恢复到事务开始时的初值

3. 若系统在运行过程中,由于某种硬件故障,使存储在外存上的数据部分损失或全部损失,这种情况称为_____。

    A. 事务故障   B. 系统故障   C. 介质故障   D. 运行故障

4. 系统故障会造成_____。

    A. 内存数据丢失   B. 硬盘数据丢失

    C. 软盘数据丢失   D. 磁带数据丢失

5. 在对数据库进行恢复时,对已经 COMMIT 但更新未写入磁盘的事务执行_____操作。

    A. REDO   B. UNDO   C. ABORT   D. ROLLBACK

6. 事务的并发执行会带来_____等数据不一致性问题。

    A. 丢失修改、不可重复读、读脏数据、死锁

    B. 不可重复读、读脏数据、死锁

    C. 丢失修改、读脏数据、死锁

    D. 丢失修改、不可重复读、读脏数据

7. 在数据库技术中,"脏数据"是指_____。

    A. 未回滚的数据   B. 未提交的数据

C. 回滚的数据　　　　　　　　　　　　D. 未提交随后又被撤销的数据

8. 事务的原子性是指_____。

A. 事务中包括的所有操作要么都做，要么都不做

B. 事务一旦提交，对数据库的改变是永久的

C. 一个事务内部的操作及使用的数据不会干扰并发的其他事务

D. 事务的执行结果使数据库保持一致性

9. SQL 显式定义事务时，不会使用的命令语句是_____。

A. COMMIT　　　　　　　　　　　　B. BEGIN TRANSACTION

C. ABORT　　　　　　　　　　　　　D. ROLLBACK

10. DBMS 中的封锁机制是用来实现_____的。

A. 完整性　　　　　B. 安全性　　　　　C. 并发控制　　　　　D. 恢复

11. 若事务 T 对数据对象 A 加上 S 锁，则_____。

A. 事务 T 可以读 A 和更新 A，其他事务只能对 A 加 S 锁，不能加 X 锁

B. 事务 T 可以读 A 但不能更新 A，其他事务能对 A 加 S 锁和 X 锁

C. 事务 T 可以读 A 但不能更新 A，其他事务只能对 A 加 S 锁，不能加 X 锁

D. 事务 T 可以读 A 和更新 A，其他事务能对 A 加 S 锁和 X 锁

12. 若事务 T 对数据对象 A 已加 X 锁，则其他事务对数据对象 A _____。

A. 可以加 S 锁，不能加 X 锁　　　　　B. 不能加 S 锁，可以加 X 锁

C. 可以加 S 锁，也可以加 X 锁　　　　D. 不能加任何锁

三、简答题

1. 数据库系统运行中可能产生的各类故障有哪些？会导致数据库出现哪些错误状态？

2. 系统中的日志一般包含哪些内容信息？在日志中登记日志记录时，一般遵循哪些原则？

3. 系统何时需要对事务进行 UNDO 和 REDO 操作？操作是如何进行的？

4. 针对不同的故障，试述系统进行恢复所采用的技术与策略。

5. 具有检查点的恢复技术有什么优点？简述使用检查点技术进行系统恢复的步骤。

6. 什么是可串行化调度？什么是冲突可串行化的调度？

7. 实现并发控制的封锁技术通常都提供哪些锁类型？不同类型的锁如何发挥作用？

8. 严格的两阶段封锁协议包含哪些内容？效用如何？

9. 什么是死锁？预防死锁的方法有哪些？

10. 简述如何用事务等待图来预防和检测死锁。

11. 简述在多粒度封锁协议中引入意向锁的作用。

12. ANSI 标准提供哪几种隔离级别选项？各级别如何使用锁、存在何种数据不一致问题？

13. 在下面的并发事务的非串行调度序列中，假设在每个读动作前申请共享锁，而在每个写动作前申请排他锁，在事务执行的最后一个动作完成后释放锁。说明调度序列中哪些动作会被阻塞，并画出在最后一个动作后的事务等待图，判断是否发生死锁。如果存

在死锁,给出一个解除死锁的方案,说明调度序列中被阻塞操作将怎样继续下去。

(1) $r_1(A)$;$r_3(B)$;$r_2(C)$;$w_1(B)$;$w_3(C)$;$w_2(D)$。

(2) $r_1(A)$;$r_3(B)$;$r_2(C)$;$w_1(B)$;$w_3(C)$;$w_2(A)$。

(3) $r_1(A)$;$r_3(B)$;$w_1(C)$;$w_3(D)$;$r_2(C)$;$w_1(B)$;$w_4(D)$;$w_3(A)$。

(4) $r_1(A)$;$r_3(B)$;$w_1(C)$;$r_2(D)$;$r_4(E)$;$w_2(B)$;$w_3(C)$;$w_4(A)$;$w_1(D)$。

14. 除了封锁技术,DBMS 还常采用哪些并发控制技术? 多版本并发控制是如何解决读写冲突来提高事务的并发度?

15. 完成例 8-27 中思考问题的解答。

第 9 章　数据库设计

在数据库应用领域内,通常把使用数据库技术来管理数据的各类信息系统称为数据库应用系统。例如,办公自动化系统、地理信息系统、电子政务系统、电子商务系统等,都可以称为数据库应用系统。

数据库应用系统的设计包括数据库设计和系统应用软件设计。数据库设计是基于应用系统需求分析中对数据的需求,解决数据的抽象、数据的表达和数据的存储等问题,其目标是设计出一个满足应用要求,简洁、高效、规范合理的数据库;系统应用软件的设计是基于系统数据处理功能的需求,进行应用系统的用户操作界面、数据输入输出、数据处理和存取数据库中的数据等功能的设计与实现。应用程序要访问数据库,必须知道数据库的逻辑结构,而数据库结构的设计要考虑应用程序使用的方便和效率,因此,数据库应用系统的整个设计过程要把数据库设计和对数据的处理设计密切结合起来。

本章主要讨论数据库设计的一般方法和技术,第 10 章将讨论在应用系统中访问和管理数据库中数据的方法。

9.1　数据库设计概述

9.1.1　数据库设计的内容

数据库设计要完成在数据库管理系统上建立数据库的过程,即对于给定应用环境中的数据,根据应用处理的要求,借助概念模型和数据模型,建立起既能反映现实应用中信息之间的联系、满足应用系统处理要求,又能够被选定的 DBMS 定义和存储的数据库的逻辑结构和物理结构,并在实施过程中加以完善。

9.1.2　数据库设计的方法

大型数据库的设计是涉及多学科的综合性技术,又是一项庞大的工程项目。设计人员在实践过程中不断探索出一些数据库设计的方法,归纳起来可分为如下 4 类。

1. 直观设计法

直观设计法其实算不上是一种方法,主要是指在数据库设计的初始阶段,数据库设计人员根据自己的经验和水平,运用一定的技巧进行数据库的设计。这种方法缺乏科学理论和工程方法的支持,很难保证设计的质量。设计的数据库常常在投入使用之后才发现存在问题,不得不进行修改,增加了系统维护的代价。

2. 规范设计法

为改变设计人员直观、仅凭经验的做法,人们开始运用软件工程的思想来设计数据库,提出了各种设计准则和规程,对数据库进行规范化设计。目前常用的规范设计方法大多起源于"新奥尔良法"(1978 年 10 月来自欧美国家的主要数据库专家在美国的新奥尔良市讨论数据库设计的问题,并提出了相应的工作规范,因此得名),该方法将数据库设计分为需求分析、概念设计、逻辑设计和物理设计 4 个阶段。

规范设计方法在设计的不同阶段又采用一些具体技术和方法,例如:

(1) 基于 E-R 模型的数据库设计方法。该方法用 E-R 模型来设计数据库的概念结构,并在此基础上进行数据库的逻辑结构设计,是数据库概念结构设计阶段广泛采用的方法。

(2) 基于关系规范化理论的数据库设计方法。该方法用关系数据库规范化理论为指导来设计数据库的逻辑结构,是设计关系数据库逻辑结构时采用的一种有效方法。

这些方法在数据库设计的不同阶段加以运用,是很实用的工程化设计方法,其基本思想是过程迭代,逐步求精。

3. 计算机辅助设计法

计算机辅助设计法是指在数据库规范设计的某些过程中,采用计算机来辅助设计,通过人机交互实现部分设计,在这一过程中需要有相关知识和经验的人的支持。

4. 自动化设计法

自动化设计法是指用设计工具软件来帮助自动完成设计数据库系统任务的方法。设计工具软件可用来帮助设计数据库或数据库应用软件,加速完成设计数据库系统的任务,常用的有 Oracle Designer、Power Designer 等。

9.1.3 数据库设计的阶段

以基于 E-R 模型的规范设计方法为基础,目前通常将数据库设计分为 6 个阶段:需求分析阶段、概念结构设计阶段、逻辑结构设计阶段、物理结构设计阶段、数据库实施阶段、数据库维护阶段,如图 9-1 所示。

1. 需求分析阶段

需求分析是整个数据库设计的基础,也是最困难、最耗时的一步。主要任务是准确了解与分析用户以及应用系统的数据需求,包括在数据库中需要存储和管理哪些数据,用户对数据的安全性和完整性方面的需求,以及用户的存取权限的设置等。需求分析阶段结束后,需要提交用一组图表和工具完成的需求说明。

2. 概念结构设计阶段

概念结构设计是整个数据库设计的关键,它是在需求分析的基础上,借助概念模型,对用户需求进行综合、归纳和抽象,形成一个独立于具体的 DBMS 的数据库概念结构。用于表达概念结构的概念模型有常用的 E-R 模型,还有 UML 统一建模语言和 IDEF1x 方法等。

3. 逻辑结构设计阶段

逻辑结构的设计与数据库采用的数据模型有关,目前的数据库应用系统大多采用支持关系模型的 DBMS,逻辑结构设计主要是将用概念模型表达的数据库概念结构转换为关系数据库模式。转换需要一定的转换规则,并根据应用需求,运用关系规范化理论对关系数据库模式进行优化。

4. 物理结构设计阶段

物理结构设计是在选定的 DBMS 上,利用数据定义语言描述数据库的模式结构,并

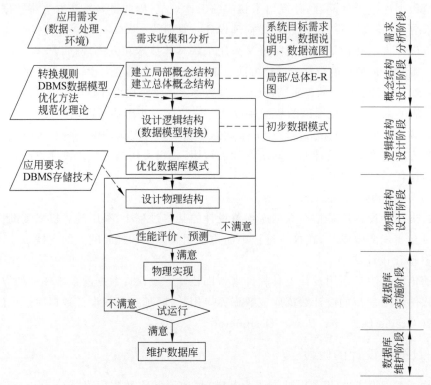

图 9-1　数据库设计步骤

确定适合应用环境的数据库的存储结构和存取方法。

5. 数据库实施阶段

数据库实施是在具体的 DBMS 上,实现物理结构设计的结果,建立数据库,进行数据库编程,组织数据入库,并进行试运行。

6. 数据库维护阶段

对正式投入使用的数据库,在系统运行过程中需要不断地对其进行测试、评估与完善。

数据库设计是上述 6 个阶段的不断反复迭代,逐步求精的过程。数据库设计体现了数据库原理和技术的综合应用,即在理解数据库、数据库管理系统及数据库系统等概念的基础上,对应用系统的需求才能有正确的认识;应用概念模型在需求分析的结果上进行数据库的概念结构设计;应用关系数据模型和关系规范化理论进行数据库的逻辑结构设计;应用 SQL 的数据定义功能、数据库存储管理及查询优化技术,针对具体的 DBMS 进行数据库的物理结构设计;在数据库实施过程中,应用 SQL 的数据操纵和控制功能,以及事务处理技术等,进行数据库编程;在维护的过程中,根据需求的变化,修改完善数据库的三级模式结构等,进行数据库的迭代设计。

本章以一个小型的学校教学信息管理系统为例,分别介绍数据库设计各个阶段所要完成的主要工作,重点讨论其中的概念结构设计、逻辑结构设计和物理结构设计三个阶段。

9.2 需求分析

需求分析简单地说就是分析用户的需求,是数据库设计的起点,需求分析的结果是否准确地反映了用户的实际需求,将直接影响到后面各个阶段的设计,并影响到设计结果是否合理和实用。

9.2.1 需求分析的任务

需求分析的任务是通过详细调查应用领域(组织、部门、企业等)的业务功能,充分了解领域内应用系统(手工系统或计算机系统)的工作概况,主要包括以下几方面。

(1) 调查应用领域内管理机构情况。包括了解管理机构的部门组成情况、各部门的职责等,为分析信息流程做准备。

(2) 调查各部门的业务活动情况。包括了解各个部门可以获取和管理的数据,对这些数据的处理,处理的结果输出到何部门。

(3) 系统管理的对象在各方面存在的预期扩充和变化。

(4) 确定新系统的边界。确定哪些功能由应用系统完成,哪些功能由用户完成。

调查的重点是"数据"和"业务处理",明确用户如下需求。

(1) 信息要求。明确用户需要从数据库应用系统中获得信息的内容与性质。由信息要求可以推导出数据要求,即在数据库中需要存储和管理哪些数据。

(2) 处理要求。明确用户对数据的处理过程和处理方式的需求。例如,对处理的响应时间有什么要求,处理方式是批处理还是联机处理等。由处理要求可推导出系统的功能要求。

(3) 安全性和完整性要求。明确用户对数据的安全性和完整性方面的需求,可防止数据库中存在不正确的数据,指导数据库的模式定义、触发器的创建、事务的定义以及用户的存取权限的设置等。

【例 9-1】 学校教学信息管理系统的需求分析。

经调研分析,系统要管理的数据及数据间的关系如下。

(1) 所有专业系的信息,包括系所管辖的班级和教研室的信息。

(2) 每个班级的学生信息,每个班由同一专业系中同一专业的多名学生组成。

(3) 每个教研室的教师信息及教师授课信息,每个教研室由承担几门共同课程的多名教师组成。

(4) 学生按班级进行选课,每个班级选修本专业开设的若干门课程;一个班级选修的某门课程只能由同一个教师来讲授,同名的课程可由不同教师讲授;一个教师可为同一个班级讲授不同的课程,或为不同班级讲授相同的课程。

(5) 班级选修的某门课程只能在一个年度的一个学期内实施完成。

(6) 每个学员选修每门课程有相应的成绩。

系统要完成的功能如下。

(1) 系统管理员将注册学生的个人信息输入系统,为每个学生分配一个登录账号。

（2）系统管理员将在职教师的个人信息和所在系信息输入系统,为每个教师分配一个登录账号。

（3）系统管理员将专业系所辖的班级和教研室信息输入系统,为每个系分配一个管理员账号。

（4）系统管理员将各专业学生全期需选修的课程信息输入系统,供专业系从中选课。

（5）学生可登录系统选课、查看课程成绩等。

（6）教师可登录系统查看课程教学任务,查看选课学生的班级和个人信息,登记课程的考核成绩等。

（7）专业系的管理员可登录系统,为每个班级安排每个学期的选课计划,将课程教学任务分配给某个教研室的某个教师,审核教师提交的学生考核成绩等。

（8）系统要能对管理的数据进行合理地组织、存储,能实现数据的及时更新,历史数据的随机查询等。

（9）以管理员身份登录系统的用户能实现以下查询。

① 查询某专业系、某教研室或某班级的指定学期的相关课程信息。

② 查询某年度给两个或两个以上班级讲授过同一门课程的教师编号和所讲授的课程号。

③ 查询某专业系所有教师的教师编号、教师姓名、某年度讲授的总课程数和总学分数,按总学分数从低到高排列。

④ 查询选修了某门课程但没有选修另一门课程的班级号、所属专业和该班学生人数。

⑤ 统计某专业系学生中选修某门课程分数最高的学生学号、姓名和所得分数。

9.2.2　需求分析的方法

需求分析做得是否充分和准确,决定了在此基础上构建数据库的速度和质量。如果需求分析做得不好,可能会导致整个数据库设计返工重做。

在调查清楚用户的实际需求,与用户达成共识后,为保证需求分析的充分与准确,还需要采用一定的方法来分析和表达用户需求,为数据库设计的下一个阶段提供良好的基础。

常用的方法是采用结构化系统分析和设计技术（structured analysis and design technique,SADT）,这是一种功能和数据分析相结合的技术。这种技术采用自顶向下、逐步分解的方式分析系统,并且在功能分析的同时进行相应的数据分析和分解。整个分析过程和结果可借助数据流图来表达,为了详细说明数据流图中的数据流和数据存储,可以用数据字典来描述;为了说明用户对数据存储提出的各种查询要求,可用数据立即存取图来表示;为了进一步阐明处理功能的外部处理逻辑要求,可使用各种处理逻辑表达工具。

下面对数据流图和数据字典做进一步介绍。

1. 数据流图

数据流图（data flow diagram,DFD）用于描述数据流动、存储和处理的逻辑关系,也称逻辑数据流图,又译作"数据流程图"。

数据流图采用 4 个基本符号,即外部实体(包括数据来源、数据输出)、数据处理、数据流和数据存储,如图 9-2 所示。

(1) 数据来源和数据输出又称外部实体,是指系统以外与系统有联系的人或事物,表示系统数据的外部来源和去处,也可是另外一个系统。

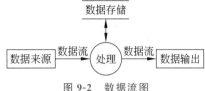

图 9-2　数据流图

(2) 数据处理指对数据的逻辑处理,也就是数据的变换。

(3) 数据流指处理功能的输入或输出,由数据组成,表示数据的流向,可以是各种形式的信息载体。

(4) 数据存储表示保存数据的地方,是数据存储的逻辑描述。箭头指向数据存储可以理解为写入数据,箭头从数据存储引出可以理解为读出数据,双向箭头可以理解为可读可写数据。

数据流图的绘制采用自顶向下的结构化方法进行。主要包括如下三步。

(1) 画顶层图(TOP 图),初步确定新系统的输入、输出和外部实体。顶层图高度抽象,在实际中无法使用,需进一步细化。

(2) 顶层图的进一步细化,应根据用户需求、系统功能、有关的数据和约束条件等,进行逐步分解、扩充和展开。

(3) 在功能分解的同时,确定新的数据流和数据存储。

【例 9-2】　根据例 9-1 中学校教学信息管理系统的需求分析结果画出顶层数据流图,以反映最主要的功能处理流程与外部实体的关系,如图 9-3 所示。

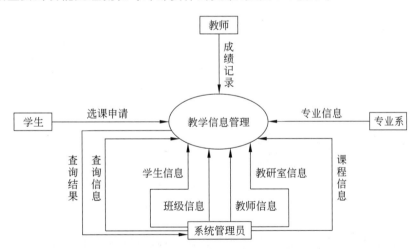

图 9-3　学校教学信息管理系统的顶层数据流图

为进一步描述清楚教学信息管理系统的功能,将该处理包括的系统维护与查询、专业系教学信息管理、学生选课信息管理和教师授课信息管理等主要功能进一步分解形成下一层,即 1 层数据流图,如图 9-4 所示。对 1 层数据流图中的各子功能还可再进一步进行分解,如将"专业系教学信息管理"作进一步分解得到 2 层数据流图,如图 9-5 所示。

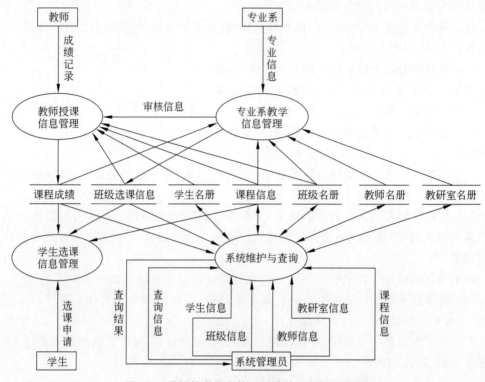

图 9-4　学校教学信息管理系统的 1 层数据流图

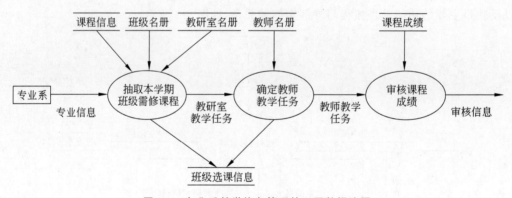

图 9-5　专业系教学信息管理的 2 层数据流图

2. 数据字典

数据流图反映了数据在系统中的流向及转换过程，但数据的详细内容却无法在数据流程图中反映出来。在需求分析中，可用数据字典（data dictionary，DD）详细说明数据流图中的数据流和数据存储。

数据字典是系统中各类数据描述的集合，是进行详细的数据收集和数据分析所获得的主要结果。数据字典有 5 类条目：数据项、数据结构、数据流、数据存储和处理过程。数据项是数据的最小组成单位，若干数据项可以组成一个数据结构，数据字典通过对数据项和数据结构的定义来描述数据流、数据存储的逻辑内容。

数据字典经过分析及规范后,可用于数据库的逻辑结构设计及物理结构设计。

1)数据项

数据项是未来数据库中要存储的数据的最小组成单位,数据项的描述为

数据项描述=｛数据项名,数据项含义说明,别名,数据类型,长度,取值范围,取值含义,与其他数据项的逻辑关系｝

其中,"取值范围"和"与其他数据项的逻辑关系"描述了对数据的完整性约束。

【例 9-3】 教学信息管理系统中"学生学号"数据项的描述。

数据项名:学生学号。

含义说明:唯一标识每个学生。

类型:字符型。

长度:11。

取值范围:00000000000～99999999999。

取值含义:前 4 位标志该学生入学年份,中间 3 位为专业代码,后 4 位按顺序编号。

2)数据结构

数据结构描述数据之间的组合关系。一个数据结构可以由若干数据项组成,也可由若干数据结构组成,或者由若干数据项和数据结构混合组成。数据结构的描述为

数据结构描述=｛数据结构名,含义说明,组成:｛数据项或数据结构｝｝

【例 9-4】 教学信息管理系统中"学生"数据结构的描述。

数据结构:学生。

含义说明:定义了一个学生的有关信息。

组成:学号,姓名,性别,所在班级,等等。

而"所在班级"也是需要描述的数据结构,需描述其班级号、所在系、专业和人数等。

3)数据流

数据流是数据结构在系统内传输的路径。数据流的描述为

数据流描述=｛数据流名,说明,数据流来源,数据流去向,组成:｛数据结构｝,平均流量,高峰期流量｝

【例 9-5】 教学信息管理系统中"学生信息"数据流的描述。

数据流:学生信息。

说明:"学生"数据结构的传输路径。

数据流来源:系统管理员。

数据流去向:系统维护与查询处理模块。

组成:学生。

平均流量:……

高峰期流量:……

4)数据存储

数据存储是数据结构停留或保存的地方,也是数据流的来源和去向之一,以各类文档呈现。数据存储的描述为

数据存储描述＝｛数据存储名,说明,编号,流入的数据流,流出的数据流,组成:｛数据结构｝,数据量,存取方式｝

【例 9-6】 教学信息管理系统中数据存储"学生名册"的描述。

数据存储:学生名册。

说明:"学生"数据结构保存的地方。

编号:……

流入数据流:学生信息。

流出数据流:班级选课学生信息。

组成:学生。

数据量:每年 3000 人。

存取频度:……

存取方式:随机存取。

5)处理过程

处理过程的具体处理逻辑一般用判定树来描述,数据字典中只需要描述对数据进行处理的过程说明性信息,处理过程的描述为

处理过程描述＝｛处理过程名,说明,输入:｛数据流｝,输出:｛数据流｝,处理:｛简要说明｝｝

【例 9-7】 教学信息管理系统中"系统维护与查询"处理过程的描述。

处理过程:系统维护与查询。

说明:实现系统数据维护和综合查询。

输入:学生信息,班级信息,教师信息,教研室信息,课程信息,查询条件。

输出:查询结果。

处理:输入学生、班级、教师、教研室和课程信息,存入相应的数据存储中,并根据输入的查询条件,对相关数据存储中的数据进行查询,反馈查询结果。

9.3　概念结构设计

对于需求分析得到的数据描述信息,如数据流图、数据字典等,为了将其转化为计算机系统中存储的数据,还需要借助概念模型来对其抽象和建模,建立这些数据之间的联系,即进行数据库的概念结构设计。

在第 2 章中已经学习了概念模型,概念模型是从现实世界中抽取对一个目标系统最有用的事物、事物的特征以及事物之间的联系,利用各种概念精确地加以描述。概念模型需要采用某种方法来表示这些概念,如实体、属性、实体间的联系等。

在数据库领域中常用的概念模型是在第 2 章中介绍的实体-联系模型,即 E-R 模型,E-R 模型使用 E-R 图来表示实体、属性和实体间联系。本章的数据库概念结构设计采用的概念模型也是 E-R 模型。

9.3.1 概念结构设计步骤

基于 E-R 模型进行数据库概念结构设计,一般遵循如下步骤。

(1) 从需求分析的结果文档中,抽取实体与实体的属性并绘制实体的 E-R 图。抽取实体是概念结构设计的重点。

(2) 确定实体间的联系,以及发生联系后产生的属性特征,绘制联系的 E-R 图。

(3) 组合实体与联系的 E-R 图,构造应用系统的完整 E-R 图。

【例 9-8】 设计例 9-1 中的学校教学信息管理系统的数据库概念结构。

第一步:抽取实体与实体的属性,得到各实体的 E-R 图。

基于系统的数据处理需求分析的结果,可确定在系统中进行管理的实体应包括班级、教研室、学生、教师和课程等;描述各实体的必要特征属性,如班级实体的班级号、所在系、专业和人数等;教研室实体的教研室名称、所在系、室主任和人数等;学生实体的学号、姓名、性别等;教师实体的教师编号、姓名、职称等;课程实体的课程号、课程名、学分等,如图 9-6 所示。

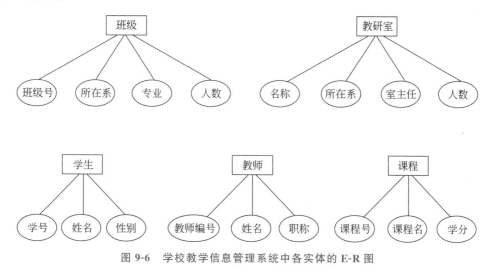

图 9-6 学校教学信息管理系统中各实体的 E-R 图

第二步:确定实体间的联系,得到实体间联系的 E-R 图。

基于系统的数据间联系的分析结果,每个班级由同一专业系中同一专业的多名学生组成,则实体班级和学生之间存在着一对多的组成联系;每个教研室由多名教师组成,则实体教研室和教师之间也存在着一对多的组成联系;每个班级选修若干门课程,同一门课程可由不同教师讲授,一个教师可为同一个班级讲授不同的课程,或为不同的班级讲授相同的课程,班级选修的某门课程只能在一个年度的一个学期内实施完成,所以实体班级和课程之间、班级和教师之间、教师和课程之间均存在着多对多的联系,这里构造实体班级、课程和教师之间的一个三元联系,命名该联系为"班级选课",而三个实体间发生联系会产生上课年度、上课学期等属性;每个学生选修每门课程有相应的成绩,则实体学生与课程间存在"选课成绩"联系,该联系上有成绩属性。各实体间联系的 E-R 图如图 9-7 所示。

第三步:组合实体与联系的 E-R 图,构造应用系统的完整 E-R 图。

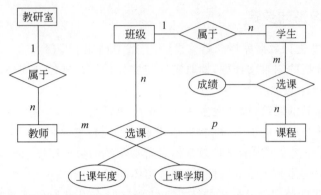

图 9-7　学校教学信息管理系统中实体间联系的 E-R 图

将前两步所得到的各实体 E-R 图与实体间联系的 E-R 图进行组合,构造出该教学信息管理系统的完整 E-R 图,如图 9-8 所示。

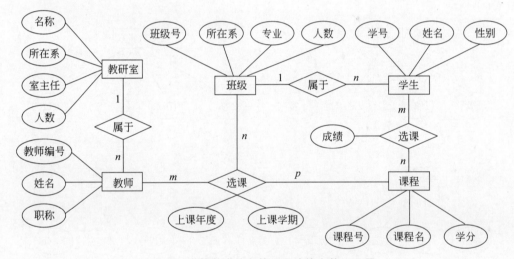

图 9-8　学校教学信息管理系统的完整 E-R 图

图 9-8 就是用 E-R 模型进行学校教学信息管理系统的数据库概念结构设计的结果。

若系统还要管理教师中的部分高职教师指导培养研究生的信息,以及研究生的专业信息等,则需在构造好的 E-R 图中增加两个子实体类型,即导师实体和研究生实体。导师实体具有所在学科、导师类别等属性,与教师实体间存在 ISA 联系,研究生实体具有所在学科、研究方向等属性,与学生实体间存在 ISA 联系,与导师实体存在指导联系。扩充后的教学信息管理系统的 E-R 图如图 9-9 所示。

在基于 E-R 模型进行数据库概念结构设计,即构造 E-R 图的过程中,为了使构造的 E-R 图更便于后续的逻辑结构设计,对于有些两可的设计问题,一般遵循如下原则。

(1) 一个对象抽象为实体还是属性:如果系统需要进一步描述该对象的特性,并考虑该对象与其他实体间的联系,则将该对象抽象为实体;如果该对象只是用来描述另一个实体,则将该对象抽象为属性。

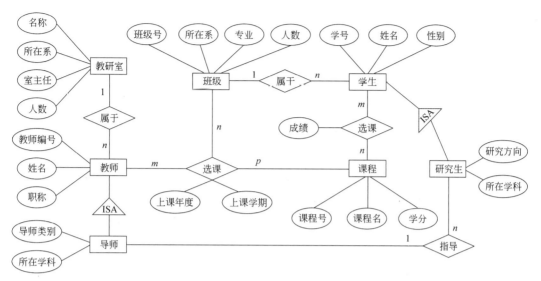

图 9-9　扩充后的教学信息管理系统的 E-R 图

例如,从学校教学信息管理系统需求分析的结果看,并不需要对专业系进行操作,所以例 9-8 把专业系只作为班级或教研室的属性。

(2) 多个实体间的联系设计为二元联系还是多元联系:一般根据需求中多个实体间联系的语义描述,以及所涉及的实体,来确定是构造二元联系还是多元联系。若系统只考虑两两实体间的联系,可考虑采用多个二元联系来实现,若系统会同时考虑多个实体间的联系,则采用多元联系。

例如,学校教学信息管理系统要进行一些类似"查询某年度给同一个班级讲授过两门或两门以上课程的教师编号和所讲授的课程号"这类数据操作,所以例 9-8 中构造班级、课程和教师实体之间的一个三元联系。

(3) 一个特征抽象为实体的属性还是联系的属性:由于实体的属性是实体的内在特征,联系上的属性则是描述实体间发生联系而需要记录存储的信息,因此,若该特征并不与实体绑定,则应作为联系的属性。

如在例 9-8 中,根据学校的具体情况,若课程不固定在某个学期实施,则不能将"上课学期"作为"课程"实体的属性,只能作为"班级选课"联系的属性。

9.3.2　概念结构设计方法

假设学校的教学信息管理系统只是一个学校的综合信息管理系统的一个子系统,学校的综合信息管理系统可能包含多个业务功能子系统,那么如何来设计面向学校整个应用领域的全局数据库的概念结构呢?

对于这种全局数据库的概念结构设计,可采用的方法主要有自顶向下、自底向上、由里向外、混合策略设计等方法。

(1) 自顶向下:首先设计全局概念结构框架,再逐步细化局部的概念结构,最终生成完整的概念结构。

（2）自底向上：先设计各局部概念结构，然后通过集成得到完整的全局概念结构。

（3）由里向外：首先设计最重要的核心功能子系统的概念结构，然后逐步向外扩充，生成其他功能系统的概念结构，直至完成全局概念结构。例如，前面不断增加需求的学校信息管理系统的设计。

（4）混合策略：采用自顶向下和自底向上相结合的方法，用自顶向下的方法设计一个全局概念结构框架，在框架内再用自底向上方法生成各局部概念结构。

常用的自底向上的概念模型的设计可以分为如下两步。

1. 局部概念结构设计

首先划分数据库局部结构，如可按照应用系统的业务功能来划分，为各应用子系统的数据库设计各自的数据库概念结构。例如，对于一个学校综合信息管理系统，有教务、科研、财务等业务功能，各功能子系统对信息内容和处理的要求不同，需要根据需求分析的结果，按照概念结构设计步骤，分别设计各功能子系统的局部 E-R 图。例 9-8 中的学校教学信息管理系统可以看作一个功能子系统。

2. 集成局部概念结构，得到全局的概念结构

在局部概念结构均设计完成后，再进行局部概念结构的集成。局部概念结构的集成是通过相同实体进行叠加的方式完成的，在集成过程中，要解决局部 E-R 图要素之间的冲突和冗余这两类问题。

由于各局部应用所面对的业务问题不同，而且进行局部概念结构的设计人员也可能不同，这就导致各个局部 E-R 图之间必定会存在许多不一致的地方，称之为冲突。合理消除各局部 E-R 图中的冲突是集成局部概念结构的主要工作和关键所在。

若各局部概念结构的设计是在应用系统的全局需求分析基础上进行的，因需求分析中已经利用数据字典对系统中所涉及的各类数据对象及特征数据进行了统一描述，则从需求分析的结果经过数据抽象得到的各局部 E-R 图之间的冲突应主要包括结构冲突和命名冲突。

1）结构冲突

结构冲突涉及实体、属性和实体间联系三方面。

（1）同一对象在不同应用中被抽象的结果不同，在有的 E-R 图中被抽象为属性，在有的 E-R 图中则被抽象为实体。例如，"专业系"在例 9-8 中的教学信息管理子系统中被抽象为班级和教研室的属性，可能在另一个局部 E-R 图中就被抽象为实体。

对此类结构冲突，在集成时应将该对象统一抽象为实体，并建立该对象实体与将该对象作为属性的实体之间的 $1:1$ 或 $1:n$ 联系。

（2）同一实体在不同的 E-R 图中所包含的属性不同，因不同业务功能子系统关注的对象的特征可能不同，如图 9-10(a)和图 9-10(b)中，教师实体在不同的 E-R 图中包含的属性不同。因全局数据库应为各类应用提供数据的共享，所以，对于此种结构冲突，集成时应把所有属性合并起来作为该实体的属性，如图 9-10(c)所示。

（3）在不同的 E-R 图中，两个实体间的联系名称或联系上的属性不同，或联系的类型不同。因两个实体间可有多种联系，所以需要判断这是两个实体间不同的联系，还是同一联系的不同命名。若是两个实体间不同的联系，如图 9-11(a)中的"负责"联系与其他联系

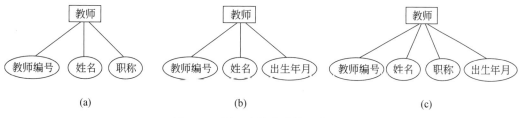

图 9-10　同一实体的属性组成不同

是不同的；若是同一联系的不同命名，如图 9-11(a)中的"管理"联系和"属于"联系，实际上是从不同实体角度描述的同一个联系。对此种结构冲突，若是不同的联系则合并即可，若是相同的联系，应对联系名称、联系上的属性和类型进行统一，类型由 1 向多统一，联系上的属性也要进行名称统一或合并。图 9-11(a)中的班级和学生实体间的联系消除结构冲突后的结果如图 9-11(b)所示。

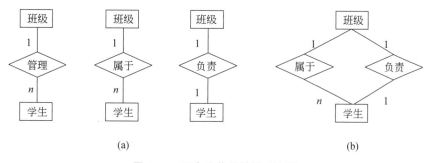

图 9-11　两个实体间的联系不同

2）命名冲突

在消除以上三种结构冲突的过程中，也包含要消除存在的命名冲突。命名冲突分为异名同义和同名异义。

（1）异名同义：是指相同的对象起了不同的名字，如图 9-11(a)中的班级和学生实体间的联系"管理"和"属于"，实际上是从不同实体角度描述的同一个联系，属于异名同义。

（2）同名异义：是指不同的对象起了相同的名字，可能是同名的不同实体、不同联系或不同属性，这在基于实体进行局部 E-R 图叠加的集成过程中，尤其要加以辨别。

若各局部 E-R 图是在全局需求分析的基础上进行设计的，实体或属性的命名冲突的问题应不多，主要是新产生的联系及其属性的命名。

消除冲突后，集成得到的全局 E-R 图，还可能存在着冗余的属性或联系。冗余的属性是通过其他属性的值可以推导出其值的属性，冗余的联系是通过其他实体间的联系可以推导出来的两个实体间的联系。对于这些冗余的属性或联系一般需要去除。

例如，例 9-8 中设计的教学信息管理系统的数据库概念结构，各局部 E-R 图集成后，可能会存在教研室实体和课程实体之间的"任课单位"联系，如图 9-12 所示。该联系可体现在教研室实体和教师实体、教师实体与课程实体之间的联系中，是冗余的联系，可去除。

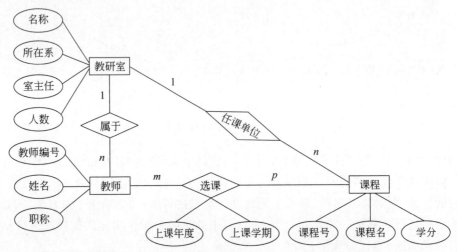

图 9-12　在教研室实体和课程实体间存在冗余的联系

9.4　逻辑结构设计

数据库的逻辑结构设计得到的是以某种数据模型描述的数据库模式。从理论上讲，数据库逻辑结构设计应首先选择最适合表示应用数据的数据模型，并将数据库的概念结构转换为与选定的数据模型相符的逻辑结构；然后从支持这种数据模型的 DBMS 产品中选出最佳的 DBMS，根据选定的 DBMS 的特点和性能对数据库的逻辑结构进行适当完善。但实际上，对于数据库设计人员，一般并无选择 DBMS 的余地，而是基于选定的计算机系统和 DBMS 进行设计，主要考虑如何将独立于具体 DBMS 的数据库的概念结构，转换为与选用的 DBMS 产品所支持的数据模型相符合的数据库的逻辑结构。

目前的数据库应用系统大多采用支持关系模型的 DBMS，因此数据库的逻辑结构设计就是把用 E-R 模型表示的数据库的概念结构转化为关系数据库模式，并根据应用的需求对关系数据库模式进行优化。

9.4.1　E-R 图向关系数据库模式的转换

E-R 模型由实体、属性以及实体之间的联系三个要素组成，将用 E-R 模型表示的数据库的概念结构转换为关系数据库模式，实际上就是要将 E-R 图中的实体及其属性以及实体间的联系转换为相应的关系模式，转化应遵循如下相应的原则。

1. 实体的转换

一个实体转换为一个关系模式，实体的属性就是关系的属性，实体的关键字就是关系的主键。

【例 9-9】　将图 9-13 中的学生实体 E-R 图转换为关系模式。

图中的学生实体应转换为一个学生关系模式：学生(<u>学号</u>,姓名,性别)，学生关系包含学号、姓名、性别等属性，学号为主键。

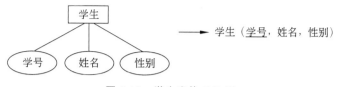

图 9-13 学生实体 E-R 图

2. 实体间联系的转换

两个实体间联系的类型有 $1:1$、$1:n$、$m:n$，根据实体间联系的类型，联系可单独转换为一个关系模式，也可不单独转换为一个关系模式。在转换后的关系模式中，应体现实体间的联系以及联系本身的属性。每种联系类型具体的转换规则如下。

1）$1:1$ 联系的转换

对于 $1:1$ 的联系，既可单独对应一个关系模式，也可以不单独对应一个关系模式，转换规则的抽象表达如图 9-14 所示。

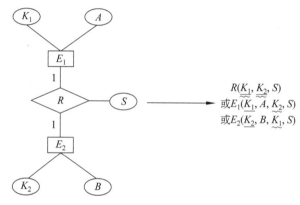

图 9-14 $1:1$ 联系转换为关系模式的规则

（1）若将联系单独转换为一个关系模式，关系模式的属性由参与联系的各实体的关键字以及该联系本身的属性构成，每个实体的关键字均可作为该关系模式的主键，且每个实体的关键字均为该关系模式的外键。

（2）如果联系不单独对应一个关系模式，可将联系合并到参与联系的任意一端实体所对应的关系模式中。需要在被合并的关系模式中增加联系本身的属性以及参与联系的另一端实体的关键字，新增属性后该关系模式的主键不变，增加的另一端实体的关键字为该关系模式的外键。

【例 9-10】 将图 9-15 中含有 $1:1$ 联系的 E-R 图转化为关系模式。

假设班长被抽象为实体，而不是班级的属性，则班级和班长之间具有 $1:1$ 的联系。

对于班级和班长实体间的 $1:1$ 联系可有如下三种转换方式。

（1）联系单独转化为一个关系模式，E-R 图转换后的关系模式为

班级（班级号，所在系，专业，人数）

班长（学号，姓名，性别）

负责人（学号，班级号）

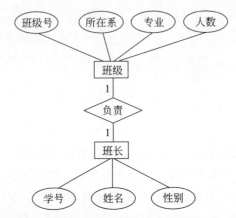

图 9-15　班级和班长实体间的 1∶1 联系 E-R 图

或

负责人(班级号,学号)

(2) 将联系合并到班长实体对应的关系模式中,E-R 图转换后的关系模式为

班级(班级号,所在系,专业,人数)

班长(学号,姓名,性别,所在班级号)

(3) 将联系合并到班级实体对应的关系模式中,E-R 图转换后的关系模式为

班级(班级号,所在系,专业,人数,班长学号)

班长(学号,姓名,性别)

2) 1∶n 联系的转换

对于 1∶n 的联系,既可单独对应一个关系模式,也可以不单独对应一个关系模式,转换规则的抽象表达如图 9-16 所示。

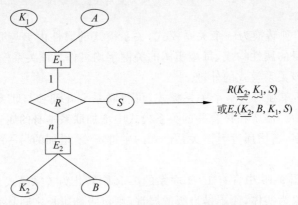

图 9-16　1∶n 联系转换为关系模式的规则

(1) 若将联系单独转换为一个关系模式,关系模式的属性由参与联系的各实体的关键字以及该联系本身的属性构成,关系模式的主键为 n 端实体的关键字,每个实体的关键字均为该关系模式的外键。

（2）若联系不单独对应一个关系模式，可将联系合并到 n 端实体所对应的关系模式中。需要在 n 端实体对应的关系模式中增加联系本身的属性以及参与联系的另一端实体的关键字，新增属性后，该关系模式的主键不变，1 端实体的关键字应是该关系模式的外键。

【例 9-11】 将图 9-17 中含有 1：n 联系的 E-R 图转换为关系模式。

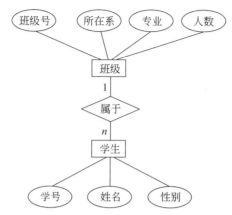

图 9-17 班级和学生实体间的 1：n 联系 E-R 图

对于班级和学生实体间的 1：n 联系可有如下两种转换方式。

（1）联系单独转换为一个关系模式，E-R 图转换后的关系模式为

班级(班级号,所在系,专业,人数)

学生(学号,姓名,性别)

属于(学号,班级号)

（2）将联系合并到 n 端实体对应的关系模式中，E-R 图转换后的关系模式为

班级(班级号,所在系,专业,人数)

学生(学号,姓名,性别,所在班级号)

3）m：n 联系的转换

对于 m：n 的联系，只能单独转换为一个关系模式。关系模式的属性由参与联系的各实体的关键字以及联系本身的属性构成，关系模式的主键由各实体的关键字属性共同组成，每个实体的关键字均为该关系模式的外键。转换规则的抽象表达如图 9-18 所示。

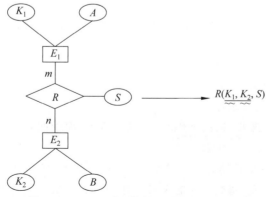

图 9-18 m：n 联系转换为关系模式的规则

【例 9-12】 将图 9-19 中学生和课程实体间的 m：n 联系转换为关系模式。

对于学生实体和课程实体间的 m：n 联系只有一种转换方式,E-R 图转换后的关系模式为

学生(学号,姓名,性别)

课程(课程号,课程名,学分)

选课成绩(学号,课程号,成绩)

4)三个或三个以上实体间联系的转换

对于三个或三个以上实体间联系转化为关系模式,可根据情况进行如下转换。

(1)若只有一个多端实体,则可按 1：n 联系的转换规则进行转换,可单独转换为一个关系模式,也可不单独转换为一个关系模式,即将参与联系的其他实体的关键字以及联系本身的属性作为新属性加入 n 端实体所对应的关系模式中。

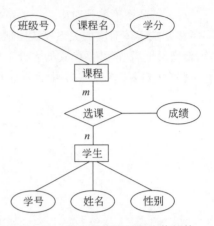

图 9-19　学生实体和课程实体间的
m：n 联系 E-R 图

(2)若有多个多端实体,则按 m：n 联系的转换规则进行转换,需单独转换为一个关系模式。

【例 9-13】 将图 9-20 中的班级、课程和教师三个实体间的 m：n 联系转换为关系模式。

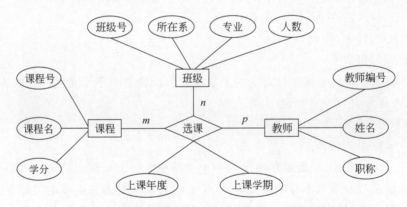

图 9-20　班级、课程和教师三个实体间的 m：n 联系的 E-R 图

对于班级、课程和教师三个实体间的 m：n 联系,只能单独转换为一个关系模式,E-R 图转换后的关系模式为

班级(班级号,所在系,专业,人数)

课程(课程号,课程名,学分)

教师(教师编号,姓名,职称)

班级选课(班级号,课程号,教师编号,上课年度,上课学期)

5)子实体和 ISA 联系的转换

将子实体和 ISA 联系转换为一个关系模式,该关系模式的属性由超类实体的关键字和子实体本身的属性构成,超类实体的关键字作为该关系模式的主键,也作为该关系模式

的外键。子实体可通过外键继承超类实体的所有属性和与超类实体相关的联系。

【例9-14】 将图9-21中学生的一个子实体研究生转换为关系模式。

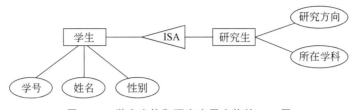

图9-21 学生实体和研究生子实体的E-R图

研究生子实体及其与学生实体间的ISA联系单独转换为一个关系模式,E-R图转换后的关系模式为

学生(学号,姓名,性别)

研究生(学号,所在学科,研究方向)

6)弱实体和依赖联系的转换

将弱实体和依赖联系转换为一个关系模式,该关系模式的属性由常规实体的关键字和弱实体本身的属性构成。因弱实体要依赖于常规实体,不能单独存在,且弱实体和常规实体之间只能是1∶1或n∶1的联系,因此该关系模式的主键由常规实体的关键字与弱实体的关键字组合构成,且常规实体的关键字作外键,来体现两个实体间的联系。

【例9-15】 将图9-22中学生和家庭成员弱实体转换为关系模式。

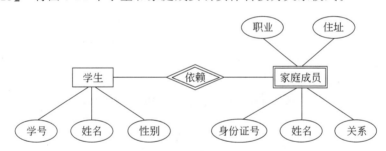

图9-22 学生实体和家庭成员弱实体的E-R图

对于家庭成员弱实体及其与学生实体间的依赖联系单独转换为一个关系模式,E-R图转换后的关系模式为

学生(学号,姓名,性别)

家庭成员(学号,身份证号,姓名,关系,职业,住址)

【例9-16】 将图9-9中教学信息管理系统的数据库概念结构设计所得的E-R图转换为关系模式。

根据实体及实体间联系转换规则,转换后的教学信息管理系统的数据库逻辑结构,应包含班级、教研室、课程、学生和教师5个实体对应的关系,在学生和教师关系中分别体现班级与学生实体、教研室和教师实体间的1∶n联系,包含体现m∶n联系的班级选课关系和学生成绩关系,包含研究生和导师的两个子实体关系,并在关系模式中体现ISA联系,同时在研究生关系中体现其与导师的多对一联系。在每个体现联系的关系模式中,确定对应参照关系的外键。转换后的具体关系模式为

班级(<u>班级号</u>,所在系,专业,人数)

教研室(<u>名称</u>,所在系,室主任,人数)

课程(<u>课程号</u>,课程名,学分)

学生(<u>学号</u>,姓名,性别,<u>所在班级号</u>)

教师(<u>教师编号</u>,姓名,职称,<u>所在教研室</u>)

班级选课(<u>班级号</u>,<u>课程号</u>,<u>教师编号</u>,上课年度,上课学期)

选课成绩(<u>学号</u>,<u>课程号</u>,成绩)

研究生(<u>学号</u>,所在学科,研究方向,<u>指导教师</u>)

导师(<u>教师编号</u>,所在学科,导师类别)

从逻辑结构设计的结果可以看出,将概念结构设计的 E-R 图中的实体和联系,按规则转换所得到的每个关系描述的是一个实体或实体之间的一种联系,符合"一事一地"的关系模式规范化设计原则。

9.4.2　关系模式的优化

在数据库逻辑结构设计阶段,还需要根据应用需求,对逻辑结构设计得到的关系数据库模式进行优化,即根据应用需求适当修改、调整关系模式的结构。

关系模式的优化一般包括如下两方面。

1. 以关系规范化理论为指导,根据范式要求,将关系模式规范化为更高级的范式

对于一个应用系统的数据库设计,如果设计者能深入分析应用需求,正确设计出数据库的概念结构,即正确绘制所有实体和实体间的联系 E-R 图,并按规则正确转换为关系模式,则关系模式通常具有较高的范式。然而,概念结构的设计是一个复杂且主观的过程,有些数据间的约束关系并不能通过 E-R 图表达出来,有可能造成逻辑结构设计所得到的关系模式的范式较低,需进一步规范化。

优化工作主要按如下步骤进行。

(1)确定数据依赖。根据需求分析的结果,确定关系模式内部各属性之间或各关系的属性间存在的数据依赖关系。

(2)确定关系模式的候选键和所属范式。根据属性间的数据依赖确定关系模式的候选键,检测原有的关系模式是否存在对候选键的部分依赖或传递依赖等,从而判定原有的关系模式属于第几范式。

(3)修改关系模式。通常关系模式应至少达到 3NF 才是一个可用的关系模式,因此,若只考虑关系属性间的函数依赖,默认情况下将关系模式尽可能优化为 BCNF。因数据库的概念结构设计和逻辑结构设计已符合"一事一地"的关系模式规范化设计原则,基本不再需要进行模式分解,关系模式的优化主要是根据确定的候选键来修改原有关系模式的候选键,消除原有关系模式存在的部分依赖等带来的数据冗余和更新异常等问题,从而提高数据操作的有效性和存储空间的利用率。

【例 9-17】　对例 9-16 中教学信息管理系统的关系数据库模式进行优化。

根据例 9-1 中教学信息管理系统的需求分析,可确定除"班级选课"关系模式外,其他关系模式均已为 BCNF。

对于"班级选课"关系模式,有关班级选修课程的需求描述有

(1) 每个班级选修本专业开设的若干门课程,一个班级选修的某门课程只能由同一个教师来讲授。

(2) 相同的课程可由不同教师讲授。

(3) 一个教师可为同一个班级讲授不同的课程,或为不同的班级讲授相同的课程。

(4) 班级选修的某门课程只能在一个年度的一个学期内实施完成。

则可推出如下一些函数依赖存在。

(班级号,课程号)——→教师编号

课程号 $\nrightarrow$ 教师编号

(班级号,教师编号)$\nrightarrow$课程号

(课程号,教师编号)$\nrightarrow$班级号

(班级号,课程号)→上课年度

(班级号,课程号)→上课学期

因此,可确定如下函数依赖成立。

(班级号,课程号)$\xrightarrow{f}$(教师编号,上课年度,上课学期)

(班级号,课程号,教师编号)$\xrightarrow{p}$上课学期

(班级号,课程号,教师编号)$\xrightarrow{p}$上课年度

那么对于"班级选课"关系模式,班级选课(<u>班级号,课程号,教师编号</u>,上课年度,上课学期),因存在非主属性"上课年度""上课学期"对候选键"(班级号,课程号,教师编号)"的部分函数依赖,"班级选课"关系模式只满足 1NF。而若将候选键修改为"(班级号,课程号)",则关系模式班级选课(<u>班级号,课程号</u>,教师编号,上课年度,上课学期)可达到 BCNF,实现了对该关系模式的优化,使得应用系统在授课教师还没有确定的情况下,可进行学生选课信息的插入等操作。

优化后的教学信息管理系统的关系数据库模式为

班级(<u>班级号</u>,所在系,专业,人数)

教研室(<u>名称</u>,所在系,室主任,人数)

课程(<u>课程号</u>,课程名,学分)

学生(<u>学号</u>,姓名,性别,~~所在班级号~~)

教师(<u>教师编号</u>,姓名,职称,~~所在教研室~~)

班级选课(<u>班级号,课程号</u>,~~教师编号~~,上课年度,上课学期)

选课成绩(<u>学号,课程号</u>,成绩)

研究生(<u>学号</u>,所在学科,研究方向,~~指导教师~~)

导师(<u>教师编号</u>,所在学科,导师类别)

2. 对关系模式进行合并,减少关系的连接操作对系统查询性能的影响

为满足数据库应用系统的性能需求,若应用对数据库的操作主要是进行查询操作,且查询经常涉及多个关系的属性时,因 DBMS 可能要频繁进行关系的连接操作,为减少连接操作所花费的代价,可考虑将这几个关系合并为一个关系,即对某些关系模式进行合并,减少关系的连接操作对系统查询性能的影响。因此,在关系模式优化的过程中需要注意以下两点。

(1) 并不是规范化程度越高的关系模式就越优。低于 BCNF 的关系模式虽然从理论分析上会存在数据冗余和不同程度的更新异常等,但如果在实际应用中只对此关系进行查询,并不执行更新操作,则并不会对数据操作产生实际影响。

(2) 对于一个具体应用来说,到底将关系模式优化到什么程度,需要权衡查询效能和更新操作问题两者的利弊。

9.5　物理结构设计

在第 6 章数据库的存储管理中已经了解到,数据库在磁盘上以文件形式组织,文件又是由记录组成,文件的存储结构就是记录在磁盘上的存放方法,而对具有某种存储结构的文件中记录的查找和更新方法就是数据库文件的存取方法。通常 DBMS 提供多种数据库文件存储结构和存取方法,为 DBA 和数据库设计人员提供充分的选择余地。

数据库的物理结构设计就是基于选定的 DBMS 产品,为数据库逻辑结构设计的结果,即数据库模式,设计满足应用需求的数据库的存储结构和存取方法,数据库的存储管理仍由 DBMS 来完成。

为充分发挥 DBMS 产品的性能,利用 DBMS 更好地实现对数据库的存储管理,在进行数据库的物理结构设计前,数据库设计人员要对以下内容进行充分的了解。

(1) 所用的 DBMS 产品的功能、性能和特点,包括提供的物理环境、存储结构、存取方法和可利用的工具等。

(2) 应用需求,包括数据库支持的各类应用所对应的外模式,对数据库的操作方式和处理频率、时间响应方面的要求。

(3) 数据库存储设备的特性,如磁盘存储区的划分原则,磁盘块的大小以及 I/O 特性等。

9.5.1　确定数据库的存储结构和存取方法

数据库设计人员要根据应用需要,通过定义数据库的模式结构来确定数据库文件中数据记录的组织结构、数据记录的存储结构和存取方法。

对于关系数据库,数据库设计人员要用 SQL 定义数据库的三级模式结构,描述逻辑结构设计阶段得到的关系数据库模式在 DBMS 中存储的逻辑结构,需要定义数据库、库中的表、表上的索引以及用户视图等数据对象。

【例 9-18】　针对例 9-17 中的学校信息管理系统的逻辑结构设计所得到的关系数据库模式,基于 SQL Server 来定义该数据库的模式结构。

（1）用 SQL 的表定义语句定义关系数据库模式中的各关系模式，得到数据库的概念模式。

定义的基本关系表的名称要符合标识符的命名规则，数据类型一般从 DBMS 提供的数据类型中选择。可根据需求分析的结果，确定采用定长记录存储，还是变长记录存储，从而确定数据库文件中记录的组织结构；定义各类完整性约束，保证数据库中数据的一致性和有效性；对于子实体可定义外键的更新策略，来体现与超类实体的 ISA 联系。

数据库模式中的各关系模式对应的基本关系表的定义结果如下。

```
CREATE TABLE class                --班级关系表
( cno char(10) primary key,
  department char(20),
  speciality char(20),
  number int
);
CREATE TABLE office               --教研室关系表
( oname char(20) primary key,
  department char(20),
  director char(10),
  number int
);
CREATE TABLE lesson               --课程关系表
( lno char(10) primary key,
  lname char(20),
  credit int
);
CREATE TABLE student              --学生关系表
( sno char(10) primary key,
  sname varchar(20),
  gender char (2),
  cno char (10),
  foreign key(cno) references class(cno),
  check  (gender  in ('男','女'))
)
CREATE TABLE teacher              --教师关系表
( tID char(10) primary key,
  tname char(10),
  title char(10),
  oname char(20),
  foreign key(oname) references office (oname)
);
CREATE TABLE postgraduate         --研究生关系表
( sno char(10) primary key,
  discipline char(20),
```

```
        specialization char (20),
        mID char (10),
        foreign key(sno) references student(sno)
              ON DELETE CASCADE
              ON UPDATE CASCADE  ,
        foreign key(mID) references mentor (tID)
);
CREATE TABLE mentor                      --导师关系表
( tID char(10) primary key,
  discipline char(20),
  mtype char (10),
  foreign key(tID) references teacher(tID)
        ON DELETE CASCADE
        ON UPDATE CASCADE    .
);

CREATE   TABLE  grade                    --选课成绩关系表
( sno    char(10),
  lno    char(10),
  score  dec(4,1),
  primary  key  CLUSTERED  (sno, lno),
  foreign  key(sno) references  student(sno),
  foreign  key(lno) references  lesson(lno)
);
CREATE   TABLE   selection               --班级选课关系表
( cno char(10),
  lno char(10),
  tID char(10),
  year char(4),
  semester char(4),
  primary  key  NONCLUSTERED  (cno, lno),
  foreign  key(cno) references  class(cno),
  foreign  key(lno) references  lesson(lno),
  foreign  key(tID) references  teacher(tID)
);
```

SQL Server 默认在创建表时基于主键创建聚集索引,相当于在创建学生成绩表时,显式定义基于主键创建聚集索引。聚集索引的创建使数据记录按主键顺序存储,同时提供了快速访问数据的一种存取方法,可高效地完成按主键进行的查询。而在班级选课表中,显式定义基于主键创建非聚集索引,数据记录则按主键随机存储。

(2) 用 SQL 的视图定义语句定义该关系数据库模式的用户外模式。

为适应不同用户对数据的访问需求,更便于对数据的操作,可为用户定义外部视图。例如,对于经常把研究生子实体作为一个独立的关系进行操作的用户,则可以为其定义一个视图 s_postgraduate,包含学生表 student 和研究生表 postgraduate 中的所有属性信息。用户就可直接在视图上对研究生的所有信息进行查询和更新操作了。这样,在 DBMS 中,数据存储在学生表 student 和研究生表 postgraduate 中,同时存储视图的定义,来体现研究生关系与学生关系间的继承性。

```
CREATE VIEW s_postgraduate(sno, sname, gender, cno, discipline, specialization,
mID)
  AS  SELECT  student.sno, sname, gender, cno, discipline, specialization, mID
       FROM  student, postgraduate
       WHERE  student.sno=postgraduate.sno;
```

(3) 用 SQL 的索引定义语句来定义关系表上的索引。

除了 DBMS 默认为每个基本关系表基于主键创建聚集索引外,数据库设计人员还可根据例 9-1 中的数据查询需求,为经常利用课程名进行的查询,在课程关系 lesson 上基于课程名 lname,使用 CREATE INDEX 语句创建非聚集索引 l1。

```
CREATE  INDEX  l1  ON  lesson(lname);
```

也可为在主键上创建了非聚集索引的班级选课关系表 selection 创建一个聚集索引,如基于课程名 lname,创建班级选课关系表 selection 上的一个聚集索引 s1。

```
CREATE  CLUSTERED INDEX s1  ON  selection (lname);
```

(4) 用 SQL 的数据库创建语句来定义数据库。

根据数据库的三级模式结构定义,可预估各关系表的大小、索引所需的空间等来估算数据库的大小,确定存储该数据库的数据文件和日志文件大小。

```
CREATE DATABASE TMS
  ON
  ( NAME='tms_dat',
    FILENAME='d:\tmsdat.mdf',
    SIZE=10MB,
    MAXSIZE=50MB,
    FILEGROWTH=5%)
  LOG ON
  ( NAME='tms_log',
    FILENAME='e:\tmslog.ldf',
    SIZE=5MB,
    MAXSIZE=25MB,
    FILEGROWTH=5MB);
```

定义数据库时,还可利用 SQL Server 提供的文件组技术,把特定数据存储到指定的物理文件中。例如,重新定义教学信息管理数据库 TMS,数据库中包含一个主文件组 PRIMARY 和两个用户定义文件组 TMS_FG1 和 TMS_FG2。主文件组和 TMS_FG1 用户文件组分别只包括一个文件,TMS_FG2 用户文件组包括两个文件。主文件组包括主数据文件，用户文件组包括次要数据文件。

```
CREATE DATABASE TMS
 ON PRIMARY
   ( NAME='tms_dat',
     FILENAME='d:\tmsdat.mdf',
     SIZE=10MB,
     MAXSIZE=50MB,
     FILEGROWTH=5%),
  FILEGROUP TMS_FG1
   ( NAME='TMS_FG1_dat1',
     FILENAME='d:\TMSFG1dat1.ndf'),
  FILEGROUP TMS_FG2
   ( NAME='TMS_FG2_dat1',
     FILENAME='e:\TMSFG2dat1.ndf'),
   ( NAME= 'TMS_FG2_dat2',
     FILENAME='f:\TMSFG2dat2.ndf')
  LOG ON
   ( NAME='tms_log',
     FILENAME='e:\tmslog.ldf',
     SIZE=5MB,
     MAXSIZE=25MB,
     FILEGROWTH=5MB);
```

这样定义数据库后，可如下修改前面的关系表定义，将经常作连接查询的学生表 student 和学生成绩表 grade 创建到文件组 TMS_FG1 中，实现两个表的数据在同一个文件中的聚集存储；也可将存储大量班级选课信息的 selection 表创建到文件组 TMS_FG2，将同一个关系表中数据存储到两个磁盘的不同物理文件中，可实现数据的并发操作，提高数据的存取效率。

```
CREATE TABLE student
( sno char(10) primary key,
  sname varchar(20),
  gender char (2),
  cno char (10),
  foreign key(cno) references class(cno),
  check (gender in ('男','女'))
)
  ON TMS_FG1;
CREATE  TABLE  grade
( sno   char(10),
  lno   char(10),
  score  dec(4,1),
  primary  key (sno, lno),
  foreign  key(sno) references  student(sno),
```

```
    foreign  key(lno) references  lesson(lno)
)
  ON TMS_FG1;
CREATE TABLE selection
(cno char(10) ,
 lno char(10),
 tID char(10),
 year char(4),
 semester char(4),
 primary key(cno,lno),
 foreign  key (cno) references  class(cno),
 foreign  key (lno) references  lesson(lno),
 foreign  key (tID) references  teacher(tID)
)
  ON TMS_FG2;
```

9.5.2　物理结构设计策略

1. 数据库存储结构的设计策略

对于目前有多个磁盘或磁盘阵列的计算机系统,磁盘驱动器可并行工作,数据库存储结构的设计就是将应用所要访问的记录尽量存储在同一磁盘块上,使完成数据操作所访问的磁盘块尽可能少,即所需的磁盘 I/O 操作次数尽可能少。同时,存取所需数据的时间尽可能少。因此,数据库存储结构的设计应遵循如下一些设计策略。

(1) 根据应用系统查询处理需求,在数据库模式结构定义时,确定数据的存储采取顺序存储、随机存储,还是聚集存储等;定义适合用户使用习惯、便于实现查询,或用于限定用户访问数据范围的用户视图。

(2) 利用 DBMS 提供的存储管理技术,通过完善数据布局减少访问磁盘的 I/O 操作的次数。例如,将数据的易变部分与稳定部分、经常存取部分和存取频率较低的部分分开存放,对于数据备份和日志文件备份,由于数据量很大,而且只在故障恢复时才使用,可以考虑存放在容量大、访问速度相对较慢的三级存储介质上。

(3) 有效利用多磁盘驱动器的并发存取能力,加快存取数据的速度。例如,将日志文件与数据库对象放在不同的磁盘上,将表和索引放在不同的磁盘上,将较大的表分放在两个磁盘上,改进系统的性能。

2. 数据库存取方法的设计策略

数据库存取方法的设计就是确定尽快找到应用所需数据的路径,使找到数据所在磁盘块需要的磁盘 I/O 操作次数尽可能少。在关系数据库中存取方法与数据是分离的,DBMS 一般都提供多种存取方法,数据库用户常用的存取方法主要是创建关系表上的索引。

索引虽然是提高数据库查询效率的重要手段,但索引文件也是要占用存储空间的,当对数据库进行更新操作时,系统必须花时间和资源去维护索引。因此,索引设计得不好或者使用不当,也会降低数据库系统的性能。为数据库创建索引是一项需要在查询效率与所需开销之间取得平衡的复杂任务,因此索引的创建要遵循以下一些原则。

(1)表中数据较少时一般不需要创建索引。

(2)数据库主要用于查询时,可以根据需要多创建一些索引,索引键一般是经常用来做查询条件的属性。由于主键和外键经常出现在连接条件中,所以一般基于主键和外键创建索引,来提高关系连接查询的速度。

(3)数据库处于频繁更新期时,不宜创建过多的索引。

(4)最好在创建任何非聚集索引之前创建聚集索引,否则创建聚集索引时将重建表上现有的非聚集索引。

(5)在频繁更新的属性上尽量不创建聚集索引,DBMS一般在主键上创建聚集索引。

(6)可基于经常用于统计查询的属性创建索引,可根据索引键值直接获取统计结果,而不必再去访问对应的数据。

9.6 数据库的实施

数据库的物理结构设计完成后,就可在选定的 DBMS 产品上进行数据库的实施了。在实施阶段数据库设计人员或数据库管理员主要的工作包括如下几方面。

1. 优化 DBMS 的系统配置

DBMS 产品提供了一些影响存取时间和存储空间分配的系统配置变量、存储分配参数,例如,可同时使用数据库的用户数、可同时打开的数据库对象数、内存分配参数、缓冲区分配参数(缓冲区的大小、个数等)、物理块的大小、时间片大小、锁的数目等。初始情况下,系统为这些变量、参数赋予了合理的默认值,但是这些值不一定适合所有的应用环境,因此,数据库设计人员,要根据应用环境优化配置选定的 DBMS 上的这些参数值,重新对这些变量、参数赋值以改善系统的性能。在系统运行阶段还需要根据运行情况做进一步的调整,以切实改善系统性能。

2. 根据数据库三级模式结构的定义创建数据库对象

在选定的 DBMS 上,执行物理结构设计所得的数据库三级模式结构的定义语句,先创建数据库、库中基本表,再基于库中的表创建视图和索引等。

3. 数据库编程

数据库的实施对应于数据库应用系统的实现与测试阶段,在应用程序中要实现对数据库中数据的访问与处理,即进行数据库编程,其中包括定义存储过程和函数,把用户经常使用的完成特定功能的数据操作封装起来,作为一个独立的数据库对象执行,或作为一个程序单元被用户的应用程序调用。

4. 组织数据入库

由于数据库涉及的数据量一般都比较大,可采用批量导入的方式将存储在数据库文件或 EXCEL 表格中的数据导入 DBMS 中,或者执行数据插入语句添加数据到数据库中。由于在后续的数据库试运行阶段,数据库的物理结构有可能发生改变,因此,应该分期分批装入数据,待数据库试运行通过后再装入所有数据。

若数据来源于多个不同的部门,或者是通过多种方式采集到的数据,则数据的组织方式、结构和格式可能与新设计的数据库有较大的差距,且可能存在很多重复的数据记录,所以数据的装入前还需要做好以下几项工作。

(1) 对原始数据进行抽取、校验、分类、综合和转换,得到数据库所要求的结构形式。

(2) 对待装入的数据进行测试、检验,除去冲突、不一致以及错误的数据。

(3) 保护原有数据。如果数据库是在旧的文件系统或数据库系统的基础上设计的,则要注意保护原有系统中的数据,以减少数据输入的工作量。

5. 数据库的试运行

在装入数据后,就进入了数据库的试运行阶段(也称联合调试阶段),试运行阶段的主要工作如下。

(1) 功能测试:实际运行应用系统,执行对数据库的各种操作,检验系统的各项功能是否符合应用要求。

(2) 性能测试:测量系统的各项性能指标,分析是否达到设计要求。

如果试运行结果不符合系统的功能或性能要求,则需要返回物理设计阶段,调整物理结构。再重新分期分批装入数据,逐步增加数据量,完成对系统的运行评估。

在试运行阶段,系统运行还不够稳定,硬、软件故障随时可能发生,同时系统的操作人员对新系统还不够熟悉,误操作也不可避免,因此必须做好数据的备份和恢复工作,尽量减少对数据库的破坏。

数据库通过运行评估后,若达到设计目标,便可投入运行,进入数据库的维护阶段。

9.7 数据库的维护

数据库的维护不仅能保证数据库的正常运行,同时也伴随着设计工作的提高和继续。数据库维护的工作主要由 DBA 完成。

维护阶段的主要工作如下。

(1) 数据库的转储和恢复。这是最重要的维护工作之一,具体方法可参照第8章有关数据转储和介质故障恢复的内容。通过转储和恢复可使系统在发生故障后能尽快恢复到某种一致性的状态。

(2) 数据库的安全性、完整性控制。在数据库运行过程中,由于应用环境的变化,对安全性的要求和数据库的完整性约束条件也会发生变化,因此需要根据实际情况不断修改原有的安全性、完整性控制以满足用户要求。

(3) 性能的监督、分析和改进。DBA 必须监督系统运行,分析检测到的数据,判断当前系统是否处于最佳运行状态,如果不是,则需要调整一些参数改进系统的性能。

(4) 数据库的再组织和重构造。随着数据库对应用系统的数据支持,数据库中数据会不断更新,有可能导致数据库的物理存储性能变差,磁盘存储空间利用率和数据库性能下降。针对这种情况,DBA 要定期进行数据库的重组织。例如,利用 DBMS 提供的实用工具重新调整数据的存储位置,调整数据缓冲区和溢出区大小等。经过重组织后,数据存储空间会变小,系统效率会有较大提高。数据库的重组织并不会改变数据库的逻辑结构和物理结构,而数据库的重构造则不同。数据库的重构造是通过部分修改数据库的模式结构,如增加数据项、分割存储较大的表等,以适应数据库的应用环境的变化。在一个有限的范围内,能通过修改数据库结构适应应用的变化,若应用系统对数据的需求变化太大,重构造也无济于事,则必须重新设计数据库。

9.8 小结

数据库设计是基于应用系统需求分析中对数据的需求,解决数据的抽象、数据的表达和数据的存储等问题,其目标是设计出一个满足应用要求,简洁、高效、规范合理的数据库,最终得到能在 DBMS 中存储的数据库的逻辑结构和物理结构。

数据库设计方法从早期根据经验进行直观设计,到运用软件工程的思想进行规范化设计,已发展到用计算机进行辅助设计和使用设计工具软件自动进行设计。

以基于 E-R 模型的规范设计方法为基础,通常将数据库设计分为需求分析、概念结构设计、逻辑结构设计、物理结构设计、数据库的实施、数据库的维护 6 个阶段。

需求分析是整个数据库设计的基础,主要来准确了解与分析用户以及应用系统的数据需求,明确在数据库中需要存储和管理哪些数据,明确用户对数据的安全性和完整性方面的需求,以及用户的存取权限的设置等。

概念结构设计是整个数据库设计的关键。在需求分析的基础上,需要借助概念模型,如 E-R 模型,来表达数据抽象的结果,得到一个独立于具体 DBMS 的数据库概念结构。

逻辑结构设计把利用 E-R 模型进行概念结构设计得到的 E-R 图转换为选定的 DBMS 支持的数据模型所对应的数据库模式,如关系数据库模式,并对其进行优化。

物理结构设计为逻辑结构设计得到的数据库模式,利用选定的 DBMS 支持的数据定义语言描述数据库的三级模式结构,确定适合应用环境的存储结构和存取方法。

数据库的实施是在具体的 DBMS 上,实现物理结构设计的结果,建立数据库,进行数据库编程,组织数据入库,并进行试运行等。

对通过试运行并正式投入使用的数据库,需要进行维护,在系统运行过程中需要不断地对其进行评估与完善。

数据库设计是上述 6 个阶段的不断反复迭代,逐步求精的过程。数据库设计同时伴随着数据库系统应用软件的设计,在设计过程中需要把两者加以结合,相互完善。

习　　题

一、填空题

1. 数据库设计的步骤依次是:_____、_____、_____、_____、_____和_____ 6 个阶段。

2. 在数据库设计中,规划存储结构和存取方法属于_____设计阶段。

3. 在数据库设计中,使用 E-R 图工具的阶段是_____设计阶段。

4. 将 E-R 图转换为关系数据库模式,属于数据库_____设计阶段的任务。

5. "为哪些表、在哪些属性上、建立何种索引"这一设计内容属于数据库_____设计阶段的任务。

6. 在 E-R 图中,如果有 7 个实体,实体间有 2 个 $m:n$ 联系,3 个 $1:n$ 联系和 1 个 $1:1$ 联系,则需将实体及其联系转换为至少_____个关系模式。

二、选择题

1. 从 E-R 图向关系模式转换过程中,一个 $m:n$ 联系转换为关系模式时,该关系模式的候选键是_____。

    A. m 端实体的关键字

    B. n 端实体的关键字

    C. m 端实体关键字与 n 端实体关键字组合

    D. 重新选取其他属性

2. 概念结构设计阶段得到的结果是_____。

    A. 数据字典描述的数据需求

    B. E-R 图表示的数据库概念结构

    C. 某个 DBMS 所支持的数据库模式

    D. 包括存储结构和存取方法的数据库物理结构

3. 在关系数据库的设计中,将 E-R 图转换为关系数据库模式是_____的任务。

    A. 需求分析阶段   B. 概念结构设计阶段

    C. 逻辑结构设计阶段   D. 物理结构设计阶段

4. 逻辑结构设计阶段得到的结果是_____。

    A. 数据字典描述的数据需求

    B. E-R 图表示的数据库概念结构

    C. 某个 DBMS 所支持的数据库模式

    D. 包括存储结构和存取方法的数据库物理结构

5. 物理结构设计阶段得到的结果是_____。

    A. 数据字典描述的数据需求

    B. E-R 图表示的数据库概念结构

    C. 某个 DBMS 所支持的数据库模式

    D. 包括存储结构和存取方法的数据库物理结构

6. 在关系数据库的设计中,设计视图是_____的任务。

    A. 需求分析阶段   B. 概念结构设计阶段

    C. 逻辑结构设计阶段   D. 物理结构设计阶段

三、简答题

1. 简述数据库设计的阶段及各设计阶段完成的主要任务。

2. 以基于 E-R 模型的规范设计方法为基础,简述数据库概念结构设计和逻辑结构设计的具体内容。

3. 关系模式规范化设计理论对关系数据库设计有什么指导意义?

4. 在数据库维护阶段,何时需要进行数据库的再组织和重构造?主要完成哪些工作?

四、设计题

1. 学校中有若干系,每个系有若干班级和教研室。每个教研室有若干教师,一个教师可讲授多门课程,一门课程可由多名教师讲授。教师中的教授和副教授可各带若干研究生。每个班级有若干学生,每个学生选修若干门课程,每门课程有多名学生选修。用E-R模型设计此学校所管理的数据库的概念结构。

2. 假定一个学生运动会管理系统的数据库包括以下信息。

(1) 有若干班级,每个班级的信息有:班级号、班级名、所在院系、人数。

(2) 每个班级有若干运动员,每个运动员只能属于一个班,运动员的信息有:运动员号、姓名、性别、年龄。

(3) 有若干比赛项目,其信息有:项目号、名称、比赛地点。

(4) 每名运动员可参加多项比赛,每个项目可有多人参加。

(5) 每个运动员参加比赛项目有名次与成绩。

要求:

(1) 确定所涉及的实体及其包含的属性,并设计用E-R模型表示的数据库概念结构。

(2) 根据数据库的概念结构设计系统的关系数据库模式,指出各关系模式的主键和外键。

(3) 用SQL定义运动员参加比赛信息的关系模式(要求包含相关的完整性约束)。

3. 假定一个企业的数据库包括以下的信息。

职工的信息:职工号、姓名、住址和所在部门。

部门的信息:部门名称、经理,职工人数和销售的产品及价格。

产品的信息:产品名称、制造厂、价格、型号及产品内部编号,以及销售的部门。

制造厂的信息:制造厂名称、地址、生产的产品名称和型号。

根据上述描述,解答以下问题:

(1) 画出反映数据库所涉及的实体及其联系的E-R图。

(2) 将E-R图转换为关系数据库模式,指出各关系模式的主键和外键。

4. 需要设计一个图书馆的图书管理系统,经需求分析得到如下信息。

(1) 图书馆购来的图书均应在系统中登记,记录图书的ISBN号、书名、作者、出版社、出版日期、价格和采购数量等。

(2) 购来的图书需进行分类、编码,编码后才能上架流通,系统需为每一种图书分配一个分类检索号,同时分配一个内部编码标识每一本上架图书。若同一本图书采购了多本,其分类检索号相同,但内部编码并不相同。对于上架图书,还要标注每本书的流通状况,是库存状态还是借阅状态。

(3) 图书馆会为每个借阅者办理借书证,分配唯一的借书证号,登记借阅者的姓名、单位和联系方式。

(4) 系统应存储每个借阅者借阅图书的信息,包括借阅时间和归还时间。每个读者可以借阅多本图书,每本图书可以不断地供多人借阅。

请为该图书馆的图书管理系统所需的数据库进行概念结构设计和逻辑结构设计。

要求：

（1）确定所涉及的实体及其包含的属性，设计用 E-R 模型表示的数据库概念结构。

（2）根据数据库的概念结构设计结果设计该数据库的关系模式，可根据系统的业务功能对关系模式进行分析和优化，标出各关系模式的主键和外键。

（3）用 SQL 定义各关系模式。要求包含主、外键定义，以及其他相关的完整性约束，如归还时间应大于借阅时间等。可采用便于查询的关系名和属性名，但要注明其语义。

第 10 章　数据库编程

第 9 章介绍了数据库应用系统的底层数据库的设计方法与步骤,能够设计出一个满足应用要求的、规范合理的数据库,来为应用系统提供数据支撑。本章将介绍数据库应用系统的应用程序设计,主要解决为实现应用系统的数据处理功能,如何在应用程序中实现对数据库中数据的访问与处理,即数据库编程。

应用程序对数据库的访问与应用系统的体系结构有关,本章将首先介绍数据库应用系统的主流体系结构,然后介绍应用程序中的数据库访问方式,主要包括如何在应用程序中嵌入 SQL,实现对数据库的访问;为提高应用程序的执行效率,如何将一些常用的业务功能代码预编译成存储过程和函数置于数据库服务器中,并在应用程序进行调用;如何使用各种数据库的专用访问接口和 ODBC、ADO 等通用的数据库访问接口实现对数据库的操作,实现应用程序的平台独立性。

10.1　数据库系统体系结构

早期的数据库应用系统使用大型计算机来提供系统所有功能的处理,包括用户应用程序、用户界面程序以及所有 DBMS 的功能,大多数用户通过计算机终端来访问系统,而终端不具有处理能力,只能提供显示功能。

随着硬件价格的下降,以及计算机网络技术的产生和分布式处理技术的发展,DBMS 本身和客户分置于不同的机器上,用户的终端换成了具有处理能力的个人计算机(PC)或工作站,这样就形成了客户机/服务器体系结构。

10.1.1　客户机/服务器体系结构

客户机/服务器体系结构(client/server architecture,C/S 结构)为两层结构,服务器负责数据的管理,客户机负责完成与用户的交互任务,如图 10-1 所示。用户通过应用程序向客户机提出数据请求,应用程序执行时,将嵌入在应用程序中对数据库进行操作的 SQL 语句通过网络提交给服务器,由服务器端的 DBMS 执行对数据库的操作语句,并将操作结果返回给客户机,最后由客户机的应用程序完成对数据的加工后呈现给用户。

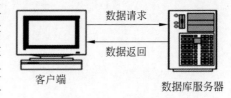

图 10-1　客户机/服务器体系结构(C/S 结构)

客户机/服务器体系结构主要是两层体系结构(two-tier architecture),随着应用程序的复杂程度的提高,两层的 C/S 结构在终端用户达到较大规模时,对客户机的配置提出了相当高的要求,包括磁盘空间、内存及 CPU 资源等,并形成了高额的客户机管理开销。这种胖客户端的现象严重影响了数据库系统的可伸缩性。伴随着中间件技术的成熟,

C/S结构出现了三层结构(three-tier architecture),每层均可运行在不同的平台上,如图10-2所示。客户机作为瘦客户端仅仅实现应用程序的用户界面,提供了一个可视化的接口,用来显示信息和接收数据,只与应用服务器打交道,也可执行一些如输入验证的简单业务逻辑处理。应用服务器负责应用程序的核心业务逻辑的运行,并通过网络物理连接到客户机和数据库服务器,一个应用服务器可为多个客户机提供服务,响应用户发来的请求执行某种业务功能,并与数据库服务器打交道。数据库服务器响应应用程序的数据请求,实现数据库操作。

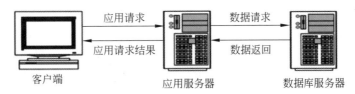

图 10-2　三层 C/S 结构

三层 C/S 结构的设计降低了客户机的硬件设备要求,将业务逻辑从许多终端用户转移到了单一的应用服务器上,实现了应用程序的集中维护。核心业务逻辑和数据库功能的分离使得负载平衡更容易保持。

10.1.2　浏览器/服务器体系结构

随着网络技术的发展,特别是 Web 技术的不断成熟,三层 C/S 结构很容易映射到 Web 环境,Web 浏览器作为瘦客户端,Web 服务器作为应用服务器,形成浏览器/服务器体系结构(browser/server architecture,B/S结构),如图10-3 所示。

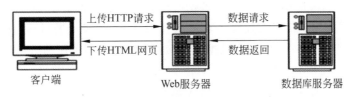

图 10-3　B/S 体系结构

中间层的 Web 服务器保存了用于访问数据库服务器中数据的业务规则(过程或约束),接受并处理来自客户端的 Web 请求,并将请求转化为向数据库服务器发送的数据库操作命令,将来自数据库服务器的数据操作结果处理成 Web 浏览器能够接受的 HTML 文档后,发送给浏览器,以 GUI 形式提供给客户。客户端的浏览器负责 Web 界面的展示和执行一些应用专用的业务规则。

B/S 结构适宜进行信息分布式处理,客户端处理模式大大简化,用户只需要安装浏览器即可,用户端基本免维护,但系统运行受网络影响,运行速度较慢。而 C/S 结构的优点是,客户端软件运行速度快、交互性强,但客户端需要安装和维护系统应用软件。

10.2　嵌入式 SQL

SQL 标准语言本身只具有数据的定义、查询、更新和控制功能,虽然不同的 DBMS 产品增加了流程控制语句等程序设计语言的功能,如 SQL Server 使用的 T-SQL,但仍难以实现数据库系统应用程序的业务功能,而且语句只能在具体的 DBMS 产品上执行,应用系统的平台独立性较低。

嵌入式 SQL(embedded SQL,ESQL)是将 SQL 语句嵌入数据库应用程序中,和完成系统的业务功能的高级程序设计语言交互。SQL 语句负责操纵数据库,高级程序设计语言负责对数据库中的数据进行复杂的处理操作,实现应用业务中的逻辑控制。嵌入 SQL 语句的高级语言,如 C、C++、Java 等,被称为宿主语言,简称主语言。

在不同的主语言中,嵌入 SQL 语句的形式并不完全相同。若以 C 语言为宿主语言,则在应用程序中,嵌入的所有 SQL 语句都必须加前缀 EXEC SQL,其形式为

```
EXEC SQL <SQL 语句>;
```

嵌入的 SQL 语句需经过 SQL 预编译器转换为用宿主语言表示的代码,再由宿主语言编译器将整个应用程序编译成目标码,最终生成可执行程序。

本节以 C 语言作为宿主语言,介绍在应用程序中如何连接操作的数据库、完成与 SQL 语句之间的信息交互,以及宿主语言如何对 SQL 语句的查询结果集合进行处理等。

10.2.1　数据库的连接与关闭

嵌入 SQL 语句的应用程序在访问数据库前必须先连接数据库,向 RDBMS 发送连接请求,RDBMS 根据用户信息对连接请求进行合法性验证,验证通过后,才能建立一个可用的合法连接。应用程序在结束与数据库的交互后应该及时关闭与数据库的连接。

对于不同的 RDBMS,连接数据库的语句的语法要素略有差异。若连接的是 SQL Server 中数据库,则连接数据库的语句格式如下。

EXEC SQL CONNECT TO [服务器名称.]<数据库名称> [AS 连接名称] [USER 用户名.密码];

这里连接名称是一个自定义的有效标识符,用于区分一个程序内同时建立的多个连接,如果在整个程序内只有一个连接,也可以不指定连接名;如果连接的数据库是本地的,可以省略服务器名称。

如果一个应用程序需要与多个数据库进行交互,则需要建立多个连接。程序中的 SQL 语句默认是在当前连接,即最近一次打开的数据库连接上执行,可用如下语句切换连接,其语句格式:

EXEC SQL SET CONNECTION <连接名称>;

也可以用如下语句为某个 SQL 语句临时选择一个连接,其语句格式:

EXEC SQL AT 连接名称 <SQL 语句>;

在与所连接数据库的交互操作完成后,应用程序应该关闭数据库,主动释放所占用的连接资源。关闭数据库连接的 ESQL 语句格式:

EXEC SQL DISCONNECT [连接名称| CURRENT | ALL];

语句可使用"连接名称"选项关闭指定的数据库连接,或使用 CURRENT 选项关闭当前正在使用的数据库连接,或使用 ALL 选项关闭所有已打开的数据库连接。CURRENT 为默认选项。

10.2.2 ESQL 语句与主语言之间的通信

嵌入在宿主语言中的 SQL 语句需要根据用户的数据操作需求对连接的数据库进行数据查询或更新,应用程序也需要根据 SQL 语句的执行结果来决定程序的下一步执行。因此,在应用程序与负责 SQL 语句执行的数据库执行引擎之间,必须建立数据通信,主要包括:应用程序利用主变量(host variable)向数据库执行引擎提供 SQL 语句执行时需要的参数,数据库执行引擎向应用程序提交 SQL 语句执行的结果和状态信息。

1. 主变量

嵌入式 SQL 语句可以利用主语言的程序变量(简称主变量)来输入或输出数据。针对 SQL 语句,主变量可分为输入主变量和输出主变量。输入主变量由应用程序对其赋值,并在 SQL 语句引用;输出主变量由 SQL 语句通过 INTO 子句对其赋值或设置状态信息,返回给应用程序。

所有的主变量在使用之前必须在应用程序嵌入的 SQL 语句 BEGIN DECLARE SECTION 与 END DECLARE SECTION 之间进行定义。定义数据库某个属性对应的主变量时,数据类型必须与该属性的数据类型能够互相映射。定义之后,主变量可以在 SQL 语句中任何一个能够使用表达式的地方出现。为了与数据库对象名(如表名、视图名、属性名等)区别,在 SQL 语句中,主变量名前要加冒号":"作为标志,而在 SQL 语句之外(宿主语言程序中)则可以直接引用,不用加冒号。

2. SQL 通信区

ESQL 语句执行后,DBMS 将语句的执行状态信息(如错误代码、警告标志等)存入 SQL 通信区(SQL communication area,SQLCA)中,应用程序可从 SQL 通信区中得到这些状态信息,据此决定后续的程序执行。

SQLCA 可由应用程序用 EXEC SQL INCLUDE SQLCA 语句定义。它是一个数据结构,包括 SQLCODE 等成员变量,不同的成员变量存储不同的状态信息。例如,SQLCODE 存放当前 SQL 语句的执行状态值,状态值等于 0 表示 SQL 语句执行成功,无异常;小于 0 表示 SQL 语句执行失败,值为错误代码;大于 0 表示 SQL 语句已执行,但有异常,例如,值为 1 则遇到告警,值为 100 则没有找到相应的元组。在应用程序中,可嵌入 WHENEVER 语句,通知预编译程序在每条可执行的 ESQL 语句后根据 SQLCODE 值自动生成异常处理程序,并指定对异常的处理操作是继续执行还是停止执行或是调用函数等。

3. 游标

当一条 ESQL 语句查询得到多条数据记录,则需要使用游标(cursor)来依次提取集合里的每一条记录，再把记录中的每个值依次赋给相应的主变量，由应用程序完成对查询结果中的某一数据记录的处理。

10.2.3 游标

ESQL 语句的结果记录集存放在一个数据缓存区，游标是指向该数据缓存区的指针，通过指针的移动，可以逐一获取记录，赋给应用程序中定义的一组主变量。

1. 定义游标

使用游标前需先利用 DECLARE 语句进行定义，DECLARE 语句格式：

```
EXEC SQL DECLARE <游标名> CURSOR
    FOR <SELECT 语句>
    [FOR {READ ONLY | UPDATE [OF <属性列名 1>[, …]] }];
```

说明：

- FOR READ ONLY 选项表示只能对游标读取的数据进行读操作。
- FOR UPDATE 选项表示可对游标读取的数据记录的所有列进行更新，或者用 OF <属性列名 1>[,…]指定可更新的列。
- 如果 SELECT 语句中有 UNION 或 ORDER BY 子句，或是结果带有无法更新的值时，查询结果自动被设置为只读。
- 游标名与 SELECT 语句对应，不允许对同一个游标有不同的定义。

定义游标的语句仅是一条说明性语句，指明了游标名、该游标所指向的查询结果集合等。游标在定义时，只是存储游标的定义，并不执行查询，如同视图的定义一样。待打开游标时才执行所指向的查询。

2. 打开游标

定义的游标需用 OPEN 语句打开，OPEN 语句格式：

```
EXEC SQL OPEN <游标名>;
```

OPEN 语句的作用是执行游标对应的 SELECT 查询语句，将查询结果集存放至数据缓冲区，并将游标指向结果集的第一条记录，读取数据记录时还需要推进游标。

3. 推进游标

推进游标是将游标指向下一条数据记录并读取当前记录，其语句格式：

```
EXEC SQL FETCH <游标名> [INTO <主变量组>];
```

如果 FETCH 语句读取的当前记录的各数据项值需要提取出来做处理，可用 INTO 子句将各数据项依次赋值到相应的主变量里，再交由应用程序进行处理。

如果要对当前读取的数据记录进行修改或删除操作，前提是定义的游标是可更新的，需要将 UPDATE 语句和 DELETE 语句中的 WHERE 子句的形式表示为如下形式。

```
WHERE CURRENT OF <游标名>;
```

FETCH 语句往往需要和应用程序中的循环控制结构配合使用，才能逐条读取结果集中的数据记录。FETCH 语句只能向前推进游标,不能后退。对游标的这种限制带来了诸多不便,因此许多 DBMS 对此做出了改进,使游标能够逆向推进。

4. 关闭游标

由于许多 DBMS 对一个连接中允许打开的游标数有一定的限制,当数据处理完后应及时把不使用的游标关闭,以释放结果记录集占用的缓冲区及其他资源。

关闭游标使用 CLOSE 语句,其语句格式:

EXEC SQL CLOSE <游标名>;

游标被关闭后,不再和原来的查询结果记录集有关联。关闭的游标可以再次被打开,指向新的查询结果记录集。

【例 10-1】 采用嵌入式 SQL 编程方法,基于第 9 章所设计的教学信息管理系统数据库,编程实现审核某班级学生的某门课程考核成绩的功能。

```
#include<stdio.h>
EXEC SQL INCLUDE SQLCA;                     //定义 SQL 通信区
EXEC SQL BEGIN DECLARE SECTION;             //主变量定义的开始标记
    char c_cno[10+1];                       //班级编号
    char c_lname[20+1];                     //课程名称
    char c_sno[10+1];                       //学生学号
    float c_score;                          //课程成绩
    float c_new_score;                      //课程新成绩
EXEC SQL END DECLARE SECTION;               //主变量定义的结束标记
int main()
{
    char yn;
    //以用户名 sa 身份连接教学信息管理系统数据库 TMS
    EXEC SQL CONNECT TO sqlexpress.TMS AS conn1 USER sa.123456;
    printf("请输入班级编号:\n");
    scanf("%s", & c_cno);
    printf("请输入课程名称:\n");
    scanf("%s", & c_lname);
    //定义游标 cur,查询指定班级学生的一门课程考核成绩
    EXEC SQL DECLARE cur CURSOR FOR
        SELECT sno, score
        FROM grade
        WHERE lno in ( SELECT lno FROM lesson WHERE lname=:c_lname)
                    AND sno in (SELECT sno FROM student WHERE cno=:c_cno);
    //监测后面程序中的 EXEC SQL 语句,一旦执行遇到错误,则转移至 report_error 标记处
    EXEC SQL WHENEVER SQLERROR GOTO report_error;
    //监测后面程序中的 EXEC SQL 语句,一旦无法找到相应的元组,则转移至 finished 标记处
    EXEC SQL WHENEVER NOT FOUND GOTO finished;
    EXEC SQL OPEN cur;
    printf("\n 原始成绩如下:")
```

```
        //依次审核查询结果集中的每条记录
    while(1)
    {
        //推进游标,将当前记录的数据放入主变量中
        EXEC SQL FETCH cur INTO :c_sno, :c_score;
        printf("\n %-12s %-10f", c_sno, c_score);
        printf("需要更新该成绩吗? (y/n): ");
        do { scanf("%c", &yn);}while (yn!='y' && yn!='Y' && yn!='n' && yn!='N' );
        if (yn=='y' || yn=='Y')
        {
            printf("请输入新的成绩: ");
            scanf("%f", &c_new_score);
            //更新游标当前指向记录中的成绩值
            EXEC SQL UPDATE grade SET score =:c_new_score
                        WHERE CURRENT OF cur;
        }
    }
    report_error:
        printf("\n SQL 语句执行失败! ");
        EXEC SQL CLOSE cur;                    //关闭游标 cur
        EXEC SQL ROLLBACK WORK;                //撤销更新
        EXEC SQL DISCONNECT conn1;             //关闭数据库连接
        return 1;
    finished:
        EXEC SQL CLOSE cur;
        EXEC SQL COMMIT WORK;                  //提交更新
        EXEC SQL DISCONNECT conn1;
        return 0;
}
```

在嵌入式 SQL 应用程序中,游标关闭后,对游标所指向数据缓冲区中数据的更新结果,需要用 COMMIT WORK 语句或 ROLLBACK WORK 语句进行显式地提交或撤销。

10.2.4　动态 ESQL

前面介绍的 ESQL 语句都是静态的,编译时 SQL 语句是确定的,语句中所包含的主变量在编译前已确定了具体的属性或条件值,程序运行时可以直接编译执行。但是在很多情况下,为提高应用程序的灵活性,SQL 语句需要在应用程序运行时动态生成,语句中的属性列名可能要到程序执行时才能确定,实现这类嵌入式 SQL 语句的方式称为动态嵌入式 SQL。

动态 ESQL 首先构造一个包含 SQL 语句的主变量(这类主变量称为 SQL 语句主变量),然后用 PREPARE 语句对 SQL 语句主变量进行预编译,再用 EXECUTE 语句执行。

1. SQL 语句主变量

应用程序中首先定义一个字符串类型的主变量来存储动态 SQL 语句,该语句可以没

有任何可变部分。

【例 10-2】　创建 SQL 语句主变量,表示查询"班级号为 C01 的学生选修高等数学课程的考核成绩"。

```
char stat[] = "SELECT sno, lno, score
               FROM grade
               WHERE lno in ( SELECT lno FROM lesson WHERE lname='高等数学')   AND
                   sno in (SELECT sno FROM student WHERE cno='C01') ";
```

若 SQL 语句中没有可变的部分,则没有灵活性,与静态 SQL 没有什么区别。一般情况下,动态语句中至少要有可变元素,比如包含一个或多个参数符号"?",该符号表示其值要在语句执行时再由应用程序确定。

【例 10-3】　创建 SQL 语句主变量,表示查询"某个班级的学生选修的某门课程的考核成绩"。

```
char stat[] = "SELECT sno, lno, score
               FROM grade
               WHERE lno in (SELECT lno FROM lesson WHERE lname=?)   AND
                     sno in (SELECT sno FROM student WHERE cno=?)";
```

更灵活的应用则是可在程序执行时动态生成 SQL 语句。比如,若要从某些表中查询满足临时生成条件的元组,可在主变量中定义 SQL 语句的基本部分,但查询条件根据用户的选择结果来确定,最终生成一个 SQL 语句主变量。

【例 10-4】　创建 SQL 语句主变量,动态构造课程成绩的查询条件。

```
char stat[] = "SELECT sno, lno, score FROM grade ";
int flag = 0;                               //标记是否是 WHERE 子句的第一个条件
printf ("需要指定课程名吗?");
scanf("%c", &yn);
if (yn=='y' || yn=='Y')                     //筛选条件指定课程名
{
    strcat (stat, "WHERE lno in (SELECT lno FROM lesson WHERE lname=?");
    flag = 1;
}
printf ("需要指定班级号吗?");
scanf("%c", &yn);
if (yn=='y' || yn=='Y')                     //筛选条件指定班级
{
    if (flag)
        strcat (stat, "and ");
    else
    strcat (stat, "WHERE ");
    strcat (stat, "sno in (SELECT sno FROM student WHERE cno= ?");
}
```

例 10-4 可动态生成 4 种情况的查询语句：查询所有班级学生的所有课程成绩、查询所有班级学生的某门课程的成绩、查询某个班级学生的所有课程成绩、查询某个班级学生的某门课程成绩。

2. 准备 SQL 语句

定义好的 SQL 语句主变量在执行之前，需用 PREPARE 语句进行预编译。PREPARE 语句从 SQL 语句主变量接收 SQL 语句并送至 DBMS 进行分析、确认和优化，生成执行方案，并用一个 SQL 标识符来表示处理的结果，供后续调用执行。

PREPARE 语句的语法格式：

EXEC SQL PREPARE <语句名> FROM <SQL 语句主变量>；

这里<语句名>即为<SQL 语句主变量>准备结果标识符。

PREPARE 语句的<语句名>在整个应用程序中有效，不允许在同一个应用程序中的多个 PREPARE 语句中使用相同的语句名。

PREPARE 语句准备好的 SQL 语句，如果执行时没有结果集返回，则用 EXECUTE 语句执行；否则，需用动态游标执行并获取结果集。

3. 执行准备好的动态 SQL 语句

当要执行的 SQL 语句主变量包含参数符号"?"时，在 EXECUTE 语句中需要使用 USING 子句为每一个参数提供值，其语法格式：

EXEC SQL EXECUTE <语句名> [USING <主变量或常数表>]；

这里<语句名>必须来源于 PREPARE 语句。USING 后的主变量或常数数目必须同 SQL 语句主变量中的参数符号"?"数目一致，而且每一个主变量的数据类型必须与相应参数所需的数据类型相一致。

当 SQL 语句主变量中不包含参数符号"?"时，也可直接使用 EXECUTE IMMEDIATE 语句立即执行。它是 PREPARE 语句和 EXECUTE 语句合在一起的简写形式，其语法格式：

EXEC SQL EXECUTE IMMEDIATE <主变量名>；

这里<主变量名>是 SQL 语句主变量。

4. 动态游标

动态嵌入式 SQL 的查询结果需要使用动态游标获取结果集中的每条记录。对动态游标也需要进行定义、打开、推进、关闭等操作，但在表达方式上有所差异。

动态游标的定义语句语法格式：

EXEC SQL DECLARE <游标名> CURSOR FOR <语句名>；

该语句是 SQL 预编译程序中的一个命令，将一个游标与某个 PREPARE 语句的语句名关联，即与一个已准备好的 SQL 语句主变量对应。

动态游标的打开语句语法格式：

EXEC SQL OPEN <游标名> [USING 主变量名 1，…，主变量名 n]；

如果 PREPARE 语句中的 SQL 语句主变量中包含了参数符号"?"，在打开游标的

OPEN 语句中必须使用 USING 子句指定提供参数值的宿主变量。动态游标的 OPEN 语句使 DBMS 执行与游标名相关联的动态查询语句,执行成功后,在第一行查询结果前定位游标,为 FETCH 语句做准备。

动态 FETCH 语句从结果集中取出一行数据并将游标当前位置向下移动一行,取出的数据置于 INTO 子句指定的主变量中,其语法格式:

EXEC SQL FETCH <游标名> INTO <主变量名 1>,…,<主变量名 n>;

当结果集为空或者游标的当前位置已指向结果集的末行之后时,动态 FETCH 语句将返回 SQLCODE+100 的值,表示无法再获取数据。

动态游标的关闭语句语法格式依然是:

EXEC SQL CLOSE <游标名>;

【例 10-5】 以动态嵌入式 SQL 的方式,编程实现例 10-1 中审核某班级学生的某门课程考核成绩的功能。

```
#include<stdio.h>
EXEC SQL INCLUDE SQLCA;
EXEC SQL BEGIN DECLARE SECTION;
    char c_cno[10+1];
    char c_lno[10+1];                              //课程编号
    char c_lname[20+1];
    char c_sno[10+1];
    float c_score;
    float c_new_score;
    //动态查询 SQL 语句
    char stat[] = "SELECT sno, lno, score FROM grade
        WHERE lno in (SELECT lno FROM lesson WHERE lname=?)
                AND sno in (SELECT sno FROM student WHERE cno=?)";
    //动态更新 SQL 语句
    char stat_upd[]="UPDATE grade SET score = ? WHERE sno=? and lno=?";
EXEC SQL END DECLARE SECTION;
int main()
{
    char yn;
    //连接数据库 teachingmanage
    EXEC SQL CONNECT TO sqlexpress.TMS AS conn1 USER sa.123456;
    EXEC SQL PREPARE prep FROM :stat;
    EXEC SQL PREPARE prep_upd FROM :stat_upd;
    printf("请输入班级编号:\n");
    scanf("%s", & c_cno);
    printf("请输入课程名称:\n");
    scanf("%s", & c_lname);
    //定义游标 cur,关联至准备好的动态查询语句
```

```
EXEC SQL DECLARE cur CURSOR FOR prep;
EXEC SQL WHENEVER SQLERROR GOTO report_error;
EXEC SQL WHENEVER NOT FOUND GOTO finished;
//打开游标 cur 时,给出动态查询语句的参数值
EXEC SQL OPEN cur USING :c_lname, :c_cno;
printf("\n 原始成绩如下:")
while(1)
{
    //推进游标,将当前记录的数据放入主变量中
    EXEC SQL FETCH cur INTO :c_sno, :c_lno, :c_score;
    printf("\n%-12s %-10f", c_sno, c_score);
    printf("需要更新该成绩吗? (y/n): ");
    do { scanf("%c", &yn);}while (yn!='y' && yn!='Y' && yn!='n' && yn!='N' );
    if (yn=='y' || yn=='Y')
    {
        printf("请输入新的成绩: ");
        scanf("%f", &c_new_score);
        //用 execute 语句执行准备好的动态更新语句,更新当前记录中的成绩值
        EXEC SQL EXECUTE prep_upd USING :c_new_score,:c_sno, :c_lno;
    } //if
}//while(1)
report_error:
    printf("\n SQL 语句执行失败! ");
    EXEC SQL CLOSE cur;
    EXEC SQL ROLLBACK WORK;
    EXEC SQL DISCONNECT conn1;
    return 1;
finished:
    EXEC SQL CLOSE cur;
    EXEC SQL COMMIT WORK;
    EXEC SQL DISCONNECT conn1;
    return 0;
}
```

10.3 存储过程和函数

采用嵌入式 SQL 方式进行数据库编程,应用程序与 DBMS 间需频繁进行通信,多个应用程序完成相同的业务功能需要分别编写功能代码。为提高应用程序的执行效率,减少网络上的数据传输和应用程序代码量,可将一些常用的业务功能用存储过程和函数来实现,并提前编译和优化后置于数据库服务器中,供应用程序进行调用。

存储过程(stored procedure)和函数(function)是一组预先编译好的、完成特定功能的代码。存储过程和函数可以把用户经常使用的业务操作或数据操作封装起来,并允许

多个应用程序来调用。存储过程和函数的主要不同之处在于：函数只能返回一个值，而存储过程可以返回多个值。

使用存储过程或函数有以下几方面的优点。

（1）存储过程或函数是已经编译好的代码，所以执行的时候不必再次进行编译，从而提高了程序的运行效率。

（2）存储过程或函数中可以包含大量的 SQL 语句，但存储过程或函数作为一个独立的单元来使用，在进行调用时，只需要使用一条语句就可以实现，所以大大减少了主程序和 DBMS 间的通信。

（3）存储过程或函数中实现的业务规则发生变化时，只要在数据库服务器中进行修改，无须修改应用程序。

主流的商用 DBMS 都提供存储过程或函数功能。为实现存储过程和函数，DBMS 产品对 SQL 进行了扩展，将 SQL 的数据操作能力和过程化语言的流程控制能力结合起来，提高 SQL 的处理能力，如 SQL Server 的 Transact-SQL（简称 T-SQL）语言。

DBMS 产品的过程化 SQL 的语法和功能具有相似性，本节基于 T-SQL，介绍存储过程和函数的创建与运用。

10.3.1　Transact-SQL

T-SQL 除包含标准的 SQL 语句外，还增加了一些非标准的 SQL 语句和附加的语言元素，其附加的语言元素包括变量、运算符、流程控制语句和注释，将它们用于存储过程或函数，与数据操作语句一起使用，使 SQL 的功能更强大、更灵活。

1. 变量的定义和使用

T-SQL 的变量包括用户自定义的局部变量和系统提供的全局变量。局部变量是在存储过程或函数中声明并使用的，局部变量的命名需以@开头；全局变量是由 DBMS 提供的反映系统运行状态的变量，可供需要时引用，全局变量的命名需以@@开头。

1）局部变量

局部变量用 DECLARE 语句声明（定义），用 SET 或 SELECT 语句赋值，用 PRINT 语句显示输出。

声明局部变量就是定义局部变量名及其数据类型，其语法格式：

DECLARE　@<变量名> [AS] <数据类型> [=值] [,…];

可在声明中直接为定义的变量赋值，否则变量的初始值为 NULL。DECLARE 语句可同时声明多个局部变量。

局部变量一般用 SET 语句或 SELECT 语句进行赋值，其语法格式：

SET @<变量名> = <值|表达式>;
SELECT @<变量名> = <值|表达式> [,…];

语句中的值或表达式的结果应与变量声明中变量的数据类型一致或可转换。

SET 语句只能为一个变量赋值，SELECT 语句可以同时初始化多个局部变量。SELECT 语句作为变量赋值语句时，可以没有 FROM 等其他子句，单独使用。

局部变量可用 PRINT 语句和 SELECT 语句来显示变量的内容,其语法格式:

PRINT @<变量名>;
SELECT @<变量名>;

SELECT 语句的输出功能实际是查询语句的特殊应用,输出结果以表格方式显示在网格窗口中,而 PRINT 语句的输出结果则以文本方式显示在消息窗口中。

PRINT 语句只输出有效的字符型数据(char、nchar、varchar 或 nvarchar)或能够隐式转换为字符型的数据,否则需要通过转换函数将其他类型数据转换为字符型数据。

SQL Server 提供了 CONVERT 函数和 CAST 函数实现数据类型的显式转换,其语法格式:

CAST (<表达式> AS <目标数据类型>[(<长度>)]);
CONVERT(<目标数据类型>[(<长度>)],<表达式>);

2)全局变量

SQL Server 还提供了许多重要的全局变量,参见表 10-1,需要时可引用它们,以获得必要的信息。可用 SELECT 语句来了解全局变量的具体值,如 SELECT @@VERSION。

表 10-1　SQL Server 常用全局变量

全 局 变 量	说　　明
@@CONNECTIONS	返回 SQL Server 自上次启动以来尝试的连接数,无论连接是否成功
@@MAX_CONNECTIONS	返回 SQL Server 实例允许同时进行的最大用户连接数,返回的数值不一定是当前配置的数值
@@SERVERNAME	返回运行 SQL Server 的本地服务器的名称
@@SERVICENAME	返回 SQL Server 正在其下运行的注册表项的名称。若当前实例为默认实例,则返回 MSSQLSERVER;若当前实例是命名实例,则该函数返回该实例名
@@VERSION	返回当前 SQL Server 安装的版本、处理器体系结构、生成日期和操作系统
@@SPID	返回当前用户进程的会话 ID
@@TRANCOUNT	返回当前连接的活动事务数
@@ERROR	返回执行的上一个 T-SQL 语句的错误号
@@FETCH_STATUS	返回连接上当前打开的任何游标发出的上一条 FETCH 语句的状态
@@ROWCOUNT	返回受上一语句影响的行数

2. 流程控制语句

T-SQL 的流程控制语句主要包括分支语句 IF…ELSE、循环语句 WHILE 和多分支表达式 CASE。

1)分支语句 IF…ELSE

IF…ELSE 语句的语法格式:

```
IF  <条件表达式>
    {<语句 1>|<语句块 1>}
[ELSE  {<语句 2>|<语句块 2>}]
```

语句执行时先判断<条件表达式>的真假,条件为真时执行 IF 后面的语句,否则执行 ELSE 后面的语句(如果存在 ELSE 子句)。

IF 语句并不类似于 ENDIF 的结束子句,它只与单语句关联,如果要执行语句组,则应通过 BEGIN…END 结构表示为一个语句块,并可嵌套 IF 语句。

2)循环语句 WHILE

WHILE 语句的语法格式:

```
WHILE <条件表达式>
     {<语句>|<语句块>}
```

这里<条件表达式>为循环检测条件,<语句>或<语句块>是重复执行的循环体。

WHILE 循环语句首先检测循环条件,当条件为真时执行循环体,在执行完循环体后自动返回到开始处重新检测循环条件,直到检测到条件为假时,跳出 WHILE 语句。

在循环体的语句块中可使用 BREAK 和 CONTINUE 语句控制循环体的执行。BREAK 语句可使所在的那层 WHILE 循环终止,而 CONTINUE 语句则使程序执行忽略 CONTINUE 后面的任何语句,提前进入下一轮循环。

3)多分支表达式 CASE

CASE 是一种特殊的表达式,而不是一种语句,可用于允许使用表达式的任意语句或子句中。CASE 表达式可以在多个选项的基础上做出执行决定。CASE 表达式有简单表达式和搜索表达式两种表示形式。

(1)简单表达式形式:

```
CASE <输入表达式>
   WHEN  <简单表达式>  THEN  <结果表达式>
   […]
   [ ELSE  <ELSE 结果表达式>]
END
```

CASE 简单表达式将输入表达式的值依次与每个 WHEN 子句中的简单表达式的值进行比较,直到找到第一个等效的简单表达式,并返回对应的结果表达式的值;如果没有等效的简单表达式,则在指定了 ELSE 子句的情况下,返回 ELSE 子句中的结果表达式的值,否则返回 NULL。

(2)搜索表达式形式:

```
CASE
   WHEN  <逻辑表达式>  THEN  <结果表达式>
   […]
   [ ELSE  <ELSE 结果表达式> ]
END
```

CASE 搜索表达式按照 WHEN 子句的顺序,依次计算每个逻辑表达式,直到找到第一个计算结果为 TRUE 的逻辑表达式,并返回对应的结果表达式的值;如果逻辑表达式的值均为 FALSE,则在指定了 ELSE 子句的情况下,返回 ELSE 子句中结果表达式的值,否则返回 NULL。

10.3.2 存储过程

存储过程是将用过程化 SQL 书写的过程,经编译和优化后存储在数据库服务器中,因此称之为存储过程,使用时只要调用即可。

常见的存储过程主要有系统存储过程和用户自定义的存储过程。系统存储过程是 SQL Server 系统预定义的存储过程,用于进行系统管理、登录管理、权限设置、数据库对象管理、数据库复制等操作。这些系统存储过程的名称都以"sp_"为前缀(见表 10-2),存放于系统数据库 master 中,但在其他数据库中依然可以实现调用,而且在调用时不必在存储过程名前加上数据库名。当在系统中创建新的数据库时,一些系统存储过程会在新数据库中被自动创建。

表 10-2　常用的系统存储过程

名　　称	说　　明
sp_help	查看当前数据库中对象的信息
sp_rename	修改当前数据库中用户对象的名称
sp_databases	显示服务器中所有可以使用的数据库的信息
sp_helpdb	显示服务器中数据库的信息
sp_renamedb	更改数据库的名称
sp_defaultdb	更改用户的默认数据库
sp_helplogins	列出所有的用户登录信息
sp_helpindex	查看数据库中的索引信息
sp_helptext	查看存储过程的定义源代码
sp_lock	查看系统中锁的情况
sp_spaceused	查看数据库中数据对象的大小
sp_store_procedures	返回当前数据库中的存储过程清单

用户自定义的存储过程需要由用户用过程化 SQL 来创建。T-SQL 提供 CREATE PROCEDURE 语句实现存储过程的创建,其语法格式:

```
CREATE  {PROC | PROCEDURE}  <过程名>
  [{@参数名 数据类型} [=默认值][OUT|OUTPUT] [READONLY]][,…]
AS
  SQL 语句块;
```

这里,过程名在遵守标识符的命名规则的同时,要求必须唯一,并且不要使用前缀

"SP_",避免与系统存储过程混淆。存储过程可有多个参数,参数名前要有变量标识@符号,并需要指定参数的数据类型,也可为参数设置默认值。参数默认为输入参数,可用 OUT 或 OUTPUT 指示参数为输出参数,其值将返回给存储过程的调用程序。READONLY 选项指示不能在过程体中更新或修改参数。

创建的存储过程可以用 ALTER PROCEDURE 语句进行修改,其语法格式与 CREATE PROCEDURE 语句相似,只是过程名必须是已存在的存储过程名称。

不再使用的存储过程可用 DROP PROCEDURE 语句删除,其语法格式:

DROP PROCEDURE <存储过程名>;

创建的存储过程在 DBMS 中可用 EXECUTE 语句来调用,以检验该存储过程的正确性,其语法格式:

EXECUTE <存储过程名> [参数值列表];

【例 10-6】 在 DBMS 上创建一个存储过程 score_selection,获取某班级学生选修某课程的考核成绩。

```
CREATE PROCEDURE score_selection
@lname VARCHAR(30), @cno CHAR(10)
AS
  SELECT sno, lno, score
    FROM grade
    WHERE lno in (SELECT lno FROM lesson WHERE lname = @lname)  AND
          sno in (SELECT sno FROM student WHERE cno= @cno);
```

【例 10-7】 在 DBMS 上创建一个存储过程 update_score,根据学号、课程号修改指定学生的一门课程的考核成绩。

```
CREATE PROCEDURE update_score
@score DECIMAL(4,1),@sno CHAR(10),@lno CHAR(10)
AS
  UPDATE grade
    SET score = @score
    WHERE sno = @sno and lno=@lno;
```

【例 10-8】 在 DBMS 上调用存储过程 score_selection。

形式 1:EXECUTE score_selection @lname='数据库',@cno='C02';

形式 2:EXECUTE score_selection '数据库', 'C02';

采用形式 2 的赋值方法时,参数顺序必须严格与存储过程定义时的参数顺序保持一致。

【例 10-9】 利用已在 DBMS 中定义的存储过程 score_selection 和 update_score,编程实现例 10-1 中系统功能。

```
#include<stdio.h>
```

```
EXEC SQL INCLUDE SQLCA;
EXEC SQL BEGIN DECLARE SECTION;
    char c_cno[10+1];
    char c_lno[10+1];
    char c_lname[20+1];
    char c_sno[10+1];
    float c_score;
    float c_new_score;
    //利用存储过程 score_selection 构造 SQL 语句主变量 stat
    char stat[] = " score_selection @lname=?,@cno=? ";
    //利用存储过程 update_score 构造 SQL 语句主变量 stat_upd
    char stat_upd[]=" update_score @score =?,@sno =?,@lno =? " ;
EXEC SQL END DECLARE SECTION;
int main()
{
    char yn;
    EXEC SQL CONNECT TO sqlexpress.TMS AS conn1 USER sa.123456;
    EXEC SQL PREPARE prep FROM :stat;
    EXEC SQL PREPARE prep_upd FROM :stat_upd;
    printf("请输入班级编号:\n");
    scanf("%s", & c_cno);
    printf("请输入课程名称:\n");
    scanf("%s", & c_lname);
    EXEC SQL DECLARE cur CURSOR FOR prep;
    EXEC SQL WHENVER SQLERROR GOTO report_error;
    EXEC SQL WHENVER NOT FOUND GOTO finished;
    //执行存储过程 score_selection,并打开游标 cur
    EXEC SQL OPEN cur USING :c_lname, :c_cno;
    printf("\n 原始成绩如下:")
    while(1)
    {
        EXEC SQL FETCH cur INTO :c_sno, :c_lno, :c_score;
        printf("\n%-12s %-10f", c_sno, c_score);
        printf("需要更新该成绩吗? (y/n): ");
        do { scanf("%c", &yn);}while (yn!='y' && yn!='Y' && yn!='n' && yn!='N' );
        if (yn=='y' || yn=='Y')
        {
            printf("请输入新的成绩: ");
            scanf("%f", &c_new_score);
            //用 execute 语句执行存储过程 update_score
            EXEC SQL EXECUTE prep_upd USING :c_new_score,:c_sno, :c_lno;
        } //if
    }//while(1)
    report_error:
```

```
        printf("\n SQL 语句执行失败！");
        EXEC SQL CLOSE cur;
        EXEC SQL ROLLBACK WORK;
        EXEC SQL DISCONNECT conn1;
        return 1;
    finished:
        EXEC SQL CLOSE cur;
        EXEC SQL COMMIT WORK;
        EXEC SQL DISCONNECT conn1;
        return 0;
    }
```

10.3.3　函数

函数与存储过程一样,是 DBMS 内嵌的完成特定功能的存储模块,包括内置函数和用户定义的函数。函数与存储过程不同之处是函数要有一个返回值。

1. 内置函数

DBMS 一般都提供许多已经定义好的函数,用于支持在 SQL 语句中执行对数据库的一些特殊运算。SQL Server 内置的函数主要包括行集函数、聚集函数、标量函数三大类。

行集函数的返回值是一个结果集,该结果集可以在 T-SQL 语句中当作表引用,例如函数 OPENQUERY( )可直接在指定的连接服务器上执行任何查询。聚集函数(见 4.3.1节)用于对元组或属性执行统计并返回一个值,如函数 COUNT( )、SUM( )等。标量函数还可细分为配置函数(返回当前的配置信息)、游标函数(返回有关游标的信息)、数学函数(见表 10-3)、字符串函数(见表 10-4)、日期和时间函数(见表 10-5)、元数据函数(返回有关数据库和对象的信息)、系统函数(返回有关 DBMS 系统、用户、数据库和数据库对象的信息)、系统统计函数(返回 DBMS 系统的统计信息)、文本和图像函数等。

表 10-3　常用的数学函数

函数名称	功　　能	函数名称	功　　能
ABS	绝对值	LOG10	底数为 10 的对数
ACOS	反余弦	PI	圆周率常量 π
ASIN	反正切	POWER	指数操作符
ATAN	反正切	RADIANS	角度转为弧度
ATN2	由两个角定义的角的反正切	RAND	随机数产生器
CEILING	大于指定表达式的最小整数值	ROUND	按指定精度舍入浮点数
COS	余弦	SIGN	表达式符号
COT	余切	SIN	正弦
DEGREES	弧度转为角度	SQRT	平方根
EXP	指数	SQUARE	平方
FLOOR	小于指定表达式的最大整数值	TAN	正切

表 10-4　常用的字符串处理函数

函 数 名 称	功　　能
ASCII	返回字符表达式第一个字符的 ASCII 码值
CHAR	将 ASCII 码值转换为字符
STR	将浮点数值转换为字符串
LOWER	大写字符转换为小写字符
UPPER	小写字符转换为大写字符
LTRIM	删除字符串前面的空格
RTRIM	删除字符串后面的空格
LEFT	返回字符串从左边开始规定个数的字符
RIGHT	返回字符串从右边开始规定个数的字符
SUBSTRING	返回字符串中规定位置的子字符串
LEN	返回字符串中的字符个数
REPLACE	字符串替换
STUFF	删除指定长度字符,并在指定位置插入另一组字符
REVERSE	反向字符串

表 10-5　日期和时间函数

函 数 名 称	功　　能
YEAR	返回日期中的年份
MONTH	返回日期中的月份
DAY	返回日期中的日数
GETDATE	返回系统当前日期与时间
DATEADD	给日期添加时间
DATEDIFF	返回两个日期之间的间隔,由参数规定单位
DATENAME	从日期中抽取文本名称
DATEPART	返回指定日期中的指定日期单元

2. 用户自定义函数

用户可以用过程化 SQL 来定义满足应用程序功能的函数。用户自定义函数可以返回标量数据类型的值,也可以返回表类型的值,分别称为标量值函数和表值函数。

1) 标量值函数

定义标量值函数的基本格式:

```
CREATE FUNCTION  <函数名>
  ( [ <@参数名> [AS] <数据类型> [= <默认值> [READONLY]] [,…] ])
  RETURNS  <标量数据类型>
  [AS]
  BEGIN
    <函数体>
    RETURN <标量表达式>
  END
```

2）表值函数

表值函数又可细分为内联表值函数（inline table-valued function）和多语句表值函数（multi-statement table-valued function）。内联表值函数在调用时，并不去调用该函数，而是将该函数的代码插入函数调用处，既避免了重复书写代码，又省略了调用函数的过程。多语句表值函数则可以生成一个内存表，可供多次调用。

定义内联表值函数的基本格式：

```
CREATE FUNCTION  <函数名>
    ( [ <@参数名> [AS] <数据类型> [= <默认值> [READONLY]] [,…] ])
  RETURNS TABLE
  [AS]
  RETURN (SELECT 语句)
```

内联表值函数返回的是位于 RETURN 子句中的 SELECT 语句的结果，是一个 TABLE 类型的值。该函数的功能也相当于视图参数化，使视图更加通用。对 SELECT 语句的限制如同对视图定义中的 SELECT 子句的限制。

定义多语句表值函数的基本格式：

```
CREATE FUNCTION  <函数名>
    ( [ <@参数名> [AS] <数据类型> [= <默认值> [READONLY]] [,…] ])
  RETURNS  @<表变量名> TABLE <表结构定义>
  [AS]
  BEGIN
      <函数体>
      RETURN
  END
```

多语句表值函数的函数体内可包含多个语句，函数返回的是具有 RETURN 子句定义的表结构的内存表，相当于一个返回单个结果集的存储过程。

函数的修改和删除如同其他数据库对象一样，使用 ALTER FUNCTION 和 DROP FUNCTION 语句。

标量函数和表值函数的调用方法有所不同。调用标量函数时，除了提供参数值之外，还要指明函数的所有者，默认的所有者是 dbo；调用表值函数时无须指明函数的所有者，可如同基本表和视图一样出现在 FROM 子句中。

【例 10-10】 在 DBMS 上定义一个标量值函数 max_score()，根据课程名和系名，统计出指定系的一门课程的最高分。

```
CREATE FUNCTION max_score(@lname VARCHAR(30),@department VARCHAR(20))
  RETURNS DECIMAL(4,1)
AS
  BEGIN
    DECLARE @max_score DECIMAL(4,1);
    SELECT @max_score = max(score)
      FROM student, grade, lesson
```

```
      WHERE grade.sno = student.sno and grade.lno=lesson.lno and lname= @lname
and cno in (SELECT cno FROM class WHERE department = @department);
    RETURN @max_score
  END;
```

【例 10-11】 在 DBMS 上定义一个内联表值函数 selection_and_not( )，根据提供的两门课程的名称，查询出选修了某门课程但没有选修另一门课程的班级号和专业。

```
CREATE FUNCTION selection_and_not (@lname VARCHAR(30),@lname_not VARCHAR(30))
  RETURNS TABLE
AS
  RETURN
  ( SELECT cno, speciality
    FROM class
    WHERE cno in (SELECT cno
                  FROM selection, lesson
                  WHERE lname = @lname AND selection.lno=lesson.lno)
      AND cno not in ( SELECT cno
                  FROM selection, lesson
                  WHERE lname=@lname_not AND selection.lno=lesson.lno)
  );
```

【例 10-12】 定义一个多语句表值函数 student_information( )，根据课程名和系名，查询指定系的学生中选修某门课程分数最高的学生学号、姓名和所得分数。

```
CREATE FUNCTION student_information (@lname VARCHAR(30), @department VARCHAR
(20))
  RETURNS @temp_table TABLE(sno CHAR(10),
                            sname NVARCHAR(20),
                            score DECIMAL(4,1))
  BEGIN
    DECLARE @lno CHAR(10);
    SELECT @lno = lno FROM lesson WHERE lname = @lname;
    --获取最高成绩时，调用了自定义函数 max_score
    INSERT INTO @temp_table
      SELECT grade.sno, sname, score
        FROM grade,student
        WHERE grade.sno = student.sno and lno = @lno and
              score = dbo.max_score(@lname, @department) and
              cno in (SELECT cno FROM class WHERE department = @department);
    RETURN;
END;
```

【例 10-13】 利用函数 student_information( )实现教学信息管理系统中的系统功能：统计某专业系学生中选修某门课程分数最高的学生学号、姓名和所得分数。

```
#include<stdio.h>
EXEC SQL INCLUDE SQLCA;
EXEC SQL BEGIN DECLARE SECTION;
    char c_lname[20+1];                              //课程名称
    char c_ department[20+1];                        //专业系
    char c_sno[10+1];                                //学生学号
    char c_sname[20+1];                              //学生姓名
    float c_score;                                   //最高分
    //利用函数 student_information 构造 SQL 语句主变量 stat
    char stat[] = " select * from student_information(?, ?) ";
EXEC SQL END DECLARE SECTION;
int main()
{
    char yn;
    EXEC SQL CONNECT TO sqlexpress.TMS AS conn1 USER sa.123456;
    EXEC SQL PREPARE prep FROM :stat;
    printf("请输入专业系名称:\n");
    scanf("%s", & c_ department);
    printf("请输入课程名称:\n");
    scanf("%s", & c_lname);
    EXEC SQL DECLARE cur CURSOR FOR prep;
    EXEC SQL WHENEVER SQLERROR GOTO report_error;
    EXEC SQL WHENEVER NOT FOUND GOTO finished;
    //执行函数 student_information,并打开游标 cur
    EXEC SQL OPEN cur USING :c_lname, :c_department;
    printf("\n 取得最高成绩的学生有:")
    while(1)
    {
        EXEC SQL FETCH cur INTO :c_sno, :c_sname, :c_score;
        printf("\n%-12s %-20s%-10f", c_sno, c_sname, c_score);
    }//while(1)
report_error:
    printf("\nSQL 语句执行失败! ");
    EXEC SQL CLOSE cur;
    EXEC SQL ROLLBACK WORK;
    EXEC SQL DISCONNECT conn1;
    return 1;
finished:
    EXEC SQL CLOSE cur;
    EXEC SQL COMMIT WORK;
    EXEC SQL DISCONNECT conn1;
    return 0;
}
```

存储过程和函数用于处理复杂的操作时,增强了应用程序的可读性,降低了网络通信的负担,提高了语句执行速度和安全性。但过多的存储过程和函数会给数据库服务器带来额外的管理维护压力。由于存储过程和函数将应用程序绑定到数据库上,使用存储过程和函数封装业务逻辑会限制应用程序的可移植性。

10.4　数据库访问接口

为了将 SQL 语句嵌入宿主语言实现对数据库的访问,DBMS 需提供面向该宿主语言的嵌入式 SQL 编译器,应用程序在执行过程中要频繁地与数据库通信。因此,在增加了 DBMS 厂商的开发维护成本的同时,也限制了应用程序的执行效率,以及应用程序的移植。随着数据库访问技术的演化,各种编程语言的数据访问方式形成了统一的规范,即采用标准化的应用程序访问接口来操作字符串形式的 SQL。各种 DBMS 在版本更新时,逐渐不再支持编程语言的嵌入式 SQL API,而是提供数据库的驱动程序。本节以 Python 语言为例,介绍专用的数据库访问接口,以及 ODBC、JDBC 等通用的访问接口。

10.4.1　专用数据库访问接口

Python 作为目前流行的编程语言,在程序开发过程中,也需要像其他编程语言一样,能与各种不同的 DBMS 实现连接,访问数据库中的数据。针对不同厂商提供的数据库管理系统,Python 提供了专门的第三方库实现对数据库的访问。例如,利用 pymysql 库实现对 MySQL 数据库的访问,利用 pymssql 库实现对 SQL Server 数据库的访问,利用 cx_Oracle 库实现对 Oracle 数据库的访问,等等。虽然这些第三方库针对不同厂商的数据库管理系统,但在数据库连接的创建与关闭、游标的创建与关闭、数据操作语句的执行等一系列常用方法的定义上差异性不大。因为这些接口程序都在一定程度上遵守 Python DB-API 规范。

Python DB-API 规范定义了一系列必需的对象和数据库存取方式,包括模块接口、连接对象、游标对象、类对象、错误处理机制等,为各种数据库提供了一致的访问接口,为不同数据库之间的代码移植提供了便利。

Python 作为面向对象的程序设计语言,将现实世界中的所有实体都视为对象。一个对象可以包含若干属性和方法。属性描述了对象的状态,方法描述了对象的功能。类是对具有相似属性和方法的一组对象的抽象描述,通过类可以初始化出一个具体的对象,通过对象的方法可实现对数据库的各种操作,对象的属性可反映操作结果的状态信息。以 pymssql 库为例,其中的 pymssql 类包含连接类和游标类,主要由这些类创建的连接对象和游标对象来实现对数据库的操作。

1. 连接对象

pymssql 类的 connect()方法可创建一个连接对象,用于管理与指定数据库的连接。使用表 10-6 所示的 pymssql 类的连接对象常用方法可保障数据操作请求的正常执行和结果集的获取。

表 10-6　pymssql 库中 pymssql 类的连接对象常用方法

方　　法	说　　明
autocommit(status)	设置是否启用更新操作的自动提交,默认情况下不启用;参数 status 的默认值是 False
commit()	提交当前更新
rollback()	撤销当前更新
cursor()	返回一个游标对象,用于发送数据操作请求和从数据库获取结果
close()	关闭连接

　　在默认情况下,连接对象不会自动提交对数据库的数据更新,只能显式提交或撤销更新操作。具体的数据库操作执行和结果接收由连接对象创建的游标来完成。所有的数据库操作结束后,应及时关闭数据库连接,避免造成不必要的连接资源浪费,影响其他数据库连接请求。数据库连接一旦关闭,将无法再通过该连接实现对数据库的访问,只有重新创建新的连接对象。

　　2. 游标对象

　　游标对象用于向数据库发送数据操作请求并获取数据结果集。它不仅可以执行查询操作并获取结果集中的一条或多条数据,还可以执行数据的更新操作和调用存储过程。不再使用的游标对象,应及时关闭。pymssql 库的游标对象的常用方法和常用属性分别如表 10-7 和表 10-8 所示。

表 10-7　pymssql 库的游标对象的常用方法

方　　法	说　　明
excute(sql[, args])	执行一个 SQL 操作,args 是 sql 语句执行时的参数序列
excutemany(sql, args)	执行指定的 SQL 操作多次,每次都按序列 args 中的一组参数
fetchone()	以序列的方式取回查询结果中的下一行;如果没有下一行,则返回 None
fetchmany([size = cursor.arraysize])	取回查询结果中的多行,其中参数 size 的值默认为 arraysize
fetchall()	以序列的方式取回余下的所有行
callproc(procname,[args])	调用存储过程,args 是存储过程执行时的参数序列
close()	关闭游标对象

表 10-8　pymssql 库的游标对象的常用属性

属　　性	说　　明
connection	返回创建此游标对象的数据库连接
arraysize	使用 fetchmany()方法一次取出多少条记录,默认为 1
lastrowid	相当于 PHP 的 last_inset_id()
rowcount	最近一次 execute()执行所创建或影响的行数
rownumber	当前结果集中游标所在行的索引(起始行号为 0)

3. 异常处理

访问数据库的过程中,可能会出现各种不同类型的异常,导致无法正常获取数据。识别每种异常类型,并具体设计出处理异常的操作,是提高应用程序的健壮性和友好性的重要方法之一。

pymssql 库提供的数据库访问异常类主要包括:警告类(Warning)、接口错误类(InterfaceError)以及各种类型的数据库错误类。这些异常类都是以 StandardError 为父类,具有一定的层次关系,如图 10-4 所示。

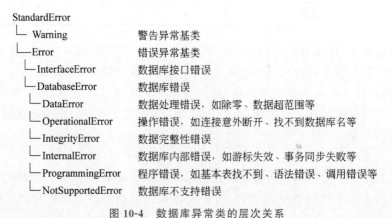

图 10-4　数据库异常类的层次关系

【例 10-14】　用 Python 编程实现例 10-1 中的系统功能,利用 pymssql 类实现对 SQL Server 数据库的访问。

```
import pymssql
#连接数据库 TMS
conn = pymssql.connect(server='127.0.0.1', user='sa',
                       password='123456', database='TMS')
#定义游标
cursor = conn.cursor()
cno=input('请输入班级编号:')
lname=input('请输入课程名称:')
sql ="SELECT sno, lno, score FROM grade WHERE lno in \
      (SELECT lno FROM lesson WHERE lname='%s') AND sno in \
      (SELECT sno FROM student WHERE cno='%s');" %(lname,cno)
try:
    #执行查询语句,获得满足条件的学生成绩信息
    cursor.execute(sql)
except:   #捕获所有错误
    print ("\n 执行过程出现错误!")
if cursor.rowcount==0:
    #没有满足条件的学生课程成绩,输出提示
    print('\n 尚未录入{0}班级的{1}课程成绩!'.format(cno, lname))
else:
```

```
#获取查询结果中的所有记录
results = cursor.fetchall()
#依次显示每个学生的成绩,并完成审核
for row in results:
    print ("%s  %.1f" % (row[0], row[2]))
    yn=input('需要更新该成绩吗?(y/n):')
    if ( yn in ('y', 'Y')):
        score=eval(input('请输入新的成绩:'))
        #更新当前记录的学生成绩
        sql = "UPDATE grade SET score = %f WHERE sno='%s' and lno='%s';" \
            % (score, row[0].strip(), row[1].strip())
        try:
            cursor.execute(sql)
            #显式提交更新结果至数据库
            conn.commit()
            print('修改成功!')
        except:
            conn.rollback()
            print('修改失败!')
cursor.close()
conn.close()
```

10.4.2 ODBC 数据库访问接口

尽管各种广泛使用的 RDBMS 都遵循 SQL 标准,但是不同 DBMS 的数据格式、通信协议等不尽相同,因此,针对某个 RDBMS 编写的应用程序不能在另一个 RDBMS 上运行,适应性和可移植性较差。为此,人们期望能够有一种统一的访问数据库的方式,不需要关心各种 DBMS 之间的差异性。

美国 Microsoft 公司率先提出了 ODBC(open database connectivity,开放数据库互连)数据库通用接口。它建立了一组规范,并提供一个公共的、与数据库无关的应用程序编程接口(application programming interface,API)。作为规范,一方面可指导应用程序的开发,另一方面规范 RDBMS 应用接口设计。因而遵循它所开发的应用程序具有独立 DBMS 特性,应用程序可以实现对不同 DBMS 的访问,而且可以同时存取多个数据库中的数据。

ODBC 自 1993 年发布后,迅速得到广泛应用,在 1994 年、1995 年和 1998 年又相继推出了 ODBC 2.0 规范、3.0 规范和 3.5 规范,目前最新的版本是 3.8。ODBC 已是一个比较成熟的规范,成为数据库领域的国际标准,获得了几乎所有的 DBMS 产品的支持。

1. ODBC 应用系统的体系结构

遵循 ODBC 接口规范开发的应用系统,其体系结构由用户应用程序(application)、ODBC 应用程序编程接口(ODBC,API)、ODBC 驱动程序管理器(ODBC Driver Manager)、数据库驱动程序(Driver)和数据源层次组成,如图 10-5 所示。

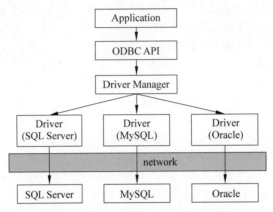

图 10-5   ODBC 应用系统的体系结构

应用程序提供用户界面、应用逻辑和事务逻辑。应用程序调用 ODBC API 提供的标准 ODBC 函数和 SQL 语句,完成连接数据库、发送数据操作请求、获取操作结果及状态信息、进行数据处理并向用户提交处理结果等。

ODBC 驱动程序管理器用来管理各种驱动程序,负责应用程序和驱动程序之间的通信。根据应用程序的访问要求选择和连接正确的驱动程序,并动态装入。ODBC 驱动程序管理器负责建立、配置或删除数据源,并查看系统当前所安装的数据库 ODBC 驱动程序。

ODBC 驱动程序接受由驱动程序管理器提交来的用户的数据操作请求,调用其所支持的函数来存取数据,并将操作结果返回给应用程序。通常 ODBC 驱动程序是由支持 ODBC 标准的 DBMS 生产商提供,是依据 ODBC 规范进行开发的。

数据源是最终用户需要访问的数据,包含了数据库位置和数据库类型等信息,实际上是数据库连接的一种抽象。ODBC 规范要求为每个被访问的数据源指定唯一的数据源名(data source name,DSN),在连接中,用数据源名来代表用户名、服务器名、所连接数据库名等。

2. ODBC 应用程序接口

ODBC 本质上是访问数据库的应用程序编程接口(API),由一组函数调用组成,核心是 SQL 语句。

1) 函数接口

在 ODBC 3.0 规范中,API 调用接口包括了 76 个函数接口,按其功能可以分为

- 分配和释放句柄函数,如分配句柄函数 SQLAllocHandle()、释放句柄函数 SQLFreeHandle()。
- 连接函数,如连接数据源函数 SQLConnect(),断开数据源函数 SQLDisconnect()。
- 信息相关的函数,如获取描述信息函数 SQLGetinfo()、SQLGetFunction()。
- 事务处理函数,如结束事务函数 SQLEndTran()。
- 执行相关函数,如直接执行函数 SQLExecDirect()、有准备执行函数 SQLPrepare()和 SQLExecute()。

- 编目函数,如获取数据字典信息的 SQLTable()、SQLColumn()等。

ODBC 提供的函数随着版本的更新也在不断进行优化。

2)句柄

在 ODBC 应用程序的运行过程中,ODBC 驱动管理器根据应用程序的请求,为每个驱动程序、数据库连接和 SQL 语句提供一块内存空间,用于存储有关 ODBC 环境、每个连接以及每条 SQL 语句的相关信息,并把指向这些内存空间的地址作为句柄(handle)返回给应用程序。应用程序在调用 ODBC 函数时就要使用这些句柄。各 ODBC 句柄主要有环境句柄、连接句柄和语句句柄。各句柄之间的关系如图 10-6 所示。

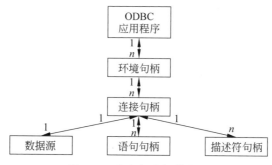

图 10-6 各句柄之间的关系

ODBC 应用程序访问一种 DBMS 需要建立一个 ODBC 环境,定义一个环境句柄,存储数据的全局性背景,如环境状态、当前环境状态诊断、当前在环境上分配的连接句柄等。如果在一个应用程序中需要访问多种 DBMS,则需要建立多个环境句柄。一个环境句柄可以建立多个连接句柄,每一个连接句柄实现与一个数据源之间的连接,存储有关数据库连接的信息。在一个连接中可以建立多个语句句柄,语句句柄指向存储执行 SQL 语句产生的结果集以及相关信息的存储区。除了上述三种句柄外,在 ODBC 3.0 中还提出了描述符句柄的概念,来描述 SQL 语句的参数、结果集列的元数据集合。

3. Python 的 ODBC 接口

Python 的 pyodbc 库实现了 ODBC API 功能。由于 pyodbc 和 pymssql 等专用的数据库访问库一样都遵守 Python DB-API 的规范,它们在数据库连接、游标的使用方法上是相同的,只是数据库连接方法的参数设置有所不同。

pyodbc 库通过 pyodbc 类的 connect()方法实现数据库的连接,根据参数设置的不同,形成了两种数据库连接方式:直接连接方式和 DSN 连接方式。

1)直接连接方式

直接连接方式只需要在 connect 方法中提供驱动程序的类型、服务器地址、连接的数据库名、用户和密码等必要信息即可实现数据库的连接,其具体格式:

```
conn = pyodbc.connect('DRIVER={<驱动程序类型>};SERVER=<服务器地址>;DATABASE
=<数据库名称>;UID=<用户名>;PWD=<密码>')
```

2)DSN 连接方式

事先在 ODBC 数据源管理程序中创建数据源,指定数据源名称、驱动程序类型、服务器地址、连接的数据库名、用户和密码等信息。应用程序在使用 connect（）方法请求数据库连接时提供数据源名，有时还需提供用户名和密码，其具体格式：

conn =pyodbc.connect('DSN=<数据源名>[;UID=<用户名>;PWD=<密码>'])

【例 10-15】 将例 10-14 中的 pymssql 库改为利用 pyodbc 库实现对 SQL Server 数据库的访问。只需要将数据库连接方式进行如下修改即可，其他程序语句不用修改。

```
import pyodbc
#直接连接数据库
conn = pyodbc.connect('DRIVER={SQL Server};SERVER=localhost; \
                      DATABASE=TMS;UID=sa;PWD=123456')
```

或者

```
#使用 DSN 连接,事先配置好数据源 teachingmange
conn =pyodbc.connect('DSN=teachingmanage;PWD=123456')
```

10.4.3　OLEDB 数据库访问接口

在 ODBC 推出多年后，Microsoft 公司发布了 ODBC 的升级版——对象连接和嵌入数据库（object linking and embedding database，OLEDB）连接访问标准。OLEDB 是基于组件对象模型（component object model，COM）思想且面向对象的一种技术标准，目的是提供一种统一的数据访问接口，不仅可以访问标准的关系数据库中的数据，还可以访问邮件数据、Web 上的文本或图形、目录服务、主机系统中的文件和地理数据以及自定义业务对象等非关系数据，使得应用程序可以采用统一的方法访问各种数据，而不用考虑数据的具体存储地点、格式或类型。

OLEDB 标准的具体实现是通过一组 C++ API 函数，就像 ODBC 标准中的 ODBC API 一样，不同之处只是在于 OLEDB 的 API 是符合 COM 标准且基于对象的。由于 OLEDB 可以访问各种类型的数据源，包括关系数据库，符合 ODBC 标准的数据源是符合 OLEDB 标准的数据源的子集。但是符合 ODBC 的数据源要能够被 OLEDB 访问，还必须提供相应的 OLEDB 服务程序。Microsoft 公司已经为所有的 ODBC 数据源提供了统一的 OLEDB 服务程序，称为 Microsoft OLEDB Provider for ODBC Drivers，它允许用户通过 OLEDB 访问 ODBC 提供的所有功能。

ODBC 和 OLEDB 两种技术互补，不能完全互相替换。对于非关系数据源，只要提供相应的 OLEDB 访问接口，即可同其他关系数据源一样进行操作。

10.4.4　ADO 数据库访问接口

ActiveX 数据对象（ActiveX data object，ADO）是 Microsoft 公司于 1996 年推出的一种面向对象的、基于 COM 思想的数据库访问接口。由于 OLEDB 标准的 API 是 C++ API，只能供 C++ 语言调用，为了使流行的各种编程语言都可以编写符合 OLEDB 标准的应用程序，Microsoft 公司在 OLEDB API 之上，提供了一种面向对象、与语言无关的应用编程接口 ADO。

实质上，ADO 就是采用语言无关的组件技术 ActiveX，将 OLEDB 的面向 C++ 的复杂接口封装起来，提供了便于操作的接口。也可以说，ADO 其实只是一个应用程序层次的界面，它用 OLEDB 来与数据库通信，ADO 为 OLEDB 提供高层应用 API 函数。

ADO 在数据库和 OLEDB 中提供了一种"桥梁"程序，编程人员可以使用 ADO 编写紧凑简明的脚本来连接到 OLEDB 兼容的数据源（见图 10-7），是对当前 Microsoft 公司所支持的数据库进行操作的最有效和最简单直接的方法。

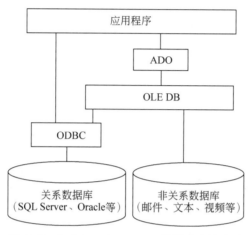

图 10-7　ODBC、OLEDB、ADO 数据库连接方式

ADO API 中包括的基本对象类型有连接对象 Connection、命令对象 Command、记录集对象 Recordset、字段对象 Field、参数对象 Parameter 等。

（1）Connection 连接对象通过指定数据库驱动名、数据库服务器地址、用户名、密码及其他参数来创建对某个数据库的连接。所有其他 ADO 对象都是建立在连接对象的基础之上的。

（2）Command 命令对象依附于连接对象，通过该连接对象去执行诸如创建、添加、取回、删除或更新记录等操作。如果执行结果有返回值，则以记录集 Recordset 形式返回。

（3）Recordset 记录集对象用于存储一个来自数据库表的记录集。一个 Recordset 对象由记录和列（字段）组成。记录集对象提供了一些可以自由访问记录集中的上一行、下一行、第一行、最后一行的方法。

（4）Field 字段对象用于描述 Recordset 中每个记录行中的每一列。每个字段对象都包含字段值、字段类型（整数型、字符型、浮点型、货币型等）、字段最大长度、精度等。

（5）Parameter 参数对象可提供用于存储过程或查询中的参数信息。它在被创建的同时被添加到 Parameters 集合。Parameters 集合与一个具体的 Command 对象相关联，Command 对象使用此集合在存储过程和查询内外传递参数。参数一般被用来创建参数化的命令。这些命令使用参数来改变命令的某些细节。例如，SQL SELECT 语句使用参数描述 WHERE 子句的匹配条件，而使用另一个参数来定义 ORDER BY 子句的列的名称。

Python 语言的 pywin32 库包装了几乎所有的 Windows API,方便了 Python 的 COM 编程。通过 pywin32 库中 client 类的 Dispatch()方法,可以创建 ADO 中的连接对象、命令对象等,从而实现对数据库的连接和数据访问。

【例 10-16】 用 Python 编程实现例 10-1 中的系统功能,利用 pywin32 库的 ADO 功能实现对 SQL Server 数据库的访问。

```python
from win32com.client import Dispatch
from adoconstants import *
import sys
#定义 conn 是 ADO 中的连接对象
conn=Dispatch('ADODB.Connection')
#设置 conn 的连接字符串
conn.ConnectionString = "Provider=SQLOLEDB.1;Data Source=127.0.0.1; \
            uid=sa;pwd=123456;database=TMS"
conn.Open()
if conn.State == adStateOpen:                    #判定 conn 处于连接打开状态
    cmd = Dispatch('ADODB.Command')              #定义 cmd 是 ADO 的命令对象
    cmd.ActiveConnection = conn                   #指定 cmd 的数据库连接通道
else:
    print("数据库连接失败!")
    sys.exit(0)
cmd.CommandType = adCmdText                       #设置 cmd 的命令类型为文本
#加载 SQL 语句
cmd.CommandText = "SELECT sno, lno, score FROM grade WHERE lno in \
        (SELECT lno FROM lesson WHERE lname=?) AND sno in \
        (SELECT sno FROM student WHERE cno=?);"
#创建 SQL 语句需要的参数对象
param1 = cmd.CreateParameter('lname', adVarChar, adParamInput,300)
param2 = cmd.CreateParameter('cno', adChar, adParamInput,10)
#加载参数对象
cmd.Parameters.Append(param1)
cmd.Parameters.Append(param2)
cmd.Prepared = True                              #cmd 命令对象准备就绪
cno = input('请输入班级编号:')
lname = input('请输入课程名称:')
param1.Value = lname                             #参数赋值
param2.Value = cno
try:
#执行 cmd 的 SQL 语句,结果集放入记录集对象 rs,result 的值反映执行状态信息
    (rs, result) = cmd.Execute()
except:                                          #捕获所有异常
    print("\n 执行过程出现错误!")
    sys.exit(0)
cmd = None                                       #清空 cmd 对象
```

```
cmd = Dispatch('ADODB.Command')
cmd.ActiveConnection = conn
cmd.CommandType = adCmdText
cmd.CommandText = "UPDATE grade SET score = ? WHERE sno=? and lno=?;"
param1 = cmd.CreateParameter('score', adDecimal, adParamInput)
param2 = cmd.CreateParameter('sno', adChar, adParamInput,10)
param3 = cmd.CreateParameter('lno', adChar, adParamInput,10)
param1.Precision = 4
param1.NumericScale = 1
cmd.Parameters.Append(param1)
cmd.Parameters.Append(param2)
cmd.Parameters.Append(param3)
cmd.Prepared = True
while not rs.EOF:                                    #依次取出 rs 中的每条记录
    #输出每条记录的学号和成绩字段
    print("%s  %.1f" % (rs.Fields.Item("sno").Value, float(rs.Fields.Item("
score").Value)))
    yn = input('需要更新该成绩吗?(y/n):')
    if (yn in ('y', 'Y')):
        score = eval(input('请输入新的成绩:'))
        param1.Value = score
        param2.Value = rs.Fields.Item("sno").Value.strip()
        param3.Value = rs.Fields.Item("lno").Value.strip()
        try:
            cmd.Execute()
            print('修改成功!')
        except:
            print('修改失败!')
    rs.MoveNext()                                    #移至下一条记录
rs.Close()                                            #关闭记录集对象 rs
rs = None                                             #清空 rs
cmd = None
if conn.State == adStateOpen:
    conn.Close()                                      #关闭数据库连接
    conn = None
```

10.4.5 ADO.NET 数据库访问接口

ADO.NET 是 Microsoft 公司提供的面向对象、基于.NET 框架结构的数据库访问技术,是 ADO 技术的升级版本。ADO 数据访问技术在执行时会始终保持和数据源的连接,在 Web 应用环境下,这种连接方式耗费系统资源,从而降低系统性能。Microsoft 公司在 ADO 的基础上,增强对非连接编程模式的支持,应用程序只有在查询或更新数据时才需要连接数据源,无须一直保持连接,减轻了网络负载,提高了应用系统的效能。随着

Microsoft 公司的.NET 计划成形,增强的 ADO 改名为 ADO.NET,并包装到.NET FRAMEWORK 类别库中。

　　ADO.NET 是基于.NET 框架的一组用于和数据源进行交互的面向对象类库,其数据源可以是数据库,也可以是文本文件、Excel 表格,或者是 XML 文件。ADO.NET 以 XML 作为传送和接收数据的格式,因此与 ADO 相比,具有更大的兼容性和灵活性。

　　ADO.NET 的对象模型主要包括数据提供程序(Data Provider,又称托管提供程序)和数据集(DataSet),如图 10-8 所示。数据提供程序负责与物理数据源进行连接,数据集就像是驻留在客户端内存中的小数据库,能够实现无连接数据源的数据访问。

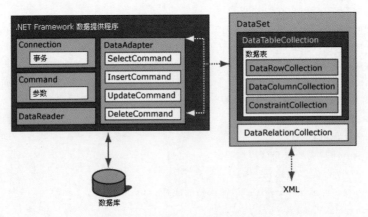

图 10-8　ADO.NET 数据对象模型

1. 数据提供程序

　　因为不同的数据源采用不同的协议,所以对于不同的数据源必须采用一组不同的类库,这些类库称为数据提供程序。数据提供程序通常是以与之交互的协议和数据源的类型来命名的。针对不同的数据库管理系统,ADO.NET 有 4 种数据提供程序,如表 10-9 所示。ADO.NET 通过数据提供程序连接到数据库服务器进行数据库访问。

表 10-9　ADO.NET 的 4 种数据提供程序

ADO.NET 数据提供程序	说　　明
SQL Server Data Provider	专门用来连接 SQL Server 7.0 及其以上的数据库管理系统,具有更高的安全性和连接效率
OLE DB Data Provider	用于连接支持 OLE DB 的数据库管理系统,如 Access、SQL Server 6.5 及其以下版本、DB2、Informix 等
ODBC Data Provider	用于连接通过开放数据库连接(ODBC)提供数据服务的数据库管理系统
Oracle Data Provider	用于 Oracle 数据源,支持 Oracle 客户端软件 8.1.7 版及更高版本

　　不同的数据提供者使用相似的对象与数据源进行交互。数据提供程序通常包括以下 4 个核心对象,不同的数据提供者的这 4 类对象略有差异。

　　(1) Connection 对象:用于创建应用程序和数据库之间的物理连接,应用程序要操作数据源,首先利用 Connection 对象连接上数据源。在连接字符串里描述数据库服务器类型、数据库名称、用户名、密码、数据库连接方式和连接数据库所需要的其他参数等。不同的数据提供者其 Connection 对象略有差异,分别在 Connection 对象前加上 API 前缀,如表 10-9 中的 4 种数据提供者的 Connection 对象分别为 SqlConnection、OleDbConnection、OdbcConnection 和 OracleConnection。

(2) Command 对象:用于向数据库发出查询、插入、修改、删除等数据操作指令,指令可以是 SQL 语句,也可以是某个存储过程。

(3) DataReader 对象:用于从数据源获得 SELECT 语句执行的查询结果集。DataReader 对象只能顺序地从结果集中取出数据,但其效率很高,而且在 DataReader 对象读取期间,应用程序必须始终保持和数据源的连接。DataReader 对象不能用代码直接创建,只能够通过调用 Command 对象的 ExecuteReader 方法创建。

(4) DataAdapter 对象:用于在数据源和 DataSet 之间执行数据传输,DataAdapter 对象通过 SelectCommand 属性设置对数据源的查询操作,并通过 Fill() 方法将查询结果填充到 DataSet 对象中,通过 InsertCommand 属性、UpdateCommand 属性和 DeleteCommand 属性的设置,使 DataSet 对象中的更新数据按指定的方式存回到数据源。DataAdapter 对象会自动打开或关闭连接,不需要用户管理数据源的连接操作。

2. 数据集

DataSet 数据集对象是记录在内存中的数据,类似于简化的关系数据库,主要用来支持断开式连接及分布式数据处理。它包含多个数据表 DataTable 对象,也包含定义数据表之间关系的 DataRelation 对象。每个数据表又包含数据行 DataRow、数据列 DataColumn 以及约束 Constraint 等对象。DataSet 中的数据可以来自于数据库,也可以是本地产生的。

3. 数据库操作方式

ADO.NET 提供了 4 种数据库操作方式来处理不同的数据操作需求,如图 10-9 所

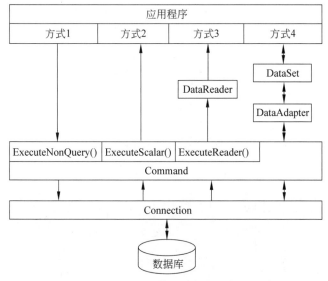

图 10-9　ADO.NET 的 4 种数据库操作方式

示。应用程序在创建好数据库连接的 Connection 对象后，可以通过 DataReader 对象、Command 对象和 DataSet 对象操作数据源中的数据。

方式 1：对于没有返回结果的单向操作，如 INSERT、UPDATE、DELETE 等，常使用 Command 对象中的 ExecuteNonQuery() 方法实现。

方式 2：对于只返回单个值的查询操作，常使用 Command 对象的 ExecuteScalar() 方法实现。

方式 3：对于只批量读取部分数据的查询操作，常使用 Command 对象的 ExecuteReader() 方法创建 DataReader 对象，并用 DataReader 对象的 Read() 方法读取查询结果的记录。

方式 4：对于需要查询并更新的双向操作，常使用 Command、DataAdapter 和 DataSet 对象，设置 DataAdapter 对象的 SelectCommand 等属性指向 Command 对象，执行 DataAdapter 对象的 Fill() 方法使应用程序自动连接到数据库，并将查询结果集填充到 DataSet 中，再自动关闭数据库的连接。若 Dataset 中的数据需要更新到数据库中，执行 DataAdapter 对象的 Update() 方法使应用程序自动连接到数据库并更新数据，再自动关闭数据库的连接。

前三种操作方式在数据库访问过程中始终保持连接状态，否则会产生异常现象，而第四种操作方式无须一直与数据库保持连接状态，属于非连接保持模式。

10.4.6 JDBC 数据库访问接口

在 Microsoft 公司不断推出各种数据库访问接口的同时，Sun 公司也推出了 Java 语言的数据库访问接口标准规范来规范客户端的应用程序，该接口即为 Java 数据库连接（Java database connectivity，JDBC）。JDBC 提供了一套完整的应用编程接口（API），允许 Java 各类型的可执行文件方便地访问到底层数据库。

JDBC 具有与 ODBC 一样的性能，应用系统的体系结构也比较相似，主要由 Java 应用程序、JDBC API、JDBC 驱动程序管理器和 JDBC 驱动程序组成，如图 10-10 所示。JDBC 驱动程序管理器接收来自 Java 应用程序通过 JDBC API 发出的对数据库的访问请求，根据访问的数据库类型，选择正确的 JDBC 驱动程序完成对数据库的访问。通过

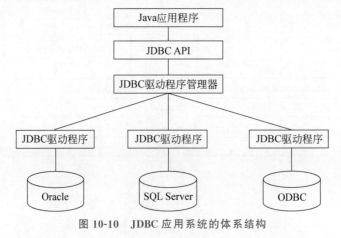

图 10-10 JDBC 应用系统的体系结构

JDBC 驱动程序管理器的管理,JDBC 实现了应用系统同时与多个数据库的连接,数据库的连接对 Java 应用程序是透明的。

JDBC API 为 Java 应用程序提供了 DriverManager、Driver、Connection、Statement、ResultSet、SQLException 等接口和类,实现对数据库的访问。

(1) DriverManager 类:管理一系列数据库驱动程序,并根据不同的连接请求,连接相应的数据库。

(2) Driver 接口:将自身加载到 DriverManager 中,处理与数据库服务器之间的通信。

(3) Connection 类:具有与数据库交互的所有方法,所有与数据库的通信必须通过 Connection 对象进行,用于执行 SQL 语句的 Statement 对象也要由 Connection 对象生成。

(4) Statement 类:用于执行 SQL 语句,更新语句使用 executeUpdate()方法实现,查询语句使用 executeQuery()方法实现,查询返回的结果集保存在 ResultSet 对象中。

(5) ResultSet 类:是一个迭代器,类似于游标,实现对结果集的遍历。

(6) SQLException 类:处理发生在数据库与应用程序交互中出现的异常。

JDBC 的驱动程序主要分为 JDBC-ODBC 桥驱动程序、本地 API 驱动程序、网络协议驱动程序、本地协议驱动程序 4 种。

(1) JDBC-ODBC 桥驱动程序:实际是把 JDBC 的调用传递给 ODBC,由 ODBC 调用数据库的本地驱动代码。几乎所有的数据库都支持 ODBC 访问,只要客户端具备 ODBC 驱动即可通过 JDBC-ODBC 桥实现对所有数据库的访问。但由于需要 ODBC 做中间过渡,执行效率较低,不适用大数据量的存取操作,也不适合基于 Internet 的应用程序。

(2) 本地 API 驱动程序:把 JDBC 调用直接转换为数据库的本地 API 调用。这种驱动相比于 JDBC-ODBC 桥驱动程序的执行效率明显提高,但仍需要在客户端预装数据库厂商提供的各自独立的代码库。

(3) 网络协议驱动程序:将 JDBC 对数据库的访问请求转换为与 DBMS 无关的网络协议,传递给中间件服务器,中间件服务器负责将请求翻译成符合某个数据库规范的调用,再传递给数据库服务器完成访问请求。网络协议驱动程序是基于中间件服务器的,不需要客户端加载任何数据库厂商提供的代码库,单个驱动程序实现了对多个数据库的访问,扩展性较好,但中间件服务器的运行也需要配置其他数据库驱动程序,增加的中间层没有使 JDBC 的执行效率达到最好。

(4) 本地协议驱动程序:完全由 Java 实现,通过 Socket 直接将 JDBC 调用转换为符合相关数据库规范的访问请求,具有平台独立性,不再依靠 ODBC 或服务器等中间层的过渡,执行效率非常高,数据库厂商直接提供驱动程序,不需要在客户端加载任何驱动程序。

本地协议驱动程序适合于访问单个数据库的 Java 应用程序;如果需要同时访问多个数据库类型,可选择网络协议驱动程序;本地 API 驱动程序可以是本地协议驱动程序和网络协议程序驱动的备选;JDBC-ODBC 桥驱动程序通常适合于开发和测试。

在典型的通用数据库访问接口中,用途最广、最底层的是 ODBC,几乎所有其他访问接口都可以调用它。OLEDB 和 JDBC 在 ODBC 的基础上进行了升级完善。ADO 和 ADO.NET 不是直接访问数据库的程序,而是快速访问通道。

10.5　小结

数据库应用系统的体系结构主要有两层的客户机/服务器体系结构(C/S 结构)和三层的浏览器/服务器体系结构(B/S 结构)。无论哪种体系结构,都涉及在应用程序中实现对数据库中数据的访问与处理,即数据库编程。

数据库的访问方式主要包括嵌入 SQL、使用各种数据库的专用访问接口和 ODBC、ADO 等通用的数据库访问接口实现对数据库的操作。

嵌入式 SQL 方式将 SQL 语句直接写入宿主语言的程序代码中,使应用程序具有访问和处理数据的能力。数据库编程主要解决应用程序与负责 SQL 语句执行的数据库执行引擎之间的数据通信,应用程序利用主变量向数据库执行引擎提供 SQL 语句执行时需要的参数,数据库执行引擎利用 SQL 通信区向应用程序提交 SQL 语句执行的结果和状态信息。当一条 ESQL 语句查询得到多条数据记录,还需要使用游标来依次提取每一条记录,再赋值给相应的主变量,由应用程序完成对查询结果的数据处理。为提高应用程序的执行效率,可将一些常用的业务功能用存储过程和函数来实现,提前编译和优化后置于数据库服务器中,供应用程序调用。为实现存储过程和函数,需使用 DBMS 产品对 SQL 进行扩展的过程语言。

嵌入 SQL 的应用程序在执行过程中要频繁地与数据库通信,限制了应用程序的执行效率。宿主语言为提高所编制的应用程序的移植性,开发了自己的数据库访问 API 规范,如 Python 语言提供了专门的第三方库实现对数据库的访问,利用不同的库实现对不同 DBMS 的访问。而大多数宿主语言则遵循 ODBC API 来提高程序的可移植性和 DBMS 独立性,同时 DBMS 厂商为减少针对不同宿主语言的开发维护成本,也遵循 ODBC 的 API,规范 DBMS 应用接口设计,提供数据库的驱动程序,使遵循 ODBC API 开发的应用程序可以实现对不同 DBMS 的访问,而且可以同时存取多个数据库中的数据。

为了使基于 ODBC 开发的应用程序不仅可访问关系数据源,还可以访问非关系数据源,需要遵循 OLEDB 数据访问标准。符合 ODBC 标准的数据源是符合 OLEDB 标准的数据源的子集。

OLEDB 标准的 API 只能供 C++ 语言调用,为了使流行的各种编程语言都可以编写符合 OLEDB 标准的应用程序,在 OLEDB API 之上,提供了一种面向对象、与语言无关的应用编程接口 ADO。ADO 在数据库和 OLEDB 中提供了桥梁,使用符合 ADO 的脚本程序可连接到 OLEDB 兼容的数据源。

基于.NET 框架结构,ADO 升级为 ADO.NET。ADO.NET 是一组用于和数据源进行交互的面向对象类库,其数据源可以是数据库,也可以是文本文件、Excel 表格,或者是 XML 文件。ADO.NET 以 XML 作为发送和接收数据的格式,与 ADO 相比,具有更大的兼容性和灵活性。

用 Java 语言编写的客户端应用程序,则遵循 JDBC 数据库访问接口标准规范。JDBC

具有与 ODBC 一样的性能,应用系统的体系结构也相似。

通用数据库访问接口中,ODBC 是用途最广、最基准的 API,OLEDB 和 JDBC 均是在 ODBC 的基础上进行升级完善的。ADO 和 ADO.NET 不是直接访问数据库的接口程序,而是连接应用程序与 ODBC 的快速访问通道。

习 题

1. 在 SQL Server 上创建学生选课数据库,编程完成以下功能,其中(1)~(3)用存储过程实现,(4)~(5)用函数实现。

(1) 统计离散数学的成绩分布情况,即按照各分数段统计人数。

(2) 统计任意一门课的平均成绩。

(3) 将学生选课成绩从百分制改为等级制(A、B、C、D、E)。

(4) 根据给定的学生学号,统计其平均成绩和总成绩。

(5) 根据给定的学生学号,统计其选课情况。

2. 在 MySQL 上定义学生选课数据库,编程实现将已在 SQL Server 上创建的学生选课数据库中的数据转移到 MySQL 上的学生选课数据库中。在程序中需配置两个不同的数据源,对异构数据库进行操作。

3. 利用 Python 语言,基于第 9 章所设计的教学信息管理系统数据库,编程实现统计某专业系学生中选修某门课程分数最高的学生学号、姓名和所得分数。

要求分别采用以下数据库访问方式:

(1) 用 pymssql 库实现对 SQL Server 数据库的访问。

(2) 用 pymysql 库实现对 MySQL 数据库的访问。

(3) 用 cx_Oracle 库实现对 Oracle 数据库的访问。

(4) 用 pyodbc 库实现对 SQL Server、MySQL 和 Oracle 数据库的访问。

(5) 用 pywin32 库的 ADO 功能实现对 SQL Server、MySQL 和 Oracle 数据库的访问。

第 11 章　数据库技术的发展

　　数据、应用需求和计算机相关技术的发展是推动数据库技术发展的三个重要因素。为了适应数据库应用多元化的要求,数据库领域的研究学者和技术人员一直在不断地探索。一方面立足于数据库已有的成果和技术,对其加以改进和发展,例如针对不同的应用,对 RDBMS 进行不同层次上的扩充;与其他学科的新技术紧密结合,丰富和发展数据库系统的概念、功能和技术。另一方面立足于新的应用需求和计算机未来的发展,研究全新的数据库系统。

　　本章将简单总结数据库技术及其 SQL 的发展历程和现状,介绍关系数据库在联机分析处理领域的应用发展,以及关系数据库面向分布应用与网络技术结合形成的分布式数据库体系架构及实现技术,最后介绍大数据应用环境下的 NoSQL 数据库系统及其典型的数据模型。

11.1　关系数据库技术的发展

　　从 20 世纪 60 年中期产生至今,虽然仅仅几十年的历史,但无论在理论还是应用方面,数据库技术都取得了巨大的发展,成为以数据模型和 DBMS 核心技术为主、内容丰富的一门计算机学科,并带动了 DBMS 产品及其相关工具和解决方案的产业发展,造就了 C. W. Bachman、E. F. Codd、Jim Gray 和 Michael Stonebraker 4 位图灵奖得主。

　　数据库技术从"理论研究"到"原型开发与技术攻关"再到"实际产品研制与应用"的螺旋式发展,使得数据库系统也在不断地更替、发展和完善,从而不断满足人们对信息资源的开发与利用的需要。

11.1.1　关系数据库的发展历程

　　1961 年,美国通用电气公司的 Charles W. Bachman 主持开发了世界上第一个网状数据库管理系统 IDS(integrated data store),并基于 IDS 首次提出了数据库系统的三层体系结构的概念,奠定了 ANSI/SPARC 三级体系结构标准的基础。他也因此贡献于 1973 年获得图灵奖。

　　1968 年,IBM 公司开发了首个基于层次数据模型的大型数据库系统产品 IMS(information management system)。

　　1970 年,IBM 公司 San Jose 实验室的研究员 Edger F. Codd 在美国计算机学会会刊 *Communications of the ACM* 上发表了题为 *A Relational Model of data for Shared Data Banks*(大型共享数据库的关系模型)的论文,首次提出了关系模型的概念。这篇论文被普遍认为是数据库系统发展历史上具有划时代意义的里程碑。后来 Codd 又陆续发表多篇文章,论述了范式理论和衡量关系系统的 12 条准则(见表 11-1),用数学理论奠定了关系数据库的理论基础。Codd 也因此贡献于 1981 年获得图灵奖。

表 11-1　衡量关系系统的 12 条准则

准　　则	内　　容
基础(准则 0)	一个关系 DBMS 必须能完全通过它的关系能力来管理数据库
准则 1	信息准则
准则 2	保证访问准则
准则 3	空值的系统化处理
准则 4	基于关系模型的动态的联机数据字典
准则 5	统一的数据子语言准则
准则 6	视图更新准则
准则 7	高级的插入、修改和删除操作
准则 8	数据物理独立性
准则 9	数据逻辑独立性
准则 10	数据完整性的独立性
准则 11	分布独立性
准则 12	无破坏准则

1973 年,在美国加州大学伯克利分校任教的 Michael Stonebraker(迈克尔·斯通布雷克),研发了第一个关系数据库管理系统 Ingres,将 Codd 的关系模型落地成为产品。

Codd 提出关系模型之后,IBM 公司在 San Jose 实验室增加更多的研究人员来研究论证全功能关系 DBMS 的可行性,这个项目就是 System R 系统。Jim Gray 也曾参与该项目的研发。该项目 1979 年结束,完成了第一个实现 SQL 的 DBMS。

作为 System R 项目的一部分,一种交互式关系数据库查询语言 SQUARE 被开发出来。1974 年,IBM 公司的 Ray Boyce 和 Don Chamberlin 对 SQUARE 语言进行了改进,将 Codd 提出的关系数据库的 12 条准则的数学定义以简单的关键字语法表现出来,使其比较接近于自然语言,并把语言改名为 SEQUEL(structured english query language)。1981 年,IBM 公司在 System R 的基础上推出了商品化的关系数据库管理系统 SQL/DS,并用 SQL 代替了 SEQUEL。1986 年 10 月,美国国家标准协会(ANSI)公布了第一个 SQL 标准;1987 年 6 月,国际标准化组织(ISO)将其采纳为国际标准 SQL-86。

1976 年,Codd 发表了论文 A System R：Relational Approach to Database Management(R 系统：数据库关系理论),介绍了关系数据库理论和查询语言 SQL。Oracle 公司的创始人 Larry Ellison 在这篇文章的启发下,开发了第一个商用 DBMS,即 Oracle 1.0。

1976 年,Jim Gray 针对数据库产品在应用过程中出现的并发事务和故障带来的数据不一致问题,提出了事务处理技术,为数据库系统的应用奠定了坚实基础,使得 DBMS 在实现事务处理机制以后广泛应用于银行、金融等行业。Gray 也因此贡献获得 1998 年的图灵奖。

至此,关系数据库逐渐发展和成熟起来,确定了以关系模型理论、关系数据库标准语言 SQL、查询优化技术、事务处理等一系列关键技术为代表的数据库理论和系统实现技术。围绕 RDBMS,形成了一个完整的生态系统(厂商、技术、产品、服务等),提供了包括数据采集、数据清洗和集成、数据管理、数据查询和分析、数据展现(可视化)等技术和产品,创造了巨大的数据库产业。

11.1.2　关系数据库的功能扩展

关系数据库理论和系统实现技术的发展也在不断地与新需求、新技术相结合。由于关系模型具有规范的行列结构,因此存储在关系数据库中的数据通常也被称为"结构化数据"。RDBMS 厂商通过扩展关系模型,可支持半结构化和非结构化数据的管理,包括 XML 数据、多媒体数据等,并且通过用户自定义类型和用户自定义函数提供面向对象的处理能力,进而巩固了关系数据库的王者地位。其中,Michael Stonebraker 不仅领导开发了对象关系数据库系统 Postgres 等,同时他在"One size does not fit all"的思想指导下,开发了一系列的专用关系数据库产品,例如流数据库管理系统、内存数据库管理系统、列存储关系数据库系统、科学数据库管理系统等。他也因"对现代数据库系统底层的概念与实践所做出的基础性贡献"于 2015 年获得图灵奖。

同时,SQL 标准也不断扩充对新的数据类型的支持,如 SQL 2003、SQL 2006 中包含了 XML 相关内容,定义了结构化查询语言与 XML(包括 XQuery)的关联应用,SQL 2008、SQL 2011、SQL 2016 分别增加了一些新的语法、时序数据类型及对 JSON(JavaScript object notation)等多样化数据类型的支持。

在数据库系统实现方面,关系数据库从传统的以磁盘存储为中心的优化技术逐渐转移到以内存为主存储的优化技术,存储模型、查询优化算法、查询执行方法等采用新的设计;高性能内存计算推动了传统相互分离的事务处理与分析处理融合到一个数据库系统中,推动实时分析处理技术的发展;数据库从集中式设计转向横向扩展架构,通过分布式数据存储、分布式查询处理、分布式事务处理等技术支持高可扩展的数据库架构;根据新型硬件的特性,开始设计新的查询优化和系统实现技术,支持数据库从传统硬件平台向新硬件平台的迁移。

容易理解的数据模型、容易掌握的查询语言、高效的存储管理和查询处理性能、完善的 ACID 特性、通用的数据库访问标准接口及丰富的开发工具,使得关系数据库成为数据管理的首要选择。

面对大数据浪潮,在很多的大数据应用中,特别是面向非结构化数据处理领域的互联网应用,关系数据库呈现出难以建模、扩展性较低、查询处理延迟较高,以及对文档、XML 文件、JSON 文件等非结构化数据的管理能力不足等劣势。这也催生了 NoSQL(Not only SQL)数据库技术的发展。

当前的大数据技术一方面通过设计新的数据库模型,例如键值模型、文档模型、图模型等,以及构建高可扩展的分布式处理技术,例如 MapReduce 等,扩展了数据库在大数据分析领域的应用;另一方面也推进了关系数据库技术在一些大数据分析领域处理能力的提升,使关系数据库与非结构化数据处理技术相结合,推动了 SQL on Hadoop 技术的发展,通过大数据平台扩展 SQL 的分布式查询处理能力,扩展了关系数据库的应用领域;也出现了一些在系统扩展性、大数据量支持等方面与 NoSQL 数据库特征相近,但保持关系数据库的 ACID 特性和高性能特征的 NewSQL 数据库系统,如 OceanBase。

有关数据处理领域、分布式系统架构、非结构化数据和 NoSQL 数据库等内容将在后面分别介绍。

11.2　联机分析处理与数据仓库

关系数据库系统最初主要用于事务处理领域,应用于各种业务系统,因此需要管理业务状态,这类应用称为联机事务处理(online transaction processing,OLTP)。为了使建立在事务处理环境上的数据库,能更好地满足决策者和管理人员对数据的复杂查询和分析需求,RDBMS 提供了联机分析处理(online analytical processing,OLAP)技术。

11.2.1　联机分析处理

传统的数据库技术基于单一的数据资源,它以数据库为中心,进行从事务处理、批处理到决策分析等各种类型的数据处理工作。然而,不同类型的数据处理有着不同的处理特点,以单一的数据组织方式组织的数据库并不能反映这种差别,满足不了数据处理多样化的要求。随着对数据处理认识的逐步加深,人们认识到数据库系统的数据处理应当分为两类,以操作为主要内容的操作型处理和以分析决策为主要内容的分析型处理,即联机事务处理(OLTP)和联机分析处理(OLAP)。

操作型处理也称为事务处理,它是指对数据库进行联机的日常操作,主要包括对数据进行增加、删除、修改和查询,以及简单的汇总操作,涉及的数据量一般比较少,事务的执行时间一般比较短,例如银行的交易系统。分析型处理(包括联机分析和数据挖掘等)则需要扫描大量的数据,进行分析、聚集操作,最后获得数据量相对小得多的聚集结果和分析结果;有的分析需要对数据进行多遍扫描,分析查询的时间达数分钟或数小时,例如金融风险预测系统。

分析型处理与操作型处理不同,不但要访问来自联机的事务处理系统的数据,而且要访问大量脱机的历史数据,甚至需要异构的外部数据库提供相关数据。

【例 11-1】　某公司有一个有关汽车销售的数据库,数据库模式包括三个关系模式:

```
Sales(serialNo,date,dealer,price)
Autos(serialNo,model,color)
Dealers(name,city,state,phone)
```

一个典型的 OLTP 查询如“查找某城市销售的序列号为 123456 的汽车价格”,查询仅涉及关系表中的若干元组。而一个典型的 OLAP 查询可能要检索 2005 年 1 月 1 日以后的汽车销量,并查看各城市近年来每种车辆的平均价格走向等,该查询将涉及数据库中的大多数数据,并通过各城市的经销商和车辆型号对近来的销售进行分类。

传统数据库技术不能反映这种处理差异,它满足不了数据处理多样化的要求。要提高分析和决策的有效性,需要把分析型数据从操作型(事务处理)环境中分离出来,使分散的、结构不一致的操作数据转换为集成、统一的信息,按照分析型(决策支持)系统处理的需要进行重新组织,建立单独的分析处理环境。数据仓库正是为了构建这种新的分析处理环境而出现的一种数据管理的有效系统。

11.2.2 数据仓库

1988 年,为解决企业数据集成问题,IBM 公司的研究员 Barry Devlin 和 Paul Murphy 提出了"数据仓库"(data warehouse)的概念。IT 厂商随后开始构建实验性的数据仓库。1991 年 W.H.Inmon 发表了著作 *Building the Data Warehouse*,使得数据仓库真正开始应用。

1. 数据仓库的概念

W.H.Inmon 对数据仓库进行了描述:数据仓库是一个用于决策支持的、面向主题的(subject oriented)、集成的(integrated)、相对稳定的(nonvolatile)、反映历史变化(time-variant)的数据集合。数据仓库本质上和数据库一样,是长期存储在计算机中的、有组织的、可共享的数据集合。

对于数据仓库的概念可以从两个层次加以理解。首先,数据仓库用于支持决策,面向分析型数据处理,它不同于企业现有的操作型数据库;其次,数据仓库是对多个异构的数据源的有效集成,集成后按照主题进行重组,并包含历史数据,而且存放在数据仓库中的数据一般不再修改。

根据数据仓库概念的含义,数据仓库具有以下 4 个特点。

(1) 数据仓库是面向主题的。

操作型数据库的数据组织面向事务处理任务,各个业务系统之间各自分离,而数据仓库中的数据是按照一定的主题域进行组织,并为特定的数据分析领域提供数据支持。相对面向应用的数据组织而言,按照主题进行数据组织的方式是将信息系统中的数据进行综合、归类并分析利用。主题是用户使用数据仓库进行决策时所关心的重点方面,对应于企业或组织中某一宏观分析领域所涉及的分析对象,可按数据对象所代表的业务内容划分,一个主题通常与多个操作型信息系统相关。

(2) 数据仓库是集成的。

面向事务处理的操作型数据库通常与某些特定的应用相关,数据库之间相互独立,并且往往是异构的,异种数据源可能包括关系数据库、面向对象数据库、文本数据库、Web 数据库、一般文件等,原始数据中会有许多冲突之处,如数据的同名异义、异名同义、单位不一致、长度不一致等。而数据仓库中的数据是在对原有分散的数据源中的数据进行抽取、清理的基础上经过系统加工、汇总和整理得到的,必须消除源数据中的冲突,以保证数据仓库内的信息是关于整个企业的一致的全局信息。

(3) 数据仓库是不可更新的。

操作型数据库中的数据通常实时更新,数据根据需要及时发生变化。数据仓库主要是为决策分析提供数据,所涉及的操作主要是数据的查询,一般情况下并不需要对数据进行更新操作,通常只需要定期加载、刷新。一旦某个数据进入数据仓库以后,一般情况下将被长期保留。数据仓库存储的是相当长一段时间内的历史数据,是不同时间点的数据库的结合,以及基于这些数据进行统计、综合和重组导出的数据,不是联机处理的数据。因而,数据在进入数据仓库以后一般是不更新的,是稳定的。

（4）数据仓库是随时间而变化的。

虽然数据仓库中的数据一般是不更新的,但是数据仓库的整个生存周期中的数据集合却是会随着时间的变化而变化的,主要表现在以下三方面。

首先,数据仓库随着时间的变化会不断增加新的数据内容。数据仓库系统必须不断捕捉联机处理数据库中新的数据,追加到数据仓库中去,但新增加的变化数据不会覆盖原有的数据。

其次,数据仓库随着时间的变化要不断删去旧的数据内容。数据仓库中的数据也有存储期限,一旦超过了这一期限,过期的数据就要被删除。数据仓库中的数据并不是永远保存,只是保存时间更长而已。

最后,数据仓库中包含大量的综合数据,这些综合数据很多与时间有关,如数据按照某一时间段进行综合,或者每隔一定时间片进行抽样等,这些数据会随着时间的不断变化而不断地重新综合。

2. 数据仓库系统的架构

数据仓库是决策支持系统和联机分析应用数据源的结构化数据环境。数据仓库的体系结构如图 11-1 所示,由数据源、数据仓库服务器（含后台工具）、决策支持工具（即 OLAP 服务器）和前台工具组成。

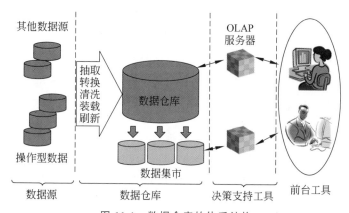

图 11-1 数据仓库的体系结构

1）数据源

数据源是数据仓库系统的基础,是整个系统的数据源泉,通常包括企业内部信息和外部信息。企业内部信息包括存放于 RDBMS 中的各种业务处理数据和各类文档数据;企业外部信息包括各类法律法规、市场信息和竞争对手的信息等。

2）数据仓库服务器

数据仓库服务器是整个数据仓库系统的核心,相当于数据库系统的 DBMS,负责数据仓库中数据的存取和管理,并给 OLAP 服务器和前台工具提供接口。

针对现有各业务系统的数据,从数据源抽取(extract)出所需的数据,经过数据清洗(clean)、转换(transform),按照预先定义好的数据仓库模型,将数据加载(load)到数据仓库中。

数据仓库按照数据的覆盖范围可以分为企业级数据仓库和部门级数据仓库(通常称为数据集市(data marts)。一个主题在数据仓库中即为一个数据集市,数据集市体现了某一方面的信息,多个数据集市构成了数据仓库。

3) OLAP 服务器

OLAP 服务器对分析需要的数据进行有效集成,按多维模型来组织,以便进行多角度、多层次的分析,并发现趋势。OLAP 服务器透明地为前台工具和用户提供多维数据视图,用户不必关心它的分析数据(多维数据)到底存储在什么地方,是怎样存储的。

4) 前台工具

前台工具主要包括各种报表工具、查询工具、数据分析工具、数据挖掘工具以及各种基于数据仓库或数据集市的应用开发工具,使得普通用户可以方便地使用数据仓库。

OLAP 工具是整个数据仓库解决方案中不可缺少的一部分,目前市场上有许多这类成熟的产品。但 OLAP 工具提供的是多维分析和辅助决策功能,对于深层的分析和发现数据中隐含的规律和知识,则要由数据挖掘技术和相应的软件来完成。

数据仓库如同一座巨大的矿藏,有了矿藏而没有高效的开采工具是不能把矿藏充分开采出来的。数据仓库需要高效的数据分析工具来对它进行挖掘。20 世纪 80 年代,数据库技术得到了长足的发展,出现了一整套以数据库管理系统为核心的数据库开发工具,如 FORMS、REPORTS、MEHUS、GRAPHICS 等,这些工具有效地帮助数据库应用程序开发人员开发出了一些优秀的数据库应用系统,使数据库技术得到了广泛的应用和普及。人们认识到,仅有引擎(DBMS)是不够的,工具同样重要,近几年发展起来的数据挖掘技术及其产品已经成为数据仓库矿藏开采的有效工具。

11.2.3 多维数据模型

为了构建满足决策和数据分析需要的数据仓库,在确定主题、选择平台后,要建立数据仓库的数据模型。对于已有的操作型数据的逻辑数据模型,则要转化为数据仓库的数据模型,在转化过程中可能要删除某些用于操作处理的数据项,增加时间属性,增加一些经常需要分析的派生数据,以及加入不同级别粒度的汇总数据等。

1993 年,E.F.Codd 提出了适合联机分析处理(OLAP)的多维数据库和多维分析的概念,多维模型成为常用的数据仓库的数据组织模型。多维模型选定一些属性作为分析的维度,另一些属性作为分析的对象。维属性通常根据值的包含关系形成一个层次,便于实现快速分析。

多维数据模型的实现方式可以分为 ROLAP(关系 OLAP)、MOLAP(多维 OLAP)和 HOLAP(混合 OLAP)等多种结构。ROLAP 基本数据和聚合数据均存放在 RDBMS 中;MOLAP 基本数据和聚合数据均存放于多维数据库中;HOLAP 基本数据存放于 RDBMS 之中,聚合数据存放于多维数据库中。

1. 多维 OLAP 结构

MOLAP(multidimension OLAP)结构直接以多维空间或"立方体"(cube)来组织数据。维度是要分析的角度,对例 11-1 中的 Sales,我们希望按产品、销售商和时间进行分析,可用图 11-2 中的三维数据对应 Sales 中的 car、dealer 和 date,因此可以把立方体中的每个点看作单独一辆汽车的销售,而维表示该销售的特性。多维数据在存储中将形成立方体的结构,如图 11-2 的数据空间被非正式地称为"数据立方体",相关概念如下。

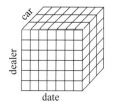

图 11-2　数据立方体

(1) 立方体:用三维或更多的维数描述一个对象,每个维彼此垂直。数据的度量值发生在维的交叉点上,数据空间的各个部分都有相同的维属性。

(2) 维(dimension):是人们观察数据的特定角度,是考虑问题时的一类属性,属性的集合构成一个维(如时间维、机构维等)。

(3) 维分层:同一维度还可以存在细节程度不同的各个描述方面(如时间维可包括年份、季度、月份、旬和日期等)。

(4) 维属性:维的一个取值,是数据项在某维中位置的描述(如"某年某月某日"是在时间维上位置的描述)。

(5) 度量:立方体中的单元格,用以存放数据。

MOLAP 以多维数组来存储数据,支持对多维数据的各种操作,如切片(slice)、切块(dice)、旋转(pivot)、向上综合(roll up)和向下钻取(drill down)等。通过这些操作,使用户能从多个角度、多个侧面观察数据、剖析数据,从而深入地了解包含在数据中的信息和内涵。

2. 关系 OLAP 结构

ROLAP(relational OLAP)结构用 RDBMS 或扩展的 RDBMS 来管理多维数据,用关系表来组织和存储多维数据。同时,它将多维立方体上的操作映射为标准的关系操作。

在这些关系表中,有一个中心关系或数据集合,称为事实表(fact table)。一个事实表表示感兴趣的事件或对象,如例 11-1 中的 Sales。事实表描述和存储多维立方体的度量值及各个维的键值。另外一些表称为维表,即对每个维至少使用一个表来存放维的层次、成员类别等维的描述信息。维表和事实表通过主键和外键联系在一起,形成"星形模式"。事实表在"星"的中心,事实表一般很大,维表一般较小。对于层次复杂的维,为了避免冗余数据占用过大的存储空间,可以使用多个表来描述,这种模式称为"雪花模式"。雪片模式就是对维表按层次进一步细化后形成的。

【例 11-2】　对例 11-1,若用星形模式来组织和存储数据,关系 Sales(serialNo,date,dealer,price)是一个事实表,Autos、Dealers、Date 是三个维表,如图 11-3 所示。

图 11-3　星形模式

3. 混合 OLAP 结构

HOLAP(hybird OLAP)中基本数据存放在关系数据库中,聚合数据存放在多维数据库中。HOLAP 存储模式结合了 MOLAP 和 ROLAP 二者的特性,能满足用户各种复杂的分析请求。一般情况下,混合 OLAP 存储模式适合于对基于大量源数据的汇总,能够实现快速查询响应的多维数据集中的分区。

总之,MOLAP 适合于服务器存储空间比较大、频繁使用的多维数据集中的分区和对快速查询响应的需要;ROLAP 通常用于服务器存储空间比较小、不经常查询的大数据集,如年份较早的历史数据;如果磁盘存储空间的物理限制是一个严重的问题,而对于源数据的查询性能的要求不是很重要,则 HOLAP 是一种比较好的存储模式。

11.3　分布式数据库系统

20 世纪 70 年代,由于计算机网络通信技术的迅速发展,以及地理上分散的公司、企业和组织对数据库更为广泛应用的需求,在集中式数据库系统成熟的基础上产生和发展了分布式数据库系统(distributed database system,DDBS)。

分布式数据库系统的研制开始于 20 世纪 70 年代后期,美国计算机公司于 1976—1978 年设计出了 DDMS 的第一代原型 SDD-1,并于 1979 年在 DEC-10 和 DEC-20 计算机上实现该系统。以后陆续出现了 System R、分布式 INGRES、POREL 等分布式数据库的实验系统。随后,商业化的 DBMS,如 Oracle、Sybase、DB2 等都从 DDBS 研究中吸取了许多重要的概念、方法和技术,实现了相当程度上分布式数据管理功能,支持异构数据库系统的访问和集成功能。随着 Internet 和 Web 的蓬勃发展,Web 环境下的分布式系统已成为当今应用的主流,大数据环境下更凸显了分布式数据管理的重要地位。分布式系统的概念、基本理论,及其相应的技术对分布式数据处理的研究起着重要的指导作用。

11.3.1　分布式数据库系统的概念

分布式数据库系统是数据库技术和网络技术有机结合的产物。分布式数据库系统可使数据合理地分布在网络的不同结点上,以提高数据查询效率、降低系统维护费用并提高系统的安全可靠性。

那么什么是分布式数据库系统呢?分布式数据库系统是地理上分散而逻辑上集中的数据库系统,通常是由计算机通信网络将地理上分散的各逻辑单位连接而组成的,如图 11-4 所示。被连接的逻辑单位称为结点(node)或场地(site),指物理上或逻辑上的一台计算机(或集群系统),有时结点更强调是计算机和处理能力,而场地更强调是地理位置和通信代价。

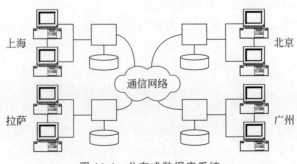

图 11-4　分布式数据库系统

分布式数据库系统的组成包括分布式数据库(distributed database,DDB)和分布式数据库管理系统(distributed database management system,DDBMS)。分布式数据库是系统中分布在网络上各结点的逻辑相关的数据集合,DDBMS 负责对分布式数据库中的数据进行管理和操作。

分布式数据库系统与集中式数据库系统相比呈现出如下一些特点。

(1)数据的物理分布性。在分布式数据库中,所有数据并不安排在一个场地上,而是以一定的策略分布存储在各场地。数据分布是由于组织机构自身分布在若干结点上,而每个结点都有主要与该结点密切相关的数据。例如,一个银行可能有许多分行,每个分行将保存该分行(城市)维护的账户数据库。客户可以选择在任何一个分行存取款,但常常会在"自己的"的分行(即保存该客户账户数据的分行)存取款。而各个分行的记录都有备份,这个备份可能既不在分行机构,也不在中央机构。

(2)数据的逻辑相关性。数据虽然分布在不同的结点上,但是这些数据并不是互不相关的,各结点的数据在逻辑上是一个统一的分布式数据库,由 DDBMS 负责对分布式数据库中的数据进行管理和操作。

(3)区域自治性(local autonomy)。在系统中各结点除了能通过网络协同完成全局事务外,还保持自己结点的自治性。也就是说,分布式数据库系统的每个结点又是一个独立的数据库系统,除了拥有自己的硬件系统(CPU、内存和磁盘等)外,还拥有自己的数据库和用户,运行自己的 DBMS,执行局部应用,具有高度的自治性。

在分布式数据库系统中,许多相对自治的处理器可能参与同一数据库操作,分布式处理增加了数据库系统各个方面的复杂性。集中式数据库系统的许多概念,如数据独立性、查询处理与优化、并发控制与恢复等,在分布式数据库系统中都有了更加丰富的内容,即使是 DBMS 的最基本的组成部分的设计,也需要重新考虑。因为,在分布式数据库系统中,由于通信开销可能比内存处理开销要大得多,结点之间的数据传输变得更加关键。本节将介绍需考虑的一些基本问题。

11.3.2 数据分布

与集中式数据库系统比较,在分布式数据库设计中,最基本的问题就是数据的分布问题,即如何对全局数据库进行逻辑划分和实际物理分配。

1. 数据分片

DDBMS 对分布于不同场地上的数据实现逻辑统一管理,有效地对数据分片(data fragmentation)是 DDBS 的核心问题之一。数据分片就是把数据库分割成若干不同的子集,每个子集被分配到一个特殊的场地。具体的分片方式有以下三种。

(1)水平分片:按一定条件通过选择运算把全局关系的所有元组分成若干不相交的子集,每个子集是关系的一个片段(fragment)。

(2)垂直分片:通过投影运算来实现,即先把一个全局关系的属性集分成若干子集,然后在这些子集上进行投影运算,得到的结果即为垂直分片。

(3)混合型分片:按照上面两种方式的一种先进行分片,然后对分片的结果用另外一种方式再分片,这种方式称为混合型分片。

在分片时,要保证全部关系的所有数据必须映射到各个片段中,不允许出现某些数据属于全局关系但不属于任何片段;一个全局关系被划分后得到的各个数据片段必须是相互不重叠的,并且能够由各个片段来重建全局关系。

2. 数据分配

对片段的存储场地的指定,称为分配(allocation)。决定数据分配策略的因素有片段的大小、场地上数据的存储代价、具体的应用需求、不同场地间的数据通信代价等。

当一个片段存储在一个以上的场地时,称为数据复制(replication)存储,相同片段互称为副本;如果每个片段只存储在一个场地上,则称为数据分隔(partition)存储。其中,采用数据复制存储是分布式数据库系统的一个重要特点。

(1)根据更新传播方式不同,数据复制分为同步复制与异步复制。

同步复制方法是指所有场地上副本总是具有一致性,其优势是实时保证了副本数据的一致性。

异步复制则不要求数据副本的实时一致性,可提高系统效率。

(2)根据参与复制的结点间的关系不同,数据复制分为主从复制和对等复制。

主从复制也称单向复制,副本所在的场地分为主场地和非主场地,主场地上的副本为主副本(primary copy),非主场地上的副本为从副本,数据更新只在主副本上进行,并同步到从副本上。主从复制实现简单,易于维护数据一致性。

对等复制也称双向复制,各场地的地位对等,可更新任何一个副本,被更新的副本临时转换为主副本,其他为从副本。对等复制中,各场地具有高度自治性,系统可用性好。

对于 DDBS,网络上的数据传输量是影响数据处理效率的主要代价之一。采用数据的分片和复制存储策略,可根据应用需要将频繁访问的数据分片存储在尽可能近的场地上,进行本地数据访问,减少网络负载;可进行并行处理,均衡负载,提高系统性能;如果一个结点发生故障,系统可对另一场地的相同副本进行操作,并可用这些副本来进行恢复,提高了系统的可用性。

3. 分布透明性

DDBS 中的分布式数据库是整个分布式系统的全局数据库,用全局概念模式来描述,而全局数据库中的数据实际上分布存储在各个场地的局部数据库中,用局部概念模式和局部内模式来描述。应用程序面向的则是全局外模式,DDBS 仍具有数据独立性。同时,DDBS 还具有数据分布独立性,分布独立性也称分布透明性(distribution transparency)。

分布透明性是指用户不必关心数据的逻辑分片,不必关心数据及副本的物理位置的分布细节以及局部场地上数据库的数据模型等。分布透明性包括如下几方面。

(1)分片透明性(fragmentation transparency):是指用户或应用程序只对全局关系进行操作而不必考虑数据的分片,分片模式改变时,只须改变全局模式到分片模式的映像,而不影响全局模式和应用程序。

(2)复制透明性(replication transparency):支持复制的系统也应该支持复制独立性,用户不必关心数据有多少复制的副本。逻辑上用户的行为应该就像数据并没有被复制一样。

（3）位置透明性（location transparency）：使得用户和应用程序不必知道它所使用的数据在什么场地，不管数据在本地数据库中还是在外地的数据库中。用户或应用程序只要了解分片情况，但不必了解片段的存储场地。当存储场地发生变化时，只须改变分片模式到分布模式的映像，而不影响分片视图、全局视图和应用程序。

DDBS 因具有分布透明性，可以在任意时刻重新分片，允许数据迁移，可以随时创建或销毁副本，用户无须知道数据的物理位置。应用程序能够对分布在不同结点中的数据分片进行透明的操作，这些不同的数据分片可以是由在不同机器上运行的、由不同操作系统支持和不同的通信网络连接的不同的 DBMS 来管理的。应用程序所操作的数据仿佛完全是由运行在一台机器上的单一 DBMS 来管理的。

11.3.3 分布式查询处理

DDBMS 接受应用程序基于全局模式的全局查询命令，根据数据的分布信息将一个全局查询命令转化为面向各个结点的子查询命令，同时将一个全局事务分解为相应的子事务分布式处理。全局查询涉及多个结点的数据，因此分布式数据库系统中的查询处理较集中式数据库系统复杂，并且更重要，查询优化效果更显著。

在分布式数据库系统中，查询处理的时间不仅包括在某个结点上进行连接操作的时间（主要包括 I/O 操作时间和 CPU 处理时间），还要考虑查询处理中的通信时间，决定于数据传输速度和传输延迟，而且通信时间是最主要的开销。因此，在分布式数据库系统中查询优化的首要目标是：查询执行时其通信代价最小。

【例 11-3】 对于第 3 章习题中的供应商-零部件-工程数据库，包括 S、P、J 和 SPJ 这 4 个关系模式，假设库中的表在分布式系统中存储，评估查询"所有供应红色零件的上海供应商的供应商代码"的通信代价。

$$S(\underline{SNO},SNAME,STATUS,CITY)$$
$$P(\underline{PNO},PNAME,COLOR,WEIGHT)$$
$$J(\underline{JNO},JNAME,CITY)$$
$$SPJ(\underline{SNO,PNO,JNO},QTY)$$

根据数据库模式，此查询可用如下两个关系代数表达式来表达，也体现了两种计算过程。

$$\pi_{SNO}(\sigma_{CITY='上海'}(S) \bowtie SPJ \bowtie (\sigma_{COLOR='红色'}(P)))$$
$$\pi_{SNO}(\sigma_{CITY='上海' \wedge COLOR='红色'}(S \bowtie SPJ \bowtie P))$$

此查询不涉及工程表 J，假设 S 表和 SPJ 表存储在场地 A，P 表存储在场地 B。表 S、P 和 SPJ 中的元组数分别为 1 万、10 万和 100 万，每个元组长度 200 位，其中红色零件数只有 10 个，上海供应商的供货单数为 10 万个。依据参与运算的是所有元组还是满足条件的元组，是发送数据到另一场地还是发送消息，则可能的分布查询策略有 6 种，如图 11-5 所示。

若数据传输率为 50000bps，访问时延为 0.1s，由式（11-1），可得到 6 种分布查询策略的通信开销，见表 11-2。

通信时间（T）＝总的访问时延 ＋ 总传输数据量 ／ 数据速率 　　　　　（11-1）

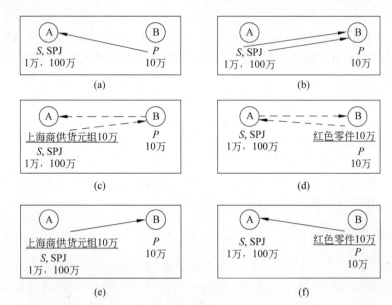

图 11-5　例 11-3 的分布查询策略（实线表示传输数据、虚线表示传输消息）

表 11-2　分布查询策略及通信开销

序号	查 询 策 略	通 信 时 间
1	把表 P 中所有元组发送到场地 A	$T=0.1+(100\,000\times200)\div50\,000\approx6.67(\text{min})$
2	把表 S 和表 SPJ 中所有元组发送到场地 B	$T=0.2+((10\,000+1\,000\,000)\times200)/50\,000\approx1.12(\text{h})$
3	对每个上海供应商的供货元组，在 B 场地查询零件是否为红色	$T\approx100\,000\times0.2\approx5.56(\text{h})$
4	对每个红色零件元组，在 A 场地查询供应该红色零件的是否是上海供应商	$T\approx10\times0.2\approx2.0(\text{min})$
5	把所有上海供应商的供货元组发送到 B 场地	$T=0.1+(100\,000\times200)\div50\,000\approx6.67(\text{min})$
6	把红色零件元组发送到 A 场地	$T=0.1+(10\times200)\div50000\approx0.1\text{s}$

从表 11-2 可以看出，第 7 章所讲的关系代数优化仍然是很重要的，数据传输率和访问时延在分布式系统中也是影响性能的重要因素。不同的查询策略通信时间相差很大，可达多个数量级。对于最差的策略，与通信时间相比，计算和 I/O 时间是可以忽略不计的。

由于不同结点之间的连接操作和并操作是数据传输的主要原因，因此，连接查询的优化在分布式数据库系统的优化中也是着重要考虑的。目前对连接查询的优化，常用的一种策略是使用半连接（R 和 S 的自然连接只在关系 R 或关系 S 的属性集上的投影）来缩减关系（或片段），进而节省传输开销。

11.3.4　分布式事务管理

数据分布的结果是一个事务可能涉及多个结点上的数据，事务不再是单个结点上的单个处理器所执行的一段代码。因此,事务是分布执行的,可以把一个事务看成是由不同结点上的若干子事务组成的。

在分布式数据库系统中,一个全局事务会涉及多个结点上的数据更新。分布式事务的原子性是:组成该事务的所有子事务要么一致地全部提交,要么一致地全部回滚(all-or-nothing)。在多用户的分布式系统中,也必须保证分布事务的可串行性。因此,分布式事务管理也主要包括事务的恢复和并发控制两方面。

1. 分布式事务的恢复

在分布式数据库系统中,各个结点除了可能发生类似于集中式数据库系统的那些故障外,还会出现通信网络中通信信息丢失、长时间延迟、网络线路中断等事故。

为了执行分布事务,通常在每个结点都有一个局部事务管理器来管理局部子事务的执行,其中的日志和恢复机制保证每个子事务的执行都是原子的。同时这些局部事务管理器之间还必须相互协调,保证所有结点对所处理的全局事务采取同样的策略:要么都提交,要么都回滚。为了保证这一策略,分布式 DBMS 在决定是否提交一个分布式事务时使用较复杂的协议——两阶段提交协议(2-phase-commitment protocol,2PC)。

假设每个结点上的局部事务管理器保证该结点上的子事务的原子性,采用两阶段提交协议可以保证分布式全局事务的原子性。

两阶段提交协议的规则要点:

(1)在两阶段提交中,假设每个结点记录该结点上的操作日志,但没有全局的日志。

(2)假设有一个称为协调者(coordinator)的结点在决定分布式事务是否提交中起重要作用。例如,协调者可能是发起事务的结点,协调者负责做出该事务是提交还是撤销的最后决定。

(3)参与全局事务的其他结点(也称参与者,participant)负责管理相应子事务的执行及在各局部数据库上的事务操作。

在这些规则要点基础上,可以按照结点之间发送的消息来描述两阶段提交协议的两个阶段。

第一阶段:协调者在所在结点的日志中写入"准备提交"日志记录,然后协调者向所有参与者发出"准备提交"消息。如果某个参与者准备提交,就回答"就绪"(ready)信息,否则回答"不提交"(don't commit)信息,并将其写入本地日志。

如果在规定时间内,协调者收到了所有参与者发出的"就绪"信息,则做出提交的决定,否则将做出撤销的决定。

第二阶段:协调者将有关决定的信息先写入日志,然后把这个决定发送给所有的参与者。所有参与者收到命令后首先往日志中写入收到决定的信息,并向协调者发送"应答"(ACK)消息,最后执行有关决定。

协调者收到所有参与者的应答消息后,一个全局事务的执行才结束。

在两阶段提交过程中的任何时刻,结点都可能发生故障,需要保证在该故障结点恢复时发生的一切都和分布式事务的全局决定一致。

当系统发生故障时,各结点利用各自有关的日志信息便可执行恢复操作,恢复操作的执行类似于集中式数据库。例如,若全局事务 T 在结点中的最后一个日志记录是

<commit T>,那么可知协调者必然已经提交 T,在恢复结点上需要重做该结点上的子事务。恢复结点有时可能还需要与其他结点通信,才能获知全局提交或撤销的决定,来决定重做子事务还是撤销子事务。

2. 并发控制——分布式封锁

在分布式数据库系统环境中,并发控制与集中式系统一样,也是基于锁机制的。不过由于分布式数据库系统支持多副本,使并发控制更为复杂。

假设锁表由各个结点管理,并且各个结点上的子事务只能申请该结点中数据对象上的锁。这样,当一个事务 T_1 对结点 S_1 上的数据对象 A 加 X 锁,事务 T_2 仍可对结点 S_2 上的数据对象 A 的副本加 X 锁。因此,必须设法使每个事务对同一数据对象的所有副本的改变以同样的方式进行。通常可采用如下封锁方法。

(1)最简单的方法是可以指定一个负责锁管理的封锁结点来维护一张数据对象的锁表,而不管这些数据对象在该结点上是否有副本。当事务想获得数据对象上的锁时,它向该封锁结点发送一个请求,而该封锁结点根据实际情况授予或拒绝该请求。由于获得 A 上的全局锁等同于在该封锁结点获得 A 上的局部锁,因此,只要该封锁结点按照传统的方式来管理锁,就可以保证全局封锁的正确性。

在某些情况下使用单一封锁结点就足够了,但如果结点和并发事务很多,那么封锁结点就可能成为瓶颈。此外,如果封锁结点崩溃,其他结点都不能获得锁。

(2)一种改进方法是使封锁结点的功能分散,但每个数据对象的封锁只由一个结点负责这一原则仍保持不变,这种分布封锁方式称为主副本方式。这一改进避免了单一封锁结点成为瓶颈的可能性,但保持了集中封锁方式的简单性。

在主副本封锁方式中,每个数据对象的多个副本中有一个被指定为"主副本"(可以认为主副本和事务经常位于同一结点)。为了获得数据对象 A 上的锁,事务向 A 的主副本所在结点发送一个请求。主副本所在结点在其锁表中维护关于 A 的一项,并根据实际情况授予或拒绝这一请求。只要每个结点正确管理主副本的封锁,那么全局封锁就能得到正确管理。

(3)另一种方法是用局部锁的集合合成全局锁。在该方法中,数据对象没有"主副本",所有副本是对称的,在这些副本中的任何一个上都可以申请锁。但事务只有获得了一定数量的副本上的锁后,才能假设自己获得了数据对象上的全局锁。

假设数据对象有 n 个副本,并且定义:

① s 是事务获得数据对象 A 上的全局共享锁时必须以共享方式封锁的 A 的副本数。

② x 是事务获得数据对象 A 上的排他锁时必须以排他方式封锁的 A 的副本数。

则只要 $2x>n$ 且 $s+x>n$,就可以保证:A 上只能有一个排他锁,A 上不能既有一个排他锁又有一个共享锁。对于 $2x>n$,如果两个事务都有 A 上的全局排他锁,那么至少有一个副本被这两个事务加上了局部排他锁(因为每个事务要封锁一半以上的副本)。但这与局部封锁方式是矛盾的,所以只能有一个事务有 A 上的全局排他锁。对于 $s+x>n$,如果一个事务在 A 上有全局排他锁,而另一个事务在 A 上有全局共享锁,那么必然有某个副本被同时加上了局部共享锁和排他锁,这也与局部封锁方式是矛盾的。

基于封锁的并发控制方法在分布式系统中也必须解决全局死锁的问题。在事务试图获得副本数据上的全局锁时,事务可能会陷入死锁。可采用全局等待图并检测死锁的方法,但在分布式环境中,使用超时通常更简单也更有效。

分布式数据库系统能适应分布式的管理和控制,虽然具有经济性能好、可靠性高、可用性好,在一定条件下响应速度快等优点,但是难以适应在大数据环境下的数据管理。

11.4　非关系数据库

在 2007 年的计算机科学与电信委员会大会上,Jim Gray 生前的最后一次演讲"The Fourth Paradigm: Data-Intensive Scientific Discovery"(第四范式:数据密集型科学发现),提出了科学研究的 4 个范式,即科学研究经历了经验科学、理论科学、计算科学,来到今天的数据密集型科学的新时代,也就是大数据时代。

11.4.1　NoSQL 技术的兴起

半个多世纪以来,随着计算机技术全面融入社会生活,尤其是随着互联网 Web 技术和移动互联网络的兴起,信息积累已经达到了爆炸程度,足以引发一场变革,信息社会进入了大数据时代。

1975 年著名的超大规模数据库会议(vary large data bases conferences,VLDB)召开第一届年会时,面临的挑战是管理 100 万条商业数据记录。等到 Jim Gray 提出数据密集型应用时,要管理的数据量在 1TB 左右,而如今要管理的数据基本在数百 TB 甚至 PB 级别。数据量的增长正如 Jim Gray 所言符合"摩尔定律",即每 18 个月新增的存储量等于有史以来的存储量之和。不仅数据增长快,而且产生速度也快。例如,每年"双 11"的天猫网络促销活动,2017 年支付峰值达到 25.6 万笔每秒,是 2016 年的 2.1 倍,这些交易给底层数据库处理带来的峰值是 4200 万次每秒,2020 年其支付峰值更是达到了 58.3 万笔每秒。在这些海量数据中,包括结构化和非结构化数据,其中非结构化数据的比例更是高达 90%。而数据密集型科学则是要从如此数据规模大(volume)、数据类型多(variety)、数据流转快(velocity)的大数据中获得巨大的数据价值(value)。

大数据已经超过关系数据库管理系统获取、存储、管理和分析的能力,更无法通过人工在合理时间内达到截取、管理、处理并整理成为人类所能解读的信息。

在这样的背景下,Google 公司发展了分布式文件系统 GFS(Google file system)、分布式批处理计算框架 MapReduce 和海量数据结构化管理产品 BigTable。Apache 软件基金会相应地开发了一个开源分布式计算平台 Hadoop,为用户提供了一个系统底层透明的分布式基础架构,以开源形式实现了 Google 公司的三个核心大数据存储和管理产品,提供了海量数据的处理能力,已成为大数据处理行业标准。

Hadoop 核心产品包括实现了一个分布式文件系统 HDFS(Hadoop distributed file system)、一个计算框架 MapReduce 和一个数据库 HBase。HDFS 具有高容错性的特点,并且可部署在低廉的服务器上,适合那些有着超大数据规模的应用。MapReduce 为海量的数据提供了一个可容错的、高可扩展性、分布式计算框架。HBase 是一个基于键值对组织模型(逻辑上可看成宽表)的分布式数据库,数据按行列混合模式存储在 HDFS 上。MapReduce 可以直接访问 HDFS 上的数据,以提高分析性能。

那么在 Hadoop 上像 HBase 这样的数据库如何表达和管理非结构化数据呢？NoSQL 数据库被提出来。NoSQL 最常见的解释是 non-relational，或者 Not Only SQL，泛指非关系的数据库，相对 SQL 处理结构化数据，NoSQL 的重点在于如何表达和处理大容量的非结构化数据。

下面将主要介绍主流的 NoSQL 数据库的数据模型，以及 NoSQL 数据库系统中的事务特性。

11.4.2　NoSQL 数据模型

为了适应分布式环境，克服关系模型在分布式环境的连接操作带来的低效能，NoSQL 数据库的数据模型采用聚合数据模型。

聚合数据模型的特点是把经常访问的数据放在一起，对于某个查询请求，尽可能在与数据库的一次交互中将所有数据都取出来。

NoSQL 目前采用的聚合数据模型主要有键值（key-value）、文档（document）、面向列（族）（column-oriented）和图（graph）4 种。下面对这 4 种数据模型及其代表 DBMS 产品进行详细介绍。

目前也出现了独立于关系数据模型的面向对象和 XML 的数据库系统，因此，广义上面向对象数据模型和 XML 数据模型也是 NoSQL 数据模型，其相关概念已在第 2 章介绍，这里不再赘述。

11.4.2.1　键值数据库

1. 键值数据模型

在电商平台等很多互联网应用环境中，数据存取只须通过主键进行，为此选择相对简单的键值数据模型来进行数据的存取，而将复杂的查询留给高层应用，从而保证系统的高性能。

键值数据库是键值对的集合，典型的实现方式是采用哈希（Hash）函数实现关键字到值的映射，即在键和值之间建立映射（Map）关系，key 是定位 value 的唯一关键字，value 是 key 对应的数据值。查询时，基于 key 的哈希值直接定位到数据，实现快速查询，并支持大数据量和高并发查询。

例如，在键值对（"test：user：name"，"毕强军"）中，其键"test：user：name"是该数据的唯一标识，而"毕强军"是该数据的值。在实际应用中，key 最好使用统一的命名规则，可以用"项目标识：实体标识：属性标识"的形式加以区分，例如，"test：user：name"代表 test 项目中用户类实体的名字；"test：user：userid：10001：password"代表 test 项目中用户类实体的 userid 是 10001 的用户口令。

同关系模型相比，键值数据模型更加自由，最大的区别是没有模式的概念。在传统的关系模型中，模式代表着数据的结构和对数据的约束，例如，某个属性会定义数据类型、值域等。而在键值数据模型中，对于某个键，其 value 值可以是任意数据类型，无须事先定义。在一定程度上，可以将一个 key-value 对类比成关系数据库中的一行（或元组），key 和 value 分别是两个属性。只不过，第一个属性 key 更像是行的主键 ID，而第二个属性

value 的值很灵活,可以是字符串、字典、列表等类型,当要处理较复杂的数据时,可以将 value 值以列表或字典等结构存储。

键值数据模型简单、高效且灵活,是 NoSQL 中最基本的数据模型。键值数据库可划分为内存键值数据库和持久化键值数据库。内存键值数据库把数据保存在内存,如 Redis、Memcached;持久化键值数据库把数据保存在磁盘,如 BerkeleyDB。目前,很多键值数据库可以兼容两种存储模式,数据既保存在内存中,也可持久化到硬盘中,使用上更加方便。

2. 键值数据库管理系统

常用的键值数据库管理系统有 Redis、Memcached 等。

Redis 是一个使用 C 语言编写、分布式、可基于内存也可持久化的开源日志型键值数据库管理系统,并提供多种语言的 API。目前新浪微博等采用 Redis 作为业务平台架构关键支撑技术。Redis 不仅支持简单的键值对类型数据,同时还支持哈希、列表、集合等多种类型的数据结构。Redis 的性能非常高,每秒的读写操作可达数十万次。

Memcached 是一个自由开源、高性能、分布式、基于内存的键值数据库管理系统。Memcached 完全使用 DRAM 的存储系统,用来存储小块的字符串、对象等,这些数据可以是数据库中的数据、API 调用返回的数据集合,也可以是页面渲染的结果。由于所有数据都保存在内存中,可提高动态 Web 应用的速度,提升可扩展性。

下面以 Redis 为例介绍键值数据库的典型操作。Redis 的安装部署非常方便,下载其安装包并解压后,就可以通过命令行方式启动数据管理服务。

Redis 数据库支持多种不同的数据结构,常用的有字符串、列表、集合、哈希结构、有序集合。Redis 键值数据库的值对象类型及示例见表 11-3。

表 11-3　Redis 键值数据库的值对象类型及示例

值对象类型	键对象示例	值对象示例	说　　明	应用场景
字符串 (String)	"test:user:name"	"毕强军"	test 项目中用户类实体的名字	内容缓存、计数器等
哈希 (Hash)	"test:cache:userid:10001"	{name:"毕强军",age:"18"}	test 项目缓存数据中用户 ID 为 10001 的用户信息	内容缓存、组合查询条件等
列表 (List)	"test:cart:shoppingid:userid:10001"	[211,23,133]	test 项目购物车中用户 ID 为 10001 的用户选购商品 ID 列表	简单队列
集合 (Set)	"test:friends:userid:10001"	[11023,10004]	test 项目中用户 ID 为 10001 的好友用户 ID 列表	赞/踩、标签、好友关系
有序集合 (ZSet)	"test:dbengines:rankings"	[1 Oracle 2 MySQL 5 MongoDB 8 Redis	某时刻 db-engines.com 网站中数据库排名第 1、2、5、8 名的产品数据	排行榜

对这些不同类型的数据,除了常见的增加、删除、修改等操作,Redis 还提供了一些与特定数据结构相匹配的操作,例如集合上的并、差、交操作,列表上的 push/pop 操作等。利用

不同的命令完成对不同类型数据的操作，命令形式比较简单，常见的字符串命令见表 11-4。

表 11-4 Redis 字符串数据的常用操作

命令名称	命令示例	命令说明
set	set K1 "毕强军"	设置键值对，最常用的写入命令
get	get K1	通过键获取值，最常用的读取命令，如返回"毕强军"
del	del K1	通过 key，删除键值对，返回删除记录数"1"
strlen	strlen K1	计算 key 为 K1 所指向的字符串值的长度，如返回"毕强军"三个汉字长度 9
getset	getset K1 "李爱华"	修改 key 为 K1 所指向的字符串的值为"李爱华"，并将旧值返回，如返回"毕强军"

11.4.2.2 文档数据库

1. 文档数据模型

文档数据库管理的基本数据单位是文档，一个文档相当于关系数据库中的一个元组，是具有一定结构化信息的文本文件格式，常见的有 XML 和 JSON。XML 文本格式在 2.3.4 节半结构化数据模型中进行了介绍。JSON（JavaScript object notation，JavaScript 对象标记）是一种轻量级的数据存储与表示格式，具有简洁、层次结构清晰的特性，易于阅读和编写，同时也易于机器解析和生成，并可以有效地提升网络传输效率。

【例 11-4】 在图 11-6 中，分别使用 XML（左侧）和 JSON 格式（右侧）来标记我国部分省市。

```
<? xml version="1.0" encoding="utf-8" ?>            {
<country>                                              name: "中国",
  <name>中国</name>                                    provinces: [
  <province>                                               {
    <name>江苏</name>                                        name: "江苏",
    <citys>                                                  citys: {
      <city>南京</city>                                          city: ["南京", "苏州"]
      <city>苏州</city>                                        }
    </citys>                                               },
  </province>                                              {
  <province>                                                 name: "广东",
    <name>广东</name>                                         citys: {
    <citys>                                                     city: ["广州", "深圳"]
      <city>广州</city>                                         }
      <city>深圳</city>                                       }
    </citys>                                              ]
  </province>                                          }
</country>
```

图 11-6 XML 格式和 JSON 格式对比

可以看出,与 XML 格式相比,JSON 格式更加小巧轻便,可读性更好,也更容易解析。目前主流的文档数据库管理系统,如 MongoDB、CouchDB 等,都以 JSON 格式来定义并存储数据。

JSON 其实是一个标记符的序列,主要用两种结构来描述数据。

(1) 对象(object):用花括号"{}"括起来的键值对结构,如{key1:value1,key2:value2,…}。key 为对象的属性,value 是对象的值。属性名可以用整数或字符串来表示,属性值可以是基本数据类型,也可以是复杂数据类型,如数组或嵌套对象。

(2) 数组(array):用方括号"[]"扩起来的多个值。数组成员间用逗号","分隔,数组成员的值一般是字符串类型。

文档数据在 NoSQL 的框架内可以看作键值模型的一个子类或扩展。文档数据无论是存储成 JSON 格式还是 XML 格式,都是分层的树形结构,可以包含纯量值、集合或嵌套的键值对。文档数据库不支持数据的完整性约束,也是无模式的,可以把不同的文档存储在一个集合内,前后的数据在格式和内容上可以毫无关联。

文档模型支持嵌套结构,可以很方便地描述关系数据库中实体间的联系。例如,对于博客系统,一篇博客文章可以有多个评论,一篇博客文章也可以打多个标签。在关系数据库中,需要建立 comments(评论)、posts(内容)和 tags(标签)三个关系来存储文章及评论内容,通过定义外键来建立关系间的联系,如图 11-7 所示。

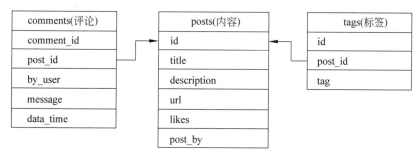

图 11-7　博客系统的关系数据库模式设计

【例 11-5】　对于图 11-7 中博客系统,利用 JSON 文档格式,创建一个文档。
可创建如下一个包括 1 篇博文、3 个标签、2 篇评论的文档。

```
{
    id: "LGD100023",
    title: "我的数据库学习之旅",
    description:"我是一名大三的学生,目前正在学习……",
    url:"https://blog.csdn.net/u0123456/article/details/123321",
    tags:["计算机","程序开发","数据工程"]
    post_by:"毕强军"
    comments:[
      {
        by_user:"王菲菲",
        message:"写得不错,学习了!"
```

```
        date_time:"2020-12-12"
    },
    {
    by_user:"李爱华",
    message:"我也大三,可以留个联系方式吗?"
    date_time:"2020-11-25"
    }
    ]
}
```

2. 文档数据库系统

文档数据库管理系统的典型代表是 MongoDB(Mongo 源于英文 Humongous 一词,意为"巨大")。MongoDB 是一个开源数据库,旨在为 Web 应用提供可扩展的、高性能和高可用性的数据存储解决方案。MongoDB 介于关系数据库和非关系数据库之间,是非关系数据库当中功能最丰富、最像关系数据库的。表 11-5 给出了 MongoDB 与关系数据库 MySQL 中的概念对比。

表 11-5 MongoDB 与关系数据库 MySQL 的概念对应表

MySQL	MongoDB
数据库实例(Database instance)	MongoDB 实例(MongoDB instance)
表(table)	集合(collection)
行(row)	文档(document)
列(column)	域(field)
主键(rowid)	主键(_id)
表 join	内嵌文档
索引(index)	索引(index)

在 MongoDB 中,每个 MongoDB 实例下可以有多个数据库,每个数据库可以包含多个集合,集合又由多个文档组成。文档作为 MongoDB 中数据的基本单位,类似于关系数据库中的行(但比行复杂),文档以 BSON(binary JSON)格式存储,和 JSON 一样,BSON 可以存储比较复杂的数据类型,支持内嵌文档对象和数组。

与关系数据库中必须先定义表的模式结构不同,MongoDB 的集合并不限定数据模式结构,可以动态地增减对象的属性与属性值。例如,集合中的前一条文档存放士兵个人信息,下一条也可以存放坦克装备性能数据。显然它们的属性不同,属性值的类型也不同,但它们可以存放在同一个集合中。但实际应用中,为了管理方便和开发高效,还是在同一个集合中存放结构类似的文档,例如在"军用飞机"集合中,可以存放"歼-20""运-20"和"武直-10"等多种属性并不完全相同的飞机数据。

MongoDB 最大特点是它支持的查询语言非常强大。MongoDB 的操作语言为 JavaScript,其语法有点类似于面向对象的查询语言,几乎可以实现类似关系数据库单表查询的绝大部分功能,而且还支持对数据建立索引,能和 Web 应用很好地对接,支持使用 MapReduce 完成复杂的聚合任务。表 11-6 给出了 MongoDB 常用的操作命令示例,以及 与之对应的 MySQL 语句。

表 11-6　MongoDB 常用的操作命令与 MySQL 语句的对比

MongoDB 命令	MySQL 语句
show dbs	show databases
use demo	use demo
show collections	show tables
db.solider.drop()	drop table solider
db.solider.insert({name: '毕强军';age: 23})	insert into solider (name,age) values ("毕强军",23)
db.solider.remove({name: "毕强军"})	delete from solider where name="毕强军"
db.solider.remove()	delete from solider
db.solider.update({name: "毕强军"},{age: 25})	update solider set age=25 where name="毕强军"
db.soldier.find()	select * from soldier
db.soldier.count()	select count(*) from soldier
db.soldier.find({age: 21}, {'name': 1, 'age': 1})	select name, age from soldier where age = 21
db.soldier.find({age: { $ in: [23,26,32]}})	select * from soldier where age in (23, 26, 32)

此外,在 MongoDB 中,对单个文档的操作是原子的,并支持主从复制机制和分区存储。基于副本集的复制机制提供了自动故障恢复的功能,确保了集群数据不会丢失,提高了数据的可用性和容错能力。MongoDB 使用高效的二进制数据存储方式,可以保存图、文、声、像等非结构化数据,读写速度大大优于关系数据库系统。

基于上述特性,MongoDB 能很好地支持如下大数据应用场景。

(1) 数据规模高伸缩。使用 MongoDB 可搭建数据存储集群,具有数据自动分片功能,横向扩展非常方便,非常适合由数十或数百台服务器组成的数据库系统。

(2) 数据类型多样。MongoDB 支持多种类型的文件存储,对于文本类的非结构化数据,直接采用 BSON 这种键值存储格式,便于文本的存储、更新和查询。

(3) 数据实时处理。MongoDB 支持丰富的查询表达式,查询指令使用 JSON 形式的标记,可轻易查询文档中内嵌的对象和数组。MongoDB 内置 MapReduce 处理机制,数据查询可达到毫秒级别的响应。

(4) 低价值的海量数据。海量数据中有价值的数据所占比例小,使用传统的关系数据库存储海量非结构化文档数据费用昂贵且性能低下。MongoDB 采用 BSON 数据格式,能够与任何应用程序兼容,不需要进行转换,提升了文本、图片、视频等海量数据处理能力。

因此,MongoDB 能够有效支持多种实际应用。例如,网站的实时分析、日志登记、全文搜索以及数据缓存等。

11.4.2.3　列族数据库

1. 列族数据模型

为了更好地理解列族数据模型，将列族数据模型与关系模型进行对比。图 11-8(a) 为关系表结构，有 4 行 4 列，可用行 ID 和属性列名定位表中的某一具体值。对于结构化数据，虽然表中会出现一些空值，但不会出现非常稀疏的情况。但当用关系表存储没有固定模式的非结构化数据时，即每一行的属性列不尽相同，且列数可能不断地进行扩展，甚至成千上万，关系表就会变得非常稀疏。列族数据模型可以很好地解决这类多行、多列、海量稀疏非结构化数据的存储和扩展问题。

行ID	列A	列B	列C	列D
1	值1A			
2		值2B	值2C	
3				值3D
4				

行ID	列族1	列族2
1	列A：值1A	
2	列B：值2B	列C：值2C
3		列D：值3D

(a) 关系数据模型　　　　　　　　　　(b) 列族数据模型

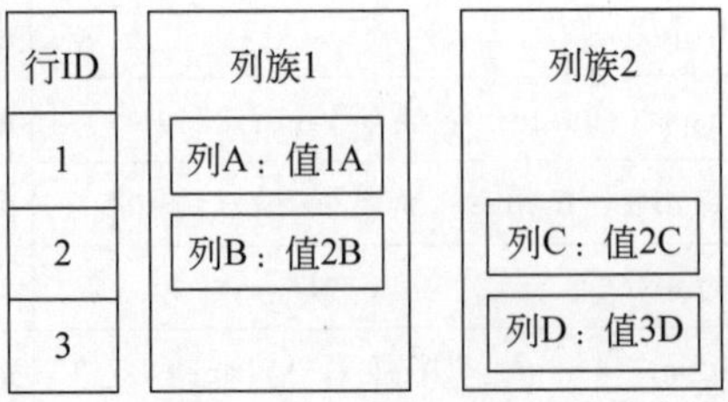

图 11-8　关系模型和列族数据模型的对比

列族数据模型在逻辑上仍然采用表来组织数据，表由行和列组成，把逻辑或内容相似的列放在一起，通常都属于同一类数据，形成列族（column family）。表中的每个列都归属于某个列族，数据则被存放在列族的某个列下面。图 11-8(b) 将图 11-8(a) 中列 A 和列 B 组成了列族 1，列 C 和列 D 组成了列族 2。

列族是数据库的基本访问控制单元，访问控制、磁盘和内存的使用统计等都是在列族层面进行的。列族需要在定义表时指定，数量不能太多，而且不要频繁修改。列族里包含的列，不需要在表定义时给出，在新增数据时可以按需动态添加。通过行、列族和列限定符（column qualifier）可以确定一个"单元格"（cell），单元格中存储具体的数据。单元格中数据都是以字节数组形式存储，可以是字符串、数字、文本文件或图像。

在 HBase 列族数据库的表中，单元格可保存同一数据的多个版本，这些版本采用时间戳进行区分，如图 11-9 所示，从而形成由行键、列族、列限定符、时间戳构成的四维定位方式。如果将四维坐标看成一个整体，视为"键"，把对应的单元格中的数据视为"值"，则列族数据库也可以看作一个键值数据库。

列族数据库最大的优势是虽然数据库表由许多行组成，但数据的物理存储采用了基于列的存储方式，以列族为单位对数据进行分解和存储。而传统的关系数据库采用的是基于行的存储，表中的一个元组（行）的各个属性列的数据连续地存储在磁盘块（页）中，数据是一行一行地被存储，数据的读写也是以行为基本单元的。

基于列的存储方式是把表进行垂直分解，以表中的属性（列）为单位进行存储，表中多个元组的同一属性列值会被连续存储在一起，如图 11-10 所示。

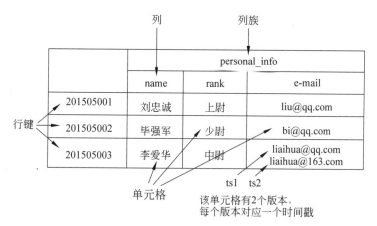

图 11-9 列族数据模型的数据组织

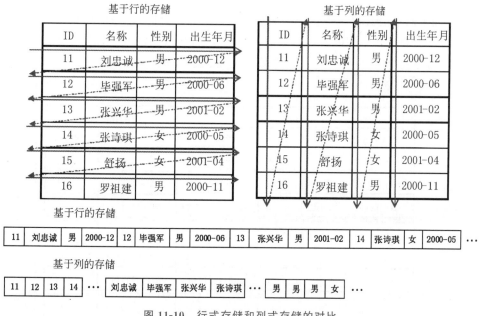

图 11-10 行式存储和列式存储的对比

基于行存储的行式数据库,如 MySQL、Oracle 等主流的 RDBMS,对数据的更新操作效率较高,适合联机事务型数据处理。而对于联机分析型数据处理,数据存储后不会发生更新(如数据仓库),大部分统计分析应用都是在特定属性列上进行的读操作,例如电子商务中统计各省份的销售额和利润同比变化,或者按照部门统计业绩完成情况等,都是对其中的某些属性列进行统计分析。联机分析型应用采用基于列的存储方式,数据读取只涉及所需要的列,可以降低磁盘 I/O 操作开销,可支持大量并发用户查询,读取速度更快;此外,同一属性列的相同数据类型的数据连续存储在一起,可具有较高的数据压缩比,拥有较大的存储效益,更适宜海量数据的存储,例如金融交易数据、网页爬取数据、电商交易数据、通话记录、地理信息时空数据等。

2. 列族数据库系统

列族数据库的代表产品是 HBase。HBase 是 Google 公司的 BigTable 的开源实现，是一个开源的、高可靠、高性能、面向列、可伸缩的分布式数据库。HBase 主要用来存储非结构化和半结构化的松散数据，可以支持超大规模的数据存储，可以通过水平扩展的方式，利用廉价的计算机集群处理数十亿行、数百万列组成的“大表”。

为了管理庞大的数据表，支持分布式应用，HBase 采取分而治之的策略对数据进行分片。HBase 在横向和纵向两个方向将海量数据切分。横向上，根据行键的值把可达百亿行的数据切分为一个个存储区域(region)，区域包含了某个行键值域区间内的所有行数据，它是 HBase 负载均衡和数据分发的基本单位，不同的 region 会被分配到不同的 region 服务器上，region 服务器负责管理与维护分配给自己的 region，处理来自客户端的读写请求。每个 region 的默认大小是 100MB～200MB，每个 region 服务器上会放置 10～1000 个 region。初始时，每个表只包含一个 region，随着数据的不断插入，region 会持续增大，当一个 region 中包含的行数量达到一个阈值时，就会被自动分成两个新的 region，从而不断地分裂出越来越多的 region。纵向上，把可达百万的列划分成一组组列族，列族为有关联的若干列的集合。如图 11-11 所示，可以把姓名、军衔、电话等列组成个人信息列族，办公电话、驻地等列组成办公信息列族。

		列族1			列族2	
		personal_info			office_info	
	Row Key	name	rank	phone	tel	address
区域1	row_key1	张诗琪	上尉	131 ********	010- 11111111	北京
	row_key2	舒扬	少尉	132 ********	021- 11111111	上海
	row_key3	罗祖建	中尉	159 ********	025- 11111111	南京
区域2	row_key4	毛露	中校	187********	028- 11111111	成都
	row_key5	陈彤	少校	134********	024- 11111111	沈阳
	row_key6	杨卓	中尉	139********	0871-11111111	昆明
区域3	row_key7	郑明	上尉	177********	022- 11111111	天津
	row_key8	郝建	少尉	158********	0411-11111111	大连

图 11-11　列族数据库的数据划分

按行列切分后的区域(图 11-11 中的阴影部分)称为 Store (存储单元)，在图 11-11 中，有 3 个 region，2 个列族，6 个 Store。HBase 以 Store 为粒度进行数据缓存和读写操作，存取效率高。

HBase 数据库默认的客户端程序是 HBase Shell，用户可以方便地使用 Shell 命令与 HBase 进行交互，实现对表、列族和列的操作。HBase Shell 常用的命令如表 11-7 所示。

表 11-7　HBase Shell 常用命令

命　令	描　　　　　述
create	创建指定模式的新表
alter	修改表的结构，如添加新的列族
drop	删除表
describe	展示表结构的信息，包括列族的数量与属性
list	列出 HBase 中已有的表
truncate	如果只是想删除数据而不是表结构，则可用 truncate 来禁用表、删除表并自动重建表结构
count	统计表中的行
put	向表中指定的单元格添加数据
get	获得表中特定单元格的值

【例 11-6】　利用 HBase Shell 命令创建一个 HBase 表，并实现数据的更新和查询等操作。

```
#创建 weapon 表和列族 info
    create 'weapon','info'
#将 weapon 表中列族 info 的数据保存版本设定为 3 个版本
    alter 'weapon',{NAME=>'info',VERSIONS=>3}
#查看 weapon 表结构信息
    desc 'weapon'
#往 weapon 表中插入 T90 坦克的信息(车高为 2.35m, 车长为 6.86m, 战斗全重为 46.6t),产生
#一条行键为 10001 的数据,列族 info 里有 4 个列值
    put 'weapon','10001','info:mingcheng','T90'
    put 'weapon','10001','info:chegao','2.35m'
    put 'weapon','10001','info:chechang','6.86m'
    put 'weapon','10001','info:zhandouquanzhong','46.6t'
#往 weapon 表中插入歼 20 战机的信息(最大航程为 6500km,作战半径为 2000km),产生一条行
#键为 10002 的数据,列族 info 里有 3 个列值
    put 'weapon','10002','info:mingcheng','J20'
    put 'weapon','10002','info:zuidahangcheng','6500km'
    put 'weapon','10002','info:zuozhanbanjing','2000km'
#两次修改 weapon 表中行键为 10001 的 zhandouquanzhong 列的值,即 T90 式坦克的战斗全重
#值,并查询保存的 3 个版本的值
    put 'weapon','10001','info:zhandouquanzhong','56.6t'
    put 'weapon','10001','info:zhandouquanzhong','66.6t'
    get 'weapon','10001',{COLUMN=>'info:zhandouquanzhong',VERSIONS=>3}
#删除 weapon 表中行键为 10001 的 zhandouquanzhong 列,即 T90 式坦克的战斗全重项
    delete 'weapon','10001','info:zhandouquanzhong'
#统计 weapon 表中数据行数,即包含的武器种类
    count 'weapon'
```

#查询 weapon 表中行键为 10001 的列族的信息,即 T90 式坦克的信息
    get 'weapon','10001'
#查询 weapon 表中行键为 10001、info 列族、chegao 列的信息,即 T90 式坦克的车高值
    get 'weapon','10001' ,'info:chegao'

11.4.2.4 图数据库

1. 图数据模型

图数据库最早可以追溯到 20 世纪 70 年代出现的网状数据库,比关系数据库还要早。但那时网状数据库的应用还不广泛,相关理论和技术长时间停留在实验室和学术领域。随着语义网技术的发展以及社交网络等图数据的爆炸式增长,图数据的海量存储和复杂计算也逐步发展成熟,并大规模投入商业应用。

图数据库是一个使用图结构进行数据存储和语义查询的数据库,用结点、边和属性来表示和存储数据。其中,结点和边都可以拥有多重属性,属性一般以键值对的形式存储具体的数据,边代表数据结点间的关系,可以拥有方向。如图 11-12 所示,"毕强军"作为一个学生结点,拥有籍贯、出生年月等属性;"就读"代表结点"毕强军"和结点"陆军工程大学"的关系,拥有入学时间属性;"毕强军"选修了"数据库原理与应用"课程,成绩为 95;"毕强军"有个战友"李爱华"也选修了这门课。图结构中的结点和关系也构建了语义网络,可以挖掘或推理出新的有意义信息。例如,在图 11-12 中,利用已有的结点间的关系可以推理出"李爱华读于陆军工程大学"这一新关系。

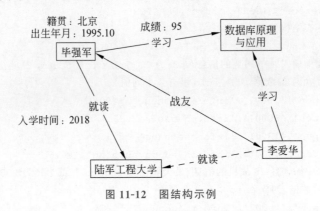

图 11-12 图结构示例

可以看出,图数据模型像"白板"一样,可以直观勾画不同类型数据之间的关系,在处理海量结点复杂关系时非常具有优势,比较适合于社交网络、模式识别、依赖分析、推荐系统、路径寻找等问题。

对图数据库的检索,目前还没有一个像 SQL 那样通用的图查询语言,W3C 组织的SPARQL 和 Neo4j 支持的 Cypher 是目前使用最为广泛的两种图查询语言。

2. 图数据库系统

图数据库管理系统处于快速发展阶段,Neo4j 是目前最受欢迎的图数据库产品,是一款强大、可伸缩的高性能图数据库管理系统。从 2010 年问世发展到至今的 Neo4j 3.4 版本,其性能已提升了数百倍,可以存储数百亿个实体结点及其关系,无须索引就可以轻松地在 1s

内遍历数百万个结点,返回含义丰富的实时查询结果。目前已在诸多公司得到应用,行业涵盖科技、社交网络、金融服务、零售、电信以及政府部门。Neo4j 具有如下显著的特点。

(1)高性能的原生图数据库。不同于传统数据库在图计算功能上的拓展,Neo4j 是一款用 Java 语言开发的纯粹图数据库,对高吞吐量的图数据存储和管理做了专门优化。关系数据库中的连接操作,其检索性能随着关系数量的增加呈指数级的下降;而 Neo4j 用关系代表实体之间的连接,从一个结点到另一个结点导航性能是线性的,可以提供每秒数百万跳的遍历性能。

(2)灵活的属性图模型和便捷的 Cypher 查询语句。Neo4j 管理的图是一种属性图。属性图包含有结点(顶点)和关系(边),结点可有一个或多个标签,结点上有属性(键值对),关系有名字和方向,连接起始和结束结点,也可以有属性。Cypher 是声明式图形查询语言,用户只要在语句中按照规定的语法表达查询的要求,就可以对图数据进行复杂的数据查询,而不必像以前的网状数据库一样还要指定查询路径,其设计理念类似 SQL,是非过程化的语言,适合于开发者以及在数据库上做实时查询的专业操作人员,可以创建、更新、删除结点和关系,通过模式匹配来查询结点和关系,管理索引和约束等。

【例 11-7】 在 Neo4j 上,使用 Cypher 查询语句来创建图 11-12 中结点"毕强军"和结点"陆军工程大学",以及两个结点间的"就读"的关系。

① 用 CREATE 语句创建结点。

```
//创建结点类型为学生、具有三个属性的结点,结点的姓名属性值为"毕强军"、籍贯属性值为"北
//京"、出生年月属性值为"1995.10",将结果返回对象 a
    CREATE (a:学生 {姓名:'毕强军',籍贯:'北京',出生年月:'1995.10'}) RETURN a
//创建结点类型为学校、具有一个属性的结点,结点的属性"名称"值为"陆军工程大学",将结果返
//回对象 b
    CREATE (b:学校{名称:'陆军工程大学'}) RETURN b
```

② 用 CREATE 语句创建结点间的关系。

```
//创建从结点 a 到结点 b 的类型为"就读"的关系,关系属性为"入学时间",属性值为"2018"
    CREATE (a)-[:就读{入学时间:2018}]->(b)
```

③ 用 MATCH 语句检索所创建的关系。

```
//查询所有拥有"就读"关系的结点,将查询结果返回对象 n
    MATCH (n)-[:就读]-() RETURN n
```

(3)完整的 ACID 支持。Neo4j 使用事务来保证在硬件故障或系统崩溃的情况下数据不变,并确保了在一个事务里的多个操作同时发生或撤销,保持了事务的原子性。Neo4j 不允许有悬挂关系,所有关系都必须有起始结点和终止结点,而且删除结点前,必须先移出其上的关系,从而保证数据的一致性。无论是采用嵌入模式还是多服务器集群部署,Neo4j 都支持这一特性。

11.4.2.5 NoSQL 总结

这里对 NoSQL 数据库的 4 种数据模型及其相关产品的特性进行对比,如表 11-8 所示。

表 11-8　NoSQL 数据库的分类和产品特点

数据类型	代表产品	特　　点	应用场景
键值	Redis、MemcacheDB	可以通过键快速查询到其值。扩展性好、灵活性好，大量写操作时性能高。 数据无结构，通常只描述字符串和二进制数据。条件查询效率较低	解决基于内存的键值对的简单存储，如内容缓存、日志系统等
文档	MongoDB、CouchDB	文档存储的内容是文档型的，无模式结构，通过嵌套对象，可以建立类似关系的关联。性能好、灵活性高、复杂性低、数据结构灵活。 缺乏统一查询语言	适于以文档为信息处理单元、文档内容无模式的应用，如 Web 应用
列族	HBase、Cassandra	按列组织数据，同一列族的数据存储在一起。对针对某一列或者几列的查询有非常大的优势。可扩展性强，容易进行分布式扩展。 功能相对有限	满足快速地按列式成块地存取离线数据，如分布式文件系统
图	Neo4j、FlockDB	支持复杂的图算法，对图结构的查询性能高。只局限于对图结构进行处理	适合描述复杂网络关系，如社交网络、推荐系统、关系图谱等

11.4.3　NoSQL 的事务特性

关系数据库中的事务需具备 ACID 特性，即原子性（Atomicity）、一致性（Consistency）、隔离性（Isolation）和持久性（Durability），才能保持数据库的一致性。同时，具体的 DBMS 为了提高系统的并发事务的吞吐量，也允许事务在较低的隔离级别下执行，容忍某些数据不一致问题的存在，如脏读、不可重复读等问题。同样，因 NoSQL 要满足横向扩展、高可用、模式自由等需求，大数据应用也并不要求严格遵循事务的 ACID 特性，NoSQL 的系统实现以 CAP 理论和 BASE 原则为基础，侧重具备高性能、高可用性和高扩展性。

1. CAP 理论

CAP 理论又称 CAP 定理，指的是在一个分布式系统中，一致性（consistency，C）、可用性（availability，A）、分区容错性（partition tolerance，P），三者很难兼顾，见图 11-13。

（1）一致性（C）：指在分布式系统中的所有数据备份，在同一时刻具有相同的值，即所有结点访问同样的最新数据副本。如果系统中的一个数据更新成功完成，之后任意结点对该数据的读操作都必须读到更新结果；如果数据更新失败，则所有结点都不会读到更新结果，数据具有强一致性。

（2）可用性（A）：指每个请求都能在给定的时间内获得返回结果。如果超时，则被认为不可用。

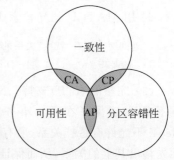

图 11-13　CAP 理论

（3）分区容错性（P）：指在网络中断或信息丢失的情况下，系统也能正常工作。大多数分布式系统都分布在多个子网络中，物理上分离的每个子网路称为一个区，区间通信可

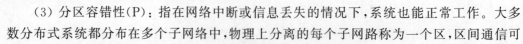

能失败,导致信息丢失。

根据 CAP 理论,分布式系统发生网络分区时,如果我们要继续服务,那么一致性和可用性只能二选一。由于在大规模的分布式系统中,通信网络肯定会出现延迟丢包、临时中断等问题,所以必须要满足分区容错性,而在可用性和一致性之间做选择。例如,对于互联网应用(如微信、微博),主机多、数据大、部署分散,所以结点故障、网络故障是常态,保证可用性和分区容错性,放弃强一致性,而采用最终一致性;对于分布式协同服务产品(如ZooKeeper),则必须要保证一致性和分区容错性,在一些特殊情况下会导致系统暂时不可用,短时间放弃可用性。

2. BASE 原则

BASE 是指基本可用(Basically Available)、软状态(Soft state)和最终一致性(Eventually consistent),其核心思想通过基本可用和最终一致性,解决 CAP 理论中可用性和一致性不可兼得的问题。

(1)基本可用:指分布式系统在出现不可预知故障的时候,允许损失部分可用性。基本可用不是系统不可用,而是允许其在响应时间上延迟和失效部分功能。如正常情况下一个在线搜索引擎需要 1s 内返回给用户查询结果,但由于出现异常(如部分结点不可用),查询结果的响应时间可增加 1~2s。

(2)软状态:指允许系统中的数据存在中间状态,并认为该中间状态的存在不会影响系统的整体可用性,即允许系统在不同结点的数据副本之间进行数据同步的过程存在延时。

(3)最终一致性:强调的是系统中所有的数据副本,在经过一段时间的同步后,最终能够达到一个一致的状态。最终一致性的本质是需要系统保证最终数据能够达到一致,而不需要实时保证系统数据的强一致性。

总的来说,BASE 原则面向的是大型、高可用、可扩展的分布式系统,它完全不同于关系数据库的强一致性模型(事务具备 ACID 特性),而是提出通过牺牲强一致性来获得可用性,并允许数据在一段时间内是不一致的,但最终达到一致状态。

在实际的分布式系统应用中,不同业务单元或功能模块对数据一致性的要求是不同的,保持事务的 ACID 特性与 BASE 原则也会在系统中结合运用。

11.5　小结

在当前的大数据应用环境下,数据管理需求的多样性要求数据库技术的多样性。关系数据库产品的性能不断改进,联机分析处理、分布式数据库系统、非关系数据库产品等迎来了新的发展。

比如,出现了基于 Hadoop 的开源数据仓库解决方案 Hive。Hive 是 Hadoop 上的用来管理和查询结构化数据的分布式数据仓库系统,提供了数据仓库架构,提供的工具包使数据的ETL 实现更加方便。Hive 支持类 SQL 查询,其上的查询最终转化为 MapReduce 操作来执行。

关系数据库与 NoSQL 数据库分别面向不同的应用环境和应用需求,在技术上不断互补和相互借鉴,关系数据库逐渐增加了 NoSQL 数据库类似的功能支持(如对 JSON 和图数据的支持),NoSQL 数据库也逐渐借鉴关系数据库成熟的技术完善其功能,关系数据库与 NoSQL 数据库在技术上的融合越来越多。无论从应用程序的继承还是提高生产率的角度,SQL 都是不可或缺的工具。因此,在上层提供 SQL 引擎(接口),也成为大数据管理系统的共识。例如,Hive 提供了 HQL,Spark 提供了 Spark SQL,Flink 提供了 Flink SQL。虽然这些 SQL 扩展方案不完全一致,但标准 SQL 让这些产品做到了尽可能的统一,SQL 在大数据环境下也焕发了新的生机。

目前在工业界广泛使用的 NoSQL 数据库数量众多。归结起来,通常包括键值数据库、列族数据库、文档数据库和图形数据库 4 类典型产品。其中,Redis 主要为了解决基于内存的键值对的简单存储,贵在简易快速;HBase 为列族数据库的代表,是一个开源的、高可靠、高性能、可伸缩的分布式数据库,主要用来存储非结构化和半结构化的松散数据,可支持超大规模的数据分布存储,且数据存取非常快速;MongoDB 为文档数据库的代表,贵在以文档为信息处理单元,文档内容存储无模式;Neo4j 图数据库是复杂网络关系的最佳存储,在社交网络应用中用途广泛。

【图灵奖人物】 Michael Stonebraker(迈克尔·斯通布雷克)的贡献

Michael Stonebraker 在美国加州大学伯克利分校计算机科学系任教达 29 年,在此期间领导开发了最早的关系数据库系统 Ingres、对象关系数据库系统 Postgres 等。基于 Ingres 发展出 Sybase 和 SQL Server 两大主流数据库,Ingres 在关系数据库的查询语言设计、查询处理、存取方法、并发控制等技术上都有重大贡献。对象关系数据库系统 Postgres(后演变为开源的 PostgreSQL)在关系数据库之上增加对更复杂的数据类型的支持,如对象、地理数据和时间序列数据等。同时他创办了多家数据库公司,包括 Ingres、Illustra 等,将大量研究成果和原型系统商业化。他在  "One size does not fit all"的思想指导下,开发了一系列的专用关系数据库产品,例如流数据库管理系统、内存数据库管理系统、列存储关系数据库系统、科学数据库管理系统等。在长期的学校任教和公司创业实践中,他也为数据库和大数据等领域培养了大量人才。

他于 2015 年获得图灵奖,获奖理由是"对现代数据库系统底层的概念与实践所做出的基础性贡献"。

习　题

1. 数据库领域获得图灵奖的人有哪几位?他们对数据库技术的贡献是什么?
2. 关系数据库目前的发展体现在哪些方面?
3. 数据仓库的 4 个基本特征是什么?
4. OLAP 有几种实现多维数据模型的方式?
5. 在 ROLAP 的实现中,举例说明如何利用关系数据库的二维表来表达多维概念。
6. 分布式数据库系统有哪些特点?
7. 在分布式数据库系统中,为什么要对数据进行分片?有几种分片方式?
8. 简述分布透明性包括哪些内容。
9. NoSQL 目前采用的数据模型主要有哪几种?请列举其代表产品。
10. 讨论关系数据库与 NoSQL 的区别。

参 考 文 献

[1] Ullman J D,Widom J. 数据库系统基础教程[M]. 岳丽华,金培权,万寿红,等译. 3 版. 北京:机械工业出版社,2009.

[2] Garcia-Molina H,Ullman J D,Widom J. 数据库系统实现[M]. 杨冬青,吴愈青,包小源,等译. 2 版. 北京:机械工业出版社,2010.

[3] Silberschatz A,Korth H F,Sudarshan S. 数据库系统概念[M]. 杨冬青,李红燕,唐世渭,等译. 6 版. 北京:机械工业出版社,2012.

[4] Lewis P M,Bernstein A,Kifer M. 数据库与事务处理[M]. 施伯乐,周向东,方锦城,等译. 北京:机械工业出版社,2005.

[5] Date C J. 数据库系统导论[M]. 孟小峰,王珊,姜芳苨,等译. 8 版. 北京:机械工业出版社,2007.

[6] Data C J. 数据库系统导论[M]. 8 版. 影印版. 北京:中国电力出版社,2006.

[7] Navathe E. 数据库系统基础[M]. 张伶,杨健康,王宇飞,译. 4 版. 北京:中国电力出版社,2005.

[8] Inmon W H. 数据仓库[M]. 王志海,等译. 4 版. 北京:机械工业出版社,2009.

[9] Ramakrishnan R,Gehrke J. 数据库管理系统原理与设计[M]. 周立柱,张志强,李超,等译. 4 版. 北京:清华大学出版社,2004.

[10] 王珊,萨师煊. 数据库系统概论[M]. 5 版. 北京:高等教育出版社,2014.

[11] 施伯乐,丁宝康,汪卫. 数据库系统教程[M]. 3 版. 北京:高等教育出版社,2013.

[12] 崔巍. 数据库系统及应用[M]. 3 版. 北京:高等教育出版社,2012.

[13] 李海翔,等. 数据库事务处理的艺术:事务管理与并发控制[M]. 北京:机械工业出版社,2017.

[14] 杜小勇. 大数据管理[M]. 北京:高等教育出版社,2019.

[15] 林子雨. 大数据技术原理与应用[M]. 2 版. 北京:人民邮电出版社,2017.

[16] 申德荣,于戈. 分布式数据库系统[M]. 2 版. 北京:机械工业出版社,2016.

[17] 王伟,刘垚. 数据科学与工程导论[M]. 上海:华东师范大学出版社,2021.

[18] 王志宏,何震瀛,王鹏,等. 大数据管理系统原理与技术[M]. 北京:机械工业出版社,2020.

[19] 蒋宗礼. 培养计算机类专业学生解决复杂工程问题的能力[M]. 北京:清华大学出版社,2018.

图 书 资 源 支 持

感谢您一直以来对清华版图书的支持和爱护。为了配合本书的使用，本书提供配套的资源，有需求的读者请扫描下方的"书圈"微信公众号二维码，在图书专区下载，也可以拨打电话或发送电子邮件咨询。

如果您在使用本书的过程中遇到了什么问题，或者有相关图书出版计划，也请您发邮件告诉我们，以便我们更好地为您服务。

我们的联系方式：

地　　址：北京市海淀区双清路学研大厦 A 座 714

邮　　编：100084

电　　话：010-83470236　　010-83470237

客服邮箱：2301891038@qq.com

QQ：2301891038（请写明您的单位和姓名）

资源下载：关注公众号"书圈"下载配套资源。

资源下载、样书申请

书 圈

获取最新书目

观看课程直播